U0317761

高职高专土建类专业教材
编审委员会

主 任 委 员 吴大炜

副主任委员 张保善　苏　炜　于宗保

委　　　员（按姓氏汉语拼音排序）

蔡丽朋　程绪楷　代学灵　何世玲　胡义红　蒋红焰

李九宏　吕宣照　苏　炜　孙海粟　孙加保　汪　绯

汪　菁　王付全　吴大炜　于宗保　张保善　张兴昌

周建郑

高职高专规划教材

高层建筑施工

第二版

孙加保　刘春峰　主编

化学工业出版社

·北京·

全书共分九章，内容包括：概述，高层建筑施工测量，高层建筑施工机具，高层建筑脚手架施工，深基坑支护结构施工，深基坑土方开挖，深基坑降水，高层建筑基础施工，高层建筑主体结构施工（包括高层现浇框架结构施工、高层建筑剪力墙结构施工、高层建筑预应力结构施工、高层建筑钢结构施工和高层建筑砌块砌体施工）。每章附有复习思考题、练习题及有关工程实例等。

　　本书为高职高专建筑工程技术、工程监理等有关专业的教材，同时也可作为建筑工程有关岗位的培训教材和工程技术管理人员的学习参考用书。

图书在版编目（CIP）数据

　　高层建筑施工/孙加保，刘春峰主编． —2版．—北京：化学工业出版社，2012.12　（2015.1重印）
　　高职高专规划教材
　　ISBN 978-7-122-15532-0

　　Ⅰ.①高…　Ⅱ.①孙…②刘…　Ⅲ.①高层建筑-工程施工-高等职业教育-教材　Ⅳ.①TU974

　　中国版本图书馆 CIP 数据核字（2012）第 241763 号

责任编辑：王文峡　　　　　　　　　　　　　文字编辑：薛　维
责任校对：周梦华　　　　　　　　　　　　　装帧设计：尹琳琳

出版发行：化学工业出版社（北京市东城区青年湖南街 13 号　邮政编码 100011）
印　　装：三河市延风印装厂
787mm×1092mm　1/16　印张 23　字数 593 千字　2015 年 1 月北京第 2 版第 2 次印刷

购书咨询：010-64518888（传真：010-64519686）　售后服务：010-64518899
网　　址：http://www.cip.com.cn
凡购买本书，如有缺损质量问题，本社销售中心负责调换。

定　　价：39.80 元
版权所有　违者必究

前言

　　本书第一版自 2005 年出版以来，受到读者和同行们的关注，在此深表谢意。编者根据社会发展和当前建筑市场的需要，结合近年来的教学工作和工程实践经验，并依据当前出版的新规范、新规程，对本书进行了修订。

　　本书的主要内容是：概述，高层建筑施工测量，高层建筑施工机具，高层建筑脚手架施工，深基坑支护结构施工，深基坑土方开挖，深基坑降水，高层建筑基础施工，以及高层建筑主体结构施工（包括高层现浇框架结构施工，高层建筑剪力墙结构施工，高层建筑预应力结构施工，高层建筑钢结构施工，高层建筑砌块砌体施工），共九章。

　　本书新增加的内容有：预制桩施工，大体积混凝土施工，地下工程卷材防水层施工和高层建筑剪力墙结构施工等内容。同时还增加了模板结构计算方法和实例，以及混凝土结构热工计算方法和实例等。

　　本书全面修订的内容有：高层建筑脚手架施工，高层建筑筏形与箱形基础施工，高层现浇框架结构施工，高层建筑砌块砌体施工等内容。

　　本书编写分工如下：孙加保编写第一章、第二章、第四章、第五章、第八章、第九章的第一节、第二节；刘春峰编写第三章、第六章、第七章；张磊编写第九章的第三节、第四节；王志富编写第九章的第五节。全书由孙加保统稿。

　　本书在编写中参考了相关著作，并得到了有关专家的帮助，王秀兰、于涛同志对书稿文字的审核等做了大量工作，在此一并表示感谢。

　　由于编者水平有限，加之时间仓促，不足之处恳请广大读者予以指正。

编　者

2012 年 7 月

第一版前言

《高层建筑施工》一书，是编者结合多年建筑施工教学经验和工程实践经验，同时参考一定的资料编写而成。

本书主要讲述了检验批或分项工程的施工工艺、施工技术和新质量措施及安全措施。

本书与同类书相比，具有以下特点。

第一，本书章、节划分层次明了，内容编写通俗易懂、实用，使读者读后易于了解和掌握。

第二，本书突出了高层建筑施工特点的内容，而对通用的建筑施工技术不予论述，这部分内容可参考有关资料。

第三，本书将近期出版的新规范、新规程、新标准融入其中，丰富了其内容，并结合工程实际。

第四，本书附有工程实践题，便于读者更好地学习和掌握，从而提高读者的动手能力和操作水平。

全书由孙加保编写和审定。在编写本书中参考了有关材料，在此向其作者一并表示谢意。

由于编写水平有限，加之时间仓促，错误之处在所难免，恳请广大读者批评指正，并表示衷心的感谢！

编　者

2004 年 9 月

目 录

第一章 概 述

高层建筑的兴建，解决了城市用地有限和人口密集的矛盾。频繁的国际交往和日益发展的旅游事业，更促进了高层建筑的发展。建筑领域内新结构、新材料和新工艺的不断创新，为现代高层建筑的发展提供了有利的条件，尤其是当前建筑智能工程日趋完善，为高层和超高层建筑的发展提供了科学的基础。高层建筑施工已成为建设领域研究的重要内容。

第一节 高层建筑的发展

一、高层建筑的概念

（一）高层建筑的定义

根据《高层建筑混凝土结构技术规程》（JGJ 3—2002）的规定，"高层建筑"一词适用于十层及十层以上或房屋高度超过28m的非抗震设计和抗震设防烈度为6～9度抗震设计的高层民用建筑结构。

我国《高层民用建筑设计防火规范》（GB 50045—2005）中规定，"高层建筑"一词适用于十层及十层以上的居住建筑和建筑高度超过24m的公共建筑。

根据《民用建筑设计通则》（JGJ 37—87），明确了民用建筑层数的划分。

① 住宅建筑按层数划分：1～3层为低层；4～6层为多层；7～9层为中高层；10层以上为高层。

② 公共建筑及综合性建筑总高度超过24m为高层（不包括高度超过24m单层主体建筑）。

③ 建筑物高度超过100m时，不论住宅或公共建筑均为超高层。

对高层建筑进行统计时，很难做到逐栋公共建筑核实其建筑总高度是否超过24m，而判明其是否为高层建筑。因此，为简化统计口径，建设部主管部门从1984年起，对住宅和非住宅，一律以10层作为高层建筑统计的起点。

（二）高层建筑的分类

1972年国际高层建筑会议规定按建筑层数多少划分为四类。

第一类高层：9～16层（最高到50m）。

第二类高层：17～25层（最高到75m）。

第三类高层：26～40层（最高到100m）。

第四类高层：40层以上（高度100m以上）。

二、高层建筑的特点

高层建筑并不是低层、多层建筑的简单叠加，在建筑、结构、防火、设备和施工上都有突出的特点和不同的要求，需要认真研究解决。

（一）建筑特点与要求

①　由于建筑高度增加，电梯成为建筑内部主要的垂直交通工具，并利用它组织方便、安全、经济的公共交通系统，从而对高层建筑的平面布局和空间组合产生了重大影响。

②　需要在底层和不同的高度设置设备层，在楼层的顶部设电梯间和水箱间。建筑平面立面布置要满足高层防火规范的要求。

③　由于高层建筑地下埋深嵌固的要求，一般要有一层至数层的地下室，作为设备层及车库、人防、辅助用房等。

④　高层建筑主体是具有特定使用功能（居住、客房、办公、教室、病房等）的标准层，具有统一的层高、开间、进深和平面布局。

⑤　由于高度高、体型大，需要更好地处理建筑造型和外饰面。

⑥　对不同使用功能的高层建筑需要解决各自的问题。例如，高层住宅需要解决好厨房排烟、垃圾处理、走廊布置、阳台防风、安全管理，以及住户信箱、公用电话、儿童游乐场所等问题；高层旅馆需要解决好接待、住宿、就餐、公共活动和后勤管理等内部功能关系问题。

（二）结构特点与要求

1. 强度

低层、多层建筑的结构受力，主要考虑垂直荷载，包括结构自重和活荷载、雪荷载等。高层建筑的结构受力，除了要考虑垂直荷载作用外，还必须考虑由风力或地震力引起的水平荷载。垂直荷载使建筑物受压，其压力的大小与建筑物高度成正比，由墙和柱承受。受水平荷载作用的建筑物，可视为悬臂梁，水平力对建筑物主要产生弯矩，弯矩与房屋高度的平方成正比，如图 1-1 所示，即垂直压力 $N = WH$。

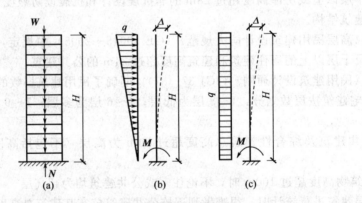

图 1-1　高层建筑的受力简图

当水平荷载为倒三角形时，弯矩为

$$M = \frac{qH^2}{3}$$

当水平荷载均布时，弯矩为

$$M = \frac{qH^2}{2}$$

式中　W——垂直荷载；

　　　q——水平荷载；

　　　H——建筑物高度。

弯矩对结构产生拉力和压力，当建筑物超过一定的高度，由水平荷载产生的拉力就会超过由垂直荷载或地震力的作用，且建筑物处于周期性的受拉和受压状态。

对不对称及复杂体型的高层建筑还需要考虑结构的受扭。因此，高层建筑必须充分考虑结构的各种受力情况，保证结构有足够的强度。

2. 刚度

高层建筑要保证结构刚度和稳定性，控制结构水平位移。由于水平荷载产生的楼层水平位移，与建筑物高度的四次方成正比。

当水平荷载为倒三角形时，水平位移为

$$\Delta = \frac{11qH^4}{120EI}$$

当水平荷载为均布时，水平位移为

$$\Delta = \frac{qH^4}{8EI}$$

式中 Δ——水平位移；

E——弹性模量；

I——截面惯性矩。

随着高度的增加，高层建筑的水平位移增大十分迅速。过大的水平位移会使人产生不舒服感，影响生活、工作；会使电梯轨道变形；会使填充墙或建筑装修开裂、剥落；会使主体结构出现裂缝；水平位移再进一步扩大，就会导致房屋的各个部件产生附加内力，引起整个房屋的严重破坏，甚至倒塌。必须控制水平位移，包括控制相邻两层的层间位移和全楼的顶点位移。建筑物层间相对位移与层高之比为 δ/h，建筑物顶总水平位移与建筑物总高度之比为 Δ/H（图 1-2），根据不同的结构类型和不同的水平荷载，应控制在 $1/400 \sim 1/1200$。

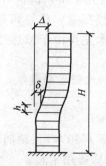

图 1-2 建筑物的水平位移

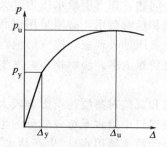

图 1-3 结构的延性

3. 延性

有抗震设防要求的高层建筑还必须具有一定的延性，使结构在强震作用下，当某一部分进入屈服阶段后，还具有塑性变形能力，通过结构的塑性变形吸收地震力所产生的能量，使结构可维持一定的承载力，如图 1-3 所示。

结构的延性用延性系数 μ 来表达，一般采用最大荷载总的位移 Δ_u 与屈服点位移 Δ_y 的比值来表示，即 $\mu = \Delta_u/\Delta_y$。对一般钢筋混凝土结构，要求 μ 值不小于 $3 \sim 5$。

4. 耐久性

对高层建筑的耐久性要求较高，《民用建筑设计通则》（JGJ 37—87）第 1.0.4 条将建筑耐久年限分为四级，一级耐久年限为 100 年以上，适用于重要的建筑和高层建筑。

5. 基础稳定性

由于高层建筑上部结构所承担的垂直荷载和水平荷载大，各种荷载最终要通过地下室和基础传递到地基。因此，对其基础选型和埋置深度与多层、低层建筑不同。一般根据上部荷载、结构类型、地基情况和施工条件的不同综合考虑，选用筏式基础、箱式基础、桩基础或复合基础等。

为了确保高层的稳定性和满足地基变形的要求，其基础要有一定的埋置深度，采用天然地基时不小于建筑高度的 1/15，采用桩基础时不小于建筑高度的 1/18，桩的长度不计在埋置深度内。

（三）防火特点与要求

高层建筑的功能复杂，设备繁多，人员集中，火灾因素多，而扑灭火灾及人员疏散的难度又大，因此，必须高度重视和解决防火问题，我国已颁布《高层民用建筑设计防火规范》（GB 50045），作为国家标准试行。关于建筑分类和耐火等级，总平面布局和平面布置，防火、防烟分区，安全疏散和消防电梯，消防给水和固定灭火装置等的具体设计要求，在上述规范中都有明文规定。

对于超高层建筑的防火，以消防队员可以依靠机械设备扑灭火灾为基本条件。对高度超过 100m 的超高层建筑，主要靠加强自身的消防能力，可采取的措施主要有如下几项。

① 每隔若干层（如 13～15 层）设避难层。采取开敞式排烟，以防火墙、防火门与其他部分相隔，为向上或向下疏散的人提供安全避难地点。

② 在全楼每个部位均设早期报警、早期灭火的装置，以提高建筑物早期自救能力。

③ 在屋顶设置直升机停机坪。

（四）设备特点与要求

1. 给水、排水

（1）给水系统　由于城市给水管网的供水压力一般不能满足要求，需要另行加压。

当建筑物超过一定高度后，还必须在垂直方向将全楼划分几个供水区，否则上层和下层都会产生问题，如下层给水压力过大，会引起喷溅现象，磨损严重，检修频繁，寿命缩短，增加管理和运营费用，必须采用耐高压管材及零件，上层的水龙头由于流速过大影响出水，还会产生负压抽吸现象，造成回流污染。

高层建筑人多，易燃物多，发生火灾概率大，楼高风大，火势极易蔓延，必须保证消防用水。

地震和沉陷对高层建筑影响较大，应避免给水管道的破坏。

高层建筑中给水系统一般分为生活给水系统（卫生间、厨房用水），消防给水系统（消火栓、自动喷水等用水），生产给水系统（空调冷凝水、锅炉房等用水）。

高层建筑的给水方式可分为三大类：高位水箱式（在每个给水分区的上部都设有水箱），气压水箱式（控制水泵间歇工作，保证管道保持一定水压），无水箱式（高压给水，水泵不停运行，保持管网恒压）。

（2）热水供应系统　由热源、加热设备和热水管网组成热水管网系统。高层建筑热水供水宜采用有循环的下行上给水或上行下给水方式。

（3）排水系统　高层建筑中，由于污水立管长，接入卫生器具多，部分立管可能被水充塞而破坏了卫生器具中的水封，使臭气外泄，因此，高层建筑的排水系统必须设置通气管。

（4）水泵间　水泵间有振动和噪声，尽可能设置在地下室或底层。每个水泵间至少有四台水泵，其中两台为生活用水泵，两台为消防水泵。设有集中热水系统时再另加热水泵。

2. 电气、机电设备

（1）电源　高层建筑的电源，除常用电源外，还需备用电源。一些重要的高层建筑还可设置自备的发电设备以供急需。

（2）电梯　按用途分，有客运、货运、客货两用、医用等品种。客运电梯按载客量有

7～21人等数种，运行速度0.5～2.5m/s。货运电梯按载重量有0.5～5t几种，运行速度一般在0.5m/s。从安全可靠角度出发，每栋高层建筑至少要设置两台电梯，其中一台是消防电梯，平时兼作客梯使用，电梯机房和电梯井道是为电梯服务的土建结构。

（3）防雷　高层建筑物被雷击的或然率随建筑高度的平方根而递增，因此，高层建筑必须采取必要的防雷措施。

（4）共用天线电视接收系统　电视广播的电磁波在穿过高层建筑物钢筋混凝土结构或钢结构时，其能量将大大减弱，产生屏蔽作用，影响收看效果。妥善的解决办法就是在屋顶上只安装一套共用天线，经过电视信号放大器、混合器、分配器、分支器等设备，直到各用户室内的终端天线插座，这即为共用天线电视接收系统。

（5）电话　高层建筑对电话的要求按建筑物的不同使用要求而异。每层应设置电话分线箱，以便于住户逐步安装户内电话。高层旅馆、办公楼、医院等通常在楼内设置总机室与各客房、办公室等相连。

（6）弱电系统　在现代化的高层建筑中，设置由微电脑组成的建筑智能工程，其中包括消防自报警和防排烟系统、电梯及自动扶梯控制系统、变配电及备用柴油机组控制系统、空调及通风控制系统、给水排水控制系统、采暖及电热锅炉控制系统、紧急电话系统、紧急广播系统、保安监视闭路电视系统、经营管理微机系统等。

3. 采暖、通风、空调

（1）一般高层建筑　一般高层住宅和民用公共建筑在北方采暖地区应按规定设置暖气设备，并根据高层建筑特点，沿垂直方向将全楼分成几个采暖区。按照不同地区和条件，分别由城市热电厂、地区集中锅炉房或专用锅炉房供暖，以及采取其他供暖方式。

在南方非采暖地区，一般高层建筑要注意解决好围护结构防热和自然通风问题。

（2）高档高层建筑　对高级宾馆、高标准办公楼等高层，为了保持室内全年的舒适环境，减少室外温度、噪声、风速对室内环境的影响，需要设置空气调节系统，整座建筑物基本上形成一个封闭的空间。

三、高层建筑的兴起和发展

（一）高层建筑的兴起

我国古代建造的不少高塔，就属于高层建筑。例如：1400多年前，即公元523年建于河南登封县的嵩岳寺塔，10层，高40m，为砖砌单筒体结构；公元704年改建的西安大雁塔，7层，高64m；公元1055年建于河北定县的料敌塔，11层，高达82m，砖砌双筒体结构，更为罕见。此外，还有建于公元1056年，9层、高67m的山西应县木塔等。这些高塔皆为砖砌或木制的筒体结构，外形为封闭的八边形或十二边形。这种形状有利于抗风和抗地震，也有较大的刚度，在结构体系上是很合理的。

同时，我国古代也出现了高层框架结构。例如，公元984年建于河北蓟县的独乐寺观音阁，即为高22.5m的木框架结构。其他如高40m的河北承德普宁寺的大乘阁等也为木框架结构。

我国这些现存的古代高层建筑，经受了几百年，甚至上千年的风雨侵蚀和地震的考验，至今基本完好，这充分显示了我国劳动人民的高度智慧和才能，也表明我国古代建筑师们对高层建筑就有较高的设计和施工水平。

在国外，古代也建有高层建筑，古罗马帝国的一些城市就曾用砖石承重结构建造了10层左右的建筑。公元1100～1109年，意大利的某城就建造了41座砖石承重的塔楼，其中有的高达60m甚至98m。19世纪前后，西欧一些城市还用砖石承重结构建造了高达10层左右的高层建筑。

古代的高层建筑，由于受当时技术经济条件的限制，不论是承重的砖墙或筒体结构，壁都很厚，使用空间小，建筑物越高，这个问题就越突出。例如，1891年在美国芝加哥建造的麦纳德克大楼，为16层的砖结构，其底部的砖墙厚度竟达1.8m。这种小空间的高层建筑不能适应人们生活和生产活动的需要。因而，采用高强度和轻质材料，发展各种大空间的抗风、抗震结构体系，就成为高层建筑结构发展的必然趋势。

（二）高层建筑的发展

近代高层建筑是从19世纪以后逐渐发展起来的，这与采用钢铁结构作为承重结构有关。1801年英国曼彻斯特棉纺厂（高7层），首先采用铸铁框架作为建筑物内部的承重骨架。1843年美国长岛的里港灯塔，也采用了熟铁框架结构。这就为将钢铁用于承重结构开辟了一条途径。此后一段时间内所建造的10层左右的高层建筑，大多采用内部铁框架与外承重砖墙相结合的结构。1883年美国芝加哥的11层保险公司大楼，首先采用由铸铁柱和钢梁组成的金属框架来承受全部荷重，外墙只是自承重，这已是近代高层建筑结构的萌芽了。

1889年美国芝加哥的一幢9层大楼，首先采用钢框架结构。1903年法国巴黎某公寓首先采用了钢筋混凝土结构。与此同时，美国辛辛纳提城一幢16层的大楼也采用了钢筋混凝土框架。此后，从19世纪80年代末至20世纪初，一些国家又兴建了一批高层建筑，使高层建筑出现了新的飞跃，不仅建筑物的高度一跃而为20～50层，而且在结构中采用了剪力墙和钢支撑，建筑物的使用空间显著扩大了。

19世纪末至20世纪初是近代高层建筑发展的初始阶段，这一时期的高层建筑结构虽然有了很大的进步，但因受到建筑材料和设计理论等限制，一般结构的自重较大，而且结构类型也较单调，多为框架结构。

近代高层建筑的迅速发展，是从20世纪50年代开始的。轻质高强度材料的发展，新的设计理论和电子计算机的应用，以及新的施工机械和施工技术的涌现，都为大规模地、较经济地修建高层建筑提供了可能。同时，由于城市人口密度的猛增，地价昂贵，迫使建筑物向高空发展也成了客观上的需要。因而不少国家都大规模地建造高层建筑，到目前为止，在不少国家内，高层建筑几乎占了整个城市建筑面积的30%～40%。

目前，世界上的高层建筑数量很多，160m以上的就有100多幢，如450m高的马来西亚吉隆坡城市中心大厦，109层高达445m的美国芝加哥西尔斯大厦。此外，1972年建于纽约的110层、高412m的世界贸易中心双塔大厦，1931年建于纽约的102层、高381m的帝国大厦，1995年建于深圳的68层、高384m的地王商业大厦，2006年建于上海的102层、高492m的环球金融中心大厦等都是闻名于世的高层建筑。其他如英国、法国、加拿大、澳大利亚、新加坡、俄罗斯、南非等国家也修建了许多高层建筑。

我国的高层建筑始于20世纪初。1906年建造了上海和平饭店南楼，1922年建造了天津海河饭店（12层），1929年建造了上海和平饭店北楼（11层）和锦江饭店北楼（14层），1934年建造了上海国际饭店（24层）和上海大厦（20层）以及广州爱群大厦（15层），至1937年抗日战争开始，我国建造10层以上的高层建筑约35幢，主要集中在上海等沿海大城市。高82.5m的国际饭店当时是远东最高的建筑。

20世纪50年代，我国在北京、广州、沈阳、兰州等地曾建了一批高层建筑。60年代，在广州建造了27层、高87.6m的广州宾馆。70年代，在北京、上海、天津、广州、南京、武汉、青岛、长沙等地兴建了一定数量的高层建筑，其中广州于1977年建成的33层、高115m的白云宾馆，是当时除港澳地区外国内最高的建筑。进入80年代，我国的高层建筑蓬勃发展，各大城市和一批中等城市都兴建了大量高层建筑。进入90年代高层建筑的层数及高度不断增加，超高层建筑在北京、上海、广州、深圳等开放城市大量出现。

　　进入 21 世纪，随着经济发展，我国又兴建了许多高层住宅和高层钢结构建筑。如济南市百花小区 1 号楼为钢框架-混凝土剪力墙结构商住楼，地下 1 层、地上 26 层，总建筑面积 $3.17×10^4 m^2$，建筑高度 117m。又如，南宁国际会议展览中心为大跨度大型公共建筑，钢筋混凝土框架剪力墙结构，总建筑面积 $11.21×10^4 m^2$。又如，中国广播电视音像资料馆，占地 $7050 m^2$，建筑总高度为 72.2m，是坐落在北京市最繁华的西长安街南侧的标志性建筑物。

　　目前，还有大批高层、超高层建筑正在建设中，还有一些更高、更先进的高层建筑计划兴建。

四、高层建筑的发展趋势

（一）平面布置与竖向体型时代化

　　20 世纪 80 年代以来，建筑平面布置越来越复杂，不规则平面的建筑日渐增多，即使常规三大结构，也常不对称。这固然有城市规划、建筑功能的要求，另一方面也由于结构分析技术的提高和计算机的广泛应用为其提供了前提条件（图 1-4）。

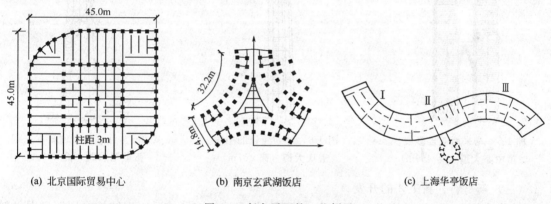

(a) 北京国际贸易中心　　　　(b) 南京玄武湖饭店　　　　(c) 上海华亭饭店

图 1-4　复杂平面的一些例子

　　由于现代公共建筑逐渐趋向于多功能综合性大厦，同一建筑物内的商店、餐厅、办公楼、旅馆和住宅，要求在不同的楼层上有不同的结构布置，这就促使结构竖向发生结构类型和刚度的突变，形成了多变的体型和复杂的竖向布置，而最广泛采用的方法是通过承托梁或用过渡层来过渡。这些都对结构设计提出了更高的要求。

（二）层数增多、高度加大

　　由于功能、城市规划和用地等因素，近 20 年来高层建筑的层数明显增多，高度有不断加大的趋势。

　　1991 年德国法兰克福交易大厦竣工，这座用红色花岗岩装饰的方形尖顶大厦曾被喻为一支口红，高 259m，是当时欧洲最高的建筑物。

　　1996 年底建成的世界第一高度的建筑物——亚洲马来西亚吉隆坡城市中心大厦高 450m，共 88 层，是圆柱体的两栋大厦（图 1-5），在高空中由天桥连接，形成吉隆坡的纪念门口，考虑夹层和超高的楼层在内，相当于 98 层，比美洲最高的建筑芝加哥西尔斯大厦还高出 7～10m，采用钢筋混凝土结构，混凝土的强度等级为 C30，楼上供办公，地上两层楼白裙房为购物中心、旅馆等，地下五层可停放 7000 辆汽车。

　　1996 年底，在我国深圳地价最高的市中心，建成了地王商业大厦，标准层 68 层，楼顶面高 325m，包括塔尖高 384m，是当时国内第一高楼，世界第四高楼。我国拟在重庆兴建一座 114 层的重庆大厦，高 457m，最下面 8 层是公共大厅，从第 8 层至第 80 层是写字楼，中间不断穿插有 8 层高的天井，80 层以上是饭店，大厦的玻璃楼顶成为夜空中的照明信号（图 1-6）。日本正计划在东京兴建一座新世纪大厦，这是一座圆锥形的高层建筑，高 800m，是西尔斯大厦高度的两倍，各种各样的空间和一系列设施将使它成为空中的银座或香榭丽舍大街（图 1-7）。

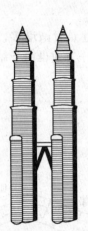

图 1-5　马来西亚吉隆坡
城市中心大厦（高 450m）

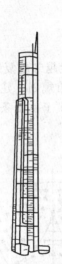

图 1-6　计划建设的中国
重庆大厦（高 457m）

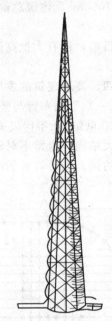

图 1-7　计划建设的日本东京
新世纪大厦（高 800m）

（三）新材料、新工艺的开发

目前建筑高度不断被突破，并从单一的钢结构发展为多种体系，钢结构的用钢量因材料质量的提高及结构技术的进步已大幅度下降。例如，1931 年建成的纽约帝国大厦用钢量为 $0.293t/m^2$，而 20 世纪 70 年代建成高度相近的四幢筒体结构体系的超高层建筑共用钢量分别为 $0.145 \sim 0.181t/m^2$（下降幅度为 $28.23\% \sim 50.51\%$）。使用轻质高强材料以减轻自重，缩小结构面积，国外采用 C80～C100 高强混凝土（在型钢与钢筋混凝土结构中用 C120～C140），虽造价增加约 10%～15%，但结构面积可缩小 10%，增加使用面积，降低荷载。我国目前混凝土强度等级绝大多数在 C30～C40 范围内，自重约 $12 \sim 18kN/m^2$，在筒体系中筒体自重约占 90%，如将混凝土强度等级提高到 C60，材料及施工技术应属可行，造价也不致提高过多，而结构面积可减少 30%。

建设部 2004 年科学技术项目计划，一是钢结构节能住宅技术产业化，基地建设目标为实现钢结构节能住宅的模块化设计、标准化制造、机械化施工、体系化推广及产业化，拥有轻薄 H 型钢、标准 H 型钢两条热轧 H 型钢生产线；二是混凝土工程技术研究中心组建项目，主要研究内容为高性能混凝土的配制技术、超长结构无缝施工和大体积混凝土裂缝控制技术等。

（四）新结构体系的多样化

1980 年以前，我国高层建筑都是钢筋混凝土三大常规体系，如图 1-8 所示。其中，住宅绝大部分是剪力墙结构；公用建筑大体上是框架结构和框架-剪力墙结构；旅馆则三者兼有。

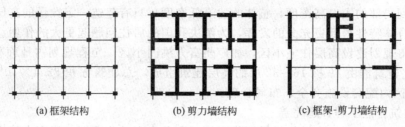

| (a) 框架结构 | (b) 剪力墙结构 | (c) 框架-剪力墙结构 |

图 1-8 常规三大结构

进入 20 世纪 80 年代，由于建筑功能、高度和层数等要求，以及抗震设防烈度的提高，以空间受力为特征的筒体结构得到了广泛的应用，如图 1-9 所示。

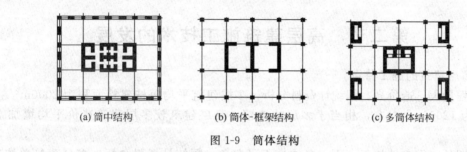

| (a) 筒中结构 | (b) 筒体-框架结构 | (c) 多筒体结构 |

图 1-9 筒体结构

20 世纪 80 年代中期，逐渐出现了更新颖的结构类型，它们以整体受力为主要特点，从而更好地满足了建筑功能的要求（图 1-10）。

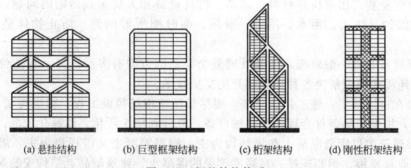

| (a) 悬挂结构 | (b) 巨型框架结构 | (c) 桁架结构 | (d) 刚性桁架结构 |

图 1-10 新的结构体系

（五）高层建筑钢结构的兴建趋势

1984 年以前我国兴建的近千幢高层建筑没有一幢是钢结构的。1985 年以后，已有许多钢结构高层建筑在北京、上海、深圳等地兴建。

国内高层钢结构焊接钢已生产，轧制型钢已引入了生产线，施工安装技术水平迅速提高，为钢结构应用提供了基础。同时，钢结构设计方法也在研究、发展中，1986 年已开始编制，1998 年正式颁布了《高层民用建筑钢结构技术规范》（JGJ 99—1998），这些都为今后我国高层钢结构的应用提供了有利条件。

建设部于 2004 年推广高层钢结构住宅和高层钢结构公共建筑为科技示范应用项目。

（六）高层住宅集合体特性

城市多、人口密、用地少，加之城市公共设施少、道路面积小、绿地贫乏，这些国情决定了我国城市布局必须是紧凑的，住宅区人口密度是高的，而建筑密度又应是低的，以腾出更多的空地来发展城市交通，扩大绿化面积，兴建文化体育设施，开辟老人休息和儿童游戏场地。要达到局部的人口高密度，整体的建筑低密度，只有建造一定数量的高层住宅，使高层住宅的集合体特性得到更充分的发挥，为解决我国的居住问题起更大的作用。

许多城市规划建设高层住宅小区，如广州富力桃园小区，工程规划占地面积 $333.358 \times 10^4 m^2$，住宅建筑群由 49 栋 16～32 层的高层建筑组成，总建筑面积 $82.4 \times 10^4 m^2$，总投资 30 亿元。小区内配套设施齐全，布局合理。

（七）建筑智能工程日趋完善

建筑智能工程包括中央计算机及网络系统、办公室自动化系统、楼宇自控系统、保安管理系统、智能卡系统、火灾报警系统、内部通信系统、卫星及共用天线电视系统、停车场系统、综合布线系统、指挥中心系统、国际会议报道和翻译系统等工程，工程的设计与施工日趋完善。

第二节　高层建筑施工技术的发展

一、高层建筑的施工特点

① 工程量大、造价高。据统计资料分析，多层建筑平均每栋建筑面积为 $2000 m^2$ 左右，高层建筑为 $12000 m^2$ 左右，相当于多层的 6 倍。高层建筑较多层建筑造价平均增加 60％ 左右。

② 工期长、季节性施工（雨、冬季）不可避免。据统计资料分析，多层建筑单栋工期平均为 10 个月左右，高层建筑平均为 2 年左右。因此，必须充分利用全年的时间，合理部署，才能缩短工期。

③ 高空作业要突出解决好材料、制品、机具设备和人员垂直运输的问题，要认真解决好高空安全保护、防火、用水、用电、通风、临时厕所等问题，防止物体坠落发生打击事故。

④ 高层建筑基础一般较深，地基处理复杂，基础方案有多种选择，对造价和工期影响很大，另外还需要研究解决各种深基础开挖支护技术。

⑤ 一般在市区施工，施工用地紧张，要尽量压缩现场暂设工程，减少现场材料、制品、设备存储量，根据现场条件合理选择机械设备，充分利用工厂化、商品化成品。

⑥ 高层建筑多以钢筋混凝土和钢结构为主，钢筋混凝土又以现浇为主，需要着重研究解决各种工业化模板、钢筋连接、高强度等级的混凝土、建筑制品、结构安装等施工技术的问题。

⑦ 防水、装饰、设备要求较高。深基础、地下室、墙面、屋面、厨房、卫生间的防水和管道冷凝水要处理好。设备繁多，高级装饰多，从施工前期就要安排好加工订货，在结构施工阶段就要提前插入装饰施工，保证施工工期。

⑧ 标准层占主体工程的主要部分，设计基本相同，便于组织逐层循环流水作业。层数多，工作面大，可充分利用时间和空间，进行平行流水立体交叉作业。

⑨ 工程项目多、工种多、涉及单位多、管理复杂。对于一些大型复杂高层建筑，往往是边设计、边准备、边施工，总、分包涉及许多单位，协作关系涉及许多部门，必须精心组织，加强集中管理。

二、高层建筑施工技术的发展

从我国施工工艺标准的制定，可以看出高层建筑施工技术的发展。

（一）从深基坑支护结构施工方面看

由于深基坑的增多，支护结构技术发展很快，多采用钢板桩、灌注桩、土锚杆、地下连续墙和逆作法、深层搅拌水泥土桩等技术。施工工艺有很大改进，支撑方式有传统的内部钢管（或型钢）支撑，也有在坑外用土锚拉固；内部支撑形式也有多种，有十字交叉支撑，有环状（拱状）支撑，有采用中心岛式开挖的斜撑，近年来又发展了钢筋混凝土的角撑等。土锚的钻孔、灌浆、预应力张拉工艺也有很大提高。

（二）从深基坑土方开挖方面看

在高层建筑施工中，多为深基坑（$H > 5m$）土方开挖，常用的土方开挖方法是分层开挖法或分段分层法。

当开挖较深基坑土方时，应采用中心岛式开挖法或者盆式开挖法，这是阻止基底反弹，防止高层建筑物下沉的有效措施。

（三）从深基坑降水方面看

当地下水位较高，影响施工的顺利进行时，就应当采用降低地下水位的方法，传统的降水方法用明排水法。在深基坑施工降低地下水位方面，已能利用轻型井点、喷射井点、深井泵和电渗井等技术进行深层降水，而且在预防因降水而引起附近地面沉降方面也有一些有效措施。

（四）从高层建筑基础施工方面看

在基础工程方面，多采用桩基础、筏式基础、箱式基础或桩基础与箱式基础的复合基础，这些基础大多为大体积混凝土。为了减少或避免产生温度裂缝，各地都采用了一些有效措施，在测温技术和信息化施工方面也积累了不少经验。

桩基础方面，钢筋混凝土方桩、预应力混凝土管桩、钢管桩等预制打入桩皆有应用。有的桩长虽已达 104m，但由于打桩设备和工艺的改善，也能顺利打入。在减少打桩对周围有害影响方面也总结了一些经验，采用了一些有效措施。近年来混凝土灌注桩已有很大发展，在钻孔机械、桩端压力注浆、成孔扩孔、动力试验、扩大桩径等方面都有很大提高。大直径钻孔灌注桩应用越来越多。我国已经能够在各种复杂条件下成功地建造深基础。

（五）从主体结构施工方面看

从主体结构施工方面看，已形成装配式大板、大模板、爬升模板和滑升模板的成套工艺，对钢结构超高层建筑的施工技术也有了一定的基础。装配式大板主要用于北京的高层住宅，至 1996 年已完成了 10 层以上住宅近百万平方米，已形成标准设计。大模板工艺在剪力墙结构和筒体结构中已广泛应用，已形成"全现浇"、"内浇外挂"、"内浇外砌"成套工艺，且已向大开间建筑方向发展。除各种预制、现浇板外，楼板还应用了各配筋的薄板叠合楼板。爬升模板首先用于上海，工艺已成熟，不但用于浇筑外墙，也可内、外墙皆用爬升模板浇筑，在提升设备方面已有手动、液压和电动提升设备，有带爬架的，也有无爬架的，尤其与升降式脚手架结合应用，优点更为显著。滑升模板工艺也有很大提高。在模板技术方面，大量应用了早拆支撑体系，发展了一些新型的模板。在钢筋结构建筑施工中采用了新品种钢筋，应用了高强度钢筋及粗钢筋连接技术。在泵送混凝土、施工机械化、防水工程和高级装饰技术等方面都有长足的进步。

（六）从混凝土工程技术的进展方面看

由于商品混凝土和泵送技术的推广，已出现几千立方米甚至万余立方米的大体积混凝土浇筑量，上海已浇筑了 $17000m^3$ 的大体积混凝土基础。超长大体积混凝土施工可采取留置变形缝、后浇带施工或跳仓法施工。

混凝土技术的进展十分迅速，C50、C60 的高强度混凝土在一些高层建筑施工中已不少见，应用量日渐提高，C80 的混凝土已开始用于预应力管桩，强度等级更高的混凝土正在研究之中。这几年商品混凝土有很大发展，已接近工业发达国家的水平。

随着我国高层和超高层建筑的进一步发展，传统技术会进一步提高，一些新技术、新工艺必将不断出现。

复习思考题

1. 什么是高层建筑？我国规范有何界定？
2. 高层建筑分为哪四类？如何划分高层、超高层？
3. 高层建筑的特点有哪些？它与施工有何联系？
4. 简述我国古代高层建筑、近代高层建筑的兴起和发展各有何特点。
5. 简述我国高层建筑的发展趋势有几方面内容。
6. 我国高层建筑施工有哪些特点？我国高层建筑施工技术有哪些发展？

第二章 高层建筑施工测量

高层建筑施工测量是高层建筑结构各施工阶段的先行工序，又是竣工阶段检查的工序，它贯穿于整个施工的始终，起着指导与衔接各施工阶段、各工种之间的施工与配合的作用。它是保证工程质量和工程进度的基本工作之一。在高层建筑工程施工测量中，由于层数多、高度大，要求竖向控制精度高；由于结构复杂、装修现代化和高速电梯的安装等，要求测量精度高；由于平面、立面多样化，要求测量放线方法灵活多变；由于工作量大、工期长，要求主要轴线和标高控制桩点能长期牢固地保留；由于施工测量工作项目多、工作量大，与设计、施工各方面的关系密切而要求事先做好充分的准备工作，在整个工程的进行中做好各个环节的测量检验工作，更是至关重要的。

第一节 高层建筑物定位放线

一、建立施工测量控制网

平面控制网和高程控制网的桩位，是整个场地内各栋建筑物平面和标高定位、高层建筑竖向控制的基本依据；是保证场地内整体施工测量精度和分区或分期施工相互衔接的基础。因此，控制网的设计、测试及桩位的保护等项工作，应与工程施工方案、现场布置统一考虑确定。

1. 平面控制网

平面控制测量，以城市规划的建筑红线、高层建筑主要建筑物轴线为主控方向，将其作为区域控制的主轴线。建立矩形控制网或方格网，控制高层建筑群及其他各相关建筑，涵盖全部施工区域。控制网一般都建成与主建筑物一致的直角坐标系，即建筑坐标系。便于日常施工放线定位尺寸换算，保证精度。测量人员使用方便，也较容易进行复测，自检闭合。平面控制网建立还应考虑高层建筑的地下设施，如地下室、地下车库、深基础等，还应为高层竖向测量内控制网的建立留出空间。平面控制网布设应与工程总平面图相配合，要避开道路、管网等外围设施，以便在施工过程中能够保存较多数量的测量控制点标志。

2. 高程控制网

高程控制是测量建筑所处城市的海拔高程，以及城市的高程基准点的标高。必须建立有相应精度和控制范围的水准网点，控制高层建筑区域与城市道路、管网、通信、给排水等相互连接，故施工场地的高程控制点要联测到国家水准网点和城市水准点上。高层建筑物的水准点标高系统与城市水准点标高系统必须统一。水准测量在整个高层建筑工程施工期所占比例很大，也是施工测量工作的重要部分。正确、周密地布设和建立高程控制水准网点，一是要方便施工测量，二是要永久保存。点位宜选择在建筑区域内通视条件好、不容易被碰到和破坏的地方。也可以根据施工需要建立一些半永久性水准点作补充，方便施工。但水准点的测量精度和误差范围必须符合规范要求，与水准网基准点保持一个等级。

二、建筑物定位放线

（一）建筑物基槽放线

基础坑土方开挖之前，定位放线一般测量建筑物的主要轮廓线。土方开挖时在建筑物设计轴线外施工。挖土过程中，定期测量检查基础挖土方的边线和标高，挖至挖土深度和基础边坡，满足设计尺寸。一般用小木桩钉在土方工程施工所需要的位置供施工人员引线检查。平面轴线位置可沿基坑外边缘投测。大型基础可将测量经纬仪设置在基坑底部，用串镜法（又称正倒镜法）引测轴线到深基坑底部。因受施工场地各种偶然因素的影响，直线两端点之间不能直接通视时，可将经纬仪置于两端点之间的任何位置，用串镜法进行定位放线测量。此法能克服施工现场障碍物的限制，解决通视困难。测量人员熟练掌握串镜法操作，灵活方便，减少仪器架设次数和照准、对中误差，提高测量精度和工效。

1. 串镜法具体操作方法

① 如图 2-1 所示，将经纬仪架设在不通视的 A、B 两点之间的 C' 点。C' 点的位置满足与 A、B 两点通视且前视观测点通视良好。目测估计 C' 点位置尽量靠近 A、B 两点连线，大致整平仪器。

② 照准 A 点，倒转望远镜观测 B 点，由于仪器位置不在 AB 直线上，仪器视线落在 B' 方向；估测 B 点与 B' 点方向的垂直距离，根据相似三角形的理论，将仪器自 C' 点垂直向 AB 直线方向移动，如图 2-1 所示。移动的距离依据仪器设置的位置距 A、B 两点的距离远近比例而定。如 C' 点在 A 点与 B 点的 1/2 处，则移动仪器位置 C'' 点为 B' 点、B 点之间距离的 1/2。

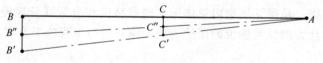

图 2-1　串镜法图解

③ 重复上述操作，逐步趋近仪器由 C' 点到 C'' 点最终到 C 点，仪器的位置就重合于 AB 直线上了。后视 A 点或 B 点即可进行测量投点放线。

④ 为了消除经纬仪本身的正倒镜误差，串镜时一定要用正倒镜观测，取中定位，以消除仪器系统误差，提高测量精度，也同时进行了自检。

2. 基坑水准测量

高层建筑深基坑挖土，一般都采用机械开挖和人工清理配合。为了控制挖土标高，测量人员要观测标高点。用普通水准仪将水准网控制点沿土方施工坡道向基坑内引测。在坑底进行土方标高测量，将标高引测到四周钉小木桩固定，检查土方深度。基础土方工程清边、清底的测量允许误差，中心线和标高约为 ±10mm。

（二）建筑物基础放线

当基础垫层浇筑后，在垫层上测定建筑物各轴线、边界线、墙宽线和柱位线等基础放线工作，俗称摆底，这是具体确定建筑物位置的关键环节，施测中必须严格保证精度，严防出现错误。建筑物基础放线的基本步骤如下。

1. 检测轴线控制桩

根据建筑物矩形控制网的四角桩，检测各轴线控制桩位没有碰动和位移后方可使用。当建筑物轴线较复杂时，如 60°柱网或任意角度的柱网的工程中，或测量放线使用平行借线时，都要特别注意防止用错轴线控制桩。

2. 投测四大角与主轴线

根据基槽边上的轴线控制桩用经纬仪向基础垫层上投测建筑物四大角、四廊轴线和主轴线，经闭合校核后，再详细放出细部轴线。

·3. 测定基础细部线位

根据基础图以各轴线为准，用墨线弹出基础施工中所需要的边界线、墙宽线、柱位线、集水坑线等。

4. 验线

首先要检查各轴控制桩有无用错和位移，再用经纬仪检查各轴线的投测位置（即基础的定位），然后再实量四大角和各轴线的相对位置，以防止整个基础在基槽内移动错位。

三、高层建筑物定位测量允许偏差

高层建筑物定位测量后应及时做好整理工作，填写高层建筑物定位测量记录表，其测量结果应符合下列要求。

① 平面控制网桩位间距不应大于所有钢尺长度，并应组成闭合图形，其测量允许偏差应符合表 2-1 的规定。

表 2-1　场地平面控制网允许偏差

等　　级	适用范围	边长/m	测角允许偏差/(″)	边长相对允许偏差
一级	重要高层建筑	100～300	$7″\sqrt{n}$	1/30000
二级	一般高层建筑	100～300	$15″\sqrt{n}$	1/20000

注：n 为建筑物结构的跨数。

② 基础放线尺寸允许偏差应符合表 2-2 的规定。

表 2-2　基础放线尺寸允许偏差

长度 L、宽度 B/m	允许偏差/mm	长度 L、宽度 B/m	允许偏差/mm
$L(B)\leqslant 30$	±5	$90<L(B)\leqslant 120$	±20
$30<L(B)\leqslant 60$	±10	$120<L(B)\leqslant 150$	±25
$60<L(B)\leqslant 90$	±15	$L(B)>150$	±30

第二节　高层建筑标高控制

一、地下结构标高控制

地下结构标高控制即 ±0.000 以下标高控制。为了保证建筑全高控制的精度，在基础施工中就应注意准确地测设标高，为 ±0.000 以上的标高传递打好基础。

高层建筑结构的基础一般均较深，有时又不在同一标高上，为控制基础和 ±0.000 以下各层的标高，在基础开挖过程中，应在基坑四周的护坡钢板桩或混凝土桩（选其侧面竖直且规正者）上各涂一条宽 10cm 的竖向白漆带。用水准仪根据统一的 ±0.000 水平线，测出各白漆带上顶的标高；然后用钢尺在白漆带上量出 ±0.000 以下，各负（一）整米数的水平线；最后将水准仪安置在基坑内，校测四周护坡桩上各白漆带底部同一标高的水平线，当误差在 ±3mm 以内时认为合格。在施测基础标高值时，应后视两条白漆带上的水平线以做校核。

二、主体结构标高控制

主体结构标高控制即 ±0.000 以上标高控制。±0.000 以上的标高控制，主要是沿结构外墙、边柱或楼梯间等向上竖直进行。一般高层结构至少要由 3 处向上引测，以便于相互校核和分段施工。引测步骤如下。

① 先用水准仪根据两个栋号水准点或±0.000 水平线，在各向上引测处准确地测出相同的起始标高线。

② 用钢尺沿铅直方向，向上量至施工层，并画出正（＋）米数的水平线，各层的标高线均应由各处的起始标高线向上直接量取。高差超过一整钢尺长时，应在该层精确测定第二条起始标高线，作为再向上引测的依据。

③ 将水准仪安置在施工层，校测由下面传递上来的各水平线，误差应在±3mm 以内。在各层抄平时，应后视两条水平线以做校核。

三、高层建筑物标高抄测允许偏差

标高竖向传递允许偏差应符合表 2-3 的规定。

表 2-3　标高竖向传递允许偏差

项　　目		允许偏差/mm
每　　层		±3
总高 H/m	$H \leqslant 30$	±5
	$30 < H \leqslant 60$	±10
	$60 < H \leqslant 90$	±15
	$90 < H \leqslant 120$	±20
	$120 < H \leqslant 150$	±25
	$H > 150$	±30

高层建筑物标高按层做好抄测记录，其偏差应符合表 2-3 的规定。

第三节　高层建筑轴线引测

一、吊线坠轴线引测

可根据建筑物的设计高度决定线坠的质量，一般 50～80m 以内的高层建筑施工，可采用10～12kg 的特别线坠，用 0.1～1mm 的钢丝作为吊线。超高层建筑可采用数层为一分段垂吊控制，能克服吊线钢丝过长不稳定。有条件则可以采用垂直塑料管沿垂直方向套着吊线，减少外部因素影响，效果会更理想，精度更高。具体方法可视建筑物平面结构和竖向布置，确定起吊原点，架设固定吊架。一般均采用建筑物平面控制轴线平行内移，建立内控制轴线，在需要垂吊的轴线交点上方相应位置，垂准预留 200mm×200mm 或圆孔形吊线孔洞。吊线钢丝逐层穿过预留孔洞将内控制轴线交点向上引测到施工层面，配合普通工程经纬仪进行定位放线测量。

二、双站四点串镜法轴线引测

一般的高层建筑，如场地较宽，四周没有其他障碍物限制，仅用普通工程经纬仪施测放线，但建筑物的高度与地面建立的平面控制桩的距离不能小于 1∶0.8。可采用常规方法，将轴线投影测量到施工层面上。如果建筑物施工场地不能满足 1∶0.8 的要求，经纬仪受仰角限制（无弯管目镜的仪器）。可采用高层双站四点方向串镜测量方法（也称正倒镜法）。利用直线方向控制建筑物主要轴线进行逐层测量放样，如图 2-2 所示。这种测量方法利用普通工程经纬仪观测，不需要投资专用设备，经济适用。

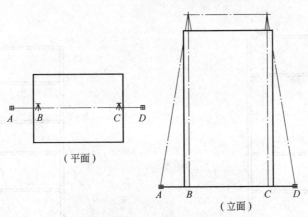

（平面）

（立面）

图 2-2　双站四点串镜法

测量程序如下。

① 与施工管理人员共同协商，制订建筑物轴线控制测量方案，如十字、双十字。在建筑物底层施工时，选择通视条件好的位置，测设平面控制网的同时建立高层轴线引测方向标桩，埋设半永久性标志，观测时点位设置战标和挂线坠均可。

② 当高层建筑楼层逐渐升高，地面投影测量受仰角限制，一台经纬仪已不可能同时观测到 A、D 两点时，设置两台经纬仪于高层楼面端部，估测近于 AD 轴线的 B、C 两点，B、C 两点位置可参照建筑物外边设计尺寸，此数一般为常数，每一楼层均相同。两台仪器操作人员照准各自方向的地面 A、D 方向目标，再倒转望远镜，相互观测 B、C 两测站点。此时两台仪器可能都不在 A、D 直线上。按串镜法测量调整仪器，使测站点 B、C 归到与 AD 线段重合。B、C 两点因有建筑外边参照，变量不会很大，熟练掌握串镜法的测量人员，仅调整数次便可满足要求。

③ 为了减少测量仪器的系统误差，施测中应定期严格检查，校正仪器各轴系间的几何关系，以提高测量投点精度。

④ 轴线投测到高层施工层面后，精测轴线间的正交角和距离，检验引测成果，分析精度，处理投点误差。

三、天顶法与天底法轴线引测

高层建筑垂准测量，传统的方法是用吊线坠，普通经纬仪投影。随着科技进步，新一代的垂准测量仪器问世。各种高层建筑日益增多且造型复杂、超高层空间发展，100～300m 高度的建筑已不少见。国内厂家已先后研制、引进了生产激光垂准仪和激光经纬仪，如苏州产的 JC100 全自动激光垂准仪，北京产的 DzJ3 激光垂准仪、DJ6-C6 垂准经纬仪。主要技术指标同轴度误差不大于 5″，精度 1/40000 以上，100m 光斑直径仅 5mm，且结构简单、操作方便。国内还有些工厂已研制生产与普通短望远镜管经纬仪相配的 90°弯管折光目镜棱镜，还配有 JF1、JF5 对点器。折光对点器在目标有良好照明设施时可清楚照准 150m 以内的目标。利用上述设备，可进行垂准测量和天顶、天底测量，如图 2-3、图 2-4 所示。

测量程序如下。

① 根据高层建筑的结构形式、施工方法和环境条件，与工程施工管理人员共同协商，制定出切实可行的测量方案。做好各项准备工作，在底层依据平面控制系统，建立竖向测量控制点。一般可布设为方形、十字轴线形、工字形，丁字形等作为内控制。但必须布设三条以上纵横轴线。测量精度不能低于底层平面控制网系统，建立半永久性标桩，为竖向测站点。测站上方垂直方向相应位置各楼层应预留 150mm×150mm 的通视孔。

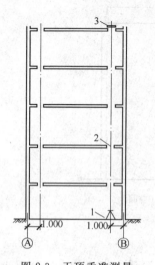

图 2-3　天顶垂准测量
1—垂准仪；2—通视孔；3—接收靶

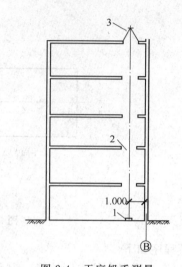

图 2-4　天底铅垂测量
1—地面砚标；2—通视孔；3—装有对点器的仪器

② 测量工作前必须检查校正仪器，具体方法可按测量仪器检查与校正要求进行。或送有关专职检测部门检校。经纬仪轴系间必须满足下列条件：水准管轴应垂直于竖轴；视准轴应垂直于横轴；横轴应垂直于竖轴；十字丝竖丝应垂直于横轴；光学对中器视准轴应与仪器竖轴重合；垂直度盘指标差应调整。

③ 施工配合测量。激光垂准仪是用于垂直测量的专用仪器，适用于高层建筑的垂直定位测量。观测时将仪器架设在地面首层控制点上，对中、整平仪器，启动激光电源开关，向天顶垂直方向发射红色激光束，通过各楼层预留的通视孔，激光束穿过通视孔向上投射准直光斑，所需测量楼层设置有机玻璃接收靶，接收靶刻划有各种半径的目标圆，前视人员通过移动电话，指挥仪器操作者调节调焦距，使激光斑在接收靶呈最小直径圆点，随后仪器操作者缓慢平转仪器做 360°旋转，观察光斑轨迹，微调仪器使光斑轨迹至最小或归于一点。移动靶标，使靶心与仪器激光斑中心重合，固定中心点十字方向于施工层，其他控制交点用同样方法向高层投测。用普通经纬仪配合，在施工层测量放样。

激光经纬仪天顶测量，仍需先标定地面控制中心坐标点在地面设置测站，将仪器对中、整平。纵转望远镜呈天顶位置观测。通过弯管直角目镜观测竖直度盘，使照准轴与仪器竖轴重合，启动电源。同时在施工层设目标接收靶，操作仪器者调焦使靶标成像清晰，接收人员通过有机玻璃靶标观察光斑，指示仪器操作者调节光斑焦距，直至光斑直径最小为止，随后仪器操作者再将仪器左右缓慢平转 180°。上层接收信号人员观察光斑轨迹，同时通知操作者轻微调节望远镜垂直角度，直到光斑轨迹归于一点。这时由激光经纬仪射出的激光束与基准点重合，移动施工层预留孔上平置的接收靶，使靶心与光斑重合，在施工层划线刻点。重复观测自检，结果在允许范围内，即可以此点进行作业层施工放样。

经纬仪天底垂准测量也称俯视测量，施工中因首层交叉施工干扰地面，不能架设经纬仪，用 JC100 型全自动激光垂准仪和经纬仪配置对点器进行天底测量，从上至下引测施工层轴线。将一个点向另一个高度面上作垂直投影，再利用地面上的测微分划板测量垂准线和测点之间的偏移量从而完成垂准测量。操作程序是利用天顶测量所依据的平面内控制点及各楼层预留通视孔，作为天底测量的俯视孔。施测时将目标分划板安置在底层内控制点上，使目标分划板中心交点与内控制点标志的刻点重合。开启目标分划板照明设施，在施工层俯视孔的位置上安置经纬仪，对中基准点，仪器垂准中心即可标定在所测量施工层面，利用中心点作为测站可进行测量放样。目前国内有些工厂已作为仪器附件生产，如 JF1、JF5 型对点器。在底层控制点上安装有效的照明设施，将光学经纬仪置于高层楼面，以折光对点器照准底层光亮目标，如 $THEO_{010}A$ 型光学经纬仪的折光对点器能照准 150m 内的目标，可在高层直接进行天底测量施工层的放样工作，能收到同样的效果。

四、高层建筑物轴线引测允许偏差

① 首层放线验收后，应将控制轴线引测至结构外表面上，并作为各施工层主轴线竖向投测的基准。轴线的竖向投测，应以建筑物轴线控制桩为测站。竖向投测的允许偏差应符合表 2-4 的规定。

表 2-4　轴线竖向投测允许偏差

项　　目		允许偏差/mm
每　　层		3
总高 H/m	$H \leqslant 30$	5
	$30 < H \leqslant 60$	10
	$60 < H \leqslant 90$	15
	$90 < H \leqslant 120$	20
	$120 < H \leqslant 150$	25
	$H > 150$	30

② 控制轴线投测至施工层后，应组成闭合图形，且其间距不应大于所用钢尺长度。

施工层放线时，应先在结构平面上校核投测轴线，再测设细部轴线和墙、柱、梁、门窗洞口等边线，放线的允许偏差应符合表 2-5 的规定。

表 2-5　施工层放线允许偏差

项　　目		允许偏差/mm
外廓主轴线长度 L/m	$L \leqslant 30$	±5
	$30 < L \leqslant 60$	±10
	$60 < L \leqslant 90$	±15
	$L > 90$	±20
细部轴线		±2
承重墙、梁、柱边线		±3
非承重墙边线		±3
门窗洞口线		±3

建筑物维护结构封闭前，应将控制轴线引测至结构内部，作为室内装饰与设备安装放线的依据。

第四节　高层建筑变形观测

一、建筑物沉降观测

对于 20 层以上或造型复杂的 14 层以上的建筑物，应进行沉降观测，并应符合现行行业标准 JBG 8《建筑变形测量规程》的有关规定。

1. 水准基点的设置

基点设置以保证其稳定可靠为原则，基岩上、深桩、深井以及沉降已经稳定的老建筑物均可利用，作为基点。对新建筑群宜设置专用基点，其构造如图 2-5(a) 所示。设置基点的位置必须在建筑物所产生的应力影响范围以外。在一个观测区内，水准基点不应少于 3 个，深度应根据土质情况决定，以不受气候、车辆振动、水位变化等影响为原则。

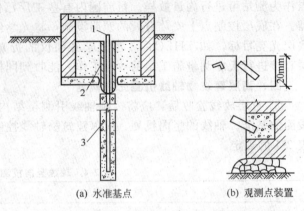

(a) 水准基点　　　　(b) 观测点装置

图 2-5　沉降观测水准基点及测点装置示意
1—水准标芯；2—套管；3—混凝土

2. 观测点的布置

观测点应设置在房屋的转角处、内外墙连接处、高低层相交处及其附近。数量不少于 6 个，并按体型复杂程度、荷载差异情况酌予增加。观测点设在地面以上 50～80cm 处，用角钢斜埋入墙内。角钢的角点朝上，作为固定的测点，如图 2-5(b) 所示。

3. 建筑物沉降观测方法

① 对特级、一级沉降观测，应使用 DSZ05 或 DS05 型水准仪、铟瓦合金做成标尺，按光学测微法观测；对二级沉降观测，应使用 DS1 或 DS05 型水准仪、铟瓦合金标尺，按光学测微法观测；对三级沉降观测，可使用 DS3 型仪器、区格式木质标尺，按中丝读数法观测，也可使用 DS1、DS05 型仪器、铟瓦合金标尺，按光学测微法观测。光学测微法和中丝读数法的每测站观测顺序和方法，应按现行国家水准测量规范的有关规定执行。

② 各等级水准观测的视线长度、前后视距差、视线高度应符合表 2-6 的规定。各等级水准观测的限差应符合表 2-7 的规定。

表 2-6　水准观测的视线长度、前后视距差和视线高度　　　　　　　　　　m

等　　级	视线长度	前后视距差	前后视距累积差	视线高度
特级	≤10	≤0.3	≤0.5	≥0.5
一级	≤30	≤0.7	≤1.0	≥0.3
二级	≤50	≤2.0	≤3.0	≥0.2
三级	≤75	≤5.0	≤8.0	三丝能读数

表 2-7　水准观测的限差　　　　　　　　　　mm

等　　级		基辅分划（黑红面）读数之差	基辅分划（黑红面）所测高差之差	往返较差及附合或环线闭合差	单程双测站所测高差较差	检测已测测段高差之差
特级		0.15	0.2	$\leq 0.1\sqrt{n}$	$\leq 0.07\sqrt{n}$	$\leq 0.15\sqrt{n}$
一级		0.3	0.5	$\leq 0.3\sqrt{n}$	$\leq 0.2\sqrt{n}$	$\leq 0.45\sqrt{n}$
二级		0.5	0.7	$\leq 1.0\sqrt{n}$	$\leq 0.7\sqrt{n}$	$\leq 1.5\sqrt{n}$
三级	光学测微法	1.0	1.5	$\leq 3.0\sqrt{n}$	$\leq 2.0\sqrt{n}$	$\leq 4.5\sqrt{n}$
	中丝读数法	2.0	3.0			

注：n 为测站数。

③ 对二级、三级观测点，除建筑物转角点、交接点、分界点等主要变形特征点外，可允许使用间视法进行观测，但视线长度不得大于相应等级规定的长度。

每次观测应记载施工进度、增加荷载量、建筑物倾斜裂缝等各种影响沉降变化和异常的情况。

④ 沉降观测的周期和观测时间，可按要求并结合具体情况确定。

建筑物施工阶段的观测，应随施工进度及时进行。高层建筑，可在基础垫层或基础底部完成后开始观测。观测次数与间隔时间应视地基与加荷情况而定。

沉降是否进入稳定阶段，应由沉降量与时间关系曲线判定。对重点观测和科研观测工程，若最后三个周期观测中每周期沉降量不大于 $2\sqrt{2}$ 倍测量中误差可认为已进入稳定阶段。一般观测工程，若沉降速度小于 $0.01 \sim 0.04\text{mm/d}$，可认为已进入稳定阶段，具体取值宜根据各地区地基土的压缩性确定。

⑤ 建筑变形测量的等级划分及其精度要求应符合表 2-8 的规定。

表 2-8　建筑变形测量的等级划分及其精度要求　　　　　　　mm

变形测量等级	沉降观测	位移观测	适　用　范　围
	观测点测站高差中误差	观测点坐标中误差	
特级	≤0.05	≤0.3	特高精度要求的特种精密工程和重要科研项目变形观测
一级	≤0.15	≤1.0	高精度要求的大型建筑物和科研项目变形观测
二级	≤0.50	≤3.0	中等精度要求的建筑物和科研项目变形观测；重要建筑物主体倾斜观测、场地滑坡观测
三级	≤1.50	≤10.0	低精度要求的建筑物变形观测；一般建筑物主体倾斜观测、场地滑坡观测

注：1. 观测点测站高差中误差，是指几何水准测量测站高差中误差或静力水准测量相邻观测点相对高差中误差。

2. 观测点坐标中误差，是指观测点相对测站点（如工作基点等）的坐标中误差、坐标差中误差以及等价的观测点相对基准线的偏差值中误差、建筑物（或构件）相对底部定点的水平位移分量中误差。

二、建筑物的倾斜观测

高层建筑物顶部与底部的相应点位不在同一垂直线上，称为倾斜。倾斜的直接测定方法有以下几种。

1. 投点法（投影法）

此法的实质是利用投点直接量取偏移值 Δl，如图 2-6(a) 所示。A 为顶部点，B 为底部点，由于倾斜 A 点偏离 AB 垂线位移至 A' 点，则倾斜度为

$$i = \tan\alpha = \frac{\Delta l}{H}$$

Δl 的量取可采用垂球、激光铅垂仪等仪器工具，将 A' 点投至 B 点所在的水平面上，直接量取 Δl 值的大小和方向。也可用经纬仪安置互为 $90°$ 方向上，将 A' 点投至 B 点所在的水平面上（用正倒镜取中投点法），交出其点位位置或两个位移分量 Δl_1、Δl_2（相对于 B 点），按矢量相加法可求出位移值 Δl，如图 2-6(b) 所示。

对高层建筑物采用平行线投影观测法，如图 2-7 所示。

在高层建筑物底部分别建立两条平行建筑物底部基线，该基线应相互垂直。由基线各一端安置仪器照准另一端，然后从建筑物底部横放水平标尺读数，再在不同高度放水平尺读数，计算出倾斜度。

2. 测角法（双切线法）

圆形建筑物常用此方法，如图 2-8 所示。

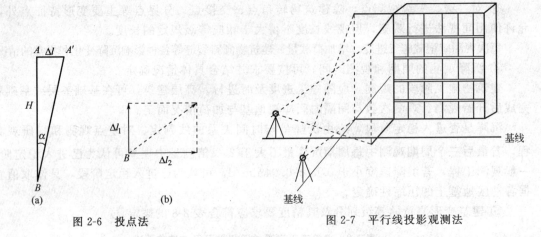

图 2-6　投点法　　　　　　　　　　　　图 2-7　平行线投影观测法

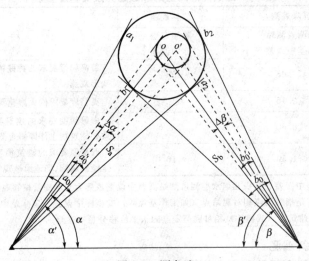

图 2-8　测角法

通过对圆形建筑物的外边缘从不同水平高度求出观测的不同变化。图 2-8 所示为圆形烟囱，用测角法观测顶部与底部示意图，可利用已有控制点或自行布设，形成最有利交会角度。通过交会可看出，应该是 $\alpha=\alpha'$，$\beta=\beta'$；不等时，说明烟囱顶部与底部不是同心圆，则产生 $\Delta\alpha$ 与 $\Delta\beta$。可以近似求出

$$e_{\mathrm{a}}=\pm\frac{\Delta\alpha''}{e''}-S_{\mathrm{a}}\ ;e_{\mathrm{b}}=\pm\frac{\Delta\beta''}{e''}-S_{\mathrm{b}}\ ;e=\pm\sqrt{e_{\mathrm{a}}^2+e_{\mathrm{b}}^2}$$

也可利用前方交会法计算公式来求出 o 和 o' 的圆心坐标 x_0、y_0 和 x_0'、y_0'，则

$$\overline{oo'}=e=\pm\sqrt{(x_0-x_0')^2+(y_0-y_0')^2} \tag{2-1}$$

其偏差方向为

$$\tan\theta=\frac{y_0-y_0'}{x_0-x_0'} \tag{2-2}$$

为了全面了解烟囱（或其他高层建筑物、塔型建筑物）的倾斜偏差情况，可将烟囱按不同设计高度 H_i，分段观测，如图 2-9 所示，放样出不同高度点的垂直角，测定出各层高度 H_1、H_2 及 H_3 值，由图知

$$\tan\alpha_i=\frac{H_i-H_0}{S} \tag{2-3}$$

式中 α_i——放样各层高度点的垂直角；

    H_0——仪器高；

     S——仪器中心至烟囱中心的距离。

式 (2-3) 中的 S 可按下式计算：

$$S = S_0 + R \qquad\qquad (2\text{-}4)$$

式中 R——烟囱底部半径；

    S_0——仪器中心至烟囱底部外缘点距离。

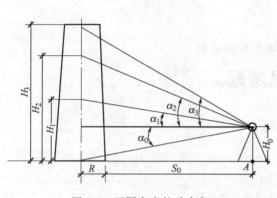

图 2-9 不同高度的垂直角

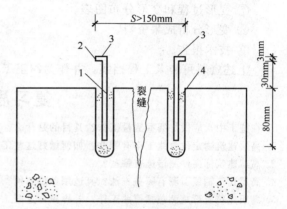

图 2-10 金属标志

1—$\phi20mm$ 金属棒；2—卡尺处；

3—标点；4—1:2 水泥砂浆

三、建筑物的裂缝观测

在高层建筑物发生裂缝的地方，先对裂缝进行编号，然后分别观测裂缝的位置、走向、长度及宽度等项目。

1. 金属标志

裂缝观测主要在裂缝两侧设立金属标志，如图 2-10 所示。

该标志为 $\phi20mm$、长约 100mm 的金属棒，埋入混凝土内 80mm，上面加保护盖，两标志间距不小于 150mm，定期用卡尺测定两标志间距变化值。

2. 铁皮标志

如图 2-11 所示，用两块铁皮，平行固定在裂缝两侧，使一片搭在另一片上，保持密贴，其密贴部位涂白色，露出部位涂红色，这样即可定期测定裂开时两铁皮的错动距离。一道裂缝需要在最大裂口和裂缝末端分别设置两组标志。

3. 石膏薄片标志

当墙体裂缝，可用石膏薄片标志，在裂缝两侧设置

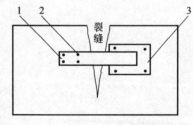

图 2-11 铁皮标志

1—红色铁皮；2—固定钉；

3—白色铁皮

石膏薄片，使其与裂缝两侧密贴牢靠。当裂缝裂开和加大时，石膏薄片也裂开，可测定其大小和变化。

四、建筑物变形观测技术资料

建筑物变形观测的技术资料应及时整理。原始观测记录应填写齐全，平差计算成果，图表等资料应完整无误。

每一工程项目的变形测量任务完成后，应提交下列综合成果资料。

① 施工方案与技术设计书。

② 控制点与观测点平面布置图。

③ 标石、标志规格及埋设图。

④ 仪器检验与校正资料。

⑤ 观测记录（手簿）。

⑥ 平差计算、成果质量评定资料及测量成果表。

⑦ 变形过程和变形分布图表。

⑧ 变形分析成果资料。

⑨ 技术报告。

上述资料可装入工程档案，并作为纠正工程变形的依据。

复习思考题

1. 在施工中，应做好哪些测量工作？其目的是什么？

2. 高层建筑物定位放线工作有哪些？如何做好这些工作？

3. 高层建筑标高抄测措施有哪些？

4. 高层建筑轴线引测有哪些方法？其适用条件如何？

5. 高层建筑变形观测包括哪些工作？怎样做好这些工作？

6. 建筑物变形观测的综合成果资料有哪些？这些资料有哪些工程价值？

第三章　高层建筑施工机具

第一节　高层建筑施工用塔式起重机

一、塔式起重机分类与性能

塔式起重机的种类较多，高层建筑中应用的主要为附着式塔吊和内爬式塔吊。附着式塔吊和内爬式塔吊均为固定式，均只有上回转式，两者也有俯仰变臂架或小车变幅臂架两种，适用于高层和超高层建筑使用。

1. 国产自升塔式起重机

国产自升塔式起重机型号与技术性能见表 3-1。

表 3-1　国产自升塔式起重机型号与技术性能

项　目	QT80 (北京)	QT80A (QT100) (北京)	QTF80 (广西)	QT80 (广东)	QT₄-10 (北京)	QT₄-10A QTZ-200 (北京)
额定起重力矩/kN·m	800	1000	800	800	1600	2000
最大幅度/m	30　　35	40/45/50	30/42	46	35	40
最大起重量幅度/m	14.2　13	2.8~12.5	11.1/11.6	2.7~13	26	10
最大幅度起重量/t	2.39　1.23	2.5/1.94/1.5	2.67/1.5	1.4	4.0	3.5
最大起重量/t	6　　5	8/7/6	7/6	6	8	20
轨道式最大吊钩高度/m	45.5	45.5	46	41.6	50.5	53
附着式最大吊钩高度/m	70	70	70	82.6	160	160
起升速度/m·min⁻¹	80/50/28	100/74/50/29.5	68/37　4/13　4/3.1	70/45/20	45/22.5	80/40/8.2
电机功率/kW	30	30	38+12	45	45	2×45
变幅(小车)速度/m·min⁻¹	23	22.5	45/25	40/20	18	18
电机功率/kW	3.5	3.5	7.5	4/2.5	5	5
回转速度/r·min⁻¹	0.53	0.53	0.59	0.6	0.5	0.49
电机功率/kW	2×3.5	2×3.5	2×3.5	2×3	2×3.5	2×5
大车行走速度/m·min⁻¹	18	18			10.38	10.38
电机功率/kW	2×7.5	2×7.5			4×3.5	4×3.5
结构自重/t	48.5 49	48 5/48 9/49.2	50	48.4		
中心压重/平衡重/t	64/6 7.1	56/8 29 4 10.4	60/—	50/5.5		
轨距×轴距/m	5×5	5×5	5×5	5×5	6.5×6.5	6.65×6.65
内爬式最大吊钩高度/m	70	140	70	150	160	160

项　目	QTZ60 (四川)	QTZ80 (上海)	QTZ80 (北京)	QTZ120 (湖南)	Z80 (上海、四川)	ZT100 (广东)
额定起重力矩/kN·m	600	800	800	1200	800	1000
最大幅度/m	42	20	35/45	40/50	30	30
最大起重量幅度/m						3.1~12.5
最大幅度起重量/t	1.43	4	2.3/1.62	31	2.7	3.3
最大起重量/t	6	8	6	8	8	8
轨道式最大吊钩高度/m	43	45	45	50	63	35
附着式最大吊钩高度/m	117	79	100	120	123	70
起升速度/m·min⁻¹	100/50/26/6.5	45/30	100/45/3.5	120/60/30	45/22.5	40/30
电机功率/kW			22	30		

续表

项　目	QTZ60 (四川)	QTZ80 (上海)	QTZ80 (北京)	QTZ120 (湖南)	Z80 (上海、四川)	ZT100 (广东)
变幅(小车)速度/m·min⁻¹ 电机功率/kW	60/30	90° (由最大变到最小)	30.5 / 3.7	50/25/7/5 / 5	10.3	20 / 5
回转速度/r·min⁻¹ 电机功率/kW	0.44~0.66	0.5	0.6 / 2×2.2	0.6 / 2×3.7	0.6	0.52 / 2×3.5
大车行走速度/m·min⁻¹ 电机功率/kW	25	11.6	22.4 / 2×5.5	23.5 / 2×7.5	10.3	10 / 2×7.5
结构自重/t 中心压重/平衡重/t	37	50 / 23/13.5	46.6	52.5	55 / 23.5/5	82 / 26.7/6.8
轨距×轴距/m 内爬式最大吊钩高度/m	5×5	5×5	5×5	6×6	5×5 / 140	6×6

项　目	ZT120 (上海)	QT₅-4/20 (湖北)	QT_GFP-60 (广东)	QTP60 (上海)	TQ60/80 * ZG (北京)	TQ90 * (北京)
额定起重力矩/kN·m	1200	400	600	600	900	900
最大幅度/m 最大起重量幅度/m	30/40	20 / 2.4~1.0	30/35 / 3.1~14	30 / 2.7~10	25 / 12.5	25 / 12.5
最大幅度起重量/t 最大起重量/t	41 / 8	2 / 4	2 1.6 / 4.6	2 / 6	3.6 / 7	3.6 / 7.2
轨道式最大吊钩高度/m 附着式最大吊钩高度/m	40 / 160		41.3 / 150		70 / 臂架仰起时	70
起升速度/m·min⁻¹ 电机功率/kW	50/3 / 41	40/5 / 30	58/40/20 / 22+10	50/25 / 30	21.5/14.3 / 22	21.5/14.3 / 22
变幅(小车)速度/m·min⁻¹ 电机功率/kW	30.3 / 7.5	20 / 2.2	24/12 / 4/2.5	28.6/10 / 3.5	8.56 / 7.5	8.56 / 7.5
回转速度/r·min⁻¹ 电机功率/kW	0.5 / 2×3.5	0.6 / 3.5	0.5 / 2.2	0.57~0.19 / 3.5	0.6 / 3.5	0.6 / 3.5
大车行走速度/m·min⁻¹ 电机功率/kW	14 / 2×7.5		15 / 7.5		17.5 / 2×7.5	17.5 / 2×7.5
结构自重/t 中心压重/平衡重/t	— / 17	25.5 / 13	40/4.5	27.5 / 13	45	57 / 30/5
轨距×轴距/m 内爬式最大吊钩高度/m	6×6	110	5×5	160	4.2×3.8	6×6

注：*动臂(俯仰变幅)上回转塔式起重机；TQ90上回转液压下顶升接高；Q—起重机；T—塔式；F—附着式；G—固定式；P—内爬式；Z—自升式；ZG—超高。

近年国产1000~4000kN·m高层建筑用塔式起重机型号与技术性能见表3-2。

表3-2　近年国产1000~4000kN·m高层建筑用塔式起重机型号与技术性能

项　目	TC100 北京	HK40/21B 北京	K50/50 沈阳	QTZ120B JL5520 湘潭	QTZ160 湘潭	QTZ250 湘潭
额定起重力矩/kN·m	1000	2950	4000	1200	1600	2800
最大幅度/m 最大起重量幅度/m	50 / 13.6	70 / 18.4	70 / 22.4	55 / 15	60 / 15	70 / 21
最大幅度起重量/t 最大起重量/t	1.6 / 8	2.1 / 16	5 / 20	2.07 1.99 / 10	1.8 1.76 / 10	2.92 2.8 / 12
轨道式最大吊钩高度/m 附着式最大吊钩高度/m	47.0 / 140	50.6 / 153.7	80.09 / 270	50 / 120	62 / 181	59 / 200
起升速度/m·min⁻¹ 电动机功率/kW	100/74/50/30 50/37/25/15 / 30	192/96/48/0 96/48/24/0 / 88	78/39/19.5 156/78/39 / 88	120/80/40 60/40/20 / 45	110/55/6 55/27/3 / 2×30	130/96/70/44 65/45/35/22 / 55
变幅(小车)速度/m·min⁻¹ 电动机功率/kW	60/30/7.5 / 4.4	45/23/6 / 4.4	59/28/7 / 5	50/25/7.5 / 5	50/25/7.5 / 5	0~65
回转速度/r·min⁻¹ 电机功率/kW	0.6 / 2×3.7	0.8 / 2×9	0.8 / 2×9	0.6 / 2×3.7	0.8 / 2×4.7	0.8 / 2×4.7
大车行走速度/m·min⁻¹ 电机功率/kW	20 / 2×7.5	30/15 / 4×3.7	32/16 / 6×5.2	23.5 / 2×7.5	23.5 / 2×7.5	23.5 / 2×7.5
结构自重/t 中心压重/平衡重/t	49.5(轨道式) / —	93(轨道式) / —	137(轨道式) / —	33.6 / —/16.7	73.69 / —/25.5	— / —/25.8
轨距×轴距/m 内爬式最大吊钩高度/m	5×5 / 140	6×6 / 153.7	8×8 / 270	— / 140	6×6 / 182	6.5×6.5 / 200

2. 进口自升塔式起重机

国外引进自升塔式起重机型号与技术性能见表 3-3。

表 3-3　国外引进自升塔式起重机型号与技术性能

项　目	70HC LIEBHERR 德国	88HC LIEBHERR 德国	256HC LIEBHERR 德国	TN112 PEINER 德国	FO/23B POTAIN 法国	H3/36B POTAIN 法国
起重力矩/kN·m	700	800	2560	1550	1450	2340
最大幅度/m	45	45	70	50	50	65
最大起重量幅度/m	1.8~1.2	2.2~17.9	2.2~26.9	8.7~17.8	2.85~14.5	2.85~19.5
最大幅度起重量/t	1.2	1.9	2.7	1.4	2.3	2.8
最大起重量/t	5.6	6	12	12	10	12
轨道式最大吊钩高度/m	38.3	44.4	60.7	58	61.6	83.6
起升速度/m·min⁻¹	62/31/5.6	169/42/13	101/51/14	112/71/45/28	64/32.32/16	260/130/65
电动机功率/kW	18	30	61	37	33	88.3
小车速度/m·min⁻¹	45/11	73/39/12	90/50/16/8	由最大到最小	60/30/7.5	86/34/4
电动机功率/kW	3	4.6	4.6	23.5	4.4	10.3
回转速度/r·min⁻¹	0.8	0.9	0.7	0.8	0.8	0.6
电机功率/kW	5	5	2×5	5	2×4.4	2×8.8
大车行走速度/m·min⁻¹	25.5	25	25	40	30/15	27/13.5
电机功率/kW	2×2.2	2×3	2×7.5	4×3.7	4×3.7	4×5.2
结构自重/t	29	43.5	92		69	133
压重/平衡重/t	45.1/	68.4/10.25	49.7/18	18/31.8	116.6/16.7	84/
轨距×轴距/m	4.6×4.6	4.6×4.6	8×8	6.3×6.3	6×6	6×6
内爬式塔身高度/m	29.2	25.26	34.86			

项　目	MB2043 BREZNO 捷克	CT4618 COMEDIL 意大利	K100 KRØLL 丹麦	GT187C2.5 SIMMA 意大利	SG1250 SOCEM 意大利	SG1740 SOCEM 意大利
起重力矩/kN·m	2000	1000	1000	1630	1440	2170
最大幅度/m	50	46	44	62	55	60
最大起重量幅度/m	3~18	12.25	3.7~17.14	2.5~15.3	18	18.5
最大幅度起重量/t	3	1.8	2	2	2.25	3
最大起重量/t	12	8	6	10	8	12
轨道式最大吊钩高度/m	60	41	43	47/59	44	60
起升速度/m·min⁻¹	96/60/30	65/32/16.2	86/14/7	60/30	60/30/7.4	60/30/7.4
电动机功率/kW	55	24.3	55	33	35	45
小车速度/m·min⁻¹	60	50/25	50/12.5	50/25	60/20	60/20
电动机功率/kW	6.3	3.5		4.5	3	7.5
回转速度/r·min⁻¹	0.6	0.8	0.8	0.9	0.6	0.6
电机功率/kW	2×4.5	2×4.4		2×4.5		
大车行走速度/m·min⁻¹	24	30	23	25/12.5	20	20
电机功率/kW	4×4	2×4.4		2×5.2	2×2.2	2×4
结构自重/t	78.3	51	41.5		49	75
压重/平衡重/t	104/10.4	85/10.5	30/8	60/68	78/	110/14
轨距×轴距/m	6×6	4.5×4.5	4.5×4.5	6×6	4.5×4.5	6×6
内爬式塔身高度/m			或6×6			

3. 塔式起重机的支撑和附着装置

(1) 塔式起重机基础　自升塔式起重机在用做固定式或附着式时，需要在支腿或底座位置下设四个钢筋混凝土基础，以承受塔吊自重及由外荷载产生的作用力，并传至地基，以 80t·m 级自升塔式起重机的基础为例，如图 3-1 所示。

基础混凝土用 C35，钢筋用Ⅱ级带肋钢筋，基础内预埋螺栓锚固起重机的支腿或底座，四个基础表面标高有误差时，可通过设调整钢板进行微调。如需在地下室施工阶段，在深基坑近旁设置塔基时，一般宜用灌注桩承台式钢筋混凝土基础，在四个基础的每个基础下根据地质情况设一直径 800~1000mm 钢筋混凝土灌注桩，深由计算确定，四个基础之间用圈梁连接。

(2) 附着支撑设施　自升塔式起重机用做附着式时，为了保持塔体稳定，需要设置附着支撑（又称锚固装置）与建筑物拉结，其作用是使塔吊上部传来的水平力、不平衡力矩及扭

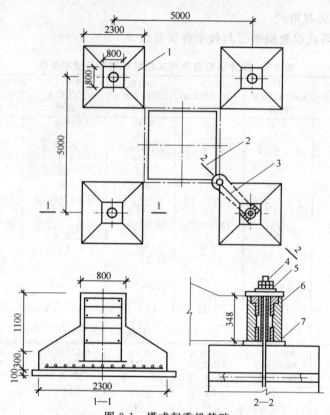

图 3-1 塔式起重机基础

1—钢筋混凝土基础；2—塔基底座；3—支腿；4—紧固螺母；
5—垫圈；6—钢套；7—钢板调整片（上下各 1 片）

矩，通过附着支撑传给建筑结构，同时可减小塔身细长比，改善塔身结构受力情况。

对于附着支撑，拉住塔体结构的形式有两种，即整个塔身抱箍式和节点（塔身）抱柱式（图 3-2）。前者能充分利用塔身的空间，整体性好；后者结构较简单，安装方便。

附着装置由锚固环箍和附着杆组成。锚固环箍由两块钢板组焊或型钢组焊的 U 形梁拼装而成；附着杆则可由型钢、无缝钢管组成，也可用型钢组焊成桁架结构。在附着杆上应设置调节螺母、螺杆副，调节距离约±200mm，以便灵活调节塔身附着距离和塔身立于地面的垂直度。

塔机塔身与建筑物墙（柱）面之间连接的附着杆平面布置（杆系）形式，常用的有如图 3-3 所示几种，附墙距离一般为 4.1～6.5m，距离大的可达 10m，个别情况也有达 15m 的。

附着距离在 6.5～10m 的，也可采用图 3-3 所示布置形式，附着杆可借用标准附着杆适当加长和加固，必要时在一附着点上下各设置一道附着杆。对 15m 或超过 15m 的附着杆，可采用三角截面空间桁架式附着杆系，如图 3-3(g) 所示，并可用做桁桥，供司机登机操作之用。

附着式塔吊的锚固层次，依正在施工的高层建筑高度、起重机塔身结构、塔身自由高度而定，一般设置 2～3 道附着锚固装置即可满足施工和塔身稳定的需要。第一道锚固装置设在距塔吊基础表面以上 30～50m 处，自第一道锚固装置向上，每隔 14～20m 设一道锚固装置。重型塔式起重机的锚固点间距可达 32～50m，甚至更大一些。在进行超高层建筑施工时，不需设置过多的锚固装置，可将下部锚固装置移到上部使用，以节省购置附着杆的费用。

二、塔式起重机选择

（一）参数的确定

塔式起重机的主要参数有幅度、起重量、起重力矩、吊钩高度。选用塔式起重机进行高

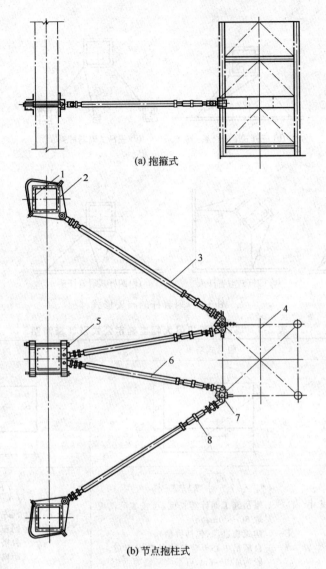

(a) 抱箍式

(b) 节点抱柱式

图 3-2　附着装置形式

1—柱；2—边柱抱箍；3—附着杆；4—塔身；5—中柱抱箍；

6—附着杆；7—附着杆承座；8—调节螺母

层建筑结构施工时，首先应根据施工对象确定所要求的参数。

1. 幅度

幅度又称回转半径或工作半径，是从塔吊回转中心线至吊钩中心线的水平距离，又包括最大幅度和最小幅度两个参数。对于采用俯仰变幅臂架的塔吊，最大幅度是指当动臂处于接近水平或与水平夹角为13°时，从塔吊回转中心线至吊钩中心线的水平距离；动臂仰成63°～65°角（个别可仰至73°）时的幅度，则为最小幅度。对于小车变幅塔吊，其最大幅度是指小车在臂架端头时，自塔吊回转中心线至吊钩中心线的水平距离；当小车处于臂根端点时，自塔吊回转中心线至吊钩中心线的水平距离为最小幅度。

高层建筑施工选择塔式起重机时，首先应考察该塔吊的最大幅度是否能满足施工需要。塔式起重机应具备的最大幅度，可按表3-4所示公式确定。

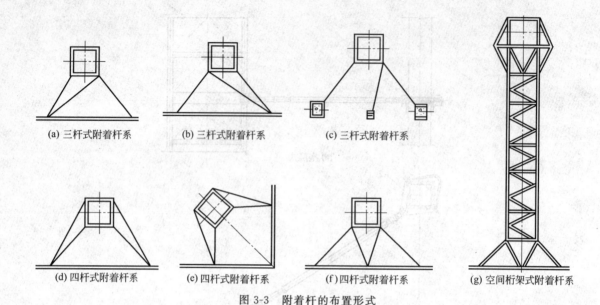

| (a) 三杆式附着杆系 | (b) 三杆式附着杆系 | (c) 三杆式附着杆系 | |
| (d) 四杆式附着杆系 | (e) 四杆式附着杆系 | (f) 四杆式附着杆系 | (g) 空间桁架式附着杆系 |

图 3-3　附着杆的布置形式

表 3-4　塔式起重机最大幅度确定公式及计算简图

项　目	附着式塔吊	内爬式塔吊
计算简图		
计算公式	$L_0 = \sqrt{\left(\dfrac{F_0}{2}\right)^2 + (B+S)^2}$ 式中　F_0——塔吊施工面计算长度,可按实际情况取 $60 \sim 80$m; B——建筑物进深(包括挑檐); S——自塔吊中心至建筑物外墙皮距离,一般为 $4.5 \sim 6$m,可据实际需要估定	$L_0 \geqslant \sqrt{\left(\dfrac{F_0}{2}\right)^2 + (B-S_1)^2}$ 式中　F_0——同左; B——同左; S_1——自塔吊中心至建筑物外墙皮距离

　　小车变幅臂架塔吊的最小幅度一般为 $2.5 \sim 4$m。俯仰变幅塔式起重机的最小幅度 $L_{\min}$ 相当于 $0.3 \sim 0.5 L_0$（L_0 为最大幅度），当变幅速度为 $15 \sim 20$m/min 时，取为 $0.5 L_0$；变幅速度为 $5 \sim 8$m/min 时，取为 $0.3 L_0$。

　　2. 起重量

　　起重量包括最大幅度时的起重量和最大起重量两个参数。起重量包括重物、吊索及铁扁担或容器等的自重。

　　确定塔吊起重量的因素较多，如金属结构承载能力、起升机构的功率和吊钩滑轮绳数的多少等。有些小车变幅臂架塔吊，都装备有两台起重小车（或称变幅小车），可同时用两台小车工作。单小车工作时，有 2 绳及 4 绳之分；用两台小车工作时，工作绳有 8 根。因此，起重量参数变化很大。在进行塔吊选型时，必须依据拟建高层建筑的构造特点，构件、部件类型及自重、施工方法等，做出合理的选择，务求做到既能充分满足施工需要，又可取得最大经济效益。

　　3. 起重力矩

　　幅度和与之相对应的起重量的乘积，称为起重力矩。塔吊的额定起重力矩是反映塔吊起重能力的首要指标。在进行塔吊选型时，初步确定起重量和幅度参数后，还必须根据塔吊技术说明书中给出的数据，核查是否超过额定起重力矩。

4. 吊钩高度

吊钩高度是自轨道基础的轨顶表面或混凝土基础顶面至吊钩中心的垂直距离，其大小与塔身高度及臂架构造类型有关。选用时，应根据建筑物的总高度、预制构件或部件的最大高度，脚手架构造尺寸以及施工方法等确定。塔式起重机吊钩高度计算见表3-5。

表 3-5　塔式起重机吊钩高度 $H_{吊}$ 的计算简图与计算公式

类 别	计 算 简 图	计 算 公 式
小车变幅塔吊（轨道式、附着式、固定式）		$H_{吊}=H_1+H_2+H_3+H_4+H_{房}$ 式中　H_1——吊索高度，一般取为 $1\sim1.5\mathrm{m}$； 　　　H_2——构件高度，钢筋混凝土结构按 $3\mathrm{m}$ 计算，钢结构按 $8\sim12\mathrm{m}$ 计算； 　　　H_3——安全操作距离，按 $2\mathrm{m}$ 计； 　　　H_4——脚手架或其他设施高度，m； 　　　$H_{房}$——建筑物总高，m
俯仰变幅塔吊		$H_{吊}=H_1+H_2+H_3+H_4+H_{房}$ 式中　H_1、H_2、H_3、H_4、$H_{房}$——同小车变幅塔吊吊钩高度简化计算公式 $H_{吊}=H_{房}+8$（适用于高层钢筋混凝土结构）
内爬式小车变幅塔吊		$H_{吊}=H_1+H_2+H_3+H_4$ $H_{塔}=H_{吊}+H_5+H_6+H_7+H_8+H_0$ 式中　$H_{塔}$——内爬塔吊塔身总高度，m； 　　H_1、H_2、H_3、H_4——同上； 　　　H_5——正在施工楼层高度，m； 　　　H_6——正在养生中的楼层高度，m； 　　　H_7——锚固高度，一般取为 $8\sim12\mathrm{m}$； 　　　H_8——塔身基础节高度，m； 　　　H_0——由吊钩中心至臂架下皮距离，m

轨道式小车变幅塔式起重机，按表 3-5 所列公式求得的吊钩高度 $H_{吊}$ 加吊钩中心至起重臂下皮的距离 H_0（通长为 2～3.5m，视塔吊承载能力而定）之和，应不超过塔吊的自由高度（即自钢轨顶面至臂根铰点的垂直距离）；附着式塔吊，按表 3-5 中所列公式求得的吊钩高度应小于塔吊的最大吊钩高度；内爬式塔式起重机，按表 3-5 中所列公式求得的塔身高度，应不超过技术说明书中规定的塔身总高度。

（二）确定塔吊台数

确定塔吊生产效率能否满足施工进度的要求有两种方法。

第一种方法为了验证塔吊生产率是否满足施工进度的需要，可以吊次多少按下述程序进行分析。

① 钢筋混凝土结构高层建筑标准层平均每平方米建筑面积约需 1.1～1.6 吊次。根据楼层建筑面积估算出总吊次 $N_{总估}$。

② 塔吊平均每台班约可完成 50～75 吊次。可根据计划配用的塔吊数量和每天作业台班数，计算出塔吊可完成的总吊次 $N_{总计}$。

如 $N_{总计} \geqslant N_{总估}$，即可认为塔吊的生产效率能满足施工进度的要求。

【例 3-1】 某高层住宅，共 12 层，建筑面积为 6137m^2，拟选用 2 台 QT80A 型塔式起重机，计划实行两班制，问结构工期 4 天一层能否得到保证？

解 每层（标准层）总吊次 $N_{总估} = \dfrac{6137}{12} \times 1.5 = 767$ 吊次。根据一些实测资料，QT80A 型塔式起重机平均每一台班可完成 55 吊次；因此，采用 2 台塔吊实行两班作业；共可完成

$$N_{总计} = 55 \times 2 \times 4 \times 2 = 880 \text{（吊次）}$$

由于 $N_{总计} > N_{总估}$，计划工期可得到保证。

第二种方法塔吊的生产率也可以重量计来分析是否能满足施工进度的要求。但它与塔吊的起重能力、起重量的利用程度、台班作业时间的利用情况以及吊次等因素有关，因此，塔吊的小时生产率可按下式估算：

$$P = K_1 K_2 Q n \tag{3-1}$$

式中　Q——塔吊的最大起重量，t；

　　K_1——起重量利用系数，取 0.5～0.9；

　　K_2——作业时间利用系数，取 0.4～0.7；

　　n——每小时理论吊次，吊次/小时。

n 可按下式确定：

$$n = \dfrac{60}{\sum \dfrac{s}{v} + t_n} \tag{3-2}$$

式中　s——构件、建筑材料或机具设备的垂直升运距离，m；

　　v——塔吊起升速度，m/min；

　　t_n——挂钩、脱钩就位以及加速、减速等所耗用的时间，min。

分析时，首先应熟悉施工图纸，并按照施工组织设计所规定的施工组织和施工方法进行分层、分段（即施工流水段）工程量的计算，得出需要垂直运输的总重，然后按照施工进度要求计算出每作业台班及每小时需要升运的总重，并取其中最小值与塔吊小时生产率 P 做比较。

三、塔式起重机基础

（一）固定式混凝土基础

附着式塔吊和固定式塔吊采用的钢筋混凝土基础由 C35 混凝土和Φ级带肋钢筋浇筑而

成，有两种形式，即整体式和分离式。其构造、功能和适用范围见表3-6。

表 3-6 两种固定式混凝土基础构造、功能及适用范围对比

分类	整体式混凝土基础	分离式混凝土基础
简图	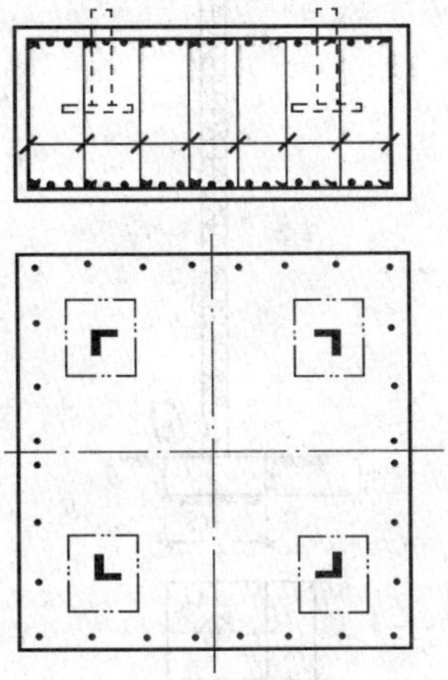	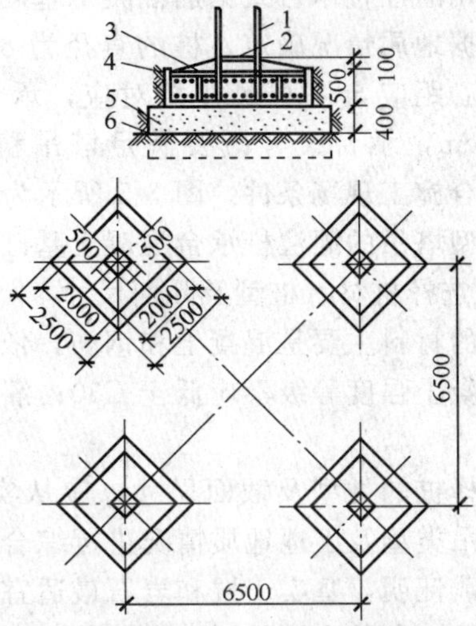 1—地脚螺栓；2—垫板；3—混凝土；4—钢筋；5—灰土层；6—虚土压实层
功能	①将塔吊自重及由外荷载产生的作用力(倾覆力矩、水平力、垂直力)传给地基②起压载和锚固作用，保证塔吊具有抵抗整机倾覆的稳定性	①承受塔吊自重以及由外荷载产生的作用力，并传至地基②略起压载作用和增强抗倾覆稳定性的作用
构造特点	①塔身节通过预埋件固定在混凝土基础上②混凝土用量大③技术要求高，预埋件的位置及标高必须经过仔细测量校正，方能保证塔身垂直度符合要求	①塔机底架直接置于混凝土基础上，无需复杂的预埋件②混凝土用量比较少③四块混凝土基础表面标高微有差异时，可通过设置垫片进行微调
适用范围	①设于建筑物内部的塔吊基础②与建筑结构连成一体的混凝土基础	①设于建筑物外部的附着式塔吊、固定式塔吊的基础②装有行走底架但无台车的塔吊

（二）整体式混凝土基础的计算

整体式混凝土基础的尺寸取决于地基的承载能力和防止塔吊倾覆的需要。

为保持基础稳定，塔吊不致翻倒，在非工作情况下，作用于基础诸力的偏心距应满足下列条件：

$$e=\frac{M+Hh}{V+G}\leqslant\frac{1}{3}L \qquad (3-3)$$

基础对地基最大压力可按式(3-4)计算（见图3-4）：

$$p_{kmax}=\frac{2(V+G)}{3LC}\leqslant f_a \qquad (3-4)$$

$$C=\frac{L}{2}-e$$

式中　M——作用于塔身的不平衡力矩；

　　　H——作用于塔吊的水平力；

　　　L——混凝土基础边长；

　　　V——塔吊结构自重，可取自塔吊技术说明书；

　　　G——基础自重；

　　　f_a——允许地基承载力，一般取 $1.5\sim2.5N/mm^2$。

（三）灌注桩承台式钢筋混凝土基础

在高层建筑深基础施工阶段（如浇筑钢筋混凝土底板），若确需在基坑近旁构筑附着式塔吊基础时，建议采用灌注桩承台式钢筋混凝土基础。灌注桩的埋深可根据地质情况确定，桩的直径为 800～1000mm。桩的中心距应与塔身尺寸相对应，承台应露出地表 15～25cm，承台尺寸既要满足塔吊稳定性的需要，又应符合施工现场条件。图 3-5 所示为某工程施工时 F023B 型塔吊的灌注桩承台混凝土基础构造示意图。

1. 选择桩材、桩型及几何尺寸

桩的材料主要是混凝土和钢筋，依据规定，预制桩的混凝土强度等级不应低于 C30；灌注桩也不应低于 C30。

选择桩的类型及截面尺寸，应从实际情况出发，结合塔吊类型及工地地质情况进行综合考虑。

实践证明，坚实土层和岩石最适宜作为桩端持力层，在施工条件允许的深度内，若没有坚实土层，可选中等强度的土层作为持力层。

桩端进入坚实土层的深度应满足下列要求：对黏

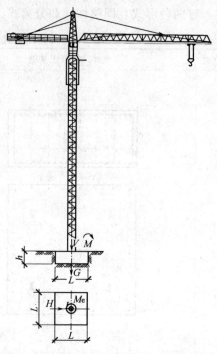

图 3-4　整体式钢筋混凝土基础计算简图

性土和粉土，不宜小于 2～3 倍桩径；对砂土，不宜小于 1.50 倍桩径；对碎石土，不宜小于 1 倍桩径；嵌岩桩嵌入中等风化或微风化岩体的最小深度，不宜小于 0.50m。桩端以下坚实土层的厚度，一般不宜小于 5 倍桩径，嵌岩桩在桩底以下 3 倍桩径范围内应无软弱夹层、断裂带、洞穴和空隙分布。

同一桩基础中相邻桩的桩底标高应加以控制，对于桩端进入坚实土层的端承桩，其桩底高差不宜超过桩的中心距；对摩擦桩，在相同土层中不宜超过桩长的 1/10。

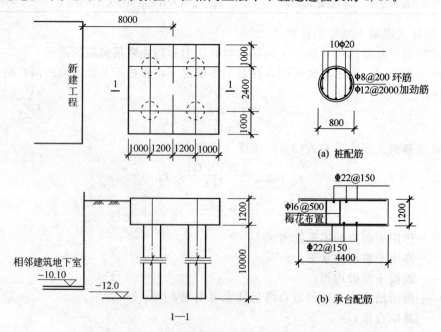

图 3-5　塔吊灌注桩承台混凝土基础构造示意图（F023B 型塔吊，塔高 86m）

2. 确定单桩承载力设计值

（1）按桩的材料强度确定。将桩视为轴心受压构件，根据桩身材料强度按式（3-5）进行计算。

对于钢筋混凝土桩：

$$R_a = 0.90\varphi(f_c A + f'_y A'_s) \tag{3-5}$$

式中　R_a——单桩竖向承载力特征值，N；

　　　φ——纵向弯曲系数，考虑土的侧向作用，一般取 1.0；

　　　f_c——混凝土的轴心抗压强度设计值，MPa；

　　　A——桩身的横截面面积，mm^2；

　　　f'_y——纵向钢筋的抗压强度设计值，MPa；

　　　A'_s——桩身内全部纵向钢筋的截面面积，mm^2。

由于灌注桩成孔和混凝土浇筑的质量难以保证，而预制桩在运输及沉桩过程中受振动和锤击的影响，根据《建筑桩基技术规范》（JGJ 94—2007）规定，应将混凝土的轴心抗压强度设计值乘以桩基施工工艺系数 ψ_c。对混凝土预制桩取 $\psi_c = 1$；干作业非挤土灌注桩取 $\psi_c = 0.90$；泥浆护壁和套管非挤土灌注桩、部分挤土灌注桩、挤土灌注桩，取 $\psi_c = 0.80$。

（2）按静载荷试验确定。单桩竖向极限承载力应按下列方法确定。

① 作荷载～沉降（$S\sim Q$）曲线和其他辅助分析所需的曲线，如图 3-6 所示。

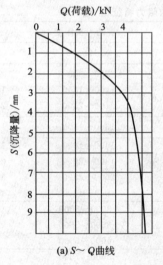 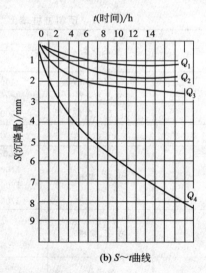

(a) $S\sim Q$曲线　　　　　　　　　(b) $S\sim t$曲线

图 3-6　单桩荷载-沉降曲线

② 当陡降段明显时，取相应于陡降段起点的荷载值。

③ $\dfrac{\Delta S_n + 1}{\Delta S_n} \geq 2$，且经 24h 尚未达到稳定的情况，取前一级荷载值。

④ $S\sim Q$ 曲线呈缓变形时，取桩顶总沉降量 $S = 40mm$ 所对应的荷载值，当桩长大于 40m 时，宜考虑桩身的弹性压缩。

⑤ 按上述方法判断有困难时，可结合其他辅助分析方法综合判定。对桩基沉降有特殊要求者，应根据具体情况选取。

⑥ 参加统计的试桩，当满足其极差不超过平均值的 30％时，可取其平均值为单桩竖向极限承载力。极差超过平均值的 30％时，宜增加试桩数量并分析离差过大的原因，结合工程具体情况确定极限承载力。

对桩数为 3 根及 3 根以下的柱下桩台，取最小值。

⑦ 将单桩竖向极限承载力除以安全系数 2，为单桩竖向承载力特征值 R_a。

（3）按经验公式确定

① 由《建筑地基基础设计规范》（GB 50007—2011）查得公式，单桩的承载力特征值是由桩侧总极限摩擦力 Q_{su} 和总极限桩端阻力 Q_{pu} 组成，即

$$R_a = Q_{su} + Q_{pu} \tag{3-6}$$

初步设计时，假定同一土层中的摩擦力沿深度方向是均匀分布的，以经验公式进行单桩竖向承载力特征值估算。

摩擦桩：
$$R_a = q_{pa} A_p + \mu_p \sum q_{sia} l_i \tag{3-7}$$

端承桩：
$$R_a = q_{pa} A_p \tag{3-8}$$

式中　R_a——单桩竖向承载力特征值，kN；

q_{pa}——桩端土阻力特征值，kPa，可按地区经验确定，对预制桩可按表 3-7 选用；

A_p——桩底端横截面面积，m^2；

μ_p——桩身周边长度，m；

q_{sia}——桩周围土的摩阻力特征值，kPa，可按地区经验确定，对预制桩可按表 3-8 选用；

l_i——按土层划分的各段桩长，m。

表 3-7　预制桩桩端土（岩）的阻力特征值 q_{pa}　　　　　　　kPa

土的名称	土的状态	桩的入土深度		
		5m	10m	15m
黏性土	$0.5 < I_L < 0.75$	400～600	700～900	900～1100
	$0.25 < I_L < 0.5$	800～1000	1400～1600	1600～1800
	$0 < I_L < 0.25$	1500～1700	2100～2300	2500～2700
粉土	$e < 0.7$	1100～1600	1300～1800	1500～2000
粉砂		800～1000	1400～1600	1600～1800
细砂	中密、实密	1100～1300	1800～2000	2100～2300
中砂		1700～1900	2600～2800	3100～3300
粗砂		2700～3000	4000～4300	4600～4900
砾砂			3000～5000	
角砾、圆砾	中密、实密		3500～5500	
碎石、卵石			4000～6000	
软质岩石	微风化		5000～7500	
硬质岩石			7500～10000	

注：1. 表中数值仅用做初步设计的估算。

2. 入土深度超过 15m 时按 15m 考虑。

3. I_L 为液性指数，e 为孔隙比。

当同一承台下桩数大于 3 根时，单桩竖向承载力设计值 $R = 1.20 R_a$，当桩数小于或等于 3 根时，取 $R = 1.10 R_a$。

② 由《建筑桩基技术规范》（JGJ 94—2008）查得公式，对于一般的混凝土预制桩、钻孔灌注桩，根据土的物理指标与承载力参数之间的经验关系，确定单桩竖向极限承载力特征值时，宜按下式计算：

$$Q_{uk} = Q_{sk} + Q_{pk} = \mu_p \sum q_{sik} l_i + q_{pk} A_p \tag{3-9}$$

式中　q_{sik}——桩侧第 i 层土的极限侧阻力标准值，kPa，如无当地经验值时，可按表 3-9 取值；

q_{pk}——极限端阻力标准值，kPa，如无当地经验值时，可按表 3-10 取值；

Q_{sk}——单桩总极限侧摩阻力标准值，kN；

Q_{pk}——单桩总极限端阻力标准值，kN。

表 3-8　预制桩周围土的摩阻力特征值 q_{sia}　　　　　kPa

土的名称	土的状态	q_{sia}	土的名称	土的状态	q_{sia}
填土		9～13	粉土	$e>0.9$	10～20
淤泥		5～8		$e=0.7～0.9$	20～30
淤泥质土		9～13		$e<0.7$	30～40
黏性土	$I_L>1$	10～17	粉、细砂	稍密	10～20
	$0.75<I_L\leqslant1$	17～24		中密	20～30
	$0.5<I_L\leqslant0.75$	24～31		密实	30～40
	$0.25<I_L\leqslant0.5$	31～38	中砂	中密	25～35
	$0<I_L\leqslant0.25$	38～43		密实	35～45
	$I_L\leqslant0$	43～48	粗砂	中密	35～45
红黏土	$75<I_L\leqslant1$	6～15		密实	45～55
	$0.25<I_L\leqslant0.75$	15～35	砾砂	中密、密实	55～65

注：1. 表中数值仅用做初步设计时的估算。

2. 尚未完成固结的填土和以生活垃圾为主的杂填土可不计其摩擦力。

3. e 为孔隙比。

表 3-9　桩的极限侧阻力标准值 q_{sik}　　　　　kPa

土的名称	土的状态	混凝土预制桩	水下钻（冲）孔桩	沉管灌注桩	干作业钻孔桩
填土		20～28	18～26	15～22	18～26
淤泥		11～17	10～16	9～13	10～16
淤泥质土		20～28	18～26	15～22	18～26
黏性土	$I_L>1$	21～36	20～34	16～28	20～34
	$0.75<I_L\leqslant1$	36～50	34～48	28～40	34～48
	$0.5<I_L\leqslant0.75$	50～66	48～64	40～52	48～62
	$0.25<I_L\leqslant0.5$	66～82	64～78	52～63	62～76
	$0<I_L\leqslant0.25$	82～91	78～88	63～72	76～86
	$I_L\leqslant0$	91～101	88～98	72～80	86～96
红黏土	$0.7<a_w\leqslant1$	13～32	12～30	10～25	12～30
	$0.5<a_w\leqslant0.7$	32～74	30～70	25～68	30～70
粉土	$e>0.9$	22～44	22～40	16～32	20～40
	$0.75\leqslant e\leqslant0.9$	42～64	40～60	32～50	40～60
	$e<0.75$	64～85	60～80	50～67	60～80
粉细砂	稍密	22～44	22～40	16～32	20～40
	中密	42～63	40～60	32～50	40～60
	密实	63～85	60～80	50～67	60～80
中砂	中密	54～74	50～72	42～58	50～70
	密实	74～95	72～90	58～75	70～90
粗砂	中密	74～95	74～95	58～75	70～90
	密实	95～116	95～116	75～92	90～110
砾砂	中密、密实	116～138	116～135	92～110	110～130

注：1. 对于尚未完成自重固结的填土和以生活垃圾为主的杂填土，不计算其侧阻力。

2. 对于预制桩，根据土层埋深 h，将 q_{sik} 乘以下表修正系数。

土层埋深 h/m	$\leqslant5$	10	20	$\geqslant30$
修正系数	0.8	1.0	1.1	1.2

3. 含水比为 $a_w=\omega/\omega_L$。

表 3-10　桩的极限端阻力标准值 q_{pk}　　　　　　　　kPa

土的名称	土的状态	预制桩入土深度/m				水下钻(冲)孔桩入土深度/m			
		$H \leqslant 9$	$9 < H \leqslant 16$	$16 < H \leqslant 30$	$H > 30$	5	10	15	$H > 30$
黏性土	$0.75 < I_L \leqslant 1$	210~840	630~1300	1100~1700	1300~1900	100~150	150~250	250~300	300~450
	$0.50 < I_L \leqslant 0.75$	840~1700	1500~2100	1900~2500	2300~3200	200~300	350~450	450~550	550~750
	$0.25 < I_L \leqslant 0.5$	1500~2300	2300~3000	2700~3600	3600~4400	400~500	700~800	800~900	900~1000
	$0 < I_L \leqslant 0.25$	2500~3800	3800~5100	5100~5900	5900~6800	750~850	1000~1200	1200~1400	1400~1600
粉土	$0.75 < e \leqslant 0.9$	840~1700	1300~2100	1900~2700	2500~3400	250~350	300~500	450~650	650~850
	$e \leqslant 0.75$	1500~2300	2100~3000	2700~3600	3600~4400	550~800	650~900	750~1000	850~1000
粉砂	稍密	800~1600	1500~2100	1900~2500	2100~3000	200~400	350~500	450~600	600~700
	中密、密实	1400~2200	2100~3000	3000~3800	3800~4600	400~500	700~800	800~900	900~1100
细砂	中密、密实	2500~3800	3600~4800	4400~5700	5300~6500	550~650	900~1000	1000~1200	1200~1500
中砂		3600~5100	5100~6300	6300~7200	7000~8000	850~950	1300~1400	1600~1700	1700~1900
粗砂		5700~7400	7400~8400	8400~9500	9500~10300	1400~1500	2000~2200	2300~2400	2300~2500
砾砂	中密、密实	6300~10500				1500~2500			
角砾、圆砾		7400~11600				1800~2800			
碎石、卵石		8400~12700				2000~3000			

当承台下桩不超过 3 根时，单桩竖向承载力设计值宜按下式确定：

$$R = \frac{Q_{sk}}{\gamma_s} + \frac{Q_{pk}}{\gamma_p} \qquad (3-10)$$

当根据静载实验确定单桩竖向极限承载力特征值时，桩的竖向承载力设计值为：

$$R = \frac{Q_{uk}}{\gamma_{sp}} \qquad (3-11)$$

式中　γ_s，γ_p，γ_{sp}——桩侧阻抗力分项系数、桩端阻抗力分项系数和桩侧阻、端阻综合抗力分项系数，根据不同成桩工艺，按表 3-11 取值。

表 3-11　桩基竖向承载力的抗力分项系数

桩型与工艺	承载力确定方法	$\gamma_s = \gamma_p = \gamma_{sp}$
各种桩型	静载实验	1.60
预制桩、钢管桩	静力触探	1.60
大直径灌注桩(清底干净)	经验参数	1.65
预制桩、钢管桩		1.65
干作业钻孔灌注桩($d < 0.8m$)		1.70
泥浆护壁钻(冲)孔灌注桩		1.67
沉管灌注桩		1.75

对于承台下桩数大于 3 根，承台与地面接触的非端承桩，当桩间土不会因土固结下沉与承台脱空时，可适当考虑桩间土承担的一部分荷载，具体可参见《建筑桩基技术规范》(JGJ 94—2007)。

3. 确定桩的根数及其布置

(1) 确定桩数。由单桩承载力设计值和上部结构荷载情况可确定桩数。

中心受压时，桩数 n 为：

$$n \geqslant \frac{F+G}{R} \qquad (3-12)$$

偏心受压时，桩数 n 为：

$$n \geqslant \mu \frac{F+G}{R} \qquad (3-13)$$

式中　F——作用在桩基础上的竖向荷载设计值，kN；

　　　G——承台及其上的土受到的重力，kN；

　　　R——单桩竖向承载力设计值，kN；

　　　μ——考虑偏心荷载的增大系数，一般取 1.10～1.20。

（2）桩的间距。桩的间距就是指桩的中心距，一般取 3～4 倍桩径。间距太大会增加承台的体积；太小则使桩基施工困难。桩的最小中心距应符合表 3-12 的规定，对扩底桩还应符合表 3-13 的规定。

表 3-12　桩的最小中心距

土类和成桩工艺		一般情况	桩数不小于 9 根排数不小于 3 排摩阻支承为主的桩基础
非挤土和部分挤土灌注桩		2.5d	3.0d
挤土灌注桩	穿越非饱和土	3.0d	3.5d
	穿越饱和软土	3.5d	4.0d
挤土预制桩		3.0d	3.5d
打入式敞口管桩和 H 形钢桩		3.0d	3.5d

注：d 为圆桩直径或方柱边长。

表 3-13　灌注桩扩底端最小中心距

成桩方法	最小中心距/m
钻、挖孔灌注桩	1.5D 或 $D+1$（当 $D>2$m 时）
沉管扩底灌注桩	2.0D

注：D 为扩大端设计直径。

（3）桩位的布置。桩位的布置应尽可能使上部荷载的中心与桩群的横截面重心重合。当外荷载中弯矩占较大比例时，宜尽可能增大桩群截面抵抗矩，加密外围桩的布置。桩在平面内可布置成方形（或矩形）、梅花形或三角形的形式；条形基础下的桩，可采用单排或双排布置。

4. 桩基础中各桩受力的验算

桩基础中各单桩承受的外力设计值 Q 应按下列公式验算（见图 3-7）：

（1）当轴心受压时

$$Q = \frac{F+G}{n} \leqslant R \qquad (3-14)$$

式中　Q——桩基础中单桩承受的外力设计值，kN；

　　　F——作用在桩基上的竖向荷载设计值，kN；

　　　G——桩基承台自重设计值及承台上的土自重标准值，kN；

　　　n——桩数；

　　　R——单桩竖向承载力设计值，kN。

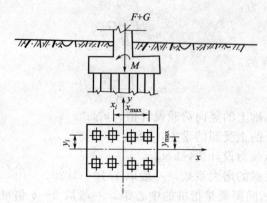

图 3-7　桩顶荷载计算简图

（2）当偏心受压时

$$Q_i = \frac{F+G}{n} \pm \frac{M_x y_i}{\sum y_i^2} \pm \frac{M_y x_i}{\sum x_i^2} \tag{3-15}$$

$$Q_{\max} = \frac{F+G}{n} \pm \frac{M_x y_{\max}}{\sum y_i^2} \pm \frac{M_y x_{\max}}{\sum x_i^2} \leqslant 1.20R \tag{3-16}$$

式中　Q_i——桩基础中第 i 根桩所承受的外力设计值，kN；

M_x、M_y——作用于群桩上的外力通过群桩重心的 x、y 轴的力矩设计值，kN·m；

x_i、y_i——第 i 桩中心至通过群桩重心的 x、y 轴的距离，m；

$Q_{\max}$——离群桩横截面重心最远处（$x_{\max}$、$y_{\max}$）的桩承受的外力设计值，kN。

5. 桩身结构设计

桩的主筋应经计算确定。受水平荷载和弯矩较大的桩，配筋长度应通过计算确定。

（1）钢筋混凝土预制桩。预制桩的混凝土强度等级不应低于 C30；预应力桩不应低于 C40。

打入式预制桩的最小配筋率不宜小于 0.80%；静压预制桩的最小配筋率不宜小于 0.60%。

（2）混凝土灌注桩。灌注桩混凝土强度等级不应低于 C20，受力筋的混凝土保护层厚度不应小于 35mm，水下灌注混凝土桩保护层厚度不得小于 50mm，灌注桩最小配筋率不宜小于 0.20%～0.65%，坡地岸边的桩、8 度及 8 度以上地震区的桩、抗拔桩、嵌岩端承桩应通长配筋。桩径大于 600mm 的钻孔灌注桩，构造配筋的长度不宜小于桩长的 2/3。桩顶嵌入承台内的长度不宜小于 50mm。主筋伸入承台内的锚固长度不宜小于钢筋直径（HPB300 级钢筋）的 30 倍和钢筋直径（HRB335 和 HRB400 级钢筋）的 35 倍。桩箍筋采用 $\phi6$～$\phi8$@200～300mm，宜采用螺旋式箍筋。当钢筋笼长度超过 4m 时，应每隔 2m 左右设一道 $\phi12$～$\phi18$ 焊接加劲箍筋。

6. 承台的构造要求与计算

（1）承台构造要求。桩基承台的构造，除满足抗冲切、抗剪切、抗弯承载力和上部结构的要求外，尚应符合下列要求。

① 承台的宽度不应小于 500mm。边桩中心至承台边缘的距离不宜小于桩的直径或边长，且桩的外边缘至承台边缘的距离不小于 150mm。对于条形承台梁，桩的外边缘至承台梁边缘的距离不小于 75mm。

② 承台的最小厚度不应小于 300mm。

③ 承台的配筋，对于矩形承台其钢筋应按双向均匀通长布置，如图 3-8（a）所示，钢筋

直径不宜小于 10mm，间距不宜大于 200mm；对于三桩承台，钢筋应按三向板带均匀布置，且最里面的三根钢筋围成的三角形应在柱截面范围内，如图 3-8(b) 所示。承台梁的主筋除满足计算要求外，尚应符合现行《混凝土结构设计规范》（GB 50010）关于最小配筋率的规定，主筋直径不宜小于 12mm，架立筋不宜小于 10mm，箍筋直径不宜小于 6mm。

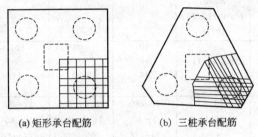

(a) 矩形承台配筋　　　　(b) 三桩承台配筋

图 3-8　承台配筋示意

　　④ 承台混凝土强度等级不应低于 C20，纵向钢筋的混凝土保护层厚度不应小于 70mm，当有混凝土垫层时，不应小于 40mm。

　　(2) 承台的计算。桩基承台应按《建筑地基基础设计规范》（GB 50007—2011）的规定进行如下计算。

　　桩基承台弯矩的计算；独立承台受冲切承载力的计算；柱下桩基独立承台应分别对柱边和桩边、变阶处和桩边联线形成的斜截面进行受剪计算，如图 3-9 所示。当柱边外有多排桩形成多个剪切斜截面时，尚应对每个斜截面进行验算。当承台的混凝土强度等级低于柱或桩的混凝土强度等级时，尚应验算柱下或桩上承台的局部受压承载力。

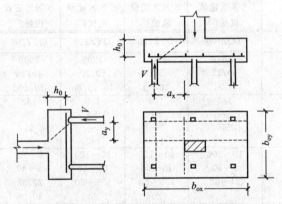

图 3-9　承台斜截面受剪计算示意

　　【例 3-2】　某高层住宅板式结构。1～3 层为门市，层高 4.50m，4～25 层住宅，层高 3m，建筑物总高为 76.50m，总长 80m，宽 15m。选用附着式塔式起重机做水平垂直运输，塔基选用桩基。试进行桩基础设计。

　　解：经塔吊参数计算，选 FO/23B 塔吊，见表 3-14，由表中查得 $M=1450$kN·m，最大起重量 100kN，塔机质量总重 $201.70\times10=2017$ (kN)。所以，作用在桩基础上的竖向荷载设计值 F：

$$F=2017+100=2117 \text{(kN)}$$

　　承台尺寸，长 4m×宽 4m×厚 1.20m。

　　承台重力：

$$G=4\times4\times1.20\times2.50\times10=480 \text{(kN)}$$

表 3-14　上回转自升塔式起重机主要技术性能

型　号	TQ60/80① (QT60/80)	QTZ50	QTZ60	QTZ63	QT80A	QT80E
起重力矩/kN·m	600/700/800	490	600	630	1000	800
最大幅度/起重载荷/(m/kN)	30/20、25/32、20/40	45/10	45/11.2	48/11.9	50/15	451
最小幅度/起重载荷/(m/kN)	10/60、10/70、10/80	12/50	12.25/60	12.76/60	12.5/80	10/80
起升高度/m	附着式	—	90	100	101	120	100
	轨道行走式	65/55/45	36	—	—	45.5	45
	固定式	—	36	39.5	41	45.5	—
	内爬升式	—	—	160		140	140
工作速度/(m/min)	起升(2绳)	21.5	10~80	32.7~100	12~80	29.5~100	32~96
	(4绳)	(3绳)14.3	5~40	16.3~50	6~40	14.5~50	16~48
	变幅	8.5	24~36	30~60	22~44	22.5	30.5
	行走	17.5				18	22.4
电动机功率/kW	起升	22	24	22	30	30	30
	变幅(小车)	7.5	4	4.4	4.5	3.5	3.7
	回转	3.5	4	4.4	5.5	3.7×2	2.2×2
	行走	7.5×2		—		7.5×2	5×2
	顶升		4	5.5	4	7.5	4
质量/t	平衡重	5/5/5	2.9~5.04	12.9	4~7	10.4	7.32
	压重	46/30/30	12	52	14	56	
	自重	41/38/35	23.5~24.5	33	31~32	49.5	44.9
	总重	92/73/70		97.9		115.9	
起重臂长	15~30	45	35/40/45	48	50	45
平衡臂长/m	8	13.5	9.5	14	11.9	
轴距×轨距	4.8×4.2				5×5	
生产厂	×××建筑机械厂	×××建设机械厂	×××建筑机械厂	×××建设机械厂	×××建工机械厂	×××机械厂

型　号	TQZ100	QTZ120	QTZ120	QTZ200	FO/23B	H3/36B
起重力矩/kN·m	1000	1200	1200	2000	1450	2950
最大幅度/起重载荷/(m/kN)	60/12	501	50/20	40/35	50/23	60/40
最小幅度/起重载荷/(m/kN)	15/80	16/80	16.45/80	10/200	14.5/100	24.6/120
起升高度/m	附着式	180	120	120	162	203.8	148
	轨道行走式	—	50	50	55	61.6	56.6
	固定式	50			55		
	内爬升式		140	140	—	203.8	—
工作速度/(m/min)	起升(2绳)	10~100	30~120	30~120	6~80	100	100
	(4绳)	5~50	15~60	15~60	3~40	50	50
	变幅	34~52	7.5~50	5.5~60	22.38	7.5~60	7.5~60
	行走	—	20	20	10.38	15~30	15~30
电动机功率/kW	起升	30	30	30	45×2	51.5	51.5
	变幅(小车)	5.5	5	0.5~4.4	5	4.4	4.4
	回转	4×2	3.7×2	3.7×2	5×2	4.4×2	8.8×2
	行走		7.5×2	7.5×2	3.5×4	10	2.6/5.2×4
	顶升	7.5	7.5	7.5	—	10	—
质量/t	平衡重	7.4~11.1	14.2	14.2	8	16.1	17.5
	压重	26			51.6	116.6	84
	自重	48~50	(行走)52.5	(行走)55.8	141	69	133
	总重				200.6	201.7	234.5
起重臂长/m	60	50	50	40	50	61.9
平衡臂长/m	17.01		13.5	20	11.9	21.2
轴距×轨距/m	—	6×6	6×6	6.5×6.5	6×6	6×6
生产厂	×××建筑机械厂	×××机械厂	×××工程机械厂	×××重型机械厂	×××建机厂	×××建筑机械厂

① TQ60/80 型是轨道行走、上回转、可变塔高（非自升）塔式起重机。

1. 选择桩材、桩型及几何尺寸

采用现浇灌注桩，桩直径 800mm，桩伸入承台 50mm，桩长设计 10m。材料选用：桩混凝土 C30 级，钢筋 HPB300 级，10 Φ 25（按最后计算确定）承台混凝土 C35 级，HPB300 级钢筋。

2. 确定单桩承载力设计值

从地质资料得知：

黏性土厚 $\quad\quad\quad l_1 = 3.20\text{m} \quad q_{sik} = 20\text{kPa}$

粉土厚 $\quad\quad\quad l_2 = 7.50\text{m} \quad q_{sik} = 25\text{kPa}$

$q_{pk} = 350\text{kPa}$，查表 3-11，$\gamma_{sp} = 1.70$

桩周长 $\mu_p = \pi d = 3.14 \times 0.80 = 2.50(\text{m})$，桩截面积 $A_p = \dfrac{1}{4}\pi d^2 = \dfrac{1}{4} \times 3.14 \times 0.80^2 = 0.50(\text{m}^2)$。

所以：
$$
\begin{aligned}
Q_{uk} &= \mu_p \sum q_{sik} l_i + q_{pk} A_p \\
&= 2.50 \times (20 \times 3.20 + 25 \times 7.50) + 350 \times 0.50 \\
&= 628.75 + 175 \\
&= 803.75(\text{kN})
\end{aligned}
$$

取 $R = 803\text{kN}$。

3. 确定桩数及布置

偏心受压时，桩数 n：
$$
n = \mu \frac{F+G}{R} = 1.20 \times \frac{2117+480}{803} = 3.90(\text{根})（取 4 根）
$$

桩距 $\quad\quad\quad 2.50d = 2.50 \times 0.80 = 2.0(\text{m})$

根据桩的布置原则，采用图 3-5 的形式。

4. 桩基中各桩受力验算

单桩平均受竖向力（轴压）为：
$$
Q = \frac{F+G}{n} = \frac{2117+480}{4} = 649.25(\text{kN}) < 803\text{kN}
$$

当最小幅度/起重载荷 = 14.50m/100kN（M = 1450 kN·m）（偏压）时：
$$
Q_i = \frac{F+G}{n} \pm \frac{M_x Y_i（或 M_y x_i）}{\sum y_i^2（或 \sum x_i^2）}
$$
$$
= 649.25 \pm \frac{(14.50 \times 100) \times 1}{4 \times 1^2} = \left| \begin{array}{l} 1011.75\text{kN} > 1.20R = 963.60\ (\text{kN}) \\ 286.75\text{kN} > 0 \end{array} \right.
$$

不满足要求。

将 $y_i(x_i) = 1.20\text{m}$ 代入重新计算 Q_i：
$$
Q_i = 649.25 \pm \frac{(14.50 \times 100) \times 1.20}{4 \times 1.20^2} = \left| \begin{array}{l} 951.33\text{kN} < 1.20R = 963.60\ (\text{kN}) \\ 347.16\text{kN} > 0 \end{array} \right.
$$

满足要求。

注意：承台尺寸和桩的位置应考虑塔身底座的尺寸及地脚螺栓的位置。

5. 单桩设计

桩身采用 C30 混凝土，HPB300 级钢筋，受拉强度设计值 $f_y = 270\text{MPa}$，保护层厚度 35mm。

按公式计算单桩配筋量，小于按规范规定最小配筋率，故按最小配筋率计算单桩配筋量。
$$
A_s' \geqslant 0.60\% \times \frac{1}{4}\pi D^2 \geqslant 0.60\% \times \frac{1}{4} \times 3.14 \times 800^2 \geqslant 3014\text{mm}^2
$$

选 10 Φ 20 $A_s' = 3142\text{mm}^2$。

环筋选Φ8@200，加劲筋选Φ12@2000。

6. 承台配筋计算

由前面计算得知，边桩作用力 $Q_i = 951.33\text{kN}$，计算承台中心截面弯矩 $M = 951.33 \times 1.20 = 1141.60(\text{kN} \cdot \text{m}) = 1141.60 \times 10^6 \text{N} \cdot \text{mm}$。

计算承台配筋面积：

$$A_s = \frac{M}{0.90h_0 f_y} = \frac{1141.60 \times 10^6}{0.90 \times (1200 - 35) \times 360} = 3024 (\text{mm}^2)$$

选Φ22@150 承台采用双层上下配筋。

7. 绘制施工图

绘制桩、承台施工图，如图 3-5 所示。

四、塔式起重机安装与拆卸

1. 附着式塔式起重机锚固

塔机一般在塔身高度超过 30～40m 时，必须附着于建筑物并加以锚固。在装设第一道锚固后，塔身每增高 14～20m 应加设一道锚固装置。根据建筑物高度和塔架结构特点，一台附着式塔机可能需要设置 3～4 或更多道锚固。

锚固装置由锚固环、附着杆、固定耳板及连接销轴等附件组成。锚固环通常由型钢和钢板组焊成的箱形断面梁拼装而成。用拉链或拉板挂在塔架腹杆上，并通过楔紧件与塔架主弦卡固。附着距离一般不超过 6m（回转中心至建筑物外墙皮的距离）。

锚固时，应采用经纬仪观察塔身的垂直度。必要时，可通过调节螺母来调整附着杆长度，以消除不垂直误差。锚固装置应尽可能保持水平，附着直件最大倾角不得超过 10°。

为了保证安全生产，锚固时应遵循以下几点。

① 锚固装置的安装，应利用施工间隙穿插进行。

② 应在风力不超过 5 级的情况下进行。

③ 锚固完毕后，经过详细检查不异常后方可投入生产。

④ 在施工过程中，应定期检查锚固环紧固情况。

⑤ 需要多道锚固装置时，可参考使用说明书中的规定并根据计算分析，将一些下部锚固装置移至上部使用。

⑥ 拆卸塔机时，必须由上而下逐层松解锚固装置。应随着拆落的过程，一道一道地拆卸附着杆。

2. 塔吊顶升和爬升

附着式塔机顶升与内爬式塔机爬升两者所采用的液压系统基本相同，顶升和爬升原理也相似，其主要不同之点在于，前者借助顶升套架进行工作，后者则借助楼层结构和专用的爬升框架及爬梯进行爬升。

塔架的顶升接高必须安排在流水施工的间歇和混凝土养护期中进行。有些塔机事故是在顶升接高过程中发生的，因此，必须予以高度注意。

① 不得在风速大于 5 级的情况下进行顶升接高或拆落塔机。

② 顶升接高或拆卸落塔时，塔机上部必须保持平衡，并禁止回转吊臂。

③ 严格贯彻顶升接高的操作规程，顶升完毕后，必须从上到下将所有连接螺栓重新紧固一遍。

④ 必须由专职检查人员进行全面安全技术检查，经认可合格始得交付使用。

内爬式塔机通常一次爬升两层楼。三个爬升框架分别安置在三个不同楼层上，最下面的框架用做支撑底架，支撑塔机全部荷载并传递给建筑结构，上面两套框架用做爬升导向和交替定位及支撑底架。爬升之前，应将爬升框架、支撑梁及爬梯等安置好。爬升时，必须使塔机上部保持前后平衡。爬升作业要由专人负责指挥和检查，如发现异常，必须立即检修并加以排除，否则不得爬升。有关的楼层结构，必须在爬升之前进行支撑加固。爬升后，塔机下面的楼板开孔应及时封闭。每次爬升完毕后，应对各连接件及关键部位进行检查，并按规定进行空载试运转。

3. 内爬式塔机拆除

内爬式塔机的拆除工序复杂且是高空作业，总结施工经验，拆除共有下列四种方式。

① 用一台附着式重型塔机拆除两台内爬式塔机　除非工程后期确实需要另外一台重型塔机，否则不宜使用。

② 用屋面吊拆除　某大厦工程采用 1 台 320kN·m 级屋面吊拆除 1 台 800kN·m 级内爬式塔机，效果颇佳，值得推广。据日本资料，结构竣工后，采用 600kN·m 级屋面吊拆除内爬式塔机已成为惯用的定型工艺。

③ 用台灵架拆除　台灵架实质上是另一种屋面吊，但不如屋面吊。

④ 采用两组或三组人字架扒杆（或称拔杆）配以慢动卷扬机拆除　其特点是，土法上马，因陋就简，费用低。

拆除内爬式塔机的顺序如下。

① 开动液压顶升机组，降落塔吊机使起重臂落至屋顶层。

② 拆卸平衡重。

③ 拆卸起重臂。

④ 拆卸平衡臂。

⑤ 拆卸塔帽。

⑥ 拆卸转台、司机室。

⑦ 拆卸支撑回转装置及承台座。

⑧ 逐节顶升塔身标准节及拆卸。

拆卸时必须注意以下几点。

① 建筑物外檐要有可靠的保护措施，以免拆塔时碰坏建筑物外檐饰面。

② 拆除作业四周要设置防护栏杆，以免发生意外。

③ 拆下的每一个部件，都要立刻降到地面，并尽可能做到随拆随运，以节省二次搬运费用。

④ 要统一指挥和统一检查，以利拆卸作业的安全顺利进行。

第二节　垂直升运机械

一、井架提升机

1. 分类与构造

井架提升机又称井架起重机，是由钢结构塔架（包括吊篮平台或吊笼料斗）、卷扬机、绳轮系统及导向装置等组成的货用简易提升机，它可作为塔吊的辅助机械，在特定条件下也可独立承担运输工作。

井架提升机的钢塔架一般由杆件拼装而成，也可由若干单片桁架组拼而成，或者是标准节组装而成。标准节长一般为 2～3m，有的长达 6m。塔架截面尺寸与主弦杆的规格由井架的起重量、吊笼的容量及尺寸、塔身自由高度及最大提升高度等而定。目前国内还没有比较合理的定型产品可供选择，一般井架都是施工单位自行设计制作使用。配套卷扬机则购买市场定型产品。

井架提升机的类型繁多，各地使用较多的主要有以下几类。

（1）单塔架单吊笼　塔架用角钢或钢管制成，在塔架上部设一根起俯式悬臂桅杆，供吊运钢筋和长尺寸材料使用，如图 3-10 所示。起重量 1～3t，吊笼和桅杆各用一台卷扬机起重，桅杆一般长 8m，用 $\phi200mm\times10mm$ 钢管制作，架体通过附着杆系与建筑物拉结，可不设缆风绳。

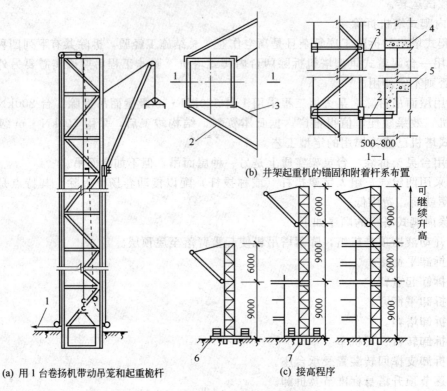

图 3-10　单塔架单吊笼井架提升机构造

(a) 用 1 台卷扬机带动吊笼和起重桅杆　　(b) 井架起重机的锚固和附着杆系布置　　(c) 接高程序

1—接卷扬机；2—附着杆，$75\times75mm$；3—8 号铁丝；4—楼板；
5—边梁；6—压重；7—基础

（2）单塔架双吊笼　在塔架内设两个井孔，装两个吊笼，可上下互不干扰地同时作业。塔架最大安装高度可达 60m，30m 以下塔架只需固定在混凝土基座上，无需设缆风绳，30m以上，需与建筑物拉结，通过两道附着装置锚固于建筑物上。塔架根部的四角各设置一个调节撑杆，通过调节撑杆，可使塔架保持垂直。它能组合使用，由两台组拼成一台大型多吊笼附着式井架，如图 3-11 所示。

（3）双塔架单吊笼　提升机由立柱式塔架、吊笼、底座、卷扬机、升降平台、自升桅杆及附墙设施等部分组成。塔架立柱采用三角形或正方形，截面用钢管或角钢焊接成格构式标准节组装而成。两立柱顶部上架一根横梁作为安装滑轮组起吊吊笼之用，最大起重量为 1.5t，最大提升高度为 65m，如图 3-12 所示。这种提升机形状似门架，故又名附墙门式提升机。

（4）三塔架（立柱）三（双）吊笼　由两台单塔架单吊笼提升机组合加以发展而成，如图 3-13 所示。井架截面尺寸两侧为 $2m\times1.85m$，中间为 $2m\times3.65m$，高度 100（140）m，采取附墙固定，三个井孔连成一体，整体性好。中间塔架借用两侧塔架的主弦杆，塔架标准节采用十字销连接，装拆方便安全，使用寿命长。井架每孔独立配一台卷扬机驱动，互不干扰，每台吊笼起重量为 1.5～2.0t，提升速度为 55～60m/min，最大达 140m/min。提升机装有齐全的安全装置，并设有楼层显示与通信装置，司机可以根据操作台显示信号进行操作。

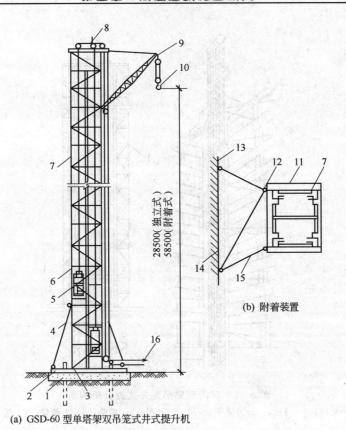

(b) 附着装置

28500 (独立式)
58500 (附着式)

(a) GSD-60 型单塔架双吊笼式井式提升机

图 3-11　单塔架双吊笼井式提升机构造

1—基础；2—底座；3—接地装置；4—调节撑杆；5—吊笼；6—防尘安全装置；
7—塔架；8—避雷针；9—桅杆；10—吊钩；11—锚固环；12—耳板；
13—锚固支座；14—建筑物；15—附着杆；16—接卷扬机

另外，有的使用三柱门架式双笼提升机，供运材料用，吊笼尺寸为 3.8m×1.6m，架设高度为 150m，配套卷扬机为 2t，因采用门架式，可以装载 4.5m 长的钢管和钢筋。这两种提升机的特点是运输效率高，运量大，效益高。

前三种井架提升机的技术性能见表 3-15。

表 3-15　井架提升机技术性能

类别与型号	单塔架单吊笼式		双塔架双吊笼式	双塔架单吊笼式
	江苏省一建	T143	GSD-60	FQD-1500-1
最大载重量/kg	1200	1500	750 单笼 1500 双笼	1500
吊笼起升高度/m	70	150	55.8 (附着) 25.8 (独立)	69
吊笼起升速度/m·min⁻¹	40～50	90	—	49/32
卷扬机功率/kW	20	48	—	—
卷扬机牵引力/kN	30.00	30.00	—	—
桅杆长度/m	8	—	—	—
桅杆吊钩起重量/kg	800	—	1000	—
卷扬机功率/kW	7	—	—	—
吊钩起升速度/m·min⁻¹	25	—	—	—
吊笼尺寸/m	—	2.1×1.8	—	4.3×2×1.9

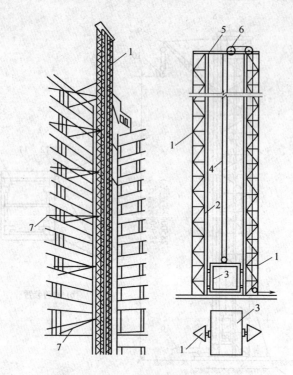

图 3-12　双塔架单吊笼井式提升机构造

1—立柱；2—导轨；3—升降平台；4—钢丝绳；5—横梁；6—上滑轮；7—附着杆

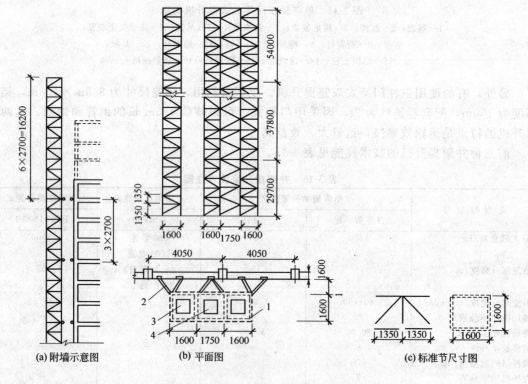

(a) 附墙示意图　　　(b) 平面图　　　(c) 标准节尺寸图

图 3-13　三塔架三吊笼井式提升机构造

1—井架；2—附墙拉杆；3—吊斗；4—吊篮

井架提升机虽为施工单位自行制作使用的垂直运输设备，但都必须满足以下要求。

① 必须与建筑物主体结构连接固定，保证井架与门架的稳定可靠。

② 随着建筑物主体结构升高进行分段搭设接高，必须附有操作平台，以便于接高和拆卸，保证高空作业安全，井架与门架的杆件连接要方便，接点要可靠。

③ 必须在楼层设显示装置，以解决司机受视线限制，无法掌握吊笼或吊盘升降位置问题。

④ 有必要的安全装置，如防止冒顶限位装置、防止断绳滑溜坠落装置、吊盘停靠等方面的安全装置。

⑤ 配套的卷扬机提升速度以 $50\sim60\text{m/min}$ 为宜，如有提升与下降两种速度更为适合。卷扬机的制动装置必须可靠，如采用液压推杆制动器。

2. 使用注意事项

① 井架提升机的布置，应根据现场场内条件、使用范围和混凝土供应方式而定，在场地狭窄和采用商品混凝土条件下，宜采用集中布置方式，以便于混凝土运输搅拌车可同时向两台提升机内卸料，以利于提高效率，如场地较宽畅和采用现场搅拌混凝土，则可分散设置。

② 井架与建筑物外墙之间应保持 $0.5\sim0.8\text{m}$ 的距离，以便在井架拆除之前不影响外墙装修。同时井架宜设在阳台外 0.7m 处，以便于利用阳台房间作为进料通道和在井架拆除前，同时对外墙阳台进行施工。

③ 井架的附墙装置必须按设计要求部位设置，不得随意加大间距，不得遗漏或随便拆除。附着杆与锚固点预埋件和井架之间的连接必须牢固。井架顶部悬臂部分在刮大风时应用缆风绳与建筑物梁、柱拉结。

④ 在井架外围应设置保护网，在井架底部应搭盖遮板，以保护周围操作人员的安全。

⑤ 使用中应定期对塔架结构设备进行检查，采取预防措施，检查结构焊缝有无开裂，螺栓连接件有无松动和短缺，安全装置有无损坏，钢丝绳有无严重磨损或断丝现象，滑轮转动部件润滑是否良好，卷扬机制动是否可靠等，如有异常，立即停机检修，故障排除后，方可使用。

⑥ 做好设备的管理使用与施工配合工作，保证井架提升正常使用，效率得到充分发挥。

二、自升式快速提升机

自升式快速提升机，广东及港澳地区又称"黄架子"。它由标准节、基础节、顶升套架、顶升系统、吊笼、料斗、附墙装置、快速卷扬机、绳轮系统以及安全装置等组合而成，如图3-14所示。这种提升机的主要特点是：可以自行顶升接高，安装方便；备有两个吊笼，分设于塔架两侧，吊笼可与料斗互换使用；两个吊笼可同时升降，也可交换升降，互不干扰；机架通过附着装置与建筑物拉结，塔架刚度好，工作稳固；快速卷扬机装有频繁变阻器和涡流制动调速系统，速度可以调节，空斗能高速下降，制动平稳等；同时它具有造价低廉、输送效率高、制造工艺要求低、运量大、使用方便等优点。这种提升机在结构施工阶段主要用做高层建筑施工中大量混凝土的垂直运输，而在装修施工阶段，则用于运输砂浆及其他大宗装修材料。常用几种自升式快速提升机的技术性能见表3-16。

使用注意事项如下。

① 塔架的附墙装置必须按设计要求部位设置，不得遗漏和加大竖向间距。附墙装置必须牢固可靠，间距一般不宜大于 6m。

② 塔架悬臂高度一般不得超过 11m，并要加设缆风绳以保证塔架刚度。

③ 顶升接高塔架之前，应对顶升套架结构、顶升机构、塔架标准节提升机构进行全面检查，发现问题并纠正后，方准进行顶升接高。

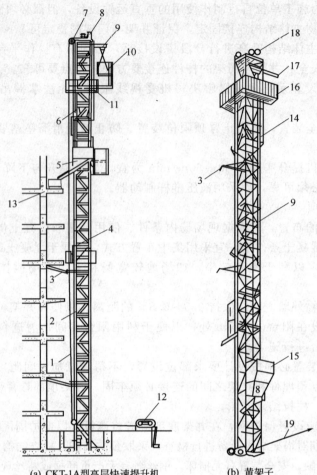

(a) CKT-1A型高层快速提升机　　(b) 黄架子

图 3-14　CKT-1A 型高层快速提升机与黄架子简图

1—起升钢丝绳；2—塔架；3—附墙杆；4—吊笼；5—料斗；6—顶升套架；7—导轨；8—顶升机构；9—塔架
标准节引进轨道；10—塔架标准节；11—操作平台；12—快速卷扬机；13—建筑物；14—塔头主架；
15—混凝土斗或吊笼；16—接杆作业台；17—吊杆；18—天轮；19—接卷扬机

表 3-16　自升式高层快速提升机技术性能

项　　　目	自升式高速垂直运输塔架	GKT-1A 型高层快速提升架	GJ-1 型自升塔架
最大载重量/kg			
吊笼	1000	1000	—
料斗	1250	1000	2000
提升高度/m	100	90	100
起升速度/m·min⁻¹	61	61	61
塔架标准节尺寸/mm	924×924×2000	1000×1000×2015	990×990×2000
吊笼尺寸/mm	3000×1300×2400	2000×1400×820	—
料斗尺寸/mm	4200×1000×1810	—	—
料斗容积/m³	—	0.4	—
塔架中心与建筑物外墙皮的距离/mm	800~3000	—	1350~1750
附墙装置间距/mm	7000、4000	6000	—
电动机功率/kW			
主卷扬机	22	22	30
顶升套架	1.1	2.2	3
标准节提升机构		0.4	
研制及生产单位	北京市建筑工程研究所 北京市第五建筑公司	北京市住宅建设 总公司机运公司	中建二局第三 建筑公司机械厂

④ 在井架外围应设防护网，以保护周围操作人员安全。

⑤ 楼层指挥人员与地面卷扬机操作人员之间，应设无线电对讲电话，便于互相联系，指挥操作。

⑥ 提升机操作司机应经培训并考试合格，方可上岗操作，不准随便换人顶替操作。

⑦ 拆卸时，附着装置必须随塔架下落而逐步拆除，不允许先拆除全部附着装置，而后拆除塔架。

⑧ 使用中应定期对塔架结构设备进行保养和检查，如发现情况异常，必须停机检修，故障未经排除，不得使用。

第三节　泵送混凝土施工机械

一、混凝土搅拌运输车

混凝土搅拌运输车，简称混凝土搅拌车，是混凝土泵车的主要配套设备。其用途是运送拌和好的、质量符合施工要求的混凝土（通称湿料或熟料）。在运输途中，搅拌筒进行低速转动（1～4r/min），使混凝土不产生离析，保证混凝土浇筑入模的施工质量。在运输距离很长时也可将混凝土干料或半干料装入筒内，在将要达到施工地点之前注入或补充定量拌和水，并使搅拌筒按搅拌要求的转速转动，在途中完成混凝土的搅拌全过程，到达工地后可立即卸出并进行浇筑，以免由于运输时间过长对混凝土质量产生有害影响。

1. 分类与构造

混凝土搅拌运输车按公称容量的大小，分为 2m³、2.5m³、4m³、5m³、6m³、7m³、8m³、9m³、10m³、12m³ 等多种，搅拌筒的充盈率为 55%～60%。公积容量在 2.5m³ 以下者属轻型搅拌运输车，搅拌筒安装在普通卡车底盘上制成；4～6m³ 者，属于中型混凝土搅拌运输车，用重型卡车底盘改装而成；8m³ 以上者，为大型混凝土搅拌运输车，以三轴式重型载重卡车底盘制成。实践表明，容量 6m³ 的搅拌运输车技术经济效果最佳，目前国内制造和应用的以及国外引进的大多属这种混凝土搅拌运输车。

混凝土搅拌运输车如图 3-15 所示，主要由底架、搅拌筒、发动机、静液驱动系统、加水系统、装料及卸料系统，卸料溜槽、卸料振动器、操作平台、操纵系统及防护设备等组成。搅拌筒内装有两条螺栓形搅拌叶片，当鼓筒正向回转时，可使混凝土得到拌和，反向回转时，可使混凝土排出。

部分国产及国外引进的混凝土搅拌运输车型号与技术性能见表 3-17。

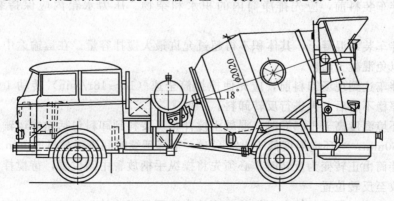

图 3-15　混凝土搅拌运输车

表3-17　部分国产及国外引进的混凝土搅拌运输车型号与技术性能

项目＼型号		JC-2型	JBC-1.5C	JC6Q (JC7Q、8Q)	MR45	MR45 T	TATRA	FV112JML
拌筒容积/m³		5.7	—	9.3 (10.4、11.8)	8.9	8.9	10.25	8.9
搅动能力/m³		2	1.5	6(7、8)	6	6	4.5	5.0
最大搅拌能力/m³		—	—	—	4.5	4.5	—	—
拌筒尺寸(直径×长)/mm		—	—	—	—	—	—	2100×3610
拌筒转速/r·min⁻¹	运行搅拌	—	2~4	5(5、15)	2~4	2~5	—	8~12
	进出料搅拌	—	6~12		8~12	8~12	—	10~14
卸料时间/min		1~2	1.3~2	5~9	3~5	3~5	3~5	2~5
最大行驶速度/km·h⁻¹		—	70	—	86	—	60	91
最小转弯半径/m		—	9	—	—	—	—	7.2
爬坡能力		—	20	—	—	—	—	26
外形尺寸/mm	长	7400	—	8620	7780	8615	8400	7900
	宽	2400	—	2500	2490	2500	2500	2490
	高	3400	—	3850	3730	3785	3500	3550
质量/t		12.55	—	—	总量24.64	14.4	总量22	9.8
产地		上海华东建筑机械厂	一冶机械修配厂	北京城建工程机械厂	上海华东建筑机械厂	上海华东建筑机械厂	捷克	日本三菱

2. 选用与使用注意事项

(1) 混凝土搅拌运输车选用时，考虑技术性能应注意以下几点。

① 6m³ 搅拌运输车的装料时间一般约需 40~60s，卸料时间为 90~180s；搅拌车拌筒开口宽度应大于 1050mm，卸料溜槽宽度应大于 450mm。

② 装料高度应低于搅拌站（机）出料口的高度；卸料应高于混凝土泵车受料口的高度，以免影响正常装、卸料。

③ 搅拌筒的筒壁及搅拌叶片必须用耐磨、耐锈蚀的优质钢材制作，并应有适当的厚度。

④ 安全保护装备齐全。

⑤ 性能可靠，操作简单，便于清洗、保养。

(2) 新车投入使用前，必须经过全面检查和试车，一切正常后才可正式使用。

(3) 搅拌车液压系统使用的压力应符合规定，不得随意调整。液压的油量、油质和油温应符合使用说明书中的规定；换油时，应选用与原牌号相应的液压油。

(4) 搅拌车装料前，应先排净筒内的积水和杂物。压力水箱内应保持装满水，以备急用。

(5) 搅拌车装载混凝土，其体积不得超过允许最大搅拌容量。在运输途中，搅拌筒不得停止转动，以免混凝土离析。

(6) 搅拌车达到现场卸料前，应先使搅拌筒全速（14~18r/min）转动 1~2min，并待搅拌筒完全停稳不转后，再进行反转卸料。

(7) 当环境温度高于 +25℃ 时，混凝土搅拌车从装料到卸料包括途中运输的全部延续时间不得超过 60min；当环境温度低于 +25℃ 时，全部延续时间不得超过 90min。

(8) 搅拌筒由正转变为反转时，必须先将操纵手柄放置中间位置，待搅拌筒停转后，再将操纵手柄放至反转位置。

(9) 冬期施工，搅拌运输车开机前，应检查水泵是否冻结；每日工作结束时，应按以下程序将积水排放干净。

　　开启所有阀门→打开管道的排水龙头→打开水泵排水阀门→使水泵做短时间运行（5min）→将控制手柄转至"拌料-出料"位置。

　　(10) 搅拌运输车在施工现场卸料完毕，返回搅拌站前，应放水将装料口、出料漏斗及卸料槽等部位冲洗干净，并清除黏结在车身各处的污泥和混凝土。

　　(11) 在现场卸料后，应随即向搅拌筒内注入 150～200L 清水，并在返回途中使搅拌筒慢速转动，清洗拌筒内壁，防止水泥浆渣黏附在筒壁和搅拌叶片上。

　　(12) 每天下班后，应向搅拌筒内注入适量清水，并高速（14～18r/min）转动 5～10min，然后排放干净，以使筒内保持清洁。筒内杂物和积水应排除干净。

　　(13) 混凝土搅拌运输车操作人员，必须经过专门培训并取得合格证，方准上岗操作；未有合格证者，不得上岗顶班作业。

二、混凝土泵

　　混凝土泵是在压力推动下沿管道输送混凝土的一种设备，它能一次连续完成混凝土的水平运输和垂直运输，配以布料杆或布料机，还可有效地进行布料和浇筑，因此，它效率高，劳动力省，现场施工文明，在国内外高层建筑施工中得到广泛应用，收到了良好的技术和经济效果。

　　1. 分类与构造

　　混凝土泵按其可否移动和移动方式，分为固定式、牵引（拖）式和汽车式（泵车）三种。高层建筑施工所用的混凝土泵主要为后两种。牵引式混凝土泵，是将混凝土泵装在可移动的底盘上，由其他运输工具拖动转移到工作地点。汽车式混凝土泵，是将混凝土泵装在汽车底盘上，且大都附装有三节折叠式臂架的液压操纵布料杆，简称混凝土泵车，如图 3-16 所示。这种混凝土泵车移动方便，机动灵活，移至新的工作地点不需进行很多准备工作即可进行混凝土浇筑工作，因而是目前大力发展的机件。

　　混凝土泵按其驱动方式可分为挤压式混凝土泵和柱塞式混凝土泵，如图 3-17 所示。目前国内应用的均为液压传动柱塞式混凝土泵。它主要由两个液压油缸、两个混凝土缸、分配

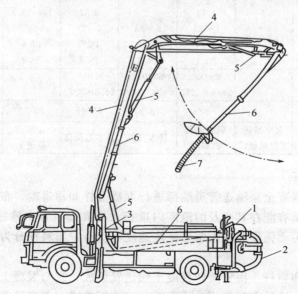

图 3-16　带布料杆的混凝土泵车

1—混凝土泵；2—输送管；3—布料杆回转支撑装置；4—布料杆臂架；

5—油缸；6—输送管；7—橡胶软管

阀（闸板式管形）、料斗、Y形连动管及液压系统组成。通过液压控制系统的操纵作用，使两个分配阀交替启闭。液压油缸与混凝土缸相连通，通过液压油缸活塞杆的往复作用，以及分配阀的密切协同动作，使两个混凝土缸轮流交替完成吸入和压送混凝土冲程。在吸入冲程时，混凝土缸筒由料斗吸入混凝土拌和物；在压送冲程时，把混凝土送入Y形连通管内，并通过输送配管压送至浇筑地点，因而使混凝土泵能连续稳定地进行输送。

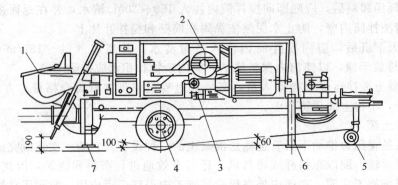

图 3-17　HBT60 牵引柱塞式混凝土泵
1—料斗；2—泵体；3—变量手柄；4—车轿；5—导向轮；6—前支腿；7—后支腿

2. 技术性能

常用的国产和引进的混凝土泵的技术性能见表 3-18～表 3-20。

表 3-18　混凝土汽车输送泵技术性能

项　目	WNP65/60	IPF-185B	DC-S115B	IPF-75B	A800B	NCP-9FB	BRF28.09
形式	—	360°回转 三级乙型	360°回转 三级乙型	360°回转 三级乙型	360°回转 三级回折型	360°回转 三级回折型	360°回转 三级乙型
最大输送量/m³·h⁻¹	65	10～25	70	10～75	80	57	90
最大输送距离/m（水平/垂直）	180 垂直	520/110	420/100	410/80	650/125	1000/150	——
粗骨料最大尺寸/mm	50	40	40	30(砾石 40)	40	40	40
常用泵送压力/MPa	6	4.71		3.87	13～18.5	20	7.5
混凝土坍落度允许范围/cm		5～23	5～23	5～23	5～23	5～23	5～23
布料杆工作半径/m		17.4	15.8	16.5	17.5		23.7
布料杆离地高度/m		20.7	19.3	19.8	20.7		27.4
外形尺寸（长×宽×高）/mm		9000× 2485×3280	8840× 4900×3400	9470× 2450×3230	——	——	10910× 7200×3850
质量/t			15.35	15.46	15.50	15.53	19.00
产地	北京城建 工程机械厂	湖北建筑 机械厂	日本三菱	日本石川岛	日本三 菱重工	日本新 鸿铁工所	德国普 茨迈斯特

三、混凝土布料杆

布料杆是装置在混凝土泵输送管道端部进行混凝土拌和物运输、布料、摊铺及浇灌入模的一种最佳机械。它具有能在其所及的范围内进行水平和垂直方向输送、减少劳动量消耗、提高生产效率、降低劳动强度和加快施工浇灌速度等优点。布料杆分为混凝土泵车布料杆和独立式布料杆两类。

（1）混凝土泵车布料杆　由臂架和混凝土输送管组成，它与混凝土泵一同装在汽车底盘上，组成混凝土泵车。这种布料杆为液压驱动的三节折叠式，多安装在司机室后方的回转支撑架上，回转支撑架以液压驱动、内齿轮传动的滚球盘为底座，可做 360° 回转，工作范围较大。

表 3-19 牵引式混凝土泵技术性能

型号		HBJ30	HBT60	B5518E	BPA550HD	BRA2100H	BSA1406E	NCP-9FB
生产厂家		北京建筑工程机械厂	湖北建机厂	德国 ELBA	德国 SCHWING	德国 PUTZME-MEISTER	德国 PUTZME-MEISTER	日本新鸿铁工所
最大理论排量/m³·h⁻¹		30	58	55	66	62	60	90
最大混凝土压力/N·mm⁻²		3.2	4.62	7.3	7	11.7	32	4.5
最大运距/m	水平	200	620	400	400	1000	—	600
	垂直	50	115	80	100	300	104(压力 24MPa)	100
输送管道直径/mm		φ102	φ125	φ125	φ100～150	φ125	—	φ125
电动机功率/kW		45	55	75	70/90/110	160	75	
油箱容积/L		—	370	300		150		
水箱容积/L			140	135				
最大水泵压力/N·mm⁻²			5.1	2.5	2.5	1.6		
搅拌料斗容积/m³			0.35	0.5	0.6	0.4		
喂料高度/mm		1200	1332	1450	1460	1200		—
骨料最大粒径/mm	卵石	32						40
	碎石	25	40	32	63	40		30
混凝土坍落度/cm		8～22	5～23	8～12		最低 2.5	5～23	3～23
外形尺寸(长×宽×高)/mm		4700×2200×2400	6530×2075×1988	5950×1790×1950	6240×2000×1850	6920×1900×1960	—	9130×2490×3360
构造类别		挤压式	柱塞式	柱塞式	柱塞式	柱塞式	柱塞式	柱塞式

注：另有 HBJ12 挤压式混凝土泵，最大排量为 12m³/h，由广州市建筑研究所研制。

表 3-20 国产混凝土泵技术性能

型号	HB30D	HB40D	HB60D	HBT40-9	HBT45-9	HBT50-16
最大理论排量/m³·h	30	40 25 二挡	23 37 60 三挡	0～40/0～26	0～45/0～26	0～50/0～30
最大输送压力/N·mm⁻²	3.1	3.2	3.1	5/9	5/9	10/16
混凝土坍落度/cm	5～23	最适宜 8～15		8～23		最适宜 12～18
骨料最大粒径/mm	卵石≤50 碎石≤40			卵石≤40 碎石≤30		
输送管径/mm	150	150	150	125	125	125
电机功率/kW	40	45	55+22	55	75	110
最大理论泵送距离/m	水平	400	400	400	900	1200	1500
	垂直	65	65	65	120	160	250
外形尺寸(长×宽×高)/mm	4820×2050×1390	4820×2050×1390	5480×2050×1510	6040×2000×1950		5040×1960×2030
质量(主机/附件)/kg	4540/4500	4640/4500	5900/4500	5200/4500		5700/6000

注：各型号均为四川夹江水工机械厂产品。

（2）独立式布料杆 种类较多，分为移置式、固定式、塔架式和管柱式。一般是安装在底座、格构式塔架或管柱上，甚至安装在起重机的外伸臂上，以扩大其布料面范围来适应各种建筑物的混凝土浇筑工作。

① 移置式布料杆 由布料系统、支架、回转支撑及底架支腿等部件组成，布料系统又由臂架、泵送管道及平衡臂等组成。根据支架构造不同，又可分为台灵架式和屋面吊式布料杆两种，如图 3-18 所示。前者工作幅度为 9.5m，有效作业覆盖面积为 300m²；后者工作幅度为 10～15m。两种布料杆都是借助塔吊进行移位，可直接安放在需要浇筑混凝土的施工处，与混凝土泵（或泵车）配套使用。整个布料杆可用人力推动，围绕回转中心转动 360°。

② 固定式布料杆 又称塔式布料杆，如图 3-19（a）所示。其可分为附着式布料杆及内爬式布料杆，两种布料杆除布料架外，其他部件如转台、回转支撑和机构、操作平台、爬

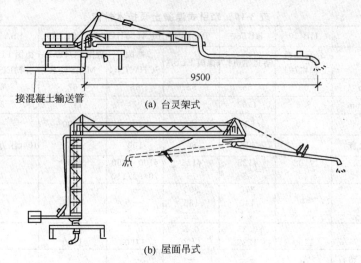

接混凝土输送管

(a) 台灵架式

(b) 屋面吊式

图 3-18　移置式混凝土布料杆

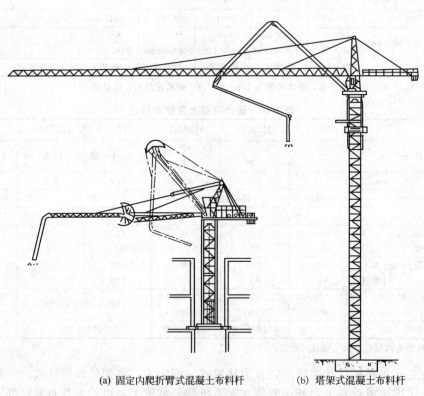

(a) 固定内爬折臂式混凝土布料杆　　　(b) 塔架式混凝土布料杆

图 3-19　固定式和塔架式混凝土布料杆

梯、底架均采用批量生产的相应塔吊部件。布料杆的塔架可用钢管或格构制成。布料臂架采用薄壁箱形截面结构,一般由三节组成,末端装有 4m 长的橡胶软管,其俯、仰、曲、伸均由液压系统操纵。

③ 塔架式布料杆　也称起重布料两用塔吊。布料系统附装在特制的爬升套架上,它是带悬挑支座的特制转台与普通爬升套架的集合体。布料系统及顶部塔身装设于此特制转台上。国内自行设计制造的一种布料系统装设在塔帽转台上的起重布料两用机,其小车变幅水平臂架最大幅度 56m 时,起重量为 1.3t,布料杆为三节式,液压屈伸俯仰泵管臂架,其最

大幅度为 38m，如图 3-19（b）所示。

④ 管柱式布料杆　由多节钢管组成的立柱、三节式臂架、泵管、转台、回转机构、操作平台、底座等组成，如图 3-20 所示。最大幅度 16.8m，可 360°回转，三节臂直立时，其垂直输送高度可达 16m。在其钢管立柱下部有液压爬升机构，借助爬升套架梁可在楼层预留孔洞中逐层向上爬升，工作十分方便，效果好。

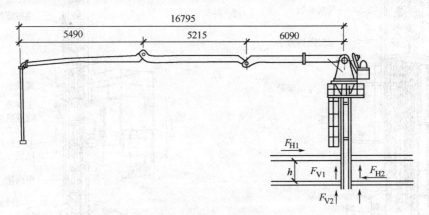

图 3-20　管柱式布料杆
F_H—水平反力；F_V—垂直反力；h—楼层高度

在高层建筑施工中独立式布料杆应用较多。高层建筑高度大，除下面几层楼外，用混凝土泵或泵车进行楼盖结构等浇筑时都宜用独立式布料杆进行布料，以加速混凝土的浇筑工作。

至于布料杆的选用，一般取决于以下条件。

① 工程对象特点（包括结构特点、造型尺度及建筑面积大小等）。

② 工程量大小。

③ 人力及物力资源情况。

④ 设备供应情况等。

一般地讲，下式结构应选用 2～4 台汽车布料杆进行摊铺布料；±0.000 以下，7 层以下混凝土结构宜选用最大作业幅度 21～23m 的汽车式布料杆施工；对于 7 层以上的混凝土结构最宜采用内爬式或附着式布料杆进行施工；如只浇筑混凝土楼板，首选的是台灵架布料杆；如既要浇筑混凝土楼板，又要浇筑混凝土板墙，首选的是屋面吊式布料杆。

第四节　施工电梯

在高层建筑施工中，施工电梯是一种重要机械设备。

施工电梯又称为外用施工电梯，或称施工升降机，多数是人货两用，少数仅供货用。人货两用施工电梯在实践上以运送施工人员上下楼为主。

一、施工电梯分类与构造

（一）齿轮齿条驱动施工电梯

齿轮齿条驱动施工电梯由塔架（又称立柱，包括基础节、标准节、塔顶天轮架节）、吊厢、地面停机站、驱动机组、安全装置、电控柜站、门机电联锁盒、电缆、电缆接线筒、平衡重、安装小吊杆等组成，如图 3-21 所示。

按吊厢数量分，齿轮齿条施工电梯可分为单吊厢式和双吊厢式。每个吊厢可配用平衡重，也可不配平衡重。同不配用平衡重的相比，配平衡重的吊厢，在电机功率不变的情况

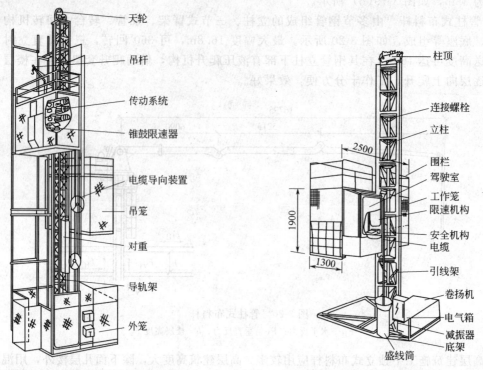

图 3-21　齿轮齿条驱动施工电梯　　　图 3-22　绳轮驱动施工电梯（SFD-1000 型升降机）

下，承载能力可稍有提高。吊厢尺寸一般为 3.2m×1.5m×2.7m，但可视需要适当加宽和加长。按承载能力，施工电梯可分为两级，一级能承载重物 1000kg 或人员 11～12 人，另一级载重量为 2000kg 或乘员 24 名。国产施工电梯大多属于前者。

齿轮齿条驱动施工电梯的主要特点是：采用方形断面钢管焊接格桁结构塔架，刚度好；电机、减速机、驱动齿轮、控制柜等均装设在吊厢内，检查维修保养方便；采用高效能的锥鼓式限速装置，当吊箱下降速度超过 0.95m/s 时，便会动作并掣住吊厢，从而保证不致发生坠落事故；能自升接高，安装转移迅速；可与建筑物拉结，随建筑物向上施工而逐节接高。附着后的悬臂高度（即附着点以上的自由高度）为 12～15m，升运高度一般为 100～150m，国产外用施工电梯最大提升高度可达 200m。

根据国内及一些国外钢结构高层建筑的施工经验，可在建筑物内部电梯厅内的通长电梯井中，相对安装两台外用施工电梯，并将两个原有吊厢加以接长连通为桥式吊厢，以扩大乘载平台面积，从而便利施工人员迅速上下和运送长尺寸的建筑材料。

（二）绳轮驱动施工电梯

钢丝绳滑轮系统驱动的施工电梯的构造特点是：采用三角断面钢管焊接格桁结构立柱；单吊厢；无平衡重；设有限速和机电联锁安全装置；附着装置比较简单，如图 3-22 所示。

这种绳轮驱动施工电梯常称为施工升降机，或简称为升降机。有的人货两用，可载货 1000kg 或乘员 8～10 人，有的只用于运货，载重也达 1000kg。绳轮驱动施工电梯结构比较轻巧，能自升接高，吊厢平面尺寸为 1.3m×（2～2.6）m，构造较简单，用钢量少，造价仅为齿轮齿条施工电梯的 2/5，附着装置费用也比较省，因而在高层建筑施工中的应用面逐渐扩大。

施工电梯用的几种附着装置如图 3-23 所示。

二、施工电梯技术性能与型号

SC 系列施工升降机（电梯）的型号与技术性能见表 3-21 所示。

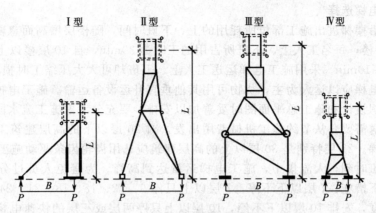

图 3-23　施工电梯用的几种附着装置

注：Ⅰ型、Ⅳ型适用于 $B=3m$，$L=3m$；Ⅱ型、Ⅲ型适用于 $B=3m$，$L=4.2m$、$4.4m$

表 3-21　SC 系列施工升降机（电梯）的型号与技术性能

| 升降机型号 | 额定值 | | | 最大提升高度/m | 吊笼 | | 导轨架标准节 | | 电动机功率/kW | 整机质量/t | 生产厂家 |
	载重量/kg	乘员人数/(人·笼$^{-1}$)	提升速度/(m·min^{-1})		数量	尺寸(长×宽×高)/m	截面尺寸/m	质量/kg			
SCD200/200 Ⅰ型 SCD200/200 Ⅱ型	2000 2000	24 24	40 40	100 150	2 2	3×1.3×2.7 3×1.3×3.0	— 	161 220	7.5 7.5	— 	北京设备安装工程机械厂
SCD100/100A SCD200/200	1000 2000	12 15	37 36.5	100 150	2 2	3×1.3×2.5 3×1.3×2.5	□ 0.8×0.8 □ 0.8×0.8	163 163	11 7.5	27.5 (100m 高) 27.88 (102m 高)	上海宝山建筑机械厂
SC100 SC200-D	1000 2000	12 24	35 37	100 100	1 1	3×1.3×2.8 3×1.3×2.8	□ 0.65×0.65 □ 0.65×0.65	150 150	7.5 7.5	15.0 16.5	北京第一建筑工程公司机械厂
SC160-D SC200-D	1600 2000	19 24	37 37	200 200	1 1	3.2×1.3×2.8 3.2×1.3×2.8	□ 0.8×0.8 □ 0.8×0.8	170 160～170	7.5 7.5	38(200m 高) 38(200m 高)	北京第一建筑工程公司机械厂
SCD200/200 SCD120/120A	2000 1200	25 15	35 35	100 120	2 2	3×1.3×2.6 3×1.3×2.6	□ 0.8×0.8 □ 0.8×0.8	178 178	9.5 5	29.5 30.25 (100m 高)	江苏连云港机械厂
SC200/200-D	2000	19	38.5	150	2	3×1.3×2.7	□ 0.71×0.71	192	7.5	—	红岩机械厂
SF10	1000	—	22.5	60	1	2×1.5	□ 0.45×0.45	83	7.5	4.4 (50m 高)	潍坊市通用机械厂
SWF-15	1500	15	31	100	1	3×1.5×2.6	—	110	7.5	6.8	哈尔滨市安装公司
SF10	1000	—	22.5	60	1	2×1.3	△ 0.45×0.45	83	7.5	4.4 (50m 高)	瓦房店液压件厂
JT-1	1000	12	38	150	1	3×1.3×2.7	□ 0.71×0.71	172	7.5	35.44 (150m 高)	国营江麓机械厂

注：1. 传动形式均为齿轮齿条，导轮架标准节长度均为 1.508m。

2. □、△表示截面形状。

三、施工电梯选择

施工人员沿楼梯进出施工部位所耗用的上、下班时间，随楼层增高而急剧增加。如在施建筑物为 10 层楼，每名工人上、下班所占用的工时为 30min，自 10 层楼以上，每增高一层平均需增加 5～10min。采用施工电梯运送工人上、下班却可大大压缩工时损失和提高工效。人货两用施工电梯应以运人为主，货物可用其他垂直升运设备运输。施工电梯的安装位置应在编制施工组织设计和施工总平面图时妥善加以安排，要充分考虑施工流水段落的划分、人员及货物的运送需要。从节约施工机械费用出发，对 20 层以下的高层建筑工程，宜使用绳轮驱动施工电梯。25 层特别是 30 层以上的高层建筑应选用齿轮齿条驱动施工电梯。

在上、下班时刻，人流集中，施工电梯运量达到高峰。为避免人员过分拥挤和迅速疏散，可采取以下措施：7 层以下不停，7 层以上只停 9、12、15、18、21、24 各层。甚至可以根据施工进度，安排 10 层以下不停，10 层以上只停两层或三层的快速电梯。施工人员到此后，再分别取道楼梯进入施工部位。待上班高峰过后，恢复常规运行（如只停单层或只停双层等）。

据施工经验，一台施工电梯的服务梯层面积约为 600m²，可按此数据为高层建筑工地配置施工电梯。为缓解高峰时运输能力不足的矛盾，建议尽可能选用双吊厢式施工电梯。

第五节　高层建筑施工安全措施

一、塔式起重机

① 附着式或内爬式起重机的基础和附着的建筑物其受力强度必须满足塔式起重机的设计要求。

② 附着时应用经纬仪检查塔身的垂直情况并用撑杆调整垂直度，其垂直度偏差应不超过表 3-22 的规定值。

表 3-22　塔身垂直度

锚固点距轨面高度/m	塔身锚固点垂直度偏差值/mm	锚固点距轨面高度/m	塔身锚固点垂直度偏差值/mm
25	25	50	40
40	30	55	45
45	35		

③ 每道附着装置的撑杆布置方式、相互间隔和附墙距离应按原厂规定。

④ 附着装置在塔身和建筑物上的框架，必须固定可靠，不得有任何松动。

⑤ 轨道式起重机作附着式使用时，必须提高轨道基础的承载能力和切断行走机构的电源。

⑥ 起重机载人专用电梯断绳保护装置必须可靠，并严禁超员乘人。当臂杆回转或起重作业时严禁开动电梯。电梯停用时，应降至塔身底部位置，不得长期悬在空中。

⑦ 如风力达到四级以上时不得进行顶升、安装、拆卸作业。作业时突然遭到风力加大，必须立即停止作业，并将塔身固定。

⑧ 顶升前必须检查液压顶升系统各部件的连接情况，并调整好爬升架滚轮与塔身的间隙，然后放松电缆，其长度略大于顶升高度，并紧固好电缆卷筒。

⑨ 顶升作业，必须在专人指挥下操作，非作业人员不得登上顶升套架的操作台，操作室内只准一人操作，严格听从信号指挥。

⑩ 顶升时，必须使吊臂和平衡臂处于平衡状态，并将回转部分制动住。严禁回转臂杆

及其他作业。顶升中发现故障，必须立即停止顶升进行检查，待故障排除后方可继续顶升。

⑪ 顶升到规定高度后必须先将塔身附着在建筑物上后方可继续顶升。塔身高出固定装置的自由端高度应符合原厂规定。

⑫ 顶升完毕后，各连接螺栓应按规定的力矩紧固，爬升套架滚轮与塔身应吻合良好，左右操纵杆应在中间位置，并切断液压顶升机构电源。

二、建筑施工电梯

① 电梯在每班首次载重运行时，必须从最低层上升，严禁自上而下。当梯笼升离地面1～2m 时要停车试验制动器的可靠性，如发现制动器不正常，经修复后方可运行。

② 梯笼内乘人或载物时，应使荷载均匀分布，防止偏重，严禁超荷载运行。

③ 操作人员应与指挥人员密切配合，根据指挥信号操作，作业前必须鸣声示意。在电梯未切断总电源开关前，操作人员不得离开操作岗位。

④ 电梯运行中如发现机械有异常情况，应立即停机检查，排除故障后方可继续运行。

⑤ 电梯在大雨、大雾和六级及以上大风时，应停止运行，并将梯笼降到底层，切断电源。暴风雨后，应对电梯各有关安全装置进行一次检查。

⑥ 电梯运行到最上层和最下层时，严禁以行程限位开关自动停车来代替正常操纵按钮的使用。

⑦ 作业后，将梯笼降到底层，各控制开关拨到零位，切断电源，锁好电闸箱，闭锁梯笼门和围护门。

三、混凝土泵送机械

① 机械操作和喷射操作人员应密切联系，送风、加料、停机、停风以及发生堵塞等应相互协调配合。

② 在喷嘴的前方或左右5m 范围内不得站人，工作停歇时，喷嘴不得对准有人方向。

③ 作业中，暂停时间超过1h，必须将仓内及输料管内的干混合料（不加水）全部喷出。

④ 如输料软管发生堵塞时，可用木棍轻轻敲打外壁，如敲打无效，可将胶管拆卸用压缩空气吹通。

⑤ 转移作业面时，供风、供水系统也应随之移动，输料软管不得随地拖拉和折弯。

⑥ 作业后，必须将仓内和输料软管内的干混合料（不含水）全部喷出，再将喷嘴拆下清洗干净，并清除喷射机外部黏附的混凝土。

⑦ 支腿应全部伸出并支固，未支固前不得启动布料杆。布料杆升离支架后方可回转。布料杆伸出时应按顺序进行。严禁用布料杆起吊或拖拉物件。

⑧ 当布料杆处于全伸状态时，严禁移动车身。作业中需要移动时，应将上段布料杆折叠固定，移动速度不超过10km/h。布料杆不得使用超过规定直径的配管，装接的软管应系防脱安全绳带。

⑨ 应随时监视各种仪表和指示灯，发现不正常应及时调整或处理。如出现输送管道堵塞时，应进行逆向运转使混凝土返回料斗，必要时应拆管排除堵塞。

⑩ 泵送工作应连续作业，必须暂停时应每隔5～10min（冬季3～5min）泵送一次。若停止较长时间后泵送时，应逆向运转1～2个行程，然后顺向泵送。泵送时料斗内应保持一定量的混凝土，不得吸空。

⑪ 应保持水箱内储满清水，发现水质浑浊并有较多砂粒时应及时检查处理。

⑫ 泵送系统受压力时，不得开启任何输送管道和液压管道。液压系统的安全阀不得任意调整，蓄能器只能充入氮气。

⑬ 作业后，必须将料斗内和管道内的混凝土全部输出，然后对泵机、料斗、管道进行

冲洗。用压缩空气冲洗管道时，管道出口端前方 10m 内不得站人，并应用金属网篮等收集冲出的泡沫橡胶及砂石粒。

⑭ 严禁用压缩空气冲洗布料杆配管。布料杆的折叠收缩应按顺序进行。

⑮ 将两侧活塞运转到清洗室，并涂上润滑油。

⑯ 各部位操纵开关、调整手柄、手轮、控制杆、旋塞等均应复位。液压系统卸荷。

复习思考题

1. 高层建筑施工中常用哪几种塔式起重机？它们各自有何施工特点？
2. 如何选择塔式起重机？如何确定塔式起重机的施工能力？
3. 如何设计塔式起重机基础？在设计中应注意哪些问题？
4. 垂直升运机械有哪几种？其适用范围如何？
5. 泵送混凝土施工机械有哪几种？其施工特点有哪些？
6. 施工电梯有几种类型？如何选择施工电梯？
7. 塔式起重机在安装与拆卸中应注意哪些安全措施？

第四章 高层建筑脚手架施工

高层建筑施工脚手架使用量大，技术比较复杂，尤其是外脚手架，它对施工人员的安全、工程质量、施工进度、工程成本以及邻近建筑物和场地影响都很大。因此，掌握高层建筑施工脚手架的安装和设计是非常必要的。

本章主要介绍扣件式钢管脚手架和门式组合脚手架在高层建筑施工中的应用、脚手架施工安全措施以及脚手架的设计与计算。

第一节 建筑施工扣件式钢管脚手架

扣件式钢管脚手架在高层建筑工程施工中应用最为广泛，其由立杆、大横杆、小横杆、剪刀撑、横向斜撑、连接扣件、脚手板、踢脚板、护栏、扶手等组成。

钢管采用规格为 $\phi 48.25 \text{mm} \times 4.25 \text{mm}$ 或 $\phi 48 \text{mm} \times 3.5 \text{mm}$ 无缝钢管，为防止锈蚀，钢管表面应涂防锈底漆或镀锌处理。扣件采用锻钢或可锻铸铁制作。常用的扣件有直角扣件、旋转扣件、对接扣件，如图 4-1 所示。异径管对接扣件用于不同直径钢管的对接连接。底座用以承受脚手架上部传来的荷载，由钢板或可锻铸铁制作，如图 4-2 所示。

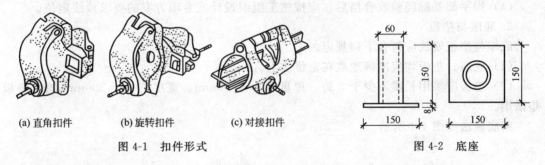

(a) 直角扣件　　　(b) 旋转扣件　　　(c) 对接扣件

图 4-1 扣件形式　　　　　　　　　　　　图 4-2 底座

脚手板可用薄钢板冲压而成，为减小重量，薄钢板冲压脚手板的板面上还应冲出一些圆孔。

一、双排脚手架

（一）落地式脚手架

从室外地面搭起，采用双立杆和附墙构造，通长搭设高度为 25m，最大高度不超过 50m。

落地式脚手架搭设与锚固方式如图 4-3 所示。

1. 脚手架的地基

（1）地基承载力特征值的取值应符合下列规定。

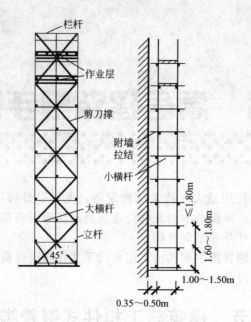

图 4-3　高层建筑结构施工落地式
脚手架的搭设与锚固方式

① 当为天然地基时，应按地质勘察报告选用；当为回填土地基时，应对地质勘察报告提供的回填土地基承载力特征值乘以折减系数 0.4。

② 由荷载试验或工程经验确定。

（2）当为回填土地基时，回填土压实系数应满足设计和规范要求。

（3）对搭设在楼面等建筑结构上的脚手架，应对支撑架体的建筑结构进行承载力验算，当不能满足承载力要求时应采取可靠的加固措施。

（4）脚手架基础经验收合格后，应按施工组织设计或专项方案的要求放线定位。

2. 底座与垫板

底座与垫板安放应符合下列规定。

（1）底座、垫板均应准确地放在定位线上。

（2）垫板应采用长度不少于 2 跨、厚度不小于 50mm、宽度不小于 200mm 的木垫板或垫槽钢。

基底做法如图 4-4 所示。

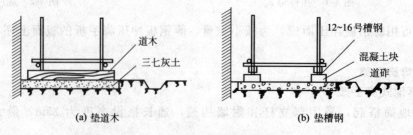

图 4-4　高层脚手架基底做法

3. 立杆搭设

常用密目式安全立网全封闭式双排脚手架的设计尺寸见表 4-1。

表 4-1　常用密目式安全立网全封闭式双排脚手架的设计尺寸　　　　　　　　　m

连墙件设置	立杆横距 l_b	步距 h	下列荷载时的立杆纵距 l_a				脚手架允许搭设高度 [H]
			$2+0.35$ (kN/m^2)	$2+2+2\times0.35$ (kN/m^2)	$3+0.35$ (kN/m^2)	$3+2+2\times0.35$ (kN/m^2)	
二步三跨	1.05	1.50	2.0	1.5	1.5	1.5	50
		1.80	1.8	1.5	1.5	1.5	32
	1.30	1.50	1.8	1.5	1.5	1.5	50
		1.80	1.8	1.2	1.5	1.2	30
	1.55	1.50	1.8	1.5	1.5	1.5	38
		1.80	1.8	1.2	1.5	1.2	22
三步三跨	1.05	1.50	2.0	1.5	1.5	1.5	43
		1.80	1.8	1.2	1.5	1.2	24
	1.30	1.50	1.8	1.2	1.5	1.2	30
		1.80	1.8	1.2	1.5	1.2	17

注：1. 表中所示 $2+2+2\times0.35(kN/m^2)$，包括下列荷载：$2+2(kN/m^2)$ 为两层装修作业层施工荷载标准值；$2\times0.35(kN/m^2)$ 为两层作业层脚手板自重荷载标准值。

2. 作业层横向水平杆间距，应按不大于 $l_a/2$ 设置。

3. 地面粗糙度为 B 类，基本风压 $w_0=0.4kN/m^2$。

(1) 每根立杆底部宜设置底座或垫板。脚手架立杆基础不在同一高度上时，必须将高处的纵向扫地杆向低处延长 2 跨与立杆固定，高低差不应大于 1m。靠边坡上方的立杆轴线到边坡的距离不应小于 500mm，如图 4-5 所示。

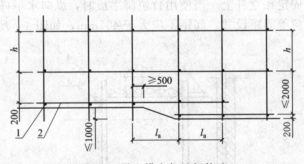

图 4-5　纵、横向扫地杆构造
1—横向扫地杆；2—纵向扫地杆

(2) 立杆接长除顶层顶部外，其余各层各步接头必须采用对接扣件连接。

(3) 脚手架立杆的对接、搭接应符合下列规定。

① 当立杆采用对接接长时，立杆的对接扣件应交错布置，两根相邻立杆的接头不应设置在同步内，同步内隔一根立杆的两个相隔接头在高度方向错开的距离不宜小于 500mm；各接头中心至主节点的距离不宜大于步距的 1/3。

② 当立杆采用搭接接长时，搭接长度不应小于 1m，并应采用不少于 2 个旋转扣件固定。端部扣件盖板的边缘至杆端距离不应小于 100mm。

(4) 脚手架立杆顶端栏杆宜高出女儿墙上端 1m，宜高出檐口上端 1.5m。

4. 纵向水平杆搭设

(1) 纵向水平杆的构造应符合下列规定。

① 纵向水平杆应设置在立杆内侧，单根杆长度不应小于 3 跨。

② 纵向水平杆接长应采用对接扣件连接或搭接，并应符合下列规定。

a. 两根相邻纵向水平杆的接头不应设置在同步或同跨内；不同步或不同跨两个相邻接头在水平方向错开的距离不应小于 500mm；各接头中心至最近主节点的距离不应大于纵距的 1/3，如图 4-6 所示。

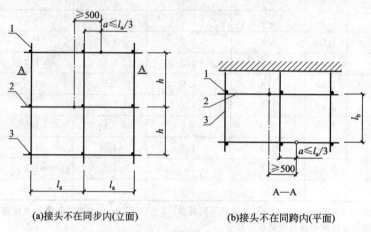

(a)接头不在同步内(立面)　　　　　(b)接头不在同跨内(平面)

图 4-6　纵向水平杆对接接头布置

1—立杆；2—纵向水平杆；3—横向水平杆

b. 搭接长度不应小于 1m，应等间距设置 3 个旋转扣件固定；端部扣件盖板边缘至搭接纵向水平杆杆端的距离不应小于 100mm。

③ 当使用冲压钢脚手板、木脚手板、竹串片脚手板时，纵向水平杆应作为横向水平杆的支座，用直角扣件固定在立杆上；当使用竹笆脚手板时，纵向水平杆应采用直角扣件固定在横向水平杆上，并应等间距设置，间距不应大于 400mm，如图 4-7 所示。

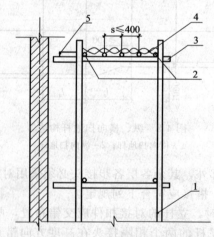

图 4-7　铺竹笆脚手板时纵向水平杆的构造

1—立杆；2—纵向水平杆；3—横向水平杆；4—竹笆脚手板；5—其他脚手板

(2) 在封闭型脚手架的同一步中，纵向水平杆应四周交圈设置，并应用直角扣件与内外角部立杆固定。

(3) 脚手架必须设置纵、横向扫地杆。纵向扫地杆应采用直角扣件固定在距钢管底端不大于 200mm 处的立杆上。横向扫地杆应采用直角扣件固定在紧靠纵向扫地杆下方的立杆上。

5. 横向水平杆搭设

（1）横向水平杆的构造应符合下列规定。

① 作业层上非主节点处的横向水平杆，宜根据支承脚手板的需要等间距设置，最大间距不应大于纵距的 1/2。

② 当使用冲压钢脚手板、木脚手板、竹串片脚手板时，双排脚手架的横向水平杆两端均应采用直角扣件固定在纵向水平杆上。

③ 当使用竹笆脚手板时，双排脚手架的横向水平杆的两端，应用直角扣件固定在立杆上。

（2）主节点处必须设置一根横向水平杆，用直角扣件扣接且严禁拆除。

（3）双排脚手架横向水平杆的靠墙一端至墙装饰面的距离不应大于 100mm。

6. 连墙件安装

（1）脚手架连墙件设置的位置、数量应按专项施工方案确定。

（2）脚手架连墙件数量的设置除应满足计算要求外，还应符合表 4-2 的规定。

表 4-2 连墙件布置最大间距

搭设方法	高度/m	竖向间距 h	水平间距 l_a	每根连墙件覆盖面积/m²
双排落地	≤50	3h	$3l_a$	≤40
双排悬挑	>50	2h	$3l_a$	≤27
单排	≤24	3h	$3l_a$	≤40

注：h——步距；l_a——纵距。

（3）连墙件的布置应符合下列规定。

① 应靠近主节点设置，偏离主节点的距离不应大于 300mm。

② 应从底层第一步纵向水平杆处开始设置，当该处设置有困难时，应采用其他可靠措施固定。

③ 应优先采用菱形布置，或采用方形、矩形布置。

（4）开口型脚手架的两端必须设置连墙件，连墙件的垂直间距不应大于建筑物的层高，并且不应大于 4m。

（5）连墙件中的连墙杆应呈水平设置，当不能水平设置时，应向脚手架一端下斜连接。

（6）连墙件必须采用可承受拉力和压力的构造。对高度 24m 以上的双排脚手架，应采用刚性连墙件与建筑物连接。如图 4-8 所示。

（7）当脚手架下部暂不能设连墙件时应采取防倾覆措施。当搭设抛撑时，抛撑应采用通长杆件，并用旋转扣件固定在脚手架上，与地面的倾角应在 45°～60° 之间；连接点中心至主节点的距离不应大于 300mm。抛撑应在连墙件搭设后方可拆除。

（8）架高超过 40m 且有风涡流作用时，应采取抗上升翻流作用的连墙措施。

（9）脚手架连墙件安装应符合下列规定。

① 连墙件的安装应随脚手架搭设同步进行，不得滞后安装。

② 当单、双排脚手架施工操作层高出相邻连墙件两步时，应采取确保脚手架稳定的临时拉结措施，直到上一层连墙件安装完毕后再根据情况拆除。

（10）脚手架开始搭设立杆时，应每隔 6 跨设置一根抛撑，直至连墙件安装稳定后，方可根据情况拆除。

当架体搭设至有连墙件的主节点时，在搭设完该处的立杆、纵向水平杆、横向水平杆后，应立即设置连墙件。

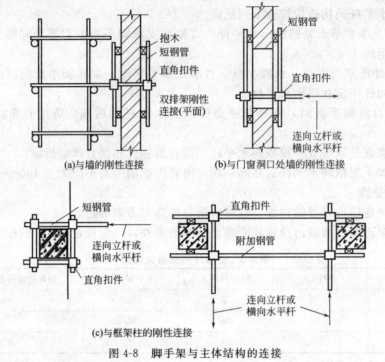

(a)与墙的刚性连接　　(b)与门窗洞口处墙的刚性连接

(c)与框架柱的刚性连接

图 4-8　脚手架与主体结构的连接

7. 剪刀撑与横向斜撑搭设

(1) 剪刀撑的设置应符合下列规定。

① 每道剪刀撑跨越立杆的根数应按表 4-3 的规定确定。每道剪刀撑宽度不应小于 4 跨，且不应小于 6m，斜杆与地面的倾角应在 45°～60°之间。

表 4-3　剪刀撑跨越立杆的最多根数

剪刀撑斜杆与地面的倾角 α	45°	50°	60°
剪刀撑跨越立杆的最多根数 n	7	6	5

② 剪刀撑斜杆的接长应采用搭接或对接。

③ 剪刀撑斜杆应用旋转扣件固定在与之相交的横向水平杆的伸出端或立杆上，旋转扣件中心线至主节点的距离不应大于 150mm。

(2) 高度在 24m 及以上的双排脚手架应在外侧全立面连续设置剪刀撑，并应由底至顶连续设置。

(3) 双排脚手架横向斜撑的设置应符合下列规定。

① 横向斜撑应在同一节间，由底至顶层呈之字形连续布置。

② 高度在 24m 以上的封闭型脚手架，除拐角应设置横向斜撑外，中间应每隔 6 跨距设置一道。

(4) 开口型双排脚手架的两端均必须设置横向斜撑。

(5) 脚手架剪刀撑与双排脚手架横向斜撑应随立杆、纵向和横向水平杆等同步搭设，不得滞后安装。

8. 门洞脚手架搭设

(1) 双排脚手架门洞宜采用上升斜杆、平行弦杆桁架结构形式，如图 4-9 所示。斜杆与

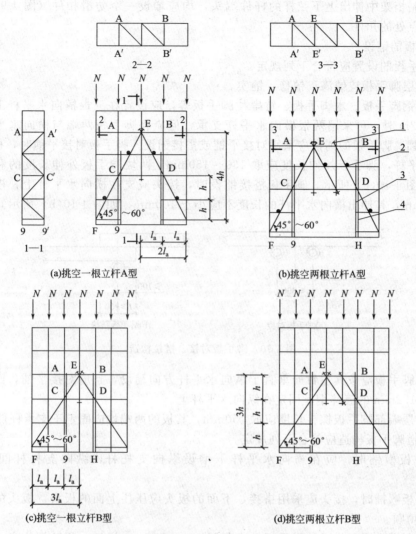

图 4-9　门洞处上升斜杆、平行弦杆桁架
1—防滑扣件；2—增设的横向水平杆；3—副立杆；4—主立杆

地面的倾角应在 45°～60° 之间。门洞桁架的形式宜按下列要求确定。

① 当步距（h）小于纵距（l_a）时，应采用 A 型。

② 当步距（h）大于纵距（l_a）时，应采用 B 型，并应符合下列规定。

a. $h = 1.8m$ 时，纵距不应大于 1.5m。

b. $h = 2.0m$ 时，纵距不应大于 1.2m。

（2）双排脚手架门洞桁架的构造应符合下列规定。

① 双排脚手架门洞处的空间桁架，除下弦平面外，应在其余 5 个平面内的图示节间（图 4-9 中 1—1、2—2、3—3 剖面）设置一根斜腹杆。

② 斜腹杆宜采用旋转扣件固定在与之相交的横向水平杆的伸出端上，旋转扣件中心线至主节点的距离不宜大于 150mm。当斜腹杆在 1 跨内跨越 2 个步距（图 4-9 中 A 型）时，宜在相交的纵向水平杆处，增设一根横向水平杆，将斜腹杆固定在其伸出端上。

③ 斜腹杆宜采用通长杆件，当必须接长使用时，宜采用对接扣件连接，也可采用搭接。

（3）门洞桁架下的两侧立杆应为双管立杆，副立杆高度应高于门洞口 1～2 步。

（4）门洞桁架中伸出上下弦杆的杆件端头，均应增设一个防滑扣件（图 4-9），该扣件宜紧靠主节点处的扣件。

9. 脚手板的铺设

（1）脚手板的设置应符合下列规定。

① 作业层脚手板应铺满、铺稳、铺实。

② 冲压钢脚手板、木脚手板、竹串片脚手板等，应设置在三根横向水平杆上。当脚手板长度小于 2m 时，可采用两根横向水平杆支承，但应将脚手板两端与横向水平杆可靠固定，严防倾翻。脚手板的铺设应采用对接平铺或搭接铺设。脚手板对接平铺时，接头处应设两根横向水平杆，脚手板外伸长度应取 130～150mm，两块脚手板外伸长度的和不应大于 300mm，如图 4-10（a）所示；脚手板搭接铺设时，接头应支在横向水平杆上，搭接长度不应小于 200mm，其伸出横向水平杆的长度不应小于 100mm，如图 4-10（b）所示。

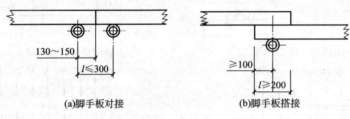

（a）脚手板对接　　　　　　（b）脚手板搭接

图 4-10　脚手板对接、搭接构造

③ 竹笆脚手板应按其主竹筋垂直于纵向水平杆方向铺设，且应对接平铺，四个角应用直径不小于 1.2mm 的镀锌钢丝固定在纵向水平杆上。

④ 作业层端部脚手板探头长度应取 150mm，其板的两端均应固定于支承杆件上。

（2）斜道脚手板构造应符合下列规定。

① 脚手板横铺时，应在横向水平杆下增设纵向支托杆，纵向支托杆间距不应大于 500mm。

② 脚手板顺铺时，接头应采用搭接，下面的板头应压住上面的板头，板头的凸棱处应采用三角木填顺。

③ 人行斜道和运料斜道的脚手板上应每隔 250～300mm 设置一根防滑木条，木条厚度应为 20～30mm。

（3）栏杆与挡脚板构造如图 4-11 所示。

10. 斜道搭设

（1）人行并兼作材料运输的斜道的形式宜按下列要求确定。

① 高度不大于 6m 的脚手架，宜采用一字形斜道。

② 高度大于 6m 的脚手架，宜采用之字形斜道。

（2）斜道的构造应符合下列规定。

① 斜道应附着外脚手架或建筑物设置。

② 运料斜道宽度不应小于 1.5m，坡度不应大于 1:6；人行斜道宽度不应小于 1m，坡度不应大于 1:3。

③ 拐弯处应设置平台，其宽度不应小于斜道宽度。

④ 斜道两侧及平台外围均应设置栏杆及挡脚板；栏杆高度应为 1.2m，挡脚板高度不应小于 180mm。

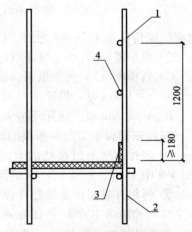

图 4-11　栏杆与挡脚板构造

1—上栏杆；2—外立杆；

3—挡脚板；4—中栏杆

⑤ 运料斜道两端、平台外围和端部应设置连墙件；每两步应加设水平斜杆；应设置剪刀撑和横向斜撑。

11. 扣件安装

扣件安装应符合下列规定。

（1）扣件规格应与钢管外径相同。

（2）螺栓拧紧扭力矩不应小于 40N·m，且不应大于 65N·m。

（3）在主节点处固定横向水平杆、纵向水平杆、剪刀撑、横向斜撑等用的直角扣件、旋转扣件的中心点的距离不应大于 150mm。

（4）对接扣件开口应朝上或朝内。

（5）各杆件端头伸出扣件盖板边缘的长度不应小于 100mm。

（二）外挑式脚手架

外挑式脚手架与落地式脚手架的主要不同之处是后者直接从地面搭起，而前者则从建筑物悬挑出去的钢梁支撑架上搭起。型钢悬挑脚手架构造如图 4-12 所示。

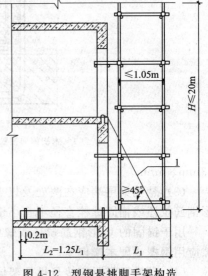

1. 固定悬挑钢梁的混凝土结构

（1）锚固型钢的主体结构混凝土强度等级不得低于 C20。

（2）锚固位置设置在楼板上时，楼板的厚度不宜小于 120mm。如果楼板的厚度小于 120mm 应采取加固措施。

2. 悬挑钢梁的构造与设计

（1）悬挑钢梁悬挑长度应按设计确定，固定段长度不应小于悬挑段长度的 1.25 倍（图 4-12）。

（2）型钢悬挑梁宜采用双轴对称截面的型钢。悬挑钢梁型号及锚固件应按设计确定，钢梁截面高度不应小于 160mm。

3. 悬挑钢梁的固定形式

（1）型钢悬挑梁固定端应采用 2 个（对）及以

图 4-12　型钢悬挑脚手架构造
1—钢丝绳或钢拉杆

上 U 形钢筋拉环或锚固螺栓与建筑结构梁板固定，U 形钢筋拉环或锚固螺栓应预埋至混凝土梁、板底层钢筋位置，并应与混凝土梁、板底层钢筋焊接或绑扎牢固，其锚固长度应符合现行国家标准《混凝土结构设计规范》GB 50010—2010 中钢筋锚固的规定。如图 4-13～图 4-15 所示。

（2）当型钢悬挑梁与建筑结构采用螺栓钢压板连接固定时，钢压板尺寸不应小于 100mm×10mm（宽×厚）；当采用螺栓角钢压板连接时，角钢的规格不应小于 63mm×

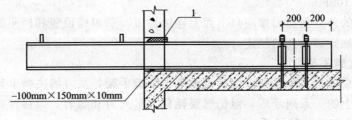

图 4-13　悬挑钢梁穿墙构造
1—木楔楔紧

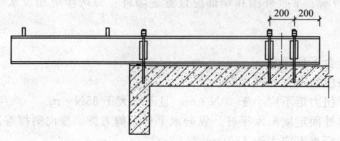

图 4-14　悬挑钢梁楼面构造

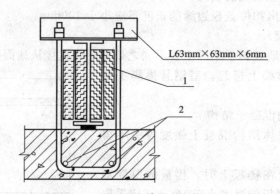

图 4-15　悬挑钢梁 U 形螺栓固定构造
1—木楔侧向楔紧；2—两根 1.5m 长 ϕ18mm 的 HRB335 钢筋

63mm×6mm。

（3）悬挑梁尾端应在两处及以上固定于钢筋混凝土梁板结构上。锚固型钢悬挑梁的 U 形钢筋拉环或锚固螺栓直径不宜小于 16mm（图 4-12）。

用于锚固的 U 形钢筋拉环或螺栓应采用冷弯成型。U 形钢筋拉环、锚固螺栓与型钢间隙应用钢楔或硬木楔楔紧。

（4）悬挑梁间距应按悬挑架架体立杆纵距设置，每一纵距设置一根。

4. 外挑式脚手架的安装

（1）一次悬挑脚手架高度不宜超过 20m。

（2）每个型钢悬挑梁外端宜设置钢丝绳或钢拉杆与上一层建筑结构斜拉结。钢丝绳、钢拉杆不参与悬挑钢梁受力计算；钢丝绳与建筑结构拉结的吊环应使用 HPB300 级钢筋，其直径不宜小于 20mm，吊环预埋锚固长度应符合现行国家标准《混凝土结构设计规范》GB 50010 中钢筋锚固的规定（图 4-12）。

（3）型钢悬挑梁悬挑端应设置能使脚手架立杆与钢梁可靠固定的定位点，定位点离悬挑梁端部不应小于 100mm。

（4）悬挑架的外立面剪刀撑应自下而上连续设置。剪刀撑设置和横向斜撑设置以及连墙杆设置应符合落地式脚手架的规定。

（三）移置式脚手架

采用分段搭设外挑式脚手架以代替满堂落地外脚手架，虽可解决脚手架刚度、强度、稳定性和材料供应上的一系列矛盾，但仍然要耗费大量人力和物力，而移置式悬挑脚手架（图 4-16）则能进一步解决此种矛盾。

一组移置式悬挑脚手架的长度为 2～3 个柱距，高为 3～4 个楼层。脚手架预先在地面上

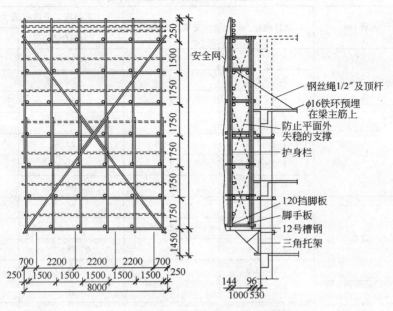

图 4-16 移置式悬挑脚手架构造示意

(1″=1in=25.4mm)

搭设妥善。立框间距、大横杆与小横杆间距以及剪刀撑的布设均按钢管扣件脚手架搭设标准要求办理。脚手架在带短钢管立柱插座的型钢纵梁上牢靠地固定之后，用塔式起重机将其安装在从楼层结构上挑出的支撑架上。为了便于这种移置式脚手架准确就位，支撑架的上弦杆上均焊有定位装置。待脚手架就位妥当之后，每隔 4～6m 另用钢管和钢丝绳顶拉杆件与建筑物拉结稳固。随着施工作业面向上转移，移置式脚手架可借助塔式起重机一组组地逐段逐层向上转移。移置式悬挑脚手架，随施工进度转移使用，不仅很好地解决了人员交通、安全防护以及模板材料转移的需要，而且节约了大量脚手架材料和搭设满堂外脚手的劳动消耗量。

二、满堂脚手架

高层建筑的大厅、餐厅、多功能厅等的顶排施工，往往需要搭设满堂脚手架。

1. 构造参数

常用敞开式满堂脚手架结构的设计尺寸，可按表 4-4 采用。

2. 搭设方法

（1）满堂脚手架搭设高度不宜超过 36m；满堂脚手架施工层不得超过 1 层。

（2）满堂脚手架立杆的构造应符合落地式脚手架的规定；立杆接长接头必须采用对接扣件连接，立杆对接扣件布置应符合落地式脚手架的规定；水平杆的连接应符合落地式脚手架的有关规定；水平杆长度不宜小于 3 跨。

（3）满堂脚手架应在架体外侧四周及内部纵、横向每 6～8m 由底至顶设置连续竖向剪刀撑。当架体搭设高度在 8m 以下时，应在架顶部设置连续水平剪刀撑；当架体搭设高度在 8m 及以上时，应在架体底部、顶部及竖向间隔不超过 8m 分别设置连续水平剪刀撑。水平剪刀撑宜在竖向剪刀撑斜杆相交平面设置。剪刀撑宽度应为 6～8m。

（4）剪刀撑应用旋转扣件固定在与之相交的水平杆或立杆上，旋转扣件中心线至主节点的距离不宜大于 150mm。

表 4-4　常用敞开式满堂脚手架结构的设计尺寸

序号	步距/m	立杆间距/m	支架高宽比≤	下列施工荷载时最大允许高度/m	
				2kN/m²	3kN/m²
1	1.7~1.8	1.2×1.2	2	17	9
2		1.0×1.0	2	30	24
3		0.9×0.9	2	36	36
4	1.5	1.3×1.3	2	18	9
5		1.2×1.2	2	23	16
6		1.0×1.0	2	36	31
7		0.9×0.9	2	36	36
8	1.2	1.3×1.3	2	20	13
9		1.2×1.2	2	24	19
10		1.0×1.0	2	36	32
11		0.9×0.9	2	36	36
12	0.9	1.0×1.0	2	36	33
13		0.9×0.9	2	36	36

注: 1. 最少跨数应符合 JGJ 130《建筑施工扣件式钢管脚手架安全技术规范》附录 C 表 C-1 的规定。

2. 脚手板自重标准值取 0.35kN/m²。

3. 地面粗糙度为 B 类, 基本风压 $w_0 = 0.35kN/m²$。

4. 立杆间距不小于 1.2m×1.2m, 施工荷载标准值不小于 3kN/m² 时, 立杆上应增设防滑扣件, 防滑扣件应安装牢固, 且顶紧立杆与水平杆连接的扣件。

（5）满堂脚手架的高宽比不宜大于 3, 当高宽比大于 2 时, 应在架体的外侧四周和内部水平间隔 6~9m、竖向间隔 4~6m 设置连墙件与建筑结构拉结, 当无法设置连墙件时, 应采取设置钢丝绳张拉固定等措施。

（6）最少跨数为 2、3 跨的满堂脚手架, 连墙件的设置宜符合落地式脚手架的规定。

（7）当满堂脚手架局部承受集中荷载时, 应按实际荷载计算并应局部加固。

（8）满堂脚手架应设爬梯, 爬梯踏步间距不得大于 300mm。

（9）满堂脚手架操作层支撑脚手板的水平杆间距不应大于 1/2 跨距。

脚手板的铺设应符合落地式脚手架的规定。

三、脚手架的设计

（一）脚手架上的荷载

作用于脚手架的荷载有两种, 一是恒荷载; 二是活荷载。

恒荷载可分为: 脚手架结构自重量, 包括立杆、纵向水平杆、横向水平杆、剪刀撑、横向斜撑和扣件等的自重; 构、配件自重, 包括脚手板、栏杆、挡脚板、安全网等防护设施的自重。

活荷载可分为: 施工荷载, 包括作业层上的人员、器具和材料的自重; 风荷载。

1. 恒荷载标准值

脚手架结构自重, 见表 4-5。

构配件自重, 见表 4-6~表 4-8。

2. 活荷载标准值

施工均布活荷载标准值, 见表 4-9。

表 4-5 单、双排脚手架立杆承受的每米结构自重标准值 g_k kN/m

步距/m	脚手架类型	纵距/m				
		1.2	1.5	1.8	2.0	2.1
1.20	单排	0.1642	0.1793	0.1945	0.2046	0.2097
	双排	0.1538	0.1667	0.1796	0.1882	0.1925
1.35	单排	0.1530	0.1670	0.1809	0.1903	0.1949
	双排	0.1426	0.1543	0.1660	0.1739	0.1778
1.50	单排	0.1440	0.1570	0.1701	0.1788	0.1831
	双排	0.1336	0.1444	0.1552	0.1624	0.1660
1.80	单排	0.1305	0.1422	0.1538	0.1615	0.1654
	双排	0.1202	0.1295	0.1389	0.1451	0.1482
2.00	单排	0.1238	0.1347	0.1456	0.1529	0.1565
	双排	0.1134	0.1221	0.1307	0.1365	0.1394

注：$\phi48.3\times3.6$ 钢管，扣件自重按 JGJ130《建筑施工扣件式钢管脚手架安全技术规范》附录 A 表 A.0.4 采用。表内中间值可按线性插入计算。

表 4-6 脚手板自重标准值

类 别	标准值/$kN \cdot m^{-2}$
冲压钢脚手板	0.30
竹串片脚手板	0.35
木脚手板	0.35
竹笆脚手板	0.10

表 4-7 栏杆、挡脚板自重标准值

类 别	标准值/$kN \cdot m^{-2}$
栏杆、冲压钢脚手板挡板	0.16
栏杆、竹串片脚手板挡板	0.17
栏杆、木脚手板挡板	0.17

表 4-8 主梁、次梁及支撑板自重标准值 kN/m²

类 别	立杆间距/m	
	$>0.75\times0.75$	$\leqslant0.75\times0.75$
木质主梁（含 $\phi8.3\times3.6$ 双钢管）、次梁、木支撑板	0.6	0.85
型钢主梁、次梁、木支撑板	1.0	1.2

注：型钢次梁自重不超过 10 号工字钢自重，型钢主梁自重不超过 H100mm×100mm×6mm×8mm 型钢自重，支撑板自重不超过木脚手板自重。

表 4-9 施工均布活荷载标准值

类 别	标准值/$kN \cdot m^{-2}$
装修脚手架	2.0
混凝土、砌筑结构脚手架	3.0
轻型钢结构及空间网格结构脚手架	2.0
普通钢结构脚手架	3.0

注：斜道上的施工均布活荷载标准值不应低于 2.0kN/m²。

风荷载标准值（w_k）计算公式为：

$$w_k = \mu_z \mu_s w_o \tag{4-1}$$

式中 w_k——风荷载标准值，kPa；

μ_z——风压高度变化系数，按《建筑结构荷载规范》（GB 50009）采用；

μ_s——脚手架风荷载体型系数，见表 4-10；

w_o——基本风压，kPa，按《建筑结构荷载规范》（GB 50009）采用，取重现期 $n=$ 10 对应的风压值。

表 4-10 脚手架的风荷载体型系数 μ_s

背靠建筑物的状况		全封闭墙	敞开、框架和开洞墙
脚手架状况	全封闭、半封闭	1.0φ	1.3φ
	敞 开	μ_{stw}	

注：1. μ_{stw} 值可将脚手架视为桁架，按国家标准《建筑结构荷载规范》GB 50009 的规定计算。

2. φ 为挡风系数，$\varphi=1.2A_n/A_w$，其中：A_n 为挡风面积；A_w 为迎风面积。敞开式脚手架的 φ 值可按《建筑结构荷载规范》采用。

　　因为地区的基本风压是荷载规范中为建筑物计算风荷载的使用值，是按每 30 年一遇 10m 高的风压数值。而作为脚手架是属于临时性结构，使用期限一般不超过 3 年，最多 5 年，所以采用规范的数值计算时应进行折减。

　　3. 荷载效应组合

　　设计脚手架的承重构件时，应根据使用过程中可能出现的荷载取其最不利组合进行计算，荷载效应组合宜按表 4-11 采用。

表 4-11　荷载效应组合

计算项目	荷载效应组合
纵向、横向水平杆承载力与变形	永久荷载＋施工荷载
脚手架立杆地基承载力	永久荷载＋施工荷载
型钢悬挑梁的承载力、稳定与变形	永久荷载＋0.9（施工荷载＋风荷载）
立杆稳定	永久荷载＋可变荷载（不含风荷载）
	永久荷载＋0.9（可变荷载＋风荷载）
连墙件承载力与稳定	单排架，风荷载＋2.0kN
	双排架，风荷载＋3.0kN

（二）落地式脚手架的设计计算

1. 大横杆、小横杆的计算

（1）抗弯强度的计算　大横杆、小横杆的抗弯强度可按下式计算：

$$\sigma = \frac{M}{W} \leqslant f \tag{4-2}$$

$$M = 1.2M_{GK} + 1.40\sum M_{QK}$$

式中　M——弯矩设计值，N·mm；

　　　W——截面模量，mm³，见表 4-12；

　　　f——钢材的抗弯强度设计值，N/mm²，见表 4-13；

　　M_{GK}——脚手板自重标准值产生的弯矩，kN·m；

　　M_{QK}——施工荷载标准值产生的弯矩，kN·m。

表 4-12　钢管载面几何特性

外径 ϕ, d /mm	壁厚 t /mm	截面积 A /cm²	惯性矩 I /cm⁴	截面模量 W /cm³	回转半径 i /cm	每米长质量 /kg·m⁻¹
48.3	3.6	5.06	12.71	5.26	1.59	3.97

表 4-13　钢材的强度设计值与弹性模量　　　　　　　　　　MPa

Q235 钢抗拉、抗压和抗弯强度设计值 f	205
弹性模量 E	2.06×10^5

（2）挠度的计算　大横杆、小横杆的挠度可按下式规定：

$$v \leqslant [v] \tag{4-3}$$

式中　v——挠度，mm；

　　$[v]$——容许挠度，见表 4-14。

　　计算纵向、横向水平杆的内力与挠度时，纵向水平杆宜按三跨连续梁计算，计算跨度取纵距 l_a；横向水平杆宜按简支梁计算，计算跨度 l。可按图 4-17 采用；双排脚手架的横向水平杆的构造外伸长度 $a = 500$ 时，其计算外伸长度 a_1，可取 300mm。

表 4-14 受弯构件的容许挠度

构 件 类 别	容许挠度[v]
脚手板,脚手架纵向、横向水平杆	$l/150$ 与 10mm
脚手架悬挑受弯杆件	$l/400$
型钢悬挑脚手架悬挑钢梁	$l/250$

注:l 为受弯构件的跨度,对悬挑杆件为其悬伸长度的 2 倍。

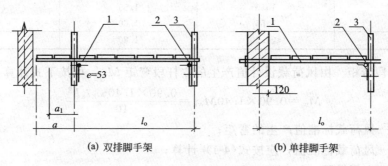

(a) 双排脚手架　　　　　　(b) 单排脚手架

图 4-17 横向水平杆计算跨度

1—横向水平杆;2—纵向水平杆;3—立杆

(3) 扣件的抗滑承载力计算　纵向或横向水平杆与立杆连接时,其扣件的抗滑承载力应符合下式规定:

$$R \leqslant R_c \tag{4-4}$$

式中　R——纵向、横向水平杆传给立杆的竖向作用力设计值;

R_c——扣件抗滑承载力设计值,应按表 4-15 采用。

表 4-15 扣件、底座、可调托撑的承载力设计值　　　　　　kN

项 目	承载力设计值
对接扣件(抗滑)	3.20
直角扣件、旋转扣件(抗滑)	8.00
底座(受压)、可调托撑(受压)	40.00

2. 立杆计算

(1) 计算立杆段的轴向力设计值　计算立杆段的轴向力设计值 N,应按下列公式计算。

不组合风荷载时:

$$N = 1.20(N_{G1K} + N_{G2K}) + 1.40 \sum N_{QK} \tag{4-5}$$

组合风荷载时:

$$N = 1.20(N_{G1K} + N_{G2K}) + 0.90 \times 1.40 \sum N_{QK} \tag{4-6}$$

式中　N_{G1K}——脚手架结构自重标准值产生的轴向力;

N_{G2K}——构配件自重标准值产生的轴向力;

$\sum N_{QK}$——施工荷载标准值产生的轴向力总和,内、外立杆可按一纵距(跨)内施工正荷载总和的 1/2 取值。

(2) 立杆计算长度　立杆计算长度 l_o 应按下式计算:

$$l_o = K \mu h \tag{4-7}$$

式中　K——计算长度附加系数，其值取 1.155，当验算立杆允许长细比时，取 $K=1$；

　　　μ——考虑脚手架整体稳定因素的单杆计算长度系数，应按表 4-16 采用；

　　　h——立杆步距。

表 4-16　脚手架立杆的计算长度系数 μ

类　　别	立杆横距/m	连墙件布置	
		二步三跨	三步三跨
双排架	1.05	1.50	1.70
	1.30	1.55	1.75
	1.55	1.60	1.80
单排架	≤1.50	1.80	2.00

（3）立杆段弯矩　由风荷载设计值产生的立杆段弯矩 M_w，可按下式计算：

$$M_w = 0.90 \times 1.40 M_{wk} = \frac{0.90 \times 1.40 w_k l_a h^2}{10} \tag{4-8}$$

式中　M_{wk}——风荷载标准值产生的弯矩；

　　　w_k——风荷载标准值，应按式（4-1）计算；

　　　l_a——立杆纵距。

（4）立杆的稳定性计算　立杆的稳定性应按下列公式计算。

不组合风荷载时：

$$\frac{N}{\varphi A} \leqslant f \tag{4-9}$$

组合风荷载时：

$$\frac{N}{\varphi A} + \frac{M_w}{W} \leqslant f \tag{4-10}$$

式中　N——计算立杆段的轴向力设计值，N；

　　　φ——轴心受压构件的稳定系数，见表 4-17；

　　　λ——长细比，$\lambda = \dfrac{l_o}{i}$；

　　　l_o——计算长度，mm［按式（4-7）计算］；

　　　i——截面回转半径，mm，见表 4-12；

　　　A——立杆的截面面积，见表 4-12；

　　　M_w——计算立杆段由风荷载设计值产生的弯矩；

　　　f——钢材的抗压强度设计值，见表 4-13。

立杆稳定性计算部位的确定应符合下列规定。

① 当脚手架搭设尺寸采用相同的步距、立杆纵距、立杆横距和连墙件间距时，应计算底层立杆段。

② 当脚手架搭设尺寸中的步距、立杆纵距、立杆横距和连墙件间距有变化时，除计算底层立杆段外，还必须对出现最大步距或最大立杆纵距、立杆横距、连墙件间距等部位的立杆段进行验算。

③ 双管立杆变截面处主立杆上部单根立杆的稳定性，应按式（4-9）或式（4-10）进行计算。

（5）脚手架允许搭设高度　脚手架允许搭设高度 ［H］应按下列公式计算，并应取较小值。

表 4-17　轴心受压构件的稳定系数 φ（Q235 钢）

λ	0	1	2	3	4	5	6	7	8	9
0	1.000	0.997	0.995	0.992	0.989	0.987	0.984	0.981	0.979	0.976
10	0.974	0.971	0.968	0.966	0.963	0.960	0.958	0.955	0.952	0.949
20	0.947	0.944	0.941	0.938	0.936	0.933	0.930	0.927	0.924	0.921
30	0.918	0.915	0.912	0.909	0.906	0.903	0.899	0.896	0.893	0.889
40	0.886	0.882	0.879	0.875	0.872	0.868	0.864	0.861	0.858	0.855
50	0.852	0.849	0.846	0.843	0.839	0.836	0.832	0.829	0.825	0.822
60	0.818	0.814	0.810	0.806	0.802	0.797	0.793	0.789	0.784	0.779
70	0.775	0.770	0.765	0.760	0.755	0.750	0.744	0.739	0.733	0.728
80	0.722	0.716	0.710	0.704	0.698	0.692	0.686	0.680	0.673	0.667
90	0.661	0.654	0.648	0.641	0.634	0.626	0.618	0.611	0.603	0.595
100	0.588	0.580	0.573	0.566	0.558	0.551	0.544	0.537	0.530	0.523
110	0.516	0.509	0.502	0.496	0.489	0.483	0.476	0.470	0.464	0.458
120	0.452	0.446	0.440	0.434	0.428	0.423	0.417	0.412	0.406	0.401
130	0.396	0.391	0.386	0.381	0.376	0.371	0.367	0.362	0.357	0.353
140	0.349	0.344	0.340	0.336	0.332	0.328	0.324	0.320	0.316	0.312
150	0.308	0.305	0.301	0.298	0.294	0.291	0.287	0.284	0.281	0.277
160	0.274	0.271	0.268	0.265	0.262	0.259	0.256	0.253	0.251	0.248
170	0.245	0.243	0.240	0.237	0.235	0.232	0.230	0.227	0.225	0.223
180	0.220	0.218	0.216	0.214	0.211	0.209	0.207	0.205	0.203	0.201
190	0.199	0.197	0.195	0.193	0.191	0.189	0.188	0.186	0.184	0.182
200	0.180	0.179	0.177	0.175	0.174	0.172	0.171	0.169	0.167	0.166
210	0.164	0.163	0.161	0.160	0.159	0.157	0.156	0.154	0.153	0.152
220	0.150	0.149	0.148	0.146	0.145	0.144	0.143	0.141	0.140	0.139
230	0.138	0.137	0.136	0.135	0.133	0.132	0.131	0.130	0.129	0.128
240	0.127	0.126	0.125	0.124	0.123	0.122	0.121	0.120	0.119	0.118
250	0.117	—	—	—	—	—	—	—	—	—

注：当 $\lambda > 250$ 时，$\varphi = \dfrac{7320}{\lambda^2}$。

① 不组合风荷载时：

$$[H] = \frac{\varphi A f - (1.2 N_{G2K} + 1.4 \sum N_{QK})}{1.2 g_k} \tag{4-11}$$

② 组合风荷载时：

$$[H] = \frac{\varphi A f - \left[1.2 N_{G2K} + 0.9 \times 1.4 \left(\sum N_{QK} + \dfrac{M_{WK}}{W} \varphi A \right) \right]}{1.2 g_k} \tag{4-12}$$

式中　$[H]$——脚手架允许搭设高度，m；

　　　g_k——立杆承受的每米结构自重标准值，kN/m，可按表 4-5 采用。

3. 连墙件计算

（1）由风荷载产生的连墙件的轴向力设计值　由风荷载产生的连墙件的轴向力设计值，应按下式计算：

$$N_{lw} = 1.4 \cdot \omega_k \cdot A_w \tag{4-13}$$

式中　A_w——单个连墙件所覆盖的脚手架外侧面的迎风面积。

（2）连墙件杆件的强度及稳定性计算　连墙件杆件的强度及稳定应满足下列公式的要求。

强度：

$$\sigma = \frac{N_1}{A_c} \leqslant 0.85f \tag{4-14}$$

稳定：

$$\frac{N_1}{\varphi A} \leqslant 0.85f \tag{4-15}$$

$$N_1 = N_{1w} + N_o \tag{4-16}$$

式中　σ——连墙件应力值，N/mm^2；

$\quad A_c$——连墙件的净截面面积，mm^2；

$\quad A$——连墙件的毛截面面积，mm^2；

$\quad N_1$——连墙件轴向力设计值，N；

$\quad N_{1w}$——风荷载产生的连墙件轴向力设计值；

$\quad N_o$——连墙件约束脚手架平面外变形所产生的轴向力，单排架取 2kN，双排架取 3kN；

$\quad \varphi$——连墙件的稳定系数，应根据连墙件长细比确定（见表 4-17）；

$\quad f$——连墙件钢材的强度设计值，N/mm^2，见表 4-13。

（3）连墙件的承载力计算　连墙件与脚手架、连墙件与建筑结构连接的承载力应按下式计算：

$$N_1 \leqslant N_v \tag{4-17}$$

式中　N_v——连墙件与脚手架、连墙件与建筑结构连接的受拉（压）承载力设计值，应根据相应规范规定计算。

（4）扣件抗滑承载力的验算　当采用钢管扣件做连墙件时，扣件抗滑承载力的验算，应满足下式要求：

$$N_1 \leqslant R_c \tag{4-18}$$

式中　R_c——扣件抗滑承载力设计值，一个直角扣件应取 8.0kN。

4. 脚手架地基承载力计算

立杆基础底面的平均压力应满足下式的要求：

$$p_k = \frac{N_k}{A} \leqslant f_g \tag{4-19}$$

式中　p_k——立杆基础底面处的平均压力标准值，kPa；

$\quad N_k$——上部结构传至立杆基础顶面的轴向力标准值，kN；

$\quad A$——基础底面面积，m^2；

$\quad f_g$——地基承载力特征值，kPa。

地基承载力特征值的取值应符合下列规定。

① 当为天然地基时，应按地质勘察报告选用；当为回填土地基时，应对地质勘察报告提供的回填土地基承载力特征值乘以折减系数 0.4。

② 由荷载试验或工程经验确定。

③ 对搭设在楼面等建筑结构上的脚手架，应对支撑架体的建筑结构进行承载力验算，当不能满足承载力要求时应采取可靠的加固措施。

【例 4-1】　某高层建筑装修施工，需搭设 50.40m 高双排钢管外脚手架，已确定的条件如下：

已知立杆横距 $b=1.05m$，立杆纵距 $l=1.50m$；内立杆距建筑外墙皮距离 $b_1=0.30m$；脚手架步距 $h=1.80m$；小横杆间距为 $c=0.75m$，上铺设压制钢脚手板，层数为 6 层；同时进行装修施工层数为 2 层；脚手架与建筑主体结构设连墙件，布置为二步三跨，连墙点采用钢管扣件与墙拉结，钢管为$\phi48\times3.50$，工程地点的基本风压$w_0=0.50\mathrm{kPa}$，脚手架不需设全封闭防护。

试设计计算：1. 小横杆、大横杆计算；2. 立杆稳定性验算；3. 斜拉钢丝绳卸荷设计与计算；4. 连墙件的计算；5. 立杆地基承载力计算。

解：1. 小横杆、大横杆计算

（1）小横杆计算

① 强度计算　按小横杆支撑形式，绘制受力简图，如图4-18所示。

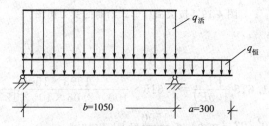

图4-18　按小横杆支撑形式绘制的受力简图

查表4-6，脚手板自重$=0.30\mathrm{kPa}$。

钢管$\phi48\times3.50$自重$0.0384\mathrm{kN/m}$，由图中知：

$q=1.20q_恒+1.40q_活=1.20\times(0.30\times0.75+0.0384)+1.40\times2\times0.75=0.316+2.10=2.416(\mathrm{kN/m})=2416(\mathrm{N/m})$

$$M=\frac{1}{8}qb^2=\frac{1}{8}\times2416\times1.05^2=333\ (\mathrm{N\cdot m})$$

验算抗弯强度：

查表4-12，$W=5.26\mathrm{cm}^3=5260\mathrm{mm}^3$。

$$\sigma=\frac{M}{W}=\frac{333000}{5260}=63.30\ (\mathrm{MPa})<f=205\mathrm{MPa}。$$

所以安全。

② 计算变形　查表4-12，$I=12.71\mathrm{cm}^4=127100\mathrm{mm}^4$。

查表4-13，$E=2.06\times10^5\mathrm{MPa}$。

计算变形：

$$\frac{w}{b}=\frac{5qb^3}{384EI}=\frac{5\times2.416\times1050^3}{384\times2.06\times10^5\times127100}$$

$$=0.0014(\mathrm{mm})<\frac{b}{150}=\frac{1050}{150}=7(\mathrm{mm})$$

所以满足要求。

（2）大横杆计算

① 大横杆强度计算　按大横杆支撑形式，绘制大横杆为三跨连续梁，如图4-19所示。从图中可以得出支座反力最大值为：

$$F=\frac{1}{2}\times1.05\times2416+0.30\times2416=1993\ (\mathrm{N})$$

可计算约占90%的活荷载产生的弯矩值：

$$M=0.213Fl=0.213\times1993\times1.50=637\ (\mathrm{N\cdot m})$$

抗弯强度：

$$\sigma=\frac{M}{W}=\frac{637000}{5260}=1121\ (\mathrm{MPa})<205\ (\mathrm{MPa})$$

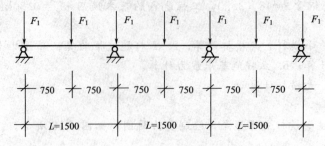

图 4-19 按大横杆形式绘制的受力简图

所以安全。

② 变形计算

$$\frac{w}{b} = 1.615 \frac{FL^2}{100EI} = 1.615 \times \frac{1993 \times 1500^2}{100 \times 2.06 \times 10^5 \times 127100}$$

$$= 0.003 \text{ (mm)} < \frac{1500}{150} = 10 \text{ (mm)}$$

所以满足要求。

2. 立杆稳定性验算

(1) 计算单根立杆搭设允许高度

① 计算 φAf 由立杆横距 1.05m，二步三跨布置连墙件，查表 4-16 得 $\mu = 1.50$；查表 4-12 得 $A = 5.06 \text{cm}^2$，回转半径 $i = 1.59 \text{cm}$。

$$\lambda = \frac{l_o}{i} = \frac{K \mu h}{i} = \frac{1.155 \times 1.50 \times 180}{1.58} = 196.13$$

查表 4-17 得 $\varphi = 0.188$。

$$\varphi Af = 0.188 \times 506 \times 205 = 19.50 \text{ (kN)}$$

② 计算 N_{G2K} 查表 4-6，脚手板自重 $= 0.30 \text{kN/m}^2$；查表 4-7，栏杆、栏脚板 $= 0.16 \text{kN/m}^2$；安全网 $= 0.005 \text{kN/m}^2$。

$$N_{G2K} = 1.35 \times 1.50 \times 0.30 \times 6 + 1.50 \times 0.16 \times 2 + 1.80 \times 6 \times 1.50 \times 0.005 = 4.21 \text{ (kN)}$$

③ 计算 $\sum N_{QK}$ 查表 (4-9) 得装修脚手架施工荷载为 2kPa。

$$\sum N_{QK} = \frac{1}{2} \times 1.35 \times 1.50 \times 2 \times 2 = 4.05 \text{ (kN)}$$

④ 计算 M_{WK} 查《建筑结构荷载规范》(GB 50009) 中表 7.2.1 风压高度变化系数，根据脚手架高度 50.40m 及城市市郊地面粗糙度 B 类，查得 $\mu_z = 1.67$。

脚手架风荷载体型系数 μ_{stw}，根据规范 GB 50009 表 7.3.1 第 32 项查得公式

$$\mu_{stw} = \phi \mu_s \frac{1 - \eta^n}{1 - \eta}$$

双排脚手架 $n = 2$。

所以 $\mu_{stw} = \phi \mu_s (1 + \eta)$。

挡风系数 $\phi = A_n / A = 0.176$；$b/h = 1.50/1.05 = 1.428$，查得 $\eta = 1.00$；根据规范 GB 50009 表 7.3.1 第 36 项 $\mu_z w_0 d^2 = 1.67 \times 0.50 \times 0.048^2 = 0.002$，$H/d = 50.40/0.048 = 1050$，得 $\mu_s = 1.20$。

所以 $\mu_{stw} = 0.176 \times 1.20 \times (1 + 1) = 0.422$。

综上 $w_k = 0.70 \mu_z \mu_{stw} w_0 = 0.70 \times 1.67 \times 0.422 \times 0.50 = 0.247 \text{ (kPa)}$

按式 (4-8) 计算，$M_{wk} = \frac{1}{10} w_k l_a h^2 = \frac{1}{10} \times 0.247 \times 1.50 \times 1.80^2$

$$=0.12 \text{ (kN·m)}$$

⑤ 计算 φA　$\varphi A = 0.188 \times 506 = 95 \text{ (mm}^2) = 95 \times 10^{-6} \text{m}^2$。

⑥ 计算 g_k　查表 4-5，$g_k = 0.1295 \text{kN/m}$。

不考虑风荷载时，按式(4-11)计算脚手架稳定的搭设高度：

$$[H] = \frac{\varphi A f - (1.20 N_{G2K} + 1.40 \sum N_{QK})}{1.20 g_k}$$

$$[H] = \frac{19.50 - (1.20 \times 4.21 + 1.40 \times 4.05)}{1.20 \times 0.1295} = 56.50 \text{ (m)}$$

考虑风荷载时，按下列公式计算脚手架稳定的搭设高度：

$$[H] = \frac{\varphi A f - \left[1.20 N_{G2K} + 0.90 \times 1.40 \left(\sum N_{QK} + \frac{M_{wk}}{W} \varphi A\right)\right]}{1.20 g_k}$$

$$[H] = \frac{19.50 - \left[1.20 \times 4.21 + 0.90 \times 1.40 \times \left(4.05 + \frac{0.12}{5.26 \times 10^{-6}} \times 95 \times 10^{-6}\right)\right]}{1.20 \times 0.1295}$$

$$= \frac{19.50 - (5.05 + 7.83)}{0.155} = 42.70 \text{ (m)} < 50.40 \text{m}$$

必须采取措施。

(2) 不考虑风荷载时，立杆稳定性验算　脚手架上部 42m 为单根钢管作立杆，其折合步数 $n_1 = \frac{42}{1.80} = 23$ 步，实际单根钢管作立杆部分的高度为 $23 \times 1.80 = 41.40$m，下部双钢管作立杆的高度为 $50.40 - 41.40 = 9$m，折合步数 $n_1' = \frac{9}{1.80} = 5$ 步。

① 求 N 值　先计算 N_{G1K}。

每一步一个纵距脚手架结构自重。

双钢管：

脚手架结构自重＋立管增重＋扣件增重

$$= 0.1295 \times 1.80 + 2 \times 1.80 \times 0.0384 + 4 \times 0.015$$
$$= 0.43 \text{ (kN)}$$

单钢管：

脚手架结构自重＋立管增重＋扣件增重

$$= 0.1295 \times 1.80 + 1.80 \times 0.0384 + 2 \times 0.015 = 0.332 \text{ (kN)}$$

所以 $N_{G1K} = (5 \times 0.43 + 23 \times 0.332) = 9.80 \text{ (kN)}$

再计算 $N_{G2K} = 4.21 \text{kN}$（同前）。

最后计算 $\sum N_{QK} = 4.05 \text{kN}$（同前）。

按式(4-5)计算立杆根部荷载：

$$N = 1.20 \times (9.80 + 4.21) + 1.40 \times 4.05 = 22.48 \text{ (kN)}$$

② 计算 φ　$\varphi = 0.188$（同前）。

③ 计算 A　$A = 2 \times 5.06 = 10.12 \text{cm}^2$。

按式(4-9)计算：

$$\frac{22.48 \times 1000}{0.188 \times 10.12 \times 10^2} = 118 \text{ (MPa)} < f = 205 \text{MPa}$$

所以安全。

(3) 考虑风荷载时，立杆稳定性验算　按式(4-6)计算 N。

$$N = 1.20 \times (9.80 + 4.21) + 0.90 \times 1.40 \times 4.05 = 21.92 \text{ (kN)}$$

按式(4-8)计算：

$$M_w = \frac{0.90 \times 1.40 w_k l_a h^2}{10}$$
$$= 0.90 \times 1.40 \times 0.12 = 0.151 \text{ (kN·m)}$$

按式(4-10)计算：

$$\frac{21.92 \times 10^3}{0.188 \times 9.78 \times 10^2} + \frac{151000}{5.26 \times 10^3} = 144 \text{ (MPa)} < f = 205\text{MPa}$$

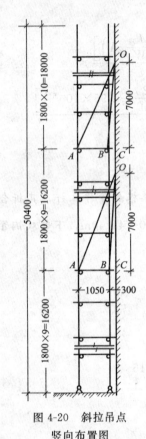

图 4-20　斜拉吊点
竖向布置图

所以安全。

（4）单根钢管立杆的局部稳定验算　单根钢管立杆的局部稳定验算部位，从 50.40m 处往下数第 23 步，最不利荷载处，其单根钢管立杆的局部稳定验算与整体稳定性验算基本相同。

求 N 值。

计算 $N_{G1K} = 23 \times 0.332 = 7.64$ (kN)。

计算 $N_{G2K} = 4.21$kN。

计算 $\sum N_{QK} = 4.05$kN。

考虑风荷载时，按式(4-6)计算 N 值：

$$N = 1.20 \times (7.64 + 4.21) + 0.90 \times 1.40 \times 4.05$$
$$= 19.323 \text{ (kN)}$$

关于 φ、A、M_w、W 的数据同前。

计算组合风荷载时，单立杆稳定性按式(4-10)计算：

$$\frac{19.323 \times 1000}{0.188 \times 5.06 \times 10^2} + \frac{0.151 \times 10^6}{5.26 \times 10^3} = 232(\text{MPa}) > f = 205\text{MPa}$$

不安全，必须采取措施，常采用的安全措施是：采用钢丝绳斜拉卸荷或悬挑钢梁分段搭设。

3. 斜拉钢丝绳卸荷设计与计算

斜拉钢丝绳卸荷设计与计算包括的内容：斜拉钢丝绳位置的确定；斜拉钢丝绳卸荷计算与钢丝绳的选用；卡环和预埋吊环及扣件的选用。

（1）斜拉钢丝绳的布置　斜拉钢丝绳的布置，如图 4-20 所示。从图中可以看出以下几方面。

① 斜拉吊点位置的确定与固定。吊点竖向距离为 12~18m 为宜，吊点必须在立杆与大横杆、小横杆的交点处，钢丝绳必须由大横杆底部兜紧。

吊点处应设双根小横杆，一根与立杆卡牢，一根与大横杆卡牢，两根小横杆端头与建筑物顶紧，或用螺栓固定在墙面预埋铁件上，承受斜拉引起的水平力。

可在吊点下方附加斜撑杆，与钢丝绳共同受力。

② 吊点与固定点之间的垂直距离。应使斜拉钢丝绳的斜拉角 α 尽量大，一般 $\tan\alpha \geqslant$ 3~5 为宜。

③ 斜拉钢丝绳在纵向间距。以 1~3 个立杆纵距为宜。

（2）斜拉钢丝绳的卸荷计算与钢丝绳选用

① 斜拉钢丝绳的卸荷计算　所说卸荷，是考虑脚手架的全部荷载由卸荷点承受，即便脚手架出现意外失稳，钢丝绳也能把它吊起来，防止失稳。

本例题考虑每 3 根立杆中有一根立杆设两处斜拉点，即脚手架每隔 3 个纵距，共有 4 个斜拉点，每个吊点所承受荷载 p_1 按下式计算。

选立杆最大轴向力 $N_k = 2224kN$，综合考虑不均匀系数 $K_x = 1.50$

所以 $p_1 = \dfrac{3N}{4} \times K_x = \dfrac{3 \times 22.48}{4} \times 1.50 = 25.29$ （kN）

计算简图如图 4-21 所示。

计算钢丝绳和小横杆所承受的力：

$$T_{AO} = p_1 \times \frac{\sqrt{7^2 + 1.35^2}}{7} = 25.76 \text{ （kN）}$$

$$T_{AB} = -p_1 \times \frac{1.35}{7} = -4.88 \text{ （kN）}$$

$$T_{BO} = p_1 \times \frac{\sqrt{7^2 + 0.30^2}}{7} = 25.31 \text{ （kN）}$$

$$T_{BC} = -\left(p_1 \times \frac{0.30}{7} + T_{AB}\right) = -5.96 \text{ （kN）}$$

② 选钢丝绳　钢丝绳使用的安全系数 $K = 8$，钢丝受力不均匀的钢丝破断拉力换算系数 $\alpha = 0.85$。

选用 6×19、绳芯 1 的钢丝绳，计算钢丝绳的钢丝破断拉力总和：

$$p_g \geqslant \frac{KT_{AO}}{\alpha} = \frac{8 \times 25.76}{0.85} = 242.44 \text{ （kN）}$$

选 $\phi 21.50$ 钢丝绳 $p_g = 245.50kN > 242.44kN$。

所以安全。

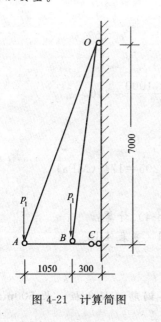

图 4-21　计算简图

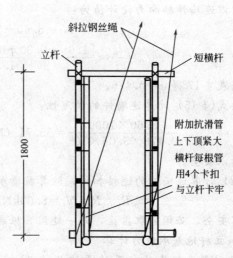

图 4-22　防止大横杆向上滑移作法示意

（3）卡环和预埋吊环及扣件的选用

① 选择与钢丝绳配套使用的卡环　已选 $\phi 21.50$ 钢丝绳，适用的卡环为 $4.1^{\#}$，其安全荷重 41kN > 25.76kN。

所以安全。

② 计算工程结构上的预埋吊环　根据《混凝土结构设计规范》（GB 50010）第 10.9.8 条规定，吊环多采用 HPB300 级钢筋制作，严禁使用冷加工钢筋，吊环埋入深度不应小于

$30d$，并应焊接或绑扎钩住结构主筋。每个吊环可按两个截面计算，吊环拉应力不应大于 50MPa。

所以吊环钢筋面积为：

$$A_s = \frac{T_{AO}}{2 \times 50} = \frac{25.76}{2 \times 50} = 257.60 \ (\text{mm}^2)$$

选 $\phi18$ 钢筋，则 $A_s = 254.50\text{mm}^2 > 257.60\text{mm}^2$。

安全。

③ 验算吊点处扣件抗滑承载能力　每个扣件抗滑承载能力设计值为 3.20kN。

吊点处，水平方向分力最大值 $T_{AB} = 4.88\text{kN}$，只要两个扣件就满足了。每个吊点处现有两个扣件与立杆卡紧，因此水平方向抗滑移是足够的。但垂直方向分力为 25.31kN，只有两个扣件显然不够，所需扣件数 $n = \frac{25.31}{3.20} = 7.91$ 个（取 8 个），因此要采取措施，防止大横杆被钢丝绳兜起沿立杆向上滑移，其方法如图 4-22 所示。这样加固之后，每个节点共有 8 个扣件抵抗向上滑移，能保证大横杆不沿立杆向上滑移。

根据斜拉钢丝绳对工程结构的附加荷载，必须验算工程结构的强度、稳定和变形，在此略。

4. 连墙件的计算

(1) 计算连墙件轴向力设计值　计算风荷载产生的连墙件轴向力设计值，按式(4-13)计算：

$$N_{lw} = 1.40 w_k A_w = 1.40 \times 0.247 \times (1.80 \times 2 \times 1.50 \times 3)$$
$$= 5.60 \ (\text{kN})$$

按式(4-16) 得：　　　　　　　　$N_o = 3\text{kN}$

所以连墙件轴向力设计值为：

$$N_l = 5.60 + 3 = 8.60 \ (\text{kN})$$

$$\lambda = \frac{l_o}{i} = \frac{[1.05 + 0.30 + 0.50(\text{墙厚})] \times 1000}{1.59 \times 10} = 116$$

查表 4-17 得 $\varphi = 0.476$。

按式(4-15) 计算连墙件的稳定性：

$$\frac{8.60 \times 1000}{0.476 \times 5.06 \times 10^2} = 35.71 \ (\text{MPa}) < 0.85 \times 205 = 174 \ (\text{MPa})$$

所以安全。

(2) 计算连墙件的连接扣件，验算抗滑承载力，按式(4-4) 计算：

$$R \leqslant R_c \quad R = N_l = 8.60\text{kN} > R_c = 8.00\text{kN} \ (\text{查表 4-15})$$

不安全，必须采取措施，每一处用 2 根连接墙杆。

5. 立杆地基承载力计算

① 计算立杆基础底面的平均压力为 p_k　每立杆下垫钢筋混凝土板，长 500mm×宽 160mm×厚 50mm，所以，$A = 500 \times 160 = 80 \times 10^3 \ (\text{mm}^2)$。

$$p_k = \frac{N_k}{A} = \frac{22.48 \times 1000}{80 \times 10^3} = 0.281 \ (\text{MPa})$$

② 计算地基承载力的设计值 f_g　板下为混凝土垫层 $K_c = 1.00$，黏性土垫层承载力标准值 $f_{gk} = 280\text{kPa} = 0.28\text{MPa}$，$f_g = K_c \times f_{gk} = 1.00 \times 0.28 = 0.28\text{MPa}$。

所以 $p_k = 0.281\text{MPa} \approx f_g = 0.28\text{MPa}$。

满足要求。

（三）型钢悬挑脚手架计算

1.型钢悬挑脚手架计算的内容

当采用型钢悬挑梁作为脚手架的支撑结构时，应进行下列设计计算。

（1）型钢悬挑梁的抗弯强度、整体稳定性和挠度。

（2）型钢悬挑梁锚固件及其锚固连接的强度。

（3）型钢悬挑梁下建筑结构的承载能力验算。

2.型钢悬挑脚手架的设计计算

（1）计算立杆段的轴向力设计值　悬挑脚手架作用于型钢悬挑梁上立杆的轴向力设计值，应根据悬挑脚手架分段搭设高度按式（4-5）、式（4-6）分别计算，并应取其较大者。

（2）型钢悬挑梁的抗弯强度计算　型钢悬挑梁的抗弯强度应按下式计算：

$$\sigma = \frac{M_{max}}{W_n} \leqslant f \tag{4-20}$$

式中　　σ——型钢悬挑梁应力值；

　　M_{max}——型钢悬挑梁计算截面最大弯矩设计值；

　　W_n——型钢悬挑梁净截面模量；

　　f——钢材的抗弯强度设计值。

（3）型钢悬挑梁的整体稳定性验算　型钢悬挑梁的整体稳定性应按下式验算：

$$\frac{M_{max}}{\varphi_b W} \leqslant f \tag{4-21}$$

式中　　φ_b——型钢悬挑梁的整体稳定性系数，应按现行国家标准《钢结构设计规范》GB50017 的规定采用；

　　W——型钢悬挑梁毛截面模量。

（4）型钢悬挑梁的挠度计算　型钢悬挑梁的挠度如图 4-23 所示，应符合下式规定：

$$\upsilon \leqslant [\upsilon] \tag{4-22}$$

式中　　$[\upsilon]$——型钢悬挑梁挠度允许值，应按表 4-14 取值；

　　υ——型钢悬挑梁最大挠度。

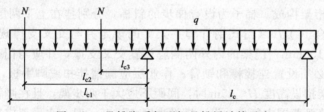

图 4-23　悬挑脚手架型钢悬挑梁计算示意

N—悬挑脚手架立杆的轴向力设计值；l_c—型钢悬挑梁锚固点中心至建筑楼层板边支承点的距离；l_{c1}—型钢悬挑梁悬挑端面至建筑结构楼层板边支承点的距离；l_{c2}—脚手架外立杆至建筑结构楼层板边支承点的距离；l_{c3}—脚手架内杆至建筑结构楼层板边支承点的距离；q—型钢梁自重线荷载标准值

（5）型钢悬挑梁锚固在主体结构上的 U 形钢筋拉环或螺栓的强度计算　将型钢悬挑梁锚固在主体结构上的 U 形钢筋拉环或螺栓的强度应按下式计算：

$$\sigma = \frac{N_m}{A_1} \leqslant f_1 \tag{4-23}$$

式中　　σ——U 形钢筋拉环或螺栓应力值；

　　N_m——型钢悬挑梁锚固段压点 U 形钢筋拉环或螺栓拉力设计值，N；

　　A_1——U 形钢筋拉环净截面面积或螺栓的有效截面面积，mm^2，一个钢筋拉环或一对螺栓按两个截面计算；

f_1——U 形钢筋拉环或螺栓抗拉强度设计值，应按现行国家标准《混凝土结构设计规范》GB 50010 的规定取 $f_1 = 50\text{N/mm}^2$。

① 当型钢悬挑梁锚固段压点处采用 2 个（对）及以上 U 形钢筋拉环或螺栓锚固连接时，其钢筋拉环或螺栓的承载能力应乘以 0.85 的折减系数。

② 当型钢悬挑梁与建筑结构锚固的压点处楼板未设置上层受力钢筋时，应经计算在楼板内配置用于承受型钢梁锚固作用引起负弯矩的受力钢筋。

（6）建筑结构混凝土局部受压承载力及结构承载力验算　对型钢悬挑梁下建筑结构的混凝土梁（板）应按现行国家标准《混凝土结构设计规范》GB50010 的规定进行混凝土局部受压承载力、结构承载力验算，当不满足要求时，应采取可靠的加固措施。

（7）悬挑脚手架的杆件计算　悬挑脚手架的纵向水平杆、横向水平杆、立杆、连墙件计算应符合本章第一节中的有关规定。

第二节　门式组合脚手架

一、门式组合脚手架构造

门式钢管脚手架，或称门型脚手架，是用普通钢管材料制成工具式标准件，在施工现场组合而成，其基本单元是由一对门型架、两副剪刀撑、一副平架（踏脚板）和四个连接器组合而成，如图 4-24 所示。若干基本单元通过连接棒在竖向叠加，扣上锁臂，组成一个多层框架，在水平方向，用加固杆和平梁架（或脚手板）与相邻单元连成整体，加上剪刀撑斜梯、栏杆柱和横杆组成上下步相通的外脚手架并通过连墙件与建筑结构拉结牢固，形成整体稳定的脚手架结构，如图 4-25 所示。

底座有三种：可调节底座，能调高 200～550mm；固定底座，无调高能力；带脚轮底座，多用于操作平台。

一般用钢脚手板，两端搁置在门架横梁上，用挂扣扣紧，为加强脚手架水平刚度的主要构件，应每隔 3～5 层设置一层脚手板。

各通道口用小桁架构成。梯子为设有梯步的斜梯，分别挂在上下两层门架的横梁上。

门架跨距要符合 JGJ 76《门式钢管脚手架》的规定并与交叉支撑规格配合；门架立杆离墙净距不应大于 150mm，门架的内外两侧应设置交叉支撑，并应与门架立杆的锁销锁牢；上下两榀门架相连必须设置连接棒和锁臂；作业层应满铺挂扣或脚手板，并扣紧挡板。水平架的设置：当脚手架搭设高度 $H \leqslant 45\text{m}$ 时，间距不应大于两步架，且在脚手架的转角处、端部和间断处应在一个跨距范围内每步一设；搭设高度 $H > 45\text{m}$ 时，水平架应每步一设，且应交圈设置，但在有脚手板部分及门架两侧设置水平加固杆处，可以不设。当因施工需要，临时局部拆除脚手架内侧交叉支撑时，应在拆除交叉支撑的门架上方及下方设置水平架。

这种脚手架的搭设高度一般限制在 35m 以内，采取措施可达 60m。架高在 40～60m 范围内，结构架可一层同时操作，装修架可两层同时操作，架高在 19～38m 范围内，结构架可两层同时操作，装修架可三层同时操作；架高 17m 以下，结构架可三层同时操作，装修架可四层同时操作。

施工荷载限定为均布荷载结构架 3.0kN/m^2，装修架 2.0kN/m^2，架上不应走手推车。

二、门式组合脚手架安装方法

脚手架搭设顺序如下。

铺放垫木→拉线、放底座→自一端开始立门架，并随即装交叉支撑→装水平梁架（或脚

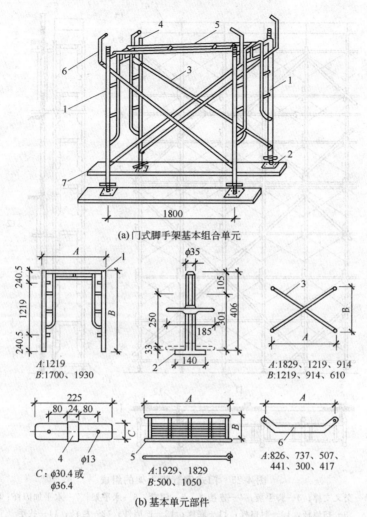

（a）门式脚手架基本组合单元

（b）基本单元部件

图 4-24　门式脚手架组合图
1—门型架；2—螺栓基脚；3—剪刀撑；4—连接棒；5—平架（踏脚板）；6—锁臂；7—木板

手板）→装梯子→装通长大横杆（需要时装）→装连接墙杆→插上连接棒→安装上一步门架→装上锁臂→按以上步骤逐层向上安装→装加强整体刚度的长剪刀撑→装设顶部栏杆，梁按其所处部位相应装上

（1）脚手架的地基应具有足够的承载力，以防发生不均匀沉降或塌陷。当采用可调底座时，其地基处理和加设垫板的要求同扣件式钢管脚手架；当采用非可调式底座时，基底必须严格找平。如基底处于较深的填土层上或架高超过 40m 时，应加做厚度不小于 400mm 的灰土垫层，或沿纵向设置厚度不小于 200mm 的钢筋混凝土垫梁上再加设垫板或垫木，并严格控制第一步门架的标高，其水平误差不大于 5mm；同时采取在下部三步架内外加设 ϕ48mm 钢管横杆加强。

（2）搭设时要严格控制首层门架的垂直度，要使门架竖杆在两个方向的垂直偏差均在 2mm 以内，顶部水平偏差控制在 5mm 以内。安装门架时上下门架竖杆之间要对齐，对中偏差不应大于 3mm，同时注意调整好门架的垂直度和水平度。

（3）脚手架下部内外侧要加设通长的 ϕ48mm 水平加固杆，应不少于三步，且内外侧均

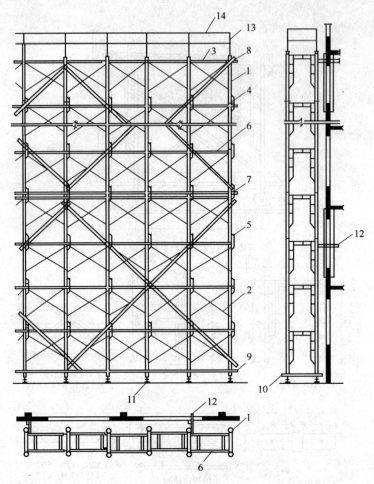

图 4-25　门式钢管脚手架的组成

1—门架；2—交叉支撑；3—脚手板；4—连接棒；5—锁臂；6—水平架；7—水平加固杆；8—剪刀撑；
9—扫地杆；10—封口杆；11—底座；12—连墙件；13—栏杆；14—扶手

需设置，并形成水平闭合圈。然后往上每隔四步设置一道，最高层顶部和最低层底部应各加设一道，并宜在有连墙件的水平层设置，以加强整个脚手架的稳定。

（4）在脚手板外侧应设通长剪刀撑，高度和宽度分别为 3～4 个步距与架距，其与地面的夹角为 45°～60°，并应沿高度和长度连续设置。相邻长剪刀撑之间应相隔 3～5 个架距。

（5）为防止架子向外偏斜，要及时装设连墙件与建筑结构紧密连接。连墙件的最大间距应满足表 4-18 的要求。连墙点如图 4-26 所示。

表 4-18　连墙件间距

脚手架搭设高度/m	基本风压 ω_0/kN·m^{-2}	连墙件的间距/m	
		竖向	水平向
≤45	≤0.35	≤6.0	≤8.0
	>0.35	≤4.0	≤6.0
>45		≤4.0	≤6.0

注：1. 在脚手架的转角处、独立脚手架的两端，其竖向间距不应大于 4.0m。

2. 在脚手架外侧因设置防护棚或安全网而承受偏心荷载的部位，其水平间距不应大于 4.0m。

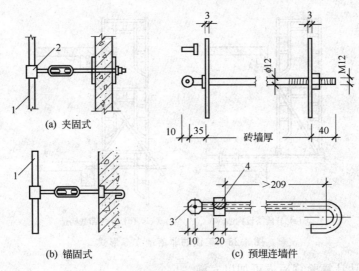

图 4-26　连墙点
1—门架立杆；2—扣件；3—接头螺钉；4—连接螺母

（6）在脚手架的转角处，要用 φ48mm 钢管和旋转扣件把处于相交处的两门架连接成一体，并在转角处适当增加连墙点的密度，如图 4-27 所示。

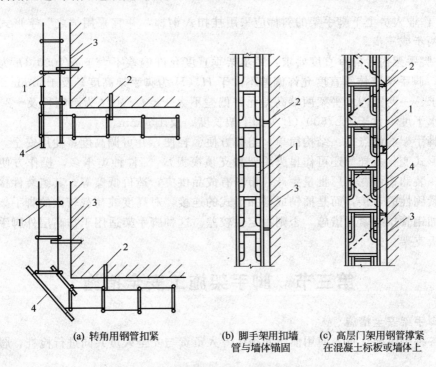

（a）转角用钢管扣紧　　（b）脚手架用扣墙　　（c）高层门架用钢管撑紧
　　　　　　　　　　　　　管与墙体锚固　　　　在混凝土标板或墙体上

图 4-27　门式脚手架拐角连接和加固处理
1—门架；2—扣墙管；3—墙体；4—钢管

（7）门架架设超过 10 层，应加设辅助支撑，一般在高 8～11 层门架之间，宽在 5 个门架之间，加设一组，使部分荷载由墙体分担，如图 4-27（c）所示。

（8）当门式脚手架不能落地架设或搭设高度超过规定（45m 或轻载的 60m）时，可分别采取从楼板伸出支挑构造的分段搭设方式或支挑卸载方式（图 4-28），或前述相适合的挑

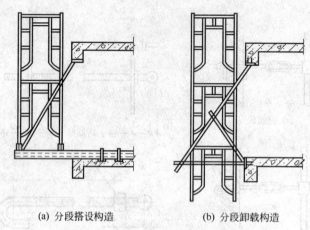

(a) 分段搭设构造　　　　　　　　(b) 分段卸载构造

图 4-28　架设的非落地支撑形式

支方式，并经设计计算验算后方可加以实施。

（9）脚手架开通道洞口高不宜大于两个门架，宽不宜大于一个门架跨距。当洞口宽为一个跨距时，应在脚手架上方的内外侧设置水平加固杆，在洞口两个上角加斜撑杆；当洞口宽为两个及两个以上跨距时，应在洞口上方设置经专门设计和制作的托架，并加强洞口两侧的门架立杆。

（10）作业人员上下脚手架的斜梯应采用挂扣式钢梯，并宜采用"之"字形式，一个梯段宜跨越两步或三步。

（11）脚手架搭设的垂直度要求：每步架垂直度允许偏差不大于 $h/1000$（h 为步距）及 $\pm2.0\mathrm{mm}$；脚手架整体垂直度允许偏差不大于 H（H 为脚手架高度）及 $\pm50\mathrm{mm}$。脚手架的水平度要求：一跨距内水平架两端高差允许偏差不大于 $\pm l/600$（l 为跨距）及 $\pm3.0\mathrm{mm}$；脚手架整体水平度不大于 $\pm L/600$（L 为脚手架长度）及 $\pm50\mathrm{mm}$。

这种脚手架的优点是：结构简单，组装方便、轻便，并可调高度；使用安全，周转次数高，组装形式变化多样（还可作里脚手架和支顶模板），部件种类不多，操作方便，便于运输、堆放、装卸；可在工厂批量生产，市场有成品供应，造价低廉等。其组装件接头大部分不是螺栓紧固性的连接，而是插销或搭扣形式的连接，对高度或荷载较大的脚手架，需要采取一定附加钢管拉结紧固措施，否则稳定性较差。这种脚手架适用于作高层外脚手架和里脚手架及模板支架。

第三节　脚手架施工安全措施

一、脚手架安全措施

（1）各种脚手架在投入使用前，必须由专人负责与安全人员共同进行检查，履行交接验收手续。

（2）钢管脚手架应用外径 48～51mm，臂厚 3.0～3.5mm，无严重锈蚀、弯曲、压扁或裂纹的钢管；木脚手架应用小头有效直径不小于 80mm，无腐枯、折裂、枯节的杉槁，且不得钢木混搭。

（3）钢管脚手架杆件的连接必须使用合格的玛钢扣件，不得使用铅丝和其他材料绑扎。杉槁脚手架的杆件绑扎应使用 8 号铅丝，搭接高度在 6m 以下的杉槁脚手架可使用直径不小于 10mm 的专用绑扎绳。

（4）脚手架立杆间距不得大于1.5m，大横杆间距不得大于1.2m，小横杆间距不得大于1m。

（5）脚手架必须按梯层与结构拉结牢固，拉结点垂直距离不得超过4m，水平距离不得超过6m。拉结材料必须有可靠的强度。

（6）脚手架的操作面必须满铺脚手板，离墙面不得大于200mm，不得有空隙、探头板和飞跳板。脚手板操作面应设护身栏杆和挡脚板。防护高度为1m。

（7）脚手架必须保证整体结构不变形。凡高度在20m以上的脚手架，纵向必须设置剪刀撑，其宽度不超过7根立杆，与水平面夹角应为45°～60°，高度在20m以下时，必须设置正反斜支撑。

二、防电避雷措施

（1）在高、低压线路下方均不得搭设脚手架。脚手架的外侧边缘与外电架空线路的边线之间必须保持安全操作距离。最小安全操作距离应不小于表4-19所列数值。当条件限制达不到表4-19规定的最小距离时，必须采取防护措施，增设屏障、防护架并悬挂醒目警告标志牌，如果上述防护措施无法实现，则必须与有关部门协商采取迁移外电线路，甚至改变工程位置。

表4-19　脚手架的外侧边缘与外电架空线路的边线之间的最小安全操作距离

外电线路电压/kV	1以下	1～10	35～110	154～220	330～500
最小安全操作距离/m	4	6	8	10	15

注：上、下脚手架和斜道严禁搭设在有外电线路的一侧。

（2）脚手架若在相邻建筑物、构筑物防雷保护范围之外，则应安装防雷装置，防雷装置的冲击接地电阻值不得大于30Ω。

（3）避雷针可用直径25～32mm、壁厚不小于3mm的镀锌钢管或直径不小于12mm的镀锌钢筋制作，设在房屋四角脚手架的立杆上，高度不小于1m，并将所有最上层的大横杆全部接通，形成避雷网络。

（4）接地板可利用在施工中的垂直接地板，也可用直径不小于20mm的圆钢。水平接地板可用厚度不小于4mm、宽25～40mm的角钢制作。接地板的设置，可按脚手架的长度不超过50m设置一个，接地板埋入地下的最高点，应在地面下深度不浅于500mm。埋设接地板时，应将新填土夯实。接地板不得设置在蒸汽管道或烟囱风道附近经常受热的土层内；位于地下水位以上的砖石、焦砟或砂子内，均不得埋设接地板。

（5）接地线可采用直径不小于8mm的圆钢或厚度不小于4mm的扁钢。接地线的连接应保证接触可靠。在脚手架的下部连接时，应用两道螺栓卡箍，并加设弹簧垫圈，以防松动，保证接触面不小于10cm^2。连接时将接触表面的油漆及氧化层清除，使其露出金属光泽，并涂以中性凡士林。接地线与接地板的连接应采用焊接，焊接长度应大于接地线直径的6倍或扁钢宽度的2倍。

（6）接地装置完成后，要用电阻表测定电阻是否符合要求。接地板的位置，应选择人们不易走到的地方，以避免和减少跨步电压的危害及防止接地线遭机械损伤。同时应注意与其他金属物或电缆之间保持一定距离（一般不小于3m），以免发生击穿危害。在有强烈腐蚀性的土中，应使用镀铜或镀锌的接地板。

（7）在施工期间遇有雷雨时，钢脚手架上的操作人员应立即离开。

复习思考题

1. 双排脚手架搭设有几种形式？各适用于何种情况？

2. 建筑施工扣件式钢管脚手架的主要杆件搭设有何技术要求？

3. 外挑式脚手架适用于何种情况？其安全技术要求如何？

4. 满堂脚手架搭设适用于何种情况？其安全技术措施内容有哪些？

练 习 题

某高层建筑装修施工，需搭设 50.4m 高双排钢管外脚手架，已确定的条件如下。

已知立杆横距 $l_b=1.05m$；立杆纵距 $l_a=1.50m$，内立杆距建筑外墙皮距离 $b_1=0.35m$。

脚手架步距 $h=1.80m$；铺设压制钢脚手板层数为 6 层；同时进行装修施工层数为 2 层。

脚手架与建筑主体结构连接点的布置，其竖向间距 $H_1=2h=2×1.80=3.6m$，水平距离 $L_1=3l_a=3×1.50=4.5m$；钢管为 $\phi48mm×3.5mm$；根据规定，均布施工荷载 $Q_k=2.0kN/m^2$。

试验算采用单根钢管作立杆，其允许搭设高度是多少。

第五章 深基坑支护结构施工

高层建筑地下部分深度大于 5m，宽度在 20m 以上，工程规模较大，施工期较长，常遇地下水及软土，问题较多，这类基础称为大面积深基坑。为防止深基坑土壁失稳和塌方，并保证邻近建（构）筑物、道路及地下管线的安全与使用，需设土壁支护结构。施工总承包单位的技术负责人应编制深基坑支护方案，此方案经专家组论证，并填写"深基坑工程专家论证报告"，经批准后的方案方可实施。

第一节 深基坑支护结构的选型

一、深基坑支护结构的作用

支护结构的主要作用是挡土、挡水，使基坑开挖和基础结构的施工能够安全顺利地进行，并保证在基坑开挖到设计深度进行基础施工期间，维持基坑侧压力与坡土支护结构的平衡状态。

支护结构，通常作为临时性结构，当基础施工完毕即失去作用。有些支护结构的材料可以重复利用，如钢板桩及其工具式支撑；但也有一些支护结构就永久地埋在地下，如钢筋混凝土灌注桩、施喷桩、深层搅拌水泥土挡墙和地下连续墙等；还有一些在基础施工时作为基坑支护结构，施工完毕即为基础结构的一个组成部分，成为复合式地下室外墙，如地下连续墙。

二、深基坑支护结构的选型

深基坑支护结构大体类型有排桩或地下连续墙、水泥土墙、土钉墙和逆作拱墙等。选择什么样的支护结构比较经济和安全，现分述如下。

（一）排桩支护结构

排桩支护是以现场灌注桩按队列式布置组成的支护结构。

1. 排桩支护类型

排桩支护类型有挡土灌注桩支护、排桩土层锚杆支护和排桩内支撑支护三种。

（1）挡土灌注桩支护 挡土灌注桩支护是在开挖基坑周围，用钻机钻孔，下钢筋笼，现场灌注混凝土成桩，形成桩排作为挡土支护。桩的排列形式有间隔式、双排式和连续式等，如图 5-1 所示。间隔式是每隔一定距离设置一桩，成排设置，在顶部设连系梁（圈梁）连成整体共同工作，桩间土起土拱作用将土压传到桩上，抵抗土的侧压力。双排式是将桩前后成梅花形按两排布置，桩顶也设连系梁使其成门式刚架，以提高桩的抗弯刚度，增强抵抗土压力能力，减少位移。连续式是一桩连一桩形成一道排桩地下连续墙，在顶部也设连系梁，连成整体共同工作，以抵抗侧向土压力作用。

（2）排桩土层锚杆支护 排桩土层锚杆支护是在排桩支护的基础上，沿开挖基坑或边

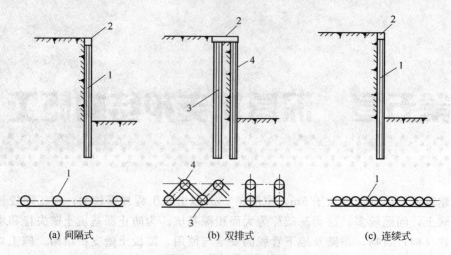

(a) 间隔式　　　　　　　　　(b) 双排式　　　　　　　　　(c) 连续式

图 5-1　挡土灌注桩支护

1—挡土灌注桩；2—连系梁（圈梁）；3—前排桩；4—后排桩

坡，每隔 2～5m 设置一层向下稍微倾斜的土层锚杆，以增强排桩支护抵抗土压力的能力，同时可减少排桩的数量和截面积，常用排桩土层锚杆支护的类型如图 5-2 所示。

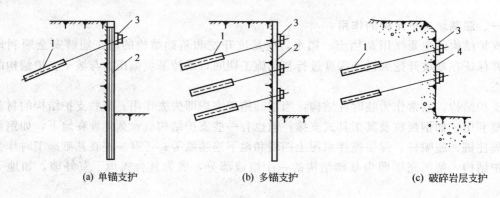

(a) 单锚支护　　　　　　　　(b) 多锚支护　　　　　　　　(c) 破碎岩层支护

图 5-2　排桩土层锚杆支护

1—土层锚杆；2—挡土灌注桩或地下连续墙；3—钢横梁（撑）；4—破碎岩土层

（3）排桩内支撑支护　对深度较大，面积不大，地基土质较差的基坑，为使维护排桩受力合理和受力后变形小，常在基坑内沿围护排桩（墙）竖向设置一定支撑点组成内支撑式基坑支护体系，以减少排桩的无支长度，提高其侧向刚度，减少变形。

排桩内支撑一般由挡土结构和支撑结构组成，如图 5-3 所示。两者构成一个整体，共同抵挡外力的作用。支撑结构一般由围檩（横挡）、水平支撑、八字撑和立柱等组成。

内支撑体系的平面布置形式，由基坑的平面形状、尺寸、开挖深度、周围环境保护要求、地下结构的布置、土方开挖顺序和方法而定，一般常用形式有角撑式、对撑式、框架式、边框架式以及环梁与边框架、角撑与对撑组合式等，如图 5-4 所示，也可两种或三种形式混合使用，可因地、因工程使用最合适的支撑。

2. 排桩支护结构的选型

排桩支护结构适用于基坑侧壁安全等级一级、二级、三级。

悬臂式结构在软土场地中不宜大于 5m。

当地下水位高于基坑底面时，宜采用降水、排桩加截水帷幕或地下连续墙。

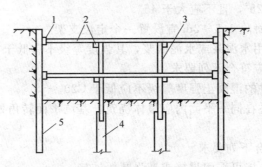

图 5-3 排桩内支撑结构

1—围檩；2—纵向和横向水平支撑；3—立柱；
4—工程桩或专设桩；5—围护排桩（或墙）

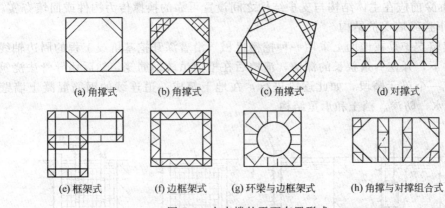

(a) 角撑式　　(b) 角撑式　　(c) 角撑式　　(d) 对撑式

(e) 框架式　　(f) 边框架式　　(g) 环梁与边框架式　　(h) 角撑与对撑组合式

图 5-4 内支撑的平面布置形式

基坑侧壁安全等级见《建筑基坑支护技术规程》（JGJ 120）。

3. 排桩构造措施

① 悬臂式排桩结构桩径不宜小于 600mm，桩间距应根据排桩受力及桩间土稳定条件确定。

② 排桩顶部应设钢筋混凝土冠梁连接，冠梁宽度（水平方向）不宜小于桩径，冠梁高度（竖直方向）不宜小于 400mm。排桩与桩顶冠梁的混凝土强度等级宜大于 C20；当冠梁作为连系梁时可按构造配筋。

③ 基坑开挖后，排桩的桩间土防护可采用钢丝网混凝土护面、砖砌等处理方法，当桩间渗水时，应在护面设泄水孔。当基坑面在实际地下水位以上且土质较好，暴露时间较短时，可不对桩间土进行防护处理。

④ 锚杆长度设计应符合下列规定。

锚杆自由段长度不宜小于 5m，并应超过潜在滑裂面 1.5m。

土层锚杆锚固段长度不宜小于 4m。

锚杆杆体下料长度应为锚杆自由段、锚固段及外露长度之和，外露长度须满足台座、腰梁尺寸及张拉作业要求。

⑤ 锚杆布置应符合以下规定。

锚杆上、下排垂直间距不宜小于 2m，水平间距不宜小于 1.5m。

锚杆锚固体上覆土层厚度不宜小于 4m。

锚杆倾角宜为 15°～25°，且不应大于 45°。

⑥ 沿锚杆轴线方向每隔 1.5～2m 宜设置一个定位支架。

⑦ 锚杆锚固体宜采用水泥浆或水泥砂浆，其强度等级不宜低于 M10。

⑧ 钢筋混凝土支撑应符合下列要求。

钢筋混凝土支撑构件的混凝土强度等级不应低于 C20。

钢筋混凝土支撑体系在同一平面内应整体浇筑，基坑平面转角处的腰梁连接点应按刚节点设计。

⑨ 钢结构支撑应符合下列要求。

钢结构支撑构件的连接可采用焊接或高强螺栓连接。

腰梁连接节点宜设置在支撑点的附近，且不应超过支撑间距的 1/3。

钢腰梁与排桩、地下连续墙之间宜采用不低于 C20 细石混凝土填充；钢腰梁与钢支撑的连接点应设加劲板。

⑩ 支撑拆除前应在主体结构与支护结构之间设置可靠的换撑传力构件或回填夯实。

（二）地下连续墙支护结构

地下连续墙支护是在地面上采用一种挖槽机械，沿着深开挖基坑或工程的周边轴线，在泥浆护壁条件下，开挖一条狭长的深槽，清槽后在槽内吊放钢筋笼，然后用导管法浇筑水下混凝土，筑成一个单元槽段，如此逐段进行，在地下筑成一道连续的钢筋混凝土墙壁（图5-5），作为截水、防渗、挡土和承重结构。

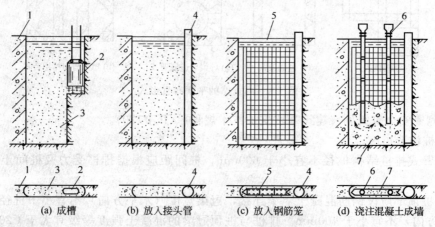

(a) 成槽　　(b) 放入接头管　　(c) 放入钢筋笼　　(d) 浇注混凝土成墙

图 5-5　地下连续墙施工程序示意

1—已成墙段；2—成槽钻机；3—护壁泥浆；4—接头管；5—钢筋笼；6—导管；7—混凝土

1. 地下连续墙支护类型

地下连续墙支护的类型较多，常用的有悬臂式、与土层锚杆组合式、内支撑式、逆作法式等，如图 5-6 所示。

2. 地下连续墙支护结构的选型

除应满足排桩支护结构的选型要求外，还应考虑以下内容。

连续墙支护结构具有刚度大、强度高，可挡土、承重、截水抗渗和耐久性好、变形小等优点；用于密集建筑群中作为支护建造深基础地下室，对周围建筑地基无扰动，可在狭窄场地条件下施工；用于高层建筑地下室逆作法施工，缩短工期，与常规开挖基坑方法相比，可少挖大量土方，且无需降低地下水位；施工振动小，噪声低；在地面操作，施工安全；可用于黏性土、砂砾石土、软土等多种地质条件；深度可达 50m，与邻近建筑物距离可达 0.3m。

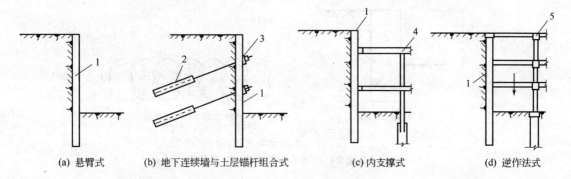

(a) 悬臂式　　　(b) 地下连续墙与土层锚杆组合式　　　(c) 内支撑式　　　(d) 逆作法式

图 5-6　地下连续墙支护

1—地下连续墙；2—土层锚杆；3—锚头垫座；4—型钢内支撑；5—地下室梁、板、柱

因此，这种方法在国内外应用较广。

作为高层建筑深基坑支护，此法最适于开挖较大较深（>10m）、地下水较高的大型基坑，周围有高层建筑物、道路，不允许有较大变形，采用机械挖方要求有较大空间，不允许内部设置支撑的情况，或作为地下结构外墙的一部分，或高层建筑逆作法施工作为地下室结构的部分外墙时采用。

地下连续墙支护施工需要较多的机具设备，一次性投资较高，施工工艺技术较为复杂，质量要求严格。

3. 地下连续墙构造措施

① 悬臂式现浇钢筋混凝土地下连续墙厚度不宜小于 600mm，地下连续墙顶部应设置钢筋混凝土冠梁，冠梁宽度不宜小于地下连续墙厚度，高度不宜小于 400mm。

② 水下灌注混凝土地下连续墙混凝土强度等级宜大于 C20，地下连续墙作为地下室外墙时还应满足抗渗要求。

③ 地下连续墙的受力钢筋应采用 HRB335 级或 HRB400 级钢筋，直径不宜小于 20mm。构造钢筋宜采用 HPB300 级钢筋，直径不宜小于 16mm。净保护层不宜小于 70mm，构造筋间距宜为 200~300mm。

④ 地下连续墙墙段之间的连接接头形式，在墙段间对整体刚度或防渗有特殊要求时，应采用刚性、半刚性连接接头。

⑤ 地下连续墙与地下室结构的钢筋连接可采用在地下连续墙内预埋钢筋、接驳器、钢板等方法，预埋钢筋宜采用 HPB300 级钢筋，连接钢筋直径大于 20mm 时，宜采用接驳器连接。

（三）水泥土墙支护结构

水泥土墙支护是以深层搅拌机就地将边坡土和压入的水泥浆强力搅拌形成连续搭接的水泥土柱桩挡墙，使边坡保持稳定。这种桩墙既可靠自重和刚度进行挡土，又具有良好的抗渗透性能（渗透系数≤10^{-7}cm/s），能止水防渗，起到挡土防渗双重作用。

1. 水泥土墙支护类型

水泥土墙支护的截面多采用连续式和格栅形。

为了提高水泥土墙的刚性，有的在水泥土搅拌桩内插入 H 型钢，如图 5-7 所示，使之成为既能受力又能抗渗两种功能的支护结构围护墙。

2. 水泥土墙支护结构的选型

水泥土墙支护结构适用于基坑侧壁安全等级为二级、三级。

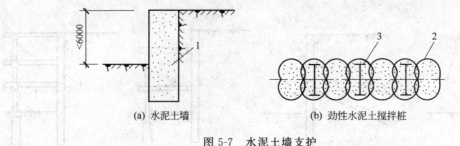

(a) 水泥土墙　　　　　　　　　　(b) 劲性水泥土搅拌桩

图 5-7　水泥土墙支护

1—水泥土墙；2—水泥土搅拌桩；3—H 型钢

水泥土桩施工范围内地基土承载力不宜大于 150kPa。

基坑深度不宜大于 6m。

3. 水泥土墙构造措施

① 水泥土墙采用格栅布置时，水泥土的置换率对于淤泥不宜小于 0.8，淤泥质土不宜小于 0.7，一般黏性土及砂土不宜小于 0.6；格栅长宽比不宜大于 2。

② 水泥土桩与桩之间的搭接宽度应根据挡土及截水要求确定。考虑截水作用时，桩的有效搭接宽度不宜小于 150mm；不考虑截水作用时，搭接宽度不宜小于 100mm。

③ 当变形不能满足要求时，宜采用基坑内侧土体加固或水泥土墙插筋加混凝土面板及加大嵌固深度等措施。

（四）土钉墙支护结构

土钉墙支护是在开挖边坡表面铺钢筋网喷射细石混凝土，并每隔一定距离埋设土钉，与边坡土体形成复合体共同工作，从而有效提高边坡稳定的能力，增强土体破坏的延性，变土体荷载为支护结构的部分，它与上述被动起挡土作用的围护墙不同，是对土体起到嵌固作用，对边坡进行加固，增加边坡支护锚固力，使基坑开挖后保持稳定。

1. 土钉墙支护类型

土钉墙支护如图 5-8 所示。

2. 土钉墙支护结构的选型

土钉墙支护结构适用条件为基坑侧壁安全等级为二级、三级的非软土场地。

基坑深度不宜大于 12m。

当地下水位高于基坑底面时，应采取降水或截水措施。

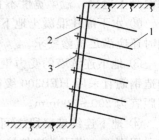

图 5-8　土钉墙支护

1—土钉；2—喷射混凝土
面层；3—垫板

3. 土钉墙构造措施

① 土钉墙设计及构造应符合下列规定。

a. 土钉墙墙面坡度不宜大于 1:0.1。

b. 土钉必须和面层有效连接，应设置承压板或加强钢筋等构造措施，承压板或加强钢筋应与土钉螺栓连接或钢筋焊接连接。

c. 土钉的长度宜为开挖深度的 0.5～1.2 倍，间距宜为 1～2m。与水平面夹角宜为 5°～20°。

d. 土钉钢筋宜采用 HRB335 级、HRB400 级钢筋，钢筋直径宜为 16～32mm，钻孔直径宜为 70～120mm。

e. 注浆材料宜采用水泥浆或水泥砂浆，其强度等级不宜低于 M10。

f. 喷射混凝土面层宜配制钢筋网，钢筋直径宜为 6～10mm，间距宜为 150～300mm；喷射混凝土强度等级不宜低于 C20，面层厚度不宜小于 80mm。

g. 坡面上下段钢筋网搭接长度应大于 300mm。

② 当地下水位高于基坑底面时，应采取降水或截水措施；土钉墙墙顶应采用砂浆或混凝土护面，坡顶和坡脚应设排水措施，坡面上可根据具体情况设置泄水孔。

（五）逆作拱墙支护结构

逆作拱墙支护是在有条件的基坑工程中，将支护墙在平面上做成圆形闭合拱墙、椭圆形闭合拱墙或组合拱墙（将局部做成两铰拱），使支护墙受力起拱的作用，可有效改善受力状态，发挥混凝土的材料特性，减小支护截面，提高支护刚度，同时为基坑开挖提供较大空间。

1. 逆作拱墙支护类型

拱墙截面的类型如图 5-9 所示。

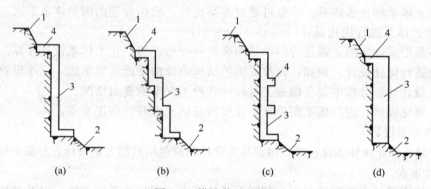

图 5-9　拱墙截面的类型
1—地面；2—基坑底；3—拱墙；4—肋梁

2. 逆作拱墙支护结构的选型

逆作拱墙支护结构适用于基坑侧壁安全等级为二级、三级。

淤泥和淤泥质土场地不宜采用。

拱墙轴线的矢跨比不宜小于 1/8。

基坑深度不宜大于 12m。

地下水位高于基坑底面时，应采取降水或截水措施。

3. 逆作拱墙构造措施

① 钢筋混凝土拱墙结构的混凝土强度等级不宜低于 C25。

② 拱墙截面宜为 Z 形，如图 5-9(a) 所示，拱壁的上、下端宜加肋梁；当基坑较深且一道 Z 形拱墙的支护高度不够时，可由数道拱墙叠合组成，如图 5-9(b)、(c) 所示，沿拱墙高度应设置数道肋梁，其竖向间距不宜大于 2.5m；当基坑边坡地比较窄时，可不加肋梁但应加厚拱壁，如图 5-9(d) 所示。

③ 拱墙结构水平方向应通长双面配筋，总配筋率不应小于 0.7%。

④ 圆形拱墙壁厚不应小于 400mm，其他拱墙壁厚不应小于 500mm。

⑤ 拱墙结构不应作为防水体系使用。

深基坑支护结构的选型除上述几种外，还有型钢桩横挡板支护、挡土灌注桩与水泥土桩组合支护、喷锚网支护、叠袋挡土墙支护和钢板桩支护等，在此不一一叙述。

第二节　深基坑支护结构设计

一、深基坑支护结构设计程序

深基坑支护结构设计程序如下。

1. 搜集资料

设计前搜集下述资料。

① 建筑物设计图，主要是建筑总平面图，基础平、剖面图，地下结构平、剖面图，以及地下室施工对基坑工程要求。

② 工程勘察报告，包括工程地质勘察资料和水文地质勘察资料。

③ 场地用地红线及基坑环境条件，包括基坑四周建（构）筑物、地下管线、道路等情况。

2. 确定围护体系形式

根据基坑开挖深度，地基土层条件，相邻建（构）筑物和地下管线情况确定围护体系形式，包括挡土体系和止水体系。一般可通过方案比较，选择合理的围护体系形式。

3. 对围护体系进行优化设计

围护体系形式确定后，需进行围护结构强度和变形计算，止水体系设计计算。在围护结构设计中要进行优化设计，例如：内撑式围护结构内撑的平面布置形式，支撑设置高度的合理确定。在设计计算分析中要考虑施工过程中各种工况下的受力情况。

设计计算完成后，进行施工图设计，并提出基坑土方开挖顺序要求。

4. 监测方案设计

除围护结构和止水体系设计外，围护体系设计还应包括监测方案设计，并提出应急措施。

5. 设计审查

将围护体系设计向专家组汇报，包括设计计算书和围护体系施工图，以及基坑土方开挖程序设计和监测方案。专家组提出评议和修改意见。听取专家组意见后进行修改，完善设计。最后将修改完善的设计图报管理部门审批，审批通过后才能组织实施。

二、深基坑支护结构承受的荷载

（一）土压力荷载

1. 主动土压力荷载

（1）无支撑挡土结构主动土压力（图 5-10）计算

① 当支护结构侧壁为无黏性土时，主动土压力的合力为三角形，如图 5-10（b）所示。合力大小为土压力分布图形面积，合力作用力通过土压力分布图形形心，即作用于土压力分布图形底上 $H/3$ 处。主动土压力合力计算公式为：

$$E_a = \frac{1}{2}\gamma H^2 K_a \tag{5-1}$$

式中　γ——墙后填土的重度，kN/m^3；

　　　H——所计算点离填土面的深度，m；

　　　K_a——主动土压力系数，$K_a = \tan^2(45° - \varphi/2)$，式中 φ 为土的内摩擦角（°）。

② 当支护结构侧壁为黏性土时，主动土压力合力计算公式 [见图 5-10（c）] 为：

$$E_a = \frac{1}{2}(\gamma H K_a - 2c\sqrt{K_a})(H - z_0) \tag{5-2}$$

式中　c——土的黏聚力，kPa，对于无黏性土 $c=0$；

　　　z_0——拉应力区的高度，m。

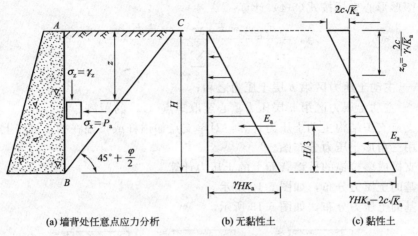

(a) 墙背处任意点应力分析　　　(b) 无黏性土　　　(c) 黏性土

图 5-10　无支撑挡土结构主动土压力

其他符号含义同前。

③ 当深基坑支护结构侧壁为不同的成层土时，不同成层土的主动土压力分布，如图 5-11 所示。从主动土压力分布图中得知，各土层上下层面土压力强度按式(5-3)计算：

$$p_a = \sum \gamma_i h_i K_a - 2C\sqrt{K_a} \tag{5-3}$$

式中　γ_i，h_i——第 i 层土的有效重度和厚度。

其他符号含义同前。

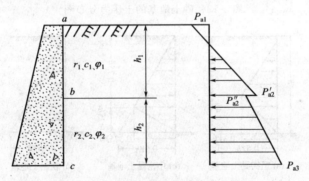

图 5-11　成层土的朗肯主动土压力

不同成层土的主动压力分布图为三角形或直角梯形。设土压力合力分别为 E_{a_1}、E_{a_2}、$\cdots$、E_{a_n}，从图 5-11 中可知它们的计算方法如下：

$$E_{a_1} = \frac{1}{2} p'_{a_2}(h_1 - z_0)$$

$$E_{a_2} = \frac{1}{2}(p''_{a_2} + p_{a_3})h_2$$

$$\vdots$$

$$E_{a_n} = \frac{1}{2}[p_{a_i} + p_{a_{(i+1)}}]h_n$$

由此可得主动土压力总合力为 $\sum_n^1 E$

$$\sum_n^1 E = E_{a_1} + E_{a_2} + \cdots + E_{a_n}$$

土压力图形形心坐标按式(5-4) 计算：

$$y_n = \frac{E_{a_1} y_1 + E_{a_2} y_2 + \cdots + E_{a_n} y_n}{\sum_{n}^{1} E} \tag{5-4}$$

式中　E_{a_n}——主动土压力区第 n 层土压力之和；

　　　y_n——主动土压力区第 n 层压力重心至取矩点 (c) 的距离。

（2）单支点支护结构主动土压力计算　对单支点如锚杆或拉锚在挡土桩墙上的土压力图形，可以采用三角形土压力分布图。

（3）多支撑或多拉锚的桩墙背面上的土压力计算

砂土地基的土压力分布，如图 5-12 所示。

黏土地基的土压力分布，如图 5-13 所示。

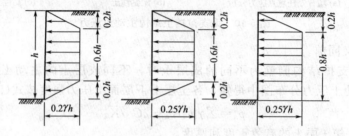

(a) 密实的砂土地基　(b) 中密的砂土地基　(c) 松散的砂土地基

图 5-12　砂土地基的土压力分布图

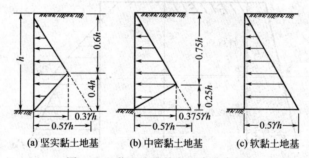

(a) 坚实黏土地基　(b) 中密黏土地基　(c) 软黏土地基

图 5-13　黏土地基的土压力分布图

2. 被动土压力荷载

① 当为无黏性土时，被动土的压力强度按式(5-5) 计算：

$$p_p = K_p \gamma_h \tag{5-5}$$

$$K_p = \tan^2(45° + \varphi/2)$$

式中　K_p——被动土压力系数；

　　　p_p——被动土压力强度，kPa。

其他符号含义同前。

被动土质为无黏性土时，其压力分布图为三角形。

② 当为黏性土时，被动土的压力强度按式(5-6) 计算：

$$p_p = \gamma h K_p + 2c \sqrt{K_p} \tag{5-6}$$

式中符号含义同前。

被动土质为黏性土时，其压力分布图为梯形。

（二）水压力荷载

地下水位以下的土压力计算可采用水土分算或水土合算两种方法。一般砂土和粉土可按水土分算，然后叠加，黏性土可根据情况按水土分算或水土合算。

（1）水土分算压力　水压力的计算采用静水压力的全水头，水的重力密度取 $\gamma_w = 10\text{kN/m}^3$，把水看作是：主动压力＝静止压力＝被动压力＝$\gamma_w h_2$。

水压力的分布图为三角形，此时土对挡土墙的压力按浮重度 γ' 计算，即 $K_a\gamma' h_2$，式中 $\gamma' = \gamma - \gamma_w$，如图5-14所示。

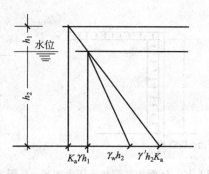

图5-14　水压力及土压力分布综合图

对挡土结构的主动土压力强度为 $p_a = K_a\gamma h_1 + \gamma_w h_2 + K_a\gamma' h_2$，计算总主动压力：

$$E_a = K_a\gamma h_1\left(\frac{h_1}{2} + h_2\right) + \frac{\gamma_w}{2}h_2^2 + \frac{1}{2}K_a\gamma' h_2^2 \tag{5-7}$$

（2）水土合算压力　地下水位以下的土体取饱和重度 γ_{sat}，其支护结构背面任意点处的主动土压力强度计算公式为：

$$p_a = \gamma_{sat}ZK_a - 2c\sqrt{K_a} \tag{5-8}$$

式中　γ_{sat}——地下水位以下土体饱和重度，kN/m^3。

当 $Z = h$ 时，水土压力总合力为：

$$E_a = \frac{1}{2}\left(\gamma_{sat}hK_a - 2c\sqrt{K_a}\right)h$$

式中符号含义同前。

（三）地面超载

地面超载系指挡土结构附近地面有堆载，包括堆物（例如砂、石、钢筋等）、吊车等集中荷载和邻近建筑物基础荷载。

1. 地面均布荷载

均布荷载增加的主动土压力强度：

$$p_a = K_a q \tag{5-9}$$

式中　q——均布荷载。

图5-15为地面均布荷载土压力图形，即 $E_a = K_a hq$；当均布荷载距挡土结构有一定距离 a 时，则其土压力分布图，见图5-16，在荷载起点 o 处作 $45° + \dfrac{\varphi}{2}$ 线，交挡土结构于 c 点，则主动总土压力为：

$$E_a = K_a(h - b)q \tag{5-10}$$

2. 地面集中荷载

距离支护结构一定距离有集中荷载 p，见图5-17，距离支护结构 l_2 有集中荷载 p，如布置有塔式起重机、混凝土泵车等。由 p 引起的附加荷载分布在支护结构的一定范围 h_2 内。

为简化计算，故可近似地将地面集中荷载折成平面均布荷载计算。地面集中荷载近似折成平面均布荷载估算值，见表5-1。

3. 邻近建筑物基础荷载

采用天然地基或经浅层处理的地基上的建（构）筑物，设计中必须考虑邻近建筑物基础荷载对支护结构的影响。为简化计算，可视其为作用在地面上的荷载。这样，荷载在支护结构后地基中的传播计算方法，可以按前述的地面临时荷载进行计算。一般建筑物的荷载可按层数计算，每层取 $12\sim13\text{kPa}$。

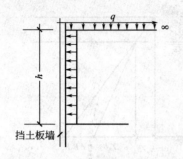
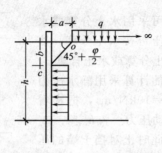
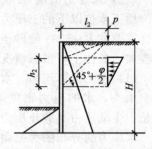

图 5-15 地面均布荷载土压力图形　　图 5-16　均布荷载距挡土结构　　图 5-17　距离支护结构一定距
注：当 h 超出一定限度，　　　　　一定距离时土压力分布图　　　　离有集中荷载引起的附加荷载
其传力即不能按矩形计算

表 5-1　地面集中荷载近似折成平面均布荷载估算值

项　　目		取值/kPa	备　　注
履带起重机所在范围	挡土结构 1.5m 以内	60	
	挡土结构 1.5～3m	40	
公路		5～10	引自有关规范
铁道		20	

三、悬臂式灌注桩支护结构设计

（一）计算支护结构承受的荷载

根据支护结构侧壁土重度、水压力和地面超载，计算支护结构承受的荷载，其计算顺序是：计算各层面压力强度→绘制压力分布图→计算合力及作用位置→计算总合力及作用位置→计算总合力作用点至地面或坑底垂直距离。

1. 计算各层面压力强度

当在不同深度 $Z=0$，$C=0$ 时，地面有均布荷载其压力强度：

$$p_a = K_a q$$

当地面无均布荷载时，$p_a = 0$。

当有地下水时，在地下水面层压力强度：

$$p_a = K_a(\gamma h_1 + q)$$

式中　h_1——自地面至地下水面处的垂直距离或无地下水的挖土深，m。

在挖土深度 h 底层面压力强度：

$$p_a = K_a(\gamma h_1 + q) + \gamma_w h_2 + K_a \gamma' h_2$$

其中，$h_1 + h_2 = h$；$\gamma' = \gamma - \gamma_w$。

2. 绘制压力分布图

根据支护结构受力特点，深基坑深度范围内压力分布图为三角形或直角梯形图（土压力和水压力分布图均为三角形）。

3. 计算各压力分布图的合力及总合力

当为三角形压力分布图时，压力合力为：

$$E_i = \frac{1}{2} p_a h_i$$

式中　p_a——底压力强度值，kPa；

h_i——三角形压力分布图的高度，m。

当为直角梯形压力分布图时，压力合力为

$$E_i = \frac{1}{2}\left[p_{ai} + p_{a(i+1)} \right]h_i$$

式中 p_{ai}——上层面压力强度，kPa；

$p_{a(i+1)}$——下层面压力强度，kPa；

h_i——压力图形的高度，m。

主动土压力总合力：

$$\sum_i^1 E_a = \sum E_i$$

4. 计算总压力合力作用点至地面或坑底间的垂直距离 y_i

计算总压力合力作用点至地面间距离 a 或坑底间的垂直距离应依据压力分布图按实际计算。

（二）计算桩嵌固深度和入土深度

1. 计算桩嵌固深度

悬臂式灌注桩支护结构嵌固深度为：

$$t = \mu + 1.2x \tag{5-11}$$

μ，x 见实例计算简图中含义。

（1）计算 μ

$$\mu = \frac{p_a}{\gamma'(K_p - K_a)} \tag{5-12}$$

式中 p_a——主动土压力强度（受力简图坑底处），kPa；

γ'——换算后的土重度，kN/m³。当为均布荷载时，可折土柱高 $h' = \dfrac{q}{\gamma}$，则

$$\gamma' = \gamma\frac{h + h'}{h}。$$

（2）计算 x

$$x = \omega l \tag{5-13}$$

式中 ω——计算 m、n 查布氏理论曲线图，见图 5-18；

l——见例题受力简图中尺寸，m。

① 计算 l

$$l = h + \mu \tag{5-14}$$

② 计算 ω

$$m = \frac{6\sum E}{K_\gamma l^2} \tag{5-15}$$

其中

$$K_\gamma = (K_p - K_a)\gamma'$$

$$n = \frac{6\sum Ea}{K_\gamma l^3} \tag{5-16}$$

由 m、n 查布氏理论曲线得 ω，则可计算出 x。

经过上述计算即可得出桩嵌固深度 t。

2. 计算桩总的入土深度

桩打入土中的深度或桩总的入土深度 H 为：

$$H = h + t \tag{5-17}$$

式中 h——深基坑深度，m；

t——桩嵌固深度，m。

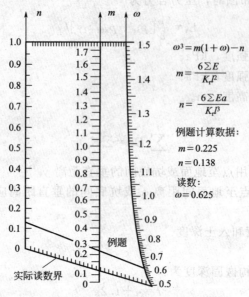

图 5-18　布氏（Blum）理论曲线

（三）计算支护结构内力

计算剪力 $Q=0$ 的 x_m 处：

$$x_m = \sqrt{\frac{2\sum E}{(K_p - K_a)\gamma'}} \tag{5-18}$$

最大弯矩在桩剪力为零处，即 $\sum Q=0$，则得：

$$M_{max} = \sum E(l + x_m - a) - \frac{(K_p - K_a)\gamma' x_m^3}{6} \tag{5-19}$$

（四）计算桩配筋

1. 均匀布置在桩周边的配筋计算

混凝土灌注桩一般按钢筋混凝土截面受弯构件计算配筋，对于沿周边均匀配置纵向钢筋的圆形截面钢筋混凝土受弯构件，当截面内纵向钢筋数量不少于 6 根时，其承载力按式(5-20)、式(5-21) 计算：

$$M \leqslant \frac{2}{3} f_c A \gamma \frac{\sin^3 \pi\alpha}{\pi} + f_y A_s \gamma_s \frac{\sin\pi\alpha + \sin\pi\alpha_t}{\pi} \tag{5-20}$$

且

$$\alpha f_c A \left(1 - \frac{\sin 2\pi\alpha}{2\pi\alpha}\right) + (\alpha - \alpha_t) f_y A_s = 0 \tag{5-21}$$

令 $b = \dfrac{f_y A_s}{f_c A}$，由式(5-21) 整理后得：

$$\alpha = \frac{1}{1+3b}\left(1.25b + \frac{\sin 2\pi\alpha}{2\pi}\right)$$

$$\alpha_t = 1.25 - 2\alpha \tag{5-22}$$

式中　M——标准荷载下的弯矩，N·mm；

　　　　f_c——混凝土轴心抗压强度设计值，MPa，见表 5-2；

　　　　γ——圆形截面的半径，mm；

　　　　A——挡土灌注桩截面面积，mm²；

　　　　f_y——钢筋抗拉强度设计值，MPa；见表 5-3；

A_s——全部纵向钢筋的截面面积，mm^2，钢筋截面面积见表 5-4；

γ_s——纵向钢筋所在圆周的半径，mm；

α——受压区混凝土截面面积的圆心角（rad）与 2π 的比值；

α_t——纵向受拉钢筋截面面积与全部纵向钢筋截面面积的比值，当 $\alpha > 0.625$ 时，取 $\alpha_t = 0$。

表 5-2　混凝土强度设计值　　　　　　　　　　　　MPa

强度种类	混凝土强度等级													
	C15	C20	C25	C30	C35	C40	C45	C50	C55	C60	C65	C70	C75	C80
f_c	7.2	9.6	11.9	14.3	16.7	19.1	21.1	23.1	25.3	27.5	29.7	31.8	33.8	35.9
f_t	0.91	1.10	1.27	1.43	1.57	1.71	1.80	1.89	1.96	2.04	2.09	2.14	2.18	2.22

注：1. 计算现浇钢筋混凝土轴心受压及偏心受压构件时，如截面的长边或直径小于 300mm，则表中混凝土的强度设计值应乘以系数 0.8；当构件质量（如混凝土成型、截面和轴线尺寸等）确有保证时，可不受此限制。

2. 离心混凝土的强度设计值应按专门标准取用。

表 5-3　普通钢筋强度设计值　　　　　　　　　　　　MPa

种　类		符号	f_y	f_y'
热轧钢筋	HPB 300	Φ	270	270
	HRB 335/HRBF 335	Φ/ΦF	300	300
	HRB 400/HRBF 400/RRB 400	Φ/ΦF/ΦR	360	360
	HRB 500/HRBF 500	Φ/ΦF	435	410

表 5-4　钢筋的计算截面面积及理论质量

公称直径/mm	不同根数钢筋的计算截面面积/mm^2									单根钢筋理论质量/(kg/m)
	1	2	3	4	5	6	7	8	9	
6	28.3	57	85	113	142	170	198	226	225	0.222
6.5	33.2	66	100	133	166	199	232	265	299	0.260
8	50.3	101	151	201	252	302	352	402	453	0.395
8.2	52.8	106	158	211	264	317	370	423	475	0.432
10	78.5	157	236	314	393	471	550	628	707	0.617
12	113.1	226	339	452	565	678	791	904	1017	0.888
14	153.9	308	461	615	769	923	1077	1231	1385	1.21
16	201.1	402	603	804	1005	1206	1407	1608	1809	1.58
18	254.5	509	763	1017	1272	1527	1781	2036	2290	2.00
20	314.2	628	942	1256	1570	1884	2199	2513	2827	2.47
22	380.1	760	1140	1520	1900	2281	2661	3041	3421	2.98
25	490.9	982	1473	1964	2454	2945	3436	3927	4418	3.85
28	615.8	1232	1847	2463	3079	3695	4310	4926	5542	4.83
32	804.2	1609	2413	3217	4021	4826	5630	6434	7238	6.31
36	1017.9	2036	3054	4072	5089	6107	7125	8143	9161	7.99
40	1256.6	2513	3770	5027	6283	7540	8796	10053	11310	9.87
50	1964	3928	5892	7856	9820	11784	13748	15712	17676	15.42

注：表中直径 $d = 8.2mm$ 的计算截面面积及理论质量仅适用于有纵肋的热处理钢筋。

用式(5-22)计算时，先假定桩截面和配筋，求出 α 值，弧度化角度，见表 5-5；然后代入式(5-20)即可计算构件能承受的弯矩值，以验算桩截面和钢筋是否满足要求。也可根据计算求得桩承受的弯矩值和假定的截面，求得桩需配置的钢筋面积。按以上公式计算的前提是按周边圆均匀配筋，其中有 40% 的钢筋不受拉力。

表 5-5　弧度与角度互换表

弧度(rad)	角度	弧度(rad)	角度	弧度(rad)	角度	弧度(rad)	角度
0.0001	0°00′21″	0.0040	0°13′45″	0.0700	4°00′39″	0.9000	51°33′58″
0.0002	0°00′41″	0.0050	0°17′11″	0.0800	4°35′01″	1	57°17′45″
0.0003	0°01′02″	0.0060	0°20′38″	0.0900	5°09′24″	2	114°35′30″
0.0004	0°01′23″	0.0070	0°24′04″	0.1000	5°43′46″	3	171°53′14″
0.0005	0°01′43″	0.0080	0°27′30″	0.2000	11°27′33″	4	229°10′59″
0.0006	0°02′04″	0.0090	0°30′56″	0.3000	17°11′19″	5	286°28′44″
0.0007	0°02′24″	0.0100	0°34′23″	0.4000	22°55′06″	6	343°46′29″
0.0008	0°02′45″	0.0200	1°08′45″	0.5000	28°38′52″	7	401°04′14″
0.0009	0°03′06″	0.0300	1°43′08″	0.6000	34°22′39″	8	458°21′58″
0.0010	0°03′26″	0.0400	2°17′31″	0.7000	40°06′25″	9	515°39′43″
0.0020	0°06′53″	0.0500	2°51′53″	0.8000	45°50′12″		
0.0030	0°10′19″	0.0600	3°26′16″				

2. 布置在受拉区的配筋计算

为节省配筋，也可改用与圆截面等效矩形截面配筋，可采用表 5-6 承载力系数，按钢筋混凝土矩形截面受弯构件纵向受拉钢筋截面面积计算方法，进行桩的截面尺寸确定及配筋计算。但应注意的是：采用等效矩形截面配筋的挡土灌注桩，在钻孔成孔后，钢筋应安放在桩的受拉一侧。

表 5-6　钢筋混凝土矩形截面受弯构件正截面受弯承载力系数

α_s	γ_s	α_s	γ_s	α_s	γ_s	α_s	γ_s
0.010	0.995	0.156	0.915	0.276	0.835	0.365	0.760
0.020	0.990	0.164	0.910	0.282	0.830	0.370	0.755
0.030	0.985	0.172	0.905	0.289	0.825	0.375	0.750
0.039	0.980	0.180	0.900	0.295	0.820	0.380	0.745
0.048	0.975	0.188	0.895	0.302	0.815	0.385	0.740
0.058	0.970	0.196	0.890	0.308	0.810	0.389	0.736
0.067	0.965	0.204	0.885	0.314	0.805	0.390	0.735
0.077	0.960	0.211	0.880	0.320	0.800	0.394	0.730
0.086	0.955	0.219	0.875	0.326	0.795	0.396	0.728
0.095	0.950	0.226	0.870	0.332	0.790	0.399	0.725
0.104	0.945	0.234	0.865	0.338	0.785	0.401	0.722
0.113	0.940	0.241	0.860	0.343	0.780	0.403	0.720
0.122	0.935	0.248	0.855	0.349	0.775	0.408	0.715
0.130	0.930	0.255	0.850	0.351	0.772	0.412	0.710
0.139	0.925	0.262	0.845	0.354	0.770	0.416	0.705
0.147	0.920	0.269	0.840	0.360	0.765	0.420	0.700

用等效矩形截面法计算桩配筋。

等刚度
$$\frac{\pi D^4}{64} = \frac{bh^3}{12} \tag{5-23}$$

式中　D——桩直径，mm；

　　　b，h——矩形截面边长，mm。

令 $b=h$，则 $h=0.876D$。

按《混凝土结构设计规范》计算配筋。

$$\alpha_s = \frac{M}{f_c b h_0^2} \tag{5-24}$$

$$A_s = \frac{M}{\gamma_s f_y h_0} \tag{5-25}$$

式中　α_s——截面抵抗矩系数，见表 5-6；

　　　γ_s——内力臂系数（依据 α_s 查表 5-6）；

　　　h_0——截面有效高度，mm。

其他符号含义同前。

（五）桩承载力验算

1. 配筋布置受拉区一侧桩承载力验算截面复核步骤如下

（1）验算 $A_s \geqslant \rho_{min} bh$　若 $A_s < \rho_{min} bh$，其极限承载力按等截面素混凝土梁的极限承载力取用，近似取 $M = M_{cr} = 0.292 f_t bh^2$。

ρ_{min} 为最小配筋率（%），见表 5-7。

M_{cr} 为构件所能承受的抗裂弯矩，单位为 N·mm。

f_t 为混凝土轴心抗拉强度设计值，单位为 MPa（见表 5-2）。

表 5-7　不同级别钢筋的 ξ_b 值、$\alpha_{s,max}$ 值和 ρ_{min} 值

混凝土强度等级	ε_{cu}	β_1	α	ξ_b			$\alpha_{s,max}$			受弯类构件 ρ_{min}/（%）		
				HPB235	HRB335	HRB400	HPB235	HRB335	HRB400	HPB235	HRB335	HRB400
C15	0.00365	0.8	1.0	0.628	0.567	0.536	0.430	0.406	0.392	0.20	0.20	0.20
C20	0.0036	0.8	1.0	0.626	0.565	0.533	0.430	0.405	0.391	0.24	0.20	0.20
C25	0.00355	0.8	1.0	0.624	0.562	0.531	0.429	0.404	0.390	0.27	0.20	0.20
C30	0.0035	0.8	1.0	0.622	0.560	0.528	0.429	0.403	0.389	0.31	0.21	0.20
C35	0.00345	0.8	1.0	0.620	0.558	0.526	0.428	0.402	0.388	0.34	0.24	0.20
C40	0.0034	0.8	1.0	0.618	0.555	0.523	0.427	0.401	0.386	0.37	0.26	0.21
C45	0.00335	0.8	1.0	0.616	0.553	0.520	0.426	0.400	0.385	0.39	0.27	0.23
C50	0.0033	0.8	1.0	0.614	0.550	0.518	0.426	0.399	0.384	0.41	0.28	0.24
C55	0.0033	0.79	0.99	0.606	0.543	0.511	0.422	0.396	0.380	0.42	0.29	0.25
C60	0.0033	0.78	0.98	0.599	0.536	0.505	0.419	0.392	0.377	0.44	0.31	0.26
C65	0.0033	0.77	0.97	0.591	0.529	0.498	0.416	0.389	0.374	0.45	0.31	0.26
C70	0.0033	0.76	0.96	0.583	0.523	0.492	0.413	0.386	0.371	0.46	0.32	0.27
C75	0.0033	0.75	0.95	0.576	0.516	0.485	0.410	0.383	0.367	0.47	0.33	0.27
C80	0.0033	0.74	0.94	0.568	0.509	0.479	0.407	0.379	0.364	0.48	0.33	0.28

（2）若 $A_s \geqslant \rho_{min} bh$，由式（5-26）求得混凝土受压区高度

$$x = \frac{f_y A_s}{\alpha_1 f_c b} \tag{5-26}$$

α_1 为受压区混凝土矩形应力图的应力值与混凝土轴心抗压强度设计值的比值。当混凝土强度等级不超过 C50 时，α_1 取为 1.0；当混凝土强度等级为 C80 时，α_1 取为 0.94，其间按线性内插法确定。

（3）验算 $x \leqslant \xi_b h_0$　ξ_b 为处于界限破坏时的截面受压区高度 x_b 与截面有效高度 h_0 的比值称为相对界限度压区高度，可查表 5-7 选用。

（4）若 $x \leqslant \xi_b h_0$，$M = \alpha_1 f_c b x \left(h_0 - \dfrac{x}{2} \right)$。

若 $x > \xi_b h_0$，取 $x = \xi_b h_0$，则

$$M = \alpha_1 f_c b h_0^2 \xi_b (1 - 0.5 \xi_b) = \alpha_{s,\max} \alpha_1 f_c b h_0^2 \qquad (5\text{-}27)$$

$\alpha_{s,\max}$ 为最大的截面抵抗矩系数（见表 5-7）。

（5）当 $M_{\max} \leqslant M$ 时，截面承载力满足要求。

2. 配筋均匀布置在桩周边承载力验算

配筋均匀布置在桩周边承载力的验算，按式（5-20）计算。

（六）悬臂支护结构抗整体倾覆稳定性验算

悬臂支护结构抗整体倾覆稳定性应满足以下条件：

$$\frac{M_p}{M_a} = \frac{E_p b_p}{E_a b_a} \geqslant 1.3 \qquad (5\text{-}28)$$

式中符号含义，见图 5-19。

此外，尚应验算抗水平推移稳定性。

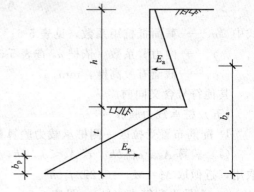

图 5-19　悬臂式结构计算简图

【例 5-1】　工程概况：某高层建筑地上 26 层，地下 1 层，基坑挖深 6.0m。深基坑东侧附近有场内临时运输道路，$q = 5\text{kPa}$，支护结构不设拉杆，见图 5-20。深基坑围护系统用悬臂式钻孔灌注桩，设桩径为 800mm，混凝土 C30，上端通过钢筋混凝土销口梁连接。

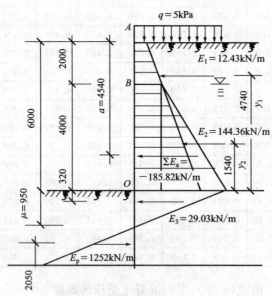

图 5-20　计算简图实例

工程地质情况：自地面下土质为砂土层，土的内摩擦角 $\varphi = 35°$（水上水下相同），土体重度 $\gamma = 18\text{kN/m}^3$，地面下 2m 处有地下水，水下土体饱和重度 $\gamma_{sat} = 19.30\text{kN/m}^3$。试进行悬臂式灌注桩支护结构设计。

解：1. 计算支护结构承受的荷载

$$K_a = \tan^2(45° - \varphi/2) = \tan^2(45° - 35°/2) = 0.27$$
$$K_p = \tan^2(45° + \varphi/2) = \tan^2(45° + 35°/2) = 3.70$$

当地面有均布荷载 $q=5kPa$，且 $C=0$ 时，各层面的压力强度为：

A 点：$p_{aA}=qK_a=5\times0.27=1.35$ （kPa）

B 点：$p_{aB}=(\gamma Z+q)K_a=(18\times2+5)\times0.27=11.07$ （kPa）

$$E_1=\frac{1}{2}(1.35+11.07)\times2=12.42 \text{ （kN/m）}$$

$$y_1=\frac{1.36\times2\times(1+4)+1/2(11.07-1.36)\times2\times(2/3+4)}{12.42}=4.74 \text{ （m）}$$

O 点：$p_{aO}=K_a(\gamma h_1+q)+\gamma_w h_2+K_a\gamma'h_2$

$$=0.27(18\times2+5)+10\times4+0.27\times(19.30-10)\times4$$

$$=11.07+40+10.04=61.11(kPa)$$

$$E_2=11.07\times4+1/2\times40\times4+1/2\times10.04\times4$$

$$=44.28+80+20.08=144.36 \text{ （kN/m）}$$

$$y_2=\frac{44.28\times2+80\times4/3+20.08\times4/3}{144.36}=1.54 \text{ （m）}$$

2. 计算支护桩嵌固深度和入土深度`

计算 l

换算后的土重度 γ'' 当为均布荷载，可折土柱高 $h'=q/\gamma=5/18=0.28$ （m），

则

$$\gamma''=\gamma\frac{h+h'}{h}=18\times\frac{6+0.28}{6}=18.84 \text{ （kN/m}^3\text{）}$$

土的综合压力系数为：

$$K_\gamma=(K_p-K_a)\gamma''=(3.70-0.27)\times18.84=64.62$$

$$\mu=\frac{p_{aO}}{(K_p-K_a)\gamma''}=\frac{61.11}{(3.70-0.27)\times18.84}=0.95 \text{ （m）}$$

$$l=h+\mu=6+0.95=6.95 \text{ （m）}$$

计算查图数据 m、n。

主动土压力总合力为：

$$\sum E_a=E_1+E_2+E_3=12.43+144.36+\frac{1}{2}\times61.11\times0.95$$

$$=185.82 \text{ （kN/m）}$$

$\sum E_a$ 的中心至地面间距离为：

$$a=\frac{E_1\times(6-4.74)+E_2\times(6-1.54)+E_3\times(6+0.95/3)}{\sum E_a}=4.54 \text{ （m）}$$

$$m=\frac{6\times\sum E_a}{K_\gamma\times l^2}=\frac{6\times185.82}{64.62\times6.95^2}=0.357$$

$$n=\frac{6\times\sum E_a\times a}{K_\gamma\times l^3}=\frac{6\times185.82\times4.54}{64.62\times6.95^3}=0.233$$

由 m、n 值查图 5-18 得 $\omega=0.745$，则

$$x=\omega l=0.745\times6.95=5.18 \text{ （m）}$$

$$t=\mu+1.20x=0.95+1.20\times5.18=7.17 \text{ （m）}$$

故桩嵌固深度取 7.10m。

钻孔灌注桩打入土中深度为 $(6+7.10)=13.10$ （m）。

3. 计算支护结构的内力

最大弯矩计算：

$$x_m = \sqrt{\frac{2\sum E_a}{(K_p - K_a)\gamma'}} = \sqrt{\frac{2 \times 185.82}{(3.70 - 0.27) \times 18.84}} = 2.40 \text{ (m)}$$

$$M_{max} = \sum E_a(l + x_m - a) - \frac{(K_p - K_a)\gamma' x_m^3}{6}$$

$$= 185.82 \times (6.95 + 2.40 - 4.54) - \frac{(3.70 - 0.27) \times 18.84 \times 2.40^3}{6}$$

$$= 745 \text{ (kN·m)}$$

4. 设桩直径计算桩配筋

计算桩配筋的两种方法。

第一种方法：配筋均匀地布置在桩的周边。

若桩受压区混凝土截面面积的圆心角为 240°，则

$$\alpha = \frac{240}{2\pi} = 0.6667, \text{ 得 } \alpha_t = 0$$

由式(5-20) 得：

$$745 \times 10^6 = 2/3 \times 14.30 \times 502400 \times 400 \times \frac{\sin^3 120°}{3.14} + 300 \times A_s \times 350 \times \frac{\sin 120°}{3.14}$$

解得 $A_s = 12076 \text{mm}^2$

选用 ⊈25，$A_s = 490.90 \text{mm}^2$，则

$$n = \frac{12076}{490.90} = 25 \text{ (根)}$$

用 ⊈25mm，25 根钢筋，实际 $A_s = 12272 \text{mm}^2$。

25 根 ⊈25 是按周边圆均匀配筋。其中有 40% 的钢筋不受拉力，为节省钢筋可用第二种方法。

第二种方法：配筋只布置在桩的一侧受拉区。

设矩形截面边长为 b、h。

用等刚度令 $\frac{\pi D^4}{64} = \frac{bh^3}{12}$，再令 $b = h$，则

$h = 0.876D$，故 $h = 0.876D = 0.876 \times 800 = 700$ (mm)。

取桩保护层 35mm，计算桩配筋。

$$\alpha_s = \frac{M}{f_{cm}bh_0^2} = \frac{745 \times 10^6}{14.3 \times 700 \times 665^2} = 0.168$$

查表 5-6 得 $\gamma_s = 0.907$

$$A_s = \frac{M}{\gamma_s f_y h_0} = \frac{745 \times 10^6}{0.907 \times 300 \times 665} = 4117 \text{ (mm}^2\text{)}$$

选配钢筋 9 ⊈25 $A_s = 4418 \text{mm}^2$，见图 5-21。

5. 验算桩截面承载力

第一种计算桩配筋方法的截面承载力验算，略。

第二种计算桩配筋方法的截面承载力验算如下：

混凝土截面受压区高度

$$x = \frac{f_y A_s}{\alpha_1 f_c b} = \frac{300 \times 4418}{1 \times 14.30 \times 700} = 132 \text{ (mm)}$$

查表 5-7 得 $\xi_b = 0.56$，则

$$\xi_b h_0 = 0.56 \times (700 - 35) = 372$$

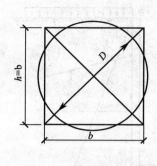

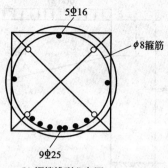

(a) 等效矩形截面　　　　(b) 钢筋排列分布图

图 5-21 按等效截面计算配筋

$x<\xi_b h_0$，计算截面所能承担的弯矩

$$M=\alpha_1 f_c bx\left(h_0-\frac{x}{2}\right)$$

$$=1\times14.30\times700\times132\times\left(665-\frac{132}{2}\right)$$

$$=791\times10^6 (\text{N}\cdot\text{mm})$$

$$M=791\times10^6 (\text{N}\cdot\text{mm})>M_{\max}=745\times10^6 (\text{N}\cdot\text{mm})$$

截面承载力满足要求。

6. 抗整体倾覆稳定性验算

抗整体倾覆稳定性验算见图 5-19。

$$E_p=\frac{1}{2}\times407.12\times(7.10-0.95)=1252 (\text{kN/m})$$

$$b_p=\frac{1}{3}\times(7.10-0.95)=2.05 (\text{m})$$

$$E_a=\sum E_a=185.82 (\text{kN/m})$$

$$b_a=6-a+7.10=6-4.54+7.10=8.56 (\text{m})$$

验算稳定性　　$\dfrac{1252\times2.05}{185.82\times8.56}=1.61>1.30$

满足要求。

四、排桩土层锚杆支护结构设计

排桩土层锚杆支护结构设计内容包括：排桩嵌固深度、杆体截面面积、锚杆自由段长度、锚杆锚固段长度和土层锚杆整体稳定性验算等。

1. 嵌固深度计算

嵌固深度计算，见图 5-22。挡土桩承受桩后主动土压力 E_{a1} 和 E_{a2}、桩前被动土压力 E_p 和锚杆支撑力 T_{c1} 的作用，欲使挡土桩保持稳定，则必须使作用在桩上的 E_{a1}、E_{a2}、E_p、T_{c1} 保持平衡，在 C 点取力矩，使 $\sum M_C=0$，得

$$T_{c1}(h+t-a)=E_{a1}\frac{h+t}{3}+E_{a2}\frac{h+t}{2}-E_p\frac{t}{3} \tag{5-29}$$

$$T_{c1}(h+t-a)=\frac{\gamma_a K_a(h+t)^3}{6}+\frac{qK_a(h+t)^2}{2}-\frac{\gamma_p K_p t^3}{6} \tag{5-30}$$

再取 $\sum x=0$，得

$$T_{c1}-E_{a1}-E_{a2}+E_p=0$$

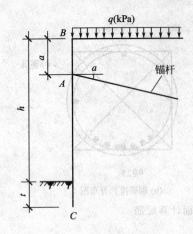
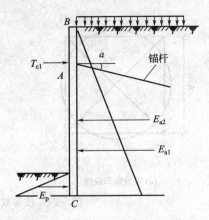

(a) 上部锚杆任意点计算　　　　(b) 挡土桩上部锚杆水平力计算

图 5-22　锚杆水平力计算简图

$$T_{c1} - \frac{\gamma_a K_a (h+t)^2}{2} - q K_a (h+t) + \frac{\gamma_p K_p t^2}{2} = 0 \tag{5-31}$$

整理式(5-30)、式(5-31)，并令 $\omega = \dfrac{t}{h}$，$\psi = \dfrac{a}{h}$，$K = \dfrac{e_2}{e_1} = \dfrac{q K_a}{\gamma_a h K_a}$，得所需的最小入土深度为

$$\frac{\gamma_a K_a}{\gamma_p K_p} = \frac{\omega^2 (3 + 2\omega - 3\psi)}{(1+\omega)^2 (2 + 2\omega - 3\psi) + 3K(1+\omega)(1+\omega - 2\psi)} \tag{5-32}$$

式中　　T_{c1}——锚杆作用力，kN；

　　　　h——基坑深，m；

　　　　a——锚杆离地面距离，m；

　　　　t——挡土桩入土深度，m；

　　　　q——地面均布荷载，kPa；

　　　　γ_a——主动土压力的平均重度，kN/m³；

　　　　γ_p——被动土压力的平均重度，kN/m³；

　　　　K_a——主动土压力系数，$K_a = \tan^2 \left(45° - \dfrac{\varphi_a}{2} \right)$；

　　　　K_p——被动土压力系数，$K_p = \tan^2 \left(45° + \dfrac{\varphi_p}{2} \right)$；

　　　　φ_a——主动土压力的平均土的内摩擦角（°）；

　　　　φ_p——被动土压力的内摩擦角（°）。

将已知项 γ_a、γ_p、K_a、K_p、h、a、K 代入式(5-32)，即可求得 ω 值。

则嵌固深度为：

$$t = \omega h \tag{5-33}$$

当单层支点排桩计算的嵌固深度 $t < 0.3h$ 时，宜取 $t = 0.3h$。

多层支点排桩嵌固深度设计值宜按圆弧滑动简单条分法确定。

多层支点支护结构嵌固深度设计值小于 $0.2h$ 时，宜取 $t = 0.2h$。

当基坑底为碎石土及砂土、基坑内排水且作用有渗透水压力时，侧向截水的排桩除应满足上述规定外，嵌固深度设计值尚应满足式(5-34)的要求，抗渗透稳定条件，见图 5-23。

$$t \geqslant 1.2 \gamma_0 (h - h_{wa}) \tag{5-34}$$

式中　γ_0——建筑基坑侧臂重要性系数，见表 5-8。

表 5-8　基坑侧壁安全等级及重要性系数

安全等级	破　坏　后　果	γ_0
一级	支护结构破坏、土体失稳或过大变形对基坑周边环境及地下结构施工影响很严重	1.10
二级	支护结构破坏、土体失稳或过大变形对基坑周边环境及地下结构施工影响一般	1.00
三级	支护结构破坏、土体失稳或过大变形对基坑周边环境及地下结构施工影响不严重	0.90

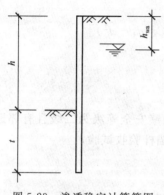

图 5-23　渗透稳定计算简图　　　　　　　图 5-24　内力计算简图

2. 结构内力计算和配筋计算

结构内力计算，见图 5-24。

支点支护结构弯矩计算值 M_c 及剪力计算值 V_c 可按下式计算：

$$M_c = \sum T_j (h_j + h_c) + h_{pj} \sum E_{pj} - h_{ai} \sum E_{ai} \tag{5-35}$$

$$V_c = \sum T_j + \sum E_{pj} - \sum E_{ai} \tag{5-36}$$

式中　$\sum T_j$——支点力之和，kN；

　　　　h_j——支点力 T_j 至基坑底的距离，m；

　　　　h_c——基坑底面至计算截面的距离，当计算截面在基坑底面以上时取负值，m；

　　　　h_{pj}——合力 $\sum E_{pj}$ 作用点至计算截面的距离，m；

　　　　h_{ai}——合力 $\sum E_{ai}$ 作用点至计算截面的距离，m。

截面弯矩设计值 M 和截面剪力设计值 V 可按式(5-37)、式(5-38) 计算：

$$M = 1.25 \gamma_0 M_c \tag{5-37}$$

$$V = 1.25 \gamma_0 V_c \tag{5-38}$$

支点结构第 j 层支点力设计值 T_{dj}：

$$T_{dj} = 1.25 \gamma_0 T_{cj} \tag{5-39}$$

式中　T_{cj}——第 j 层支点力计算值，kN。

支护结构的正截面和斜截面配筋计算与构造配筋应符合现行国家标准《混凝土结构设计规范》（GB 50010）的有关规定。

3. 锚杆杆体截面面积计算

锚杆杆体截面面积计算，应先计算锚杆水平力，然后计算锚杆钢筋直径，最后计算锚头支撑槽钢。

（1）锚杆水平力计算　求得 t 后，可由式(5-29) 计算得。

$$T_{c1} = \frac{2(h+t)E_{a1} + 3(h+t)E_{a2} - 2tE_p}{6(h+t-a)} \tag{5-40}$$

锚杆间距为 b，则水平力为：

$$T_b = bT_{c1} \tag{5-41}$$

锚杆轴向力为：

$$T_u = \frac{T_b}{\cos\alpha} \tag{5-42}$$

式中　α——锚杆的倾角，(°)。

锚杆承载力计算应符合式(5-43)要求：

$$T_d \leqslant N_u\cos\alpha \tag{5-43}$$

其中

$$N_u = \frac{\pi}{\gamma_s}[d\sum q_{sik}l_i + d_1\sum q_{sjk}l_j + 2C_k(d_1^2 - d^2)] \tag{5-44}$$

$$T_d = 1.25\gamma_0 T_{c1}$$

式中　T_d——锚杆水平拉力设计值，kN；

　　　T_{c1}——支点结构的支点设计值，kN/m；

　　　N_u——锚杆轴向受拉承载力设计值，kN，基坑侧壁安全等级为二级且有邻近工程经
　　　　　　验时，可按式(5-44)计算 N_u，并应进行锚杆验收试验；

　　　α——锚杆与水平面的倾角，(°)；

　　　d_1——扩孔锚固体直径，mm；

　　　d——非扩孔锚杆或扩孔锚杆的直孔段锚固体直径，mm；

　　　l_i——土中直孔部分锚固段长度，m；

　　　l_j——土中扩孔部分锚固段长度，m；

q_{sik}，q_{sjk}——土体与锚固体的极限摩阻力标准值，kPa，应根据当地经验取值，无经验时按
　　　　　　表 5-9 取值；

　　　C_k——扩孔部分土体黏聚力标准值，N/cm²；

　　　γ_s——锚杆轴向受拉力分项系数，可取 1.3。

基坑侧壁安全等级为三级时，也按式(5-44)计算 N_u 值。对于塑性指数大于 17 的黏性
土层中的锚杆，应进行徐变试验。

表 5-9　土体与锚固体极限摩阻力标准值

土的名称	土的状态	$q_{sjk}(q_{sik})$/kPa	土的名称	土的状态	$q_{sjk}(q_{sik})$/kPa
填土		16~20		稍密	22~42
淤泥		10~16	粉细砂	中密	42~63
淤泥质土		16~20		密实	63~85
黏性土	$I_L > 1$	18~30		稍密	54~74
	$0.75 < I_L \leqslant 1$	30~40	中砂	中密	74~90
	$0.50 < I_L \leqslant 0.75$	40~53		密实	90~120
	$0.25 < I_L \leqslant 0.50$	53~65		稍密	90~130
	$0 < I_L \leqslant 0.25$	65~73	粗砂	中密	130~170
	$I_L \leqslant 0$	73~80		密实	170~220
粉土	$e > 0.90$	22~44			
	$0.75 < e \leqslant 0.90$	44~64			
	$e < 0.75$	64~100	砾砂	中密、密实	190~260

注：q_{sik} 是采用直孔一次常压灌浆工艺计算值，当采用二次灌浆扩孔工艺时，可适当提高。

(2) 锚杆钢筋直径计算

普通钢筋截面面积按式(5-45)计算：

$$A_s \geqslant \frac{T_d}{f_y\cos\alpha} \tag{5-45}$$

预应力钢筋截面面积按式(5-46)计算：

$$A_p \geqslant \frac{T_d}{f_{py}\cos\alpha} \tag{5-46}$$

式中 A_s，A_p——普通钢筋、预应力钢筋拉杆截面面积，mm^2；

　　　f_y，f_{py}——普通钢筋、预应力钢筋拉杆的抗拉强度设计值，MPa。

4. 锚杆自由段和锚固段长度计算

（1）锚杆自由段长度计算 锚杆自由段长度 l_f 可按式（5-47）计算，见图 5-25。

$$l_f = l_t \frac{\sin\left(45°-\frac{\varphi_k}{2}\right)}{\sin\left(45°+\frac{\varphi_k}{2}+\alpha\right)} \tag{5-47}$$

式中 l_t——锚杆锚头中点至基坑底面以下基坑外侧荷载标准值与基坑内侧抗力标准值相等处的距离，m；

　　　φ_k——土体各土层厚度加权内摩擦角标准值，(°)；

　　　α——锚杆倾角，(°)。

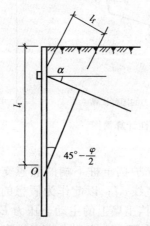

图 5-25 锚杆自由段长度计算简图

（2）锚杆锚固段长度计算。

抗剪强度按式（5-48）计算：

$$\tau = K_0 \gamma h_m \tan\varphi + C \tag{5-48}$$

式中 K_0——土压系数，砂层取 $K_0=1$，黏土取 $K_0=0.50$；

　　　h_m——锚固段中点到地面间垂直高度，m；

　　　C——土的黏聚力，N/cm^2。

锚固段长度按式（5-49）计算：

$$l_m = \frac{T_u \times 1.50}{\pi d \tau} \tag{5-49}$$

式中 T_u——锚杆轴向力，kN；

　　　d——锚杆孔径，m；

　　　τ——抗剪强度，kPa。

一般临时锚杆安全系数为 1.50，永久锚杆安全系数为 2。

5. 锚杆整体稳定性验算

土层锚杆的稳定性，分为整体稳定性和深部破裂面稳定性两种，其失稳情况，见图 5-26。需分别予以验算。

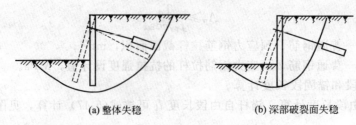

(a) 整体失稳　　　　　　　　(b) 深部破裂面失稳

图 5-26　土层锚杆的失稳情况

一般采用德国 Kranz 简易计算法，见图 5-27。

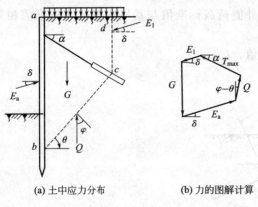

(a) 土中应力分布　　　(b) 力的图解计算

图 5-27　土层锚杆深部破裂面的稳定性计算简图

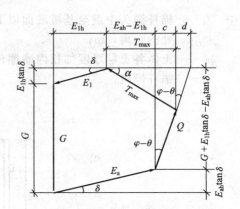

图 5-28　力的多边形计算简图
（Q 为作用在 bc 面上反力的合力）

通过锚固点的中点 c 与基坑支护挡土桩下端的假想支撑点 b 连一直线，并假定 bc 线为深部滑动线。再由 c 点向上作垂直线 cd；以此作为假想的代替墙。在土体 $abcd$ 上，除土体自重 G 外，还有反力 Q 和作用在挡土墙上的主动土压力 E_a 及作用在代替墙上的主动土压力 E_1，当处于平衡状态时，即可用作图法，应用力的多边形求出锚杆能承受的最大拉力 T_{umax} 和其水平分力 T_{hmax}。

T_{hmax} 与锚杆的设计（或实际）的水平力 T_h 之比称为锚杆的稳定安全系数 K_s

$$K_s = \frac{T_{hmax}}{T_h} \tag{5-50}$$

当 $K_s \geqslant 1.50$ 时，不会出现上述深部破坏和整体破坏的情况。

锚杆承受的最大水平分力 T_{hmax} 可用下面的方法计算。如图 5-28 所示，将多边形各力画出其水平分力，再从力的多边形分力的几何关系得出计算公式。

$$T_{hmax} = E_{ah} - E_{1h} + C$$
$$c + d = (G + E_{1h}\tan\delta - E_{ah}\tan\delta)\tan(\varphi - \theta)$$
$$d = T_{hmax}\tan\alpha\tan(\varphi - \theta)$$

故 $T_{nmax} = E_{ah} - E_{1h} + (G + E_{1h}\tan\delta - E_{ah}\tan\delta)\tan(\varphi - \theta) - T_{hmax}\tan\alpha\tan(\varphi - \theta)$

整理后得：

$$T_{hmax} = \frac{E_{ah} - E_{1h} + (G + E_{1h}\tan\delta - E_{ah}\tan\delta)\tan(\varphi - \theta)}{1 + \tan\alpha\tan(\varphi - \theta)} \tag{5-51}$$

式中　G——深部破裂面范围内的土体质量，kN；

E_{ah}——作用在基坑支护上的主动土压力 E_a 的水平分力，kN/m；

E_{1h}——作用在代替墙 cd 面上的主动土压力 E_1 的水平分力，kN/m；

φ——土的内摩擦角，(°)；

δ——支护挡土桩（墙）与土之间的摩擦角，(°)；

θ——深部破坏面与水平面间的夹角，(°)；

α——锚杆的倾角，(°)。

6. 抗整体倾覆稳定性验算

锚撑支护结构抗整体倾覆稳定性应满足以下条件：

$$\frac{E_{pk}b_k + \sum T_i a_i}{E_{ak}a_k} \geqslant 1.30 \tag{5-52}$$

公式符号含义，见图 5-29。

此外，尚应验算抗水平推移稳定性。

图中 O 点位置的确定为基坑底面以下支护结构设定弯矩零点位置至基坑底面的距离 h_{c1} 应满足 $p_a = p_p$。p_a 为水平荷载标准值；p_p 为水平抗力标准值。

另外，当基坑底为软土时，应验算坑底土抗隆起稳定性。

当上部为不透水层，坑底下某深度处有承压水层时，应验算基坑底抗渗流稳定性。

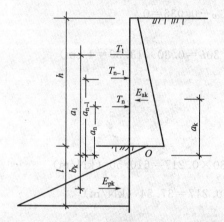

图 5-29　桩式、墙式锚撑支护结构计算

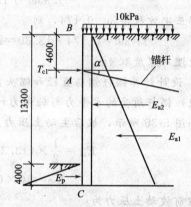

图 5-30　锚杆水平力计算简图

【例 5-2】　基坑深 13.30m，支护采用板桩和单层土层锚杆，锚杆埋设在砂土层内地面下 4.60m 处，间距 1.50m，地面均布荷载为 10kPa；主动土压力的平均重度 $\gamma_a = 18.80\text{kN}/\text{m}^3$，平均土的内摩擦角 $\varphi_a = 40°$；被动土压力的重度 $\gamma_p = 19.30\text{kN}/\text{m}^3$，土的内摩擦角 $\varphi_p = 45°$，锚杆孔直径为 140mm，倾角 $\alpha = 13°$，内聚力 $C = 0$，$K_0 = 1$，$\delta = 0$。

设计内容如下。

(1) 设计计算挡土桩埋入深度。

(2) 设计计算锚杆所受的水平力与轴向力及锚杆钢筋直径和锚头支撑槽钢截面。

(3) 设计计算锚杆需要的自由段和锚固段长度。

(4) 试进行锚杆稳定性验算。

(5) 桩配筋设计计算。

(6) 抗整体倾覆稳定性验算。

解：1. 设计计算挡土桩埋入深度

计算简图，如图 5-30 所示。

由已知条件可求得：

主动土压力系数

$$K_a = \tan^2\left(45° - \frac{\varphi_a}{2}\right) = \tan^2 = \left(45° - \frac{40°}{2}\right) = 0.217$$

被动土压力系数

$$K_p = \tan^2\left(45° + \frac{\varphi_p}{2}\right) = \tan^2 = \left(45° + \frac{45°}{2}\right) = 5.828$$

系数

$$\psi = \frac{a}{h} = \frac{4.60}{13.30} = 0.346$$

系数

$$K = \frac{e_2}{e_1} = \frac{qK_a}{\gamma_a h K_a} = \frac{10}{18.80 \times 13.30} = 0.04$$

将各已知项代入式(5-32)得:

$$\frac{18.80 \times 0.217}{19.30 \times 5.828} = \frac{\omega^2(3 + 2\omega - 3 \times 0.346)}{(1+\omega)^2(2 + 2\omega - 3 \times 0.346) + 3 \times 0.04 \times (1+\omega)(1+\omega - 2 \times 0.346)}$$

$$0.036 = \frac{\omega^2(2\omega + 1.96)}{(1+\omega)^2(2\omega + 0.96) + 0.12 \times (1+\omega)(\omega + 0.31)}$$

整理后得:

$$1.93\omega^3 + 1.77\omega^2 - 0.146\omega - 0.036 = 0$$

解三次方程得 $\omega = 0.174$,则

$$t = \omega h = 0.174 \times 13.30 = 2.31 \text{ (m)} < 0.30h = 0.30 \times 13.30 = 4 \text{ (m)}$$

故埋入深度取 4m。

2. 设计计算锚杆钢筋直径和锚头支撑槽钢截面

(1) 锚杆所受的水平力与轴向力计算。

如图 5-30 所示,桩后主动土压力为:

$$E_{a1} = \frac{1}{2} \times (13.30 + 4)^2 \times 18.80 \times 0.217 = 610.50 \text{ (kN/m)}$$

$$E_{a2} = 10 \times (13.30 + 4) \times 0.217 = 37.54 \text{ (kN/m)}$$

桩前被动土压力为:

$$E_p = \frac{1}{2} \times 4^2 \times 19.30 \times 5.828 = 899.84 \text{ (kN/m)}$$

取 $\sum M_c = 0$,则

$$(13.30 + 4 - 4.60)T_{c1} = \frac{17.30}{3}E_{a1} + \frac{17.30}{2}E_{a2} - \frac{4}{3}E_p$$

故

$$T_{c1} = 208.31 \text{ (kN/m)}$$

锚杆间距为 1.50m,则水平力为:

$$T_{1.5} = 1.50 \times 208.31 = 312.47 \text{ (kN)}$$

锚杆的轴向力为:

$$T_u = \frac{T_{1.50}}{\cos\alpha} = \frac{312.47}{\cos 13°} = 320.81 \text{ (kN)}$$

(2) 锚杆钢筋直径计算。

锚杆采用 20MnSi 钢筋,$f_y = 320\text{MPa}$。

需用截面积为 $\dfrac{320.81}{32} = 10.025\text{cm}^2$。

选择 1Φ36,$A = 10.179\text{cm}^2 > 10.025\text{cm}^2$。

按钢筋抗拉强度计算,安全系数为:

$$\frac{10.179 \times 50}{320.81} = 1.60$$

（3）锚头支撑槽钢计算　锚杆端头布置，见图 5-31。轴向力 $T_u = 320.81\text{kN}$，锚杆间距 $b = 1.50\text{m}$。

$$M = \frac{T_u b}{4} = \frac{320.81 \times 1.50}{4} = 120.30 \text{ kN·m}$$

选用 2 [25C，背靠背设置，间距 28cm。

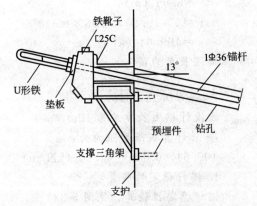

图 5-31　锚杆与挡土桩支护连接构造

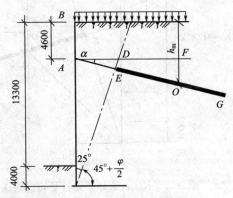

图 5-32　锚杆锚固段计算简图

$$\sigma = \frac{M}{W_y} = \frac{120300}{987} = 121.88\text{MPa} < 170\text{MPa}$$

故可以用 2 [25。

3. 设计计算锚杆需要的自由段和锚固段长度

设计计算锚杆需要的自由段和锚固段长度，见图 5-32。

（1）计算自由段长度 AE

$$AD = (13.30 + 4 - 4.60) \times \tan\left(45° - \frac{40°}{2}\right)$$

$$= 12.70 \times \tan 25° = 5.92 \text{ (m)}$$

在 △ADE 中

$$\angle ADE = 90° - 25° = 65°$$

$$\angle AED = 180° - 13° - 65° = 102°$$

根据正弦定律　$\dfrac{AD}{\sin\angle AED} = \dfrac{AE}{\sin\angle ADE}$，有：

$$AE = \frac{AD\sin\angle ADE}{\sin\angle AED} = \frac{5.92 \times \sin 65°}{\sin 102°} = 5.50 \text{ (m)}$$

故自由段长度为 5.50m。

（2）计算锚固段长度 EG

由已求得锚杆间距为 1.50m 时，锚杆所受水平分力 $T_{1.5} = 312.47\text{kN}$，锚杆的轴向力 $T_u = 320.81\text{kN}$。

假设锚固长度为 10m，O 点为锚固段中点，则

$$AO = AE + EO = 5.50 + 5.00 = 10.50 \text{ (m)}$$

$$h_m = 4.60 + AO\sin 13° = 4.60 + 10.50 \times \sin 13° = 7.00 \text{ (m)}$$

抗剪强度为：

$$\tau=K_0\gamma h_m\tan\varphi+C=1\times18.80\times7.00\times\tan40°+0=110.43\ (\text{kPa})$$

需要的锚固长度为：

$$l_m=\frac{T_u\times1.50}{\pi d\tau}=\frac{320.81\times1.59}{\pi\times0.14\times110.43}=9.91\ (\text{m})$$

原假设锚固长度为 10m 应予以修正。

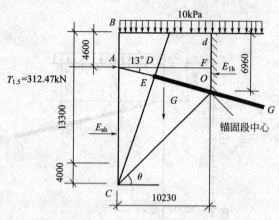

图 5-33　Kranz 法计算锚杆稳定性简图

$$h_m=4.60+\left(5.50+\frac{9.91}{2}\right)\sin13°$$
$$=6.95\ (\text{m})$$
$$\tau=1\times18.80\times6.95\times\tan40°$$
$$=109.64\ (\text{kPa})$$

锚固长度为：

$$l_m=\frac{320.81\times1.50}{\pi\times0.14\times109.64}=9.98\ (\text{m})$$

故设计锚固长度应为 10m。

每 m 计算极限摩阻力为：

$$109.64\times0.14\pi=48.20\ (\text{kN/m})$$

4. 锚杆稳定性验算

锚杆稳定性验算，见图 5-33。

由已知条件

$$\theta=\arctan\frac{17.30-6.95}{10.50\times\cos13°}=45.35°$$

$$G=\frac{17.30\times6.95}{2}\times10.23\times1.50\times18.80=3497.89\ (\text{kN})$$

挡土桩的主动土压力为：

$$E_{ah}=\frac{1}{2}\gamma H^2K_a\times1.50+qHK_a\times1.50$$
$$=\frac{1}{2}\times18.80\times17.30^2\times0.217\times1.50+10\times17.30\times0.217\times1.50$$
$$=921.37\ (\text{kN/m})$$

代替墙的主动土压力为：

$$E_{1h}=\frac{1}{2}\times18.80\times6.95^2\times0.217\times1.50+10\times6.95\times0.217\times1.50$$
$$=170.41\ (\text{kN/m})$$

代入式(5-51)得锚杆最大可能承受的水平力为：

$$T_{hmax}=\frac{921.37-170.41+(3497.89+0-0)\times\tan(40°-40.56°)}{1+\tan13°\tan(40°-40.56°)}$$
$$=718.42\ (\text{kN})$$

锚杆的稳定安全系数为：

$$K_s=\frac{T_{hmax}}{T_{1.5}}=\frac{718.42}{312.47}=2.30>1.50$$

故锚杆的深部和整体稳定、安全。

5. 计算结构内力和配筋计算

(1) 计算结构内力　计算支点力和支护结构承受的荷载，见图 5-34。

$$h_c=h_{c1}+x_m$$

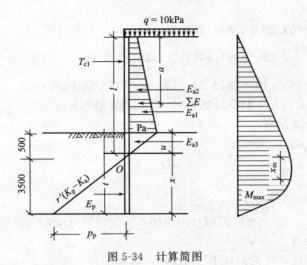

图 5-34　计算简图

其中 h_{c1} 为基坑底至桩弯矩为零点之间的距离，应使 $p_a = p_p$，则

$$K_a(q + \gamma_a h) = h_{c1} \gamma_p K_p$$

$$0.217(10 + 18.80 \times 13.30) = h_{c1} \times 19.30 \times 5.828$$

$$h_{c1} = 0.50 \ (\text{m})$$

x_m 为基坑底桩弯矩为零点至最大弯矩处之间的距离，见图 5-34。

$$p_p = \gamma' x(K_p - K_a) = 19.55 \times 3.50(5.828 - 0.217)$$

$$= 383.93 \ (\text{kPa})$$

$$\frac{p_a}{p_p} = \frac{0.50}{3.50} \quad p_a = 54.85 \ (\text{kPa})$$

$$E_{a1} = \frac{1}{2} K_a \gamma_a h^2 = \frac{1}{2} \times 0.217 \times 18.80 \times 13.30^2$$

$$= 360.82 \ (\text{kN/m})$$

$$E_{a2} = K_a q h = 0.217 \times 10 \times 13.30 = 28.86 \ (\text{kN/m})$$

$$E_{a3} = \frac{1}{2} \times 54.85 \times 0.50 = 13.71 \ (\text{kN/m})$$

$$\sum E = E_{a1} + E_{a2} + E_{a3} = 360.82 + 28.86 + 13.71$$

$$= 403.39 \ (\text{kN/m})$$

$$T_{c1} = 208.31 \ (\text{kN/m}) \ (\text{计算略})$$

最大弯矩在桩剪力等于零处，即 $\sum Q = 0$。

$$T_{c1} + \frac{1}{2} \gamma' x_m^2 (K_p - K_a) = \sum E$$

$$208.31 + \frac{1}{2} \times 19.55 \times x_m^2 (5.828 - 0.217) = 403.39$$

$$x_m = 1.90 \ (\text{m})$$

计算 $\sum E$ 至地面距离 a：

$$a = \frac{360.82 \times \frac{2}{3} \times 13.30 + 28.86 \times \frac{1}{2} \times 13.30 + 13.71 \times \left(\frac{1}{3} \times 0.5 + 13.30\right)}{403.39} = 8.86 \ (\text{m})$$

故 $\sum E$ 至最大弯矩处距离为 y_a：

$$y_a = 13.30 - 8.86 + 0.50 + 1.90 = 6.84 \ (\text{m})$$

计算最大弯矩 M_c：

$$M_c = 403.39 \times 6.84 - 208.31 \times (13.30 - 4.60 + 0.50 + 1.90) -$$
$$\frac{1}{6} \times 19.55 \times 1.90^3 \times (5.828 - 0.217)$$
$$= 2759.19 - 2312.24 - 125.40 = 321.55 \ (kN \cdot m)$$
$$M = 1.25 \gamma_0 M_c = 442.13 \ (kN \cdot m)$$

（2）计算支护结构配筋

设矩形截面为 $b \times h$

用等刚度令

$$\frac{\pi D^4}{64} = \frac{bh^3}{12}$$

再令 $b = h$，则 $h = 0.876D$。

故

$$h = 0.876D = 0.876 \times 500 = 438 \ (mm)$$

取保护层为35mm，

按《混凝土结构设计规范》（GB 50010）计算配筋：

$$\alpha_s = \frac{M}{f_c bh_0^2} = \frac{442 \times 10^6}{14.30 \times 438 \times 400^2} = 0.441$$

$$r_s = 0.50(1 + \sqrt{1 - 2\alpha_s}) = 0.50(1 + \sqrt{1 - 2 \times 0.441}) = 0.672$$

$$A_s = \frac{M}{r_s f_y h_0} = \frac{442 \times 10^6}{0.672 \times 300 \times 400} = 5481 \ (mm^2)$$

18 Φ 20，$A_s = 5654mm^2 > 5481mm^2$。

故选桩直径为500mm，混凝土强度等级为C30，每根桩受拉钢筋为 9 Φ 20，受压筋取 5 Φ 16，ϕ8 箍筋。

6. 抗整体倾覆稳定性验算

抗整体倾覆稳定性验算，见图（5-29）。

参照前面计算得知：

$$E_{pk} = E_p = \frac{1}{2} \gamma' x^2 (K_p - K_a) = \frac{1}{2} \times 19.55 \times (4 - 0.50)^2 \times (5.828 - 0.217) = 671.88 \ (kN/m)$$

$$b_k = \frac{2}{3} \times (4 - 0.50) = 2.33 \ (m)$$

$$\sum T_i = T_{c1} = 208.31 \ (kN/m)$$

$$a_i = 13.30 - 4.60 + 0.50 = 9.20 \ (m)$$

$$E_{ak} = \sum E_a = E_{a1} + E_{a2} + E_{a3} = 360.82 + 28.86 + 13.71 = 403.39 \ (kN/m)$$

$$a_k = 13.30 - 8.86 + 0.50 = 4.94 \ (m)$$

抗整体倾覆稳定性验算：

$$\frac{671.88 \times 2.33 + 208.31 \times 9.20}{403.39 \times 4.94} = 1.75 > 1.30$$

满足要求。

第三节　深基坑支护结构施工

一、灌注桩支护施工

（一）灌注桩支护施工技术措施

以密排桩间加注浆桩为例讲述灌注桩支护施工技术措施。

灌注桩支护施工工艺如下。

灌注桩→注浆桩→冠梁拉杆

1. 密排钻孔灌注桩

采用跳跃式施工，即先施工 1、4、7、10 等桩，接着施工 2、5、8、11 等桩，然后施工 3、6、9、12 等桩。

2. 注浆桩

施工顺序如下。

成孔→清孔→下注浆管→下小片石→洗孔→注浆提管

先用 $\phi108mm$ 钻机成孔至设计深度，一次清孔 10min，然后插入 $\phi25mm$ 注浆管到设计深度，该管为白铁管，端头 50mm 为花管（即满布小孔），接着向孔内投 5～15mm 石片（瓜子片），然后通过注浆管洗孔 10min，至孔口返出清水，即开始泵入水泥砂浆。水泥与砂之比为 1:(0.4～0.5)（水玻璃:水泥浆＝1:1），水灰比 0.5 左右。泵表压力 0.3～0.4MPa，开始注浆用大值，边压浆边提管，控制压力逐渐减小，直至地面冒浆即成。

3. 冠梁拉杆

桩顶用冠梁与灌注桩连接组成一体，加强了灌注桩刚度。

密排桩与高压喷射水泥注浆桩是一种既支护又防水的灌注桩支护结构。对砂类土、黏性土、黄土和淤泥土用上述方法效果较好。

举工程实例如下。某市电信楼是一幢高层建筑，地上 10 层，地下 1 层，面积 $10836m^2$。该楼距老电信楼 4.2m，南面有地下管线，管线距新建大楼 4.5m。地质情况为地面以下 2m 为素填土，再下 1.5m 为亚黏土，再下 3.8m 为淤泥质亚黏土，再下为淤泥质黏土，地表下 0.5m 为地下水位。基坑挖深 4m，为确保老楼地基安全和管线正常运行，确定在建筑物基坑老电信楼一侧和管线一侧采用灌注桩排式地下连续墙，排桩间加 $\phi110mm$ 注浆桩作为防水桩。基坑西面、北面采用悬臂式钢板桩，为减少挡土桩的位移，在靠近老楼处部分用后排有间距灌注桩的拉结。

（二）灌注桩支护施工质量措施

排桩质量措施应符合下列要求。

① 垂直度偏差不宜大于 0.5%。

② 排桩宜采取隔桩施工，并应在灌注混凝土 24h 后进行邻桩成孔施工。

③ 非均匀配筋排桩的钢筋笼在绑扎、吊装和埋设时，应保证钢筋笼的安放方向与设计方向一致。

④ 冠梁施工前，应将支护桩桩顶浮浆凿除清理干净，桩顶以上露出的钢筋长度应达到设计要求。

⑤ 混凝土灌注桩质量检测宜按下列规定进行。

采用低应变动测法检测桩身完整性，检测数量不宜少于总桩数的 10%，且不得少于 5 根。

当根据低应变动测法判定的桩身缺陷可能影响桩的水平承载力时，应采用钻芯法补充检测，检测数量不宜少于总桩数的 2%，且不得少于 3 根。

灌注桩和冠梁拉杆施工技术措施及灌注桩检验批施工质量验收等未尽事宜，见本书第八章第一节内容及阅读相关资料。

二、土层锚杆施工

（一）土层锚杆施工技术措施

干作业施工工艺如下。

施工准备→移机就位→校正孔位调正角度→钻孔→接螺旋钻杆继续钻孔到预定深度→退螺旋钻杆→插放钢索→插入注浆管→灌水泥浆→养护→上锚头（H 型钢或灌注桩则上腰梁与锚头）→预应力张拉→紧螺栓或顶紧楔片→锚杆工序完毕并继续挖土

湿作业施工工艺如下。

施工准备→移机就位→安钻杆校正孔位调正倾角→打开水源→钻孔→反复提内钻杆冲洗→接内套管钻杆及外套管→继续钻进→反复提内钻杆冲洗到预定深度→反复提内钻杆冲洗至孔内出清水→停水→拔内钻杆（按节拔出）→插放钢绞线束与注浆管→灌浆→用拔管机拔外套管（按节拔出）并二次灌浆→养护→安装钢腰梁→安锚头锚具→张拉

1. 准备工作

开工前的技术准备包括准备地质资料、设计图、设计要点、施工平面图以及各种施工记录表格。

场地平整，锚杆施工作业面应低于锚杆标高 50～60cm，准备钻机用水，做好泥浆沉淀池和排水沟，接电源。

2. 钻孔

必须使锚杆机导杆垂直于挡土桩墙，然后调正锚杆角度，使之符合设计要求，锚头对准锚位的偏差小于 0.5°。

启动水泵，注水钻进，根据地质条件控制钻进速度。每节钻杆钻进后，在接钻杆前一定要反复冲洗外套管内泥砂直至清水溢出。

接内外套管时，要停止供水，把丝扣处泥砂清除干净，抹上少量黑油，要保证所接的套管与原有套管在同一轴线上。

钻进过程中随时注意速度、压力及钻杆的平直。

钻进至距设计要求深度 20cm 时，用水反复冲洗管中泥砂，直到外管管内溢出清水，然后退出内钻杆。拔出内钻杆后，用塑料管测量钻孔深度等，并做记录。

3. 灌浆、放钢索、拔外套管

把注浆塑料管插入外套管底，开始灌注水泥浆，边灌浆边活动注浆管，使水泥浆灌到孔口后再拔注浆管，也可边注浆边拔注浆管。

外套管内注水泥浆后放置钢绞线，放置前应检查钢绞线分隔器、导向架是否绑好，并清除污泥，如不塌孔则在放钢绞线前可先拔两节外套管，再放钢绞线。

拔外套管时，首先保证拔管器油缸与外套管同心，如不合适，应在液压缸前用方木垫平、垫实，然后将油缸卡住下一节套管，保证卡住后再慢慢开丝扣。

拔管时要在孔口及时用水清洗外套管上的泥砂，拔到最后两节套管时要用垫架垫好外套管，防止液压缸着地。

如在锚固段采用压力灌浆，则在外套管口戴上灌浆帽进行压力灌浆，第一节压力为0.3～0.5MPa，以后逐渐加大到 1.5～2MPa，直到孔口套管外皮漏浆为止。

当天钻的孔应在当天灌浆完毕。

4. 预加应力

锚杆预应力应使锚杆钢材受拉，砂浆和土层受剪，锚头、腰梁和挡土桩处受压。预应力的目的是使挡土桩、锚梁和锚杆上体相互之间受到预加应力，减少变形。它与钢筋混凝土预应力要求不同，张拉应力不必过大，按设计轴力的 70%～75% 即可。

举工程实例如下。某大厦是合资兴建的综合性大楼，总面积 32000m²，主楼地面以上24 层，裙房 5～6 层，全部有 2～3 层地下室，主楼及裙房基础挖土深 13m。该工程场地狭窄，两面临街，一面紧靠民房，基础为箱基，土方不能大开挖，因两面临街，做挡土桩后不能在地面拉锚，研究结果采用锚杆最为合适。根据地面下 3m 有砂层，6m 以下是卵石，钢桩无法打入，机械钻孔卵石易坍孔，因此确定用 φ800mm 人工挖孔大孔径桩。根据计算，锚杆做在地面下 4.5m 处的砂层内，一道锚杆即可，桩距选 1.5m，锚杆机最大角度为 15°，现用 13°，在砂及粗砾砂层内，锚固力较好。

（二）土层锚杆施工质量措施

1. 土层锚杆质量措施

① 锚杆钻孔水平方向孔距在垂直方向误差不宜大于 100mm，偏斜度不应大于 3%。

② 注浆管宜与锚杆杆体绑扎在一起，一次注浆管距孔底宜为 100～200mm，二次注浆管的出浆孔应进行可灌密封处理。

③ 浆体应按设计配制，一次灌浆宜选用灰砂比（1∶1）～（1∶2）、水灰比 0.38～0.45 的水泥砂浆，或水灰比 0.45～0.5 的水泥浆，二次高压注浆宜使用水灰比 0.45～0.55 的水泥浆。

④ 二次高压注浆压力宜控制在 2.5～5.0MPa 之间，注浆时间可根据注浆工艺试验确定或一次注浆锚固体强度达到 5MPa 后进行。

⑤ 锚杆的张拉与施加预应力（锁定）应符合以下规定。

锚固段强度大于 15MPa 并达到设计强度等级的 75% 后方可进行张拉。

锚杆张拉顺序应考虑对邻近锚杆的影响。

锚杆宜张拉至设计荷载的 90%～100% 后，再按设计要求锁定。

锚杆张拉控制应力不应超过锚杆杆体强度标准值的 75%。

2. 土层锚杆质量验收

① 检验批的划分：相同材料、工艺和施工条件的按 300m² 或 100 根划分为一个检验批，不足 300m² 或不足 100 根的也应划分为一个检验批。

② 检验批主控项目的质量经抽样检验必须全部符合标准的规定，一般项目质量经抽样检验每项应有 80% 及以上的抽检处或偏差值符合标准的规定。主控项目和一般项目均应有完整的施工操作依据和质量检验（自我检查、交接检查、专业检查）记录。

③ 锚杆土钉长度：必须符合设计要求，允许偏差值为 ±300mm。

检查数量：每 100 根检查一组，每组不得少于 3 根，不足 100 根抽检数量不少于 3 根。

④ 锚杆锁定力：锚杆预加力值，必须满足设计要求。

检查数量：每 100 根检查一组，每组不得少于 3 根，且抽检数量不少于 3 根。

检查方法：现场检测轴向受拉承载力，检查检测报告。

⑤ 锚杆位置：必须符合设计要求，允许偏差值为 ±100mm。

检查数量：每 100 根检查一组，每组不得少于 3 根，且抽检数量不少于 3 根。

⑥ 钻孔倾斜度：允许偏差值为 ±1°。

检查数量：每 100 孔检查一组，每组不得少于 3 孔，且抽检数量不少于 3 孔。

检查方法：测钻机倾角。

⑦ 浆体强度：必须符合设计要求。

检查数量：每 50 根锚杆应做一组试件。

检查方法：检查试块强度报告或现场取样检测。

⑧ 注浆量：现场注浆量必须大于理论注浆量。

检查数量：每 50 根锚杆为一组，每组不少于 3 点。

三、地下连续墙支护施工

（一）地下连续墙支护施工技术措施

地下连续墙施工工艺如下。

安装机械

筑导墙→分段挖土成槽→吸泥清底换浆→吊放接头管→吊装钢筋笼→装灌注管浇水下混凝土

备制泥浆→注入泥浆←　泥浆处理　→排渣
　　　　　　　　重复使用

1. 单元槽段划分

地下连续墙的施工是沿墙体长度方向，划分一定长度分段施工，这种施工单元称为单元槽段。

增大单元槽段的长度，既可减少接头数量，又可提高截水防渗能力和连续性，而且施工效率高，但有各种因素限制了槽段的长度。决定长度的因素有地质条件对槽段壁面稳定性的影响；对相邻结构物的影响；挖掘机最小挖掘长度；钢筋笼的质量与尺寸；混凝土搅拌机的供应能力；泥浆储备池的容量；作业面和连续作业时间。

在下列情况下：极软弱地层中挖槽；易液化的沙土层；相邻建筑物侧压较大；规定作业必须完成一个单元槽段；坍落度大的砾石层中挖槽；拐角等形状复杂时；预计泥浆急速漏失。宜采用挖掘机的最小挖掘长度（一个挖掘单元的长度）或接近于2～3m的长度。如无以上因素影响，可增大单元槽段，一般以5～8m为宜，也有采用10m或更大的情况。

2. 导墙

（1）导墙的式样与形状　导墙一般采用现浇钢筋混凝土，必须保证必要的强度、刚度和精度，如图5-35所示。图5-35（a）所示为最简单的断面形状，适用于地表层土较好，具有足够地基强度，作用在导墙上的荷载较小的情况。图5-35（b）所示的断面形状适用于表层地基土差，特别是坍塌性大的砂土或回填杂土，需将导墙筑成如L形或上下两端都向外伸的 凵 型。图5-35（c）所示的断面形状适用于导墙上荷载大的情况，或有相邻建筑物的情况。

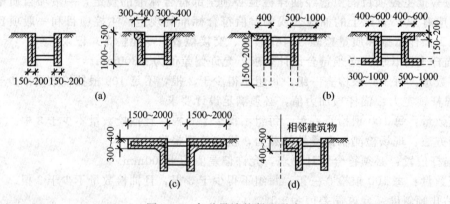

图5-35　各种导墙的断面形式

（2）导墙的施工　导墙的施工顺序如下。

平整场地→测量定位→挖槽→绑钢筋→支模板（按设计图、外侧可利用土模，内侧用模板）、对撑→浇筑混凝土→拆模后设置横撑→回填外侧空隙并碾压

导墙施工精度直接关系到地下墙的精确程度，要特别注意导墙内侧净空尺寸、垂直与水平精度和平面位置等质量，导墙水平钢筋必须连接起来，使导墙成为一个整体，要防止因强度不足或施工不良而发生事故。

3. 泥浆

（1）泥浆成分　泥浆主要成分是膨润土、搅和物和水。

（2）泥浆的控制指标　新配制的泥浆相对密度应小于1.05，成槽后相对密度上升，但此时槽内泥浆相对密度大于 1.05，槽底泥浆相对密度大于 1.20。泥浆的控制指标分别见表 5-10、表 5-11。

<table>
<tr><td colspan="3">表 5-10　新拌制泥浆指标</td></tr>
<tr><td>名　称</td><td>指　标</td><td>测定方法</td></tr>
<tr><td>黏度</td><td>19～21s</td><td>500mL/700mL 漏斗法</td></tr>
<tr><td>相对密度</td><td><1.05</td><td>泥浆比重计</td></tr>
<tr><td>失水量</td><td><10mL/min</td><td>失水量仪</td></tr>
<tr><td>泥皮</td><td>1mm 以下</td><td>失水量仪</td></tr>
<tr><td>稳定性</td><td>100%</td><td>500mL 量筒</td></tr>
<tr><td>pH 值</td><td>8～9</td><td>pH 试纸</td></tr>
</table>

<table>
<tr><td colspan="3">表 5-11　一般土质条件下循环泥浆指标</td></tr>
<tr><td>名　称</td><td>指　标</td><td>测定方法</td></tr>
<tr><td>黏度</td><td>19～25s</td><td>500mL/700mL 漏斗法</td></tr>
<tr><td>相对密度</td><td><1.20</td><td>泥浆比重计</td></tr>
<tr><td>失水量</td><td><20mL/30min</td><td>失水量仪</td></tr>
<tr><td>pH 值</td><td><11</td><td>pH 试纸</td></tr>
</table>

（3）泥浆调制　按照搅拌泥浆的不同方法可分为高速回转式搅拌和喷射式搅拌两种。

采用高速回转式搅拌机，是常用的叶片搅拌方式，通过高速回转（200～1000r/min）叶片，使泥浆产生激烈的涡流，从而把泥浆搅拌均匀。

采用喷射式搅拌机，是一种喷水射流的搅拌方式，其原理是用泵把水射成射流状，通过喷嘴附近的真空吸力把粉末供给装置中的膨润土吸出，同时通过射流进行搅拌。

4. 挖槽

索式中心提位抓斗的施工顺序，如图 5-36（a）所示。施工时以导墙为基准。挖地下墙的第一单元槽段，首先挖掉①和②两个部分，然后挖去中间③部分，于是一个单元槽段的挖掘完成，以后挖槽段工作如图 5-36（b）所示，先挖掉④部分，从而完成又一个单元槽段的挖槽。这种挖槽法适用于单元槽段长度为 2～7m 左右。

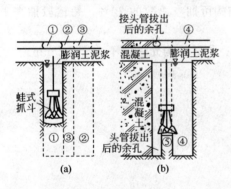

图 5-36　索式抓斗施工顺序

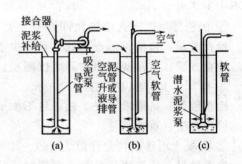

图 5-37　清底方法

5. 清底

挖槽结束后，悬浮在泥浆中的颗粒，浆逐渐沉淀到槽底，此外在挖槽过程中未被排出而残留在槽内的土渣，以及吊钢筋笼时从槽壁碰落的泥皮等留在槽内，所以必须清底。

清除槽底沉渣常用的方法有下列三种：吸泥泵排泥法，如图 5-37（a）所示；空气升液排泥法，如图 5-37（b）所示；潜水泥浆泵排泥法，如图 5-37（c）所示。

6. 接头

接头材料有钢管、钢板、型钢、气囊、化学纤维、橡胶等。其中接头钢管使用最普遍。

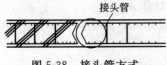

图 5-38　接头管方式

各种接头方式中用接头钢管施工较简单可靠，如图 5-38 所示。这种接头方法，是在挖槽之后在接头部位插入接头管，接着插入钢筋笼并浇混凝土，然后在混凝土未完全硬化前，用千斤顶或卷扬机将钢管稍许拔动，隔一定时间将管拔出，然后进行下一单元槽段挖槽，清除接头混凝土上的泥渣后，浇灌混凝土使各单元槽段连续起来。

（二）地下连续墙支护施工质量措施及验收

1. 措施

① 地下连续墙单元槽段长度可根据槽壁稳定性及钢筋笼起吊能力划分，宜为 4～8m。

② 施工前宜进行墙槽成槽试验，确定施工工艺流程，选择操作技术参数。

③ 槽段的长度、厚度、深度、倾斜度应符合要求。

④ 地下连续墙宜采用声波透射法检测墙身结构质量，检测槽段数应不少于总槽段数的20%，且不应少于 3 个槽段。

2. 验收

① 检验批的划分：相同材料、工艺和施工条件的区段划分为一个检验批。

② 墙体强度：地下连续墙必须采用商品混凝土，混凝土强度必须满足设计要求。

检查数量：每 50m³ 地下墙应做 1 组试件，每槽段不得少于 1 组。

检查方法：检查试验报告或取芯试压。

③ 垂直度：永久结构允许偏差值 1/300；临时结构允许偏差值 1/150。

检查数量：重要结构每槽段都要检查，一般结构可抽查总数的 20%，每槽段抽查 1 处，且不少于 3 处。

检查方法：用声波测槽仪或成槽机上的监测系统检查。

④ 导墙尺寸：宽度允许值应为 $W+40mm$（W 为地下墙体设计厚度）；导墙平整度允许偏差值小于 5mm；导墙平面位置允许偏差值为 ±10mm。

检查数量：重要结构每槽段都要检查，一般结构可抽查总数的 20%，每槽段抽查 1 处，且不少于 3 处。

⑤ 沉渣厚度：永久结构允许值不大于 100mm；临时结构允许值不大于 200mm。

检查数量：每槽段抽查 1 处，且不少于 3 处。

检查方法：重锤或沉积物测定仪测量。

⑥ 槽深：允许偏差值为 +100mm。

检查数量：每槽段抽查 1 处，且不少于 3 处。

检查方法：重锤测量。

⑦ 混凝土坍落度：允许值为 180～220mm。

检查数量：应于商品混凝土交货时进行检查。

检查方法：坍落度测定仪检查。

⑧ 钢筋笼尺寸：钢筋材质检验符合设计要求。

检查数量：抽查 10% 钢筋笼，且不少于 5 个。

检查方法：检查出厂合格证及抽样送检检验报告。主筋间距允许偏差 ±10mm；长度允许偏差 ±10mm；箍筋间距允许偏差 ±20mm；箍筋直径允许偏差 ±10mm。

⑨ 地下墙表面平整度：永久性结构允许值小于 100mm；临时性结构允许值小于150mm；插入式结构允许值小于 20mm。

检查数量：每槽段抽查 1 处，且不少于 3 处。

检查方法：均匀黏土层用靠尺检查，松散及易坍土层由设计决定。

⑩ 永久结构时的预埋件位置：水平向允许偏差值不大于 10mm；垂直向允许偏差值不大于 20mm。

检查数量：每 100 件为一组，每组抽查不少于 5 件。

四、土钉墙支护施工

(一) 土钉墙支护施工技术措施

施工工艺如下。

作业面开挖→喷射混凝土面层
　　　　└→土钉施工←┘

1. 作业面开挖

土钉墙施工是随着工作面开挖分层施工的，每层开挖的最大高度取决于该土体可以站立而不破坏的能力，在砂性土中每层开挖高度为 0.5～2.0m，在黏性土中每层开挖高度可按式 (5-53) 估算。

$$h = \frac{2c}{\gamma \tan\left(45° - \dfrac{\varphi}{2}\right)} \tag{5-53}$$

式中　h——每层开挖深度，m；

　　　c——土的黏聚力 (直剪快剪)，kPa；

　　　γ——土的重度，kN/m^3；

　　　φ——土的内摩擦角 (直剪快剪)，(°)。

每层开挖的纵向长度一般为 10m。使用的开挖施工设备必须能挖出光滑规则的斜坡面，最大限度地减少对支护土层的扰动。在用挖土机挖土时，应辅以人工修整。

2. 喷射混凝土面层

一般情况下，为了防止土体松弛和崩解，必须尽快做第一层喷射混凝土。根据地层的性质，可以在安设土钉之前做，也可以在放置土钉之后做。喷射混凝土最大骨料尺寸不宜大于 15mm，通常为 10mm。两次喷射作业应留一定的时间间隔，为使施工搭接方便，每层下部 300mm 暂不喷射，并做 45°的斜面形状，为了使土钉同面层能很好地连接成整体，一般在面层与土钉交接中间加一块 150mm×150mm×10mm 或 200mm×200mm×12mm 的承压板，承压板后一般放置 4～8 根加强钢筋。在喷射混凝土中，应配制一定数量的钢筋网，钢筋网能对面层起加强作用。

3. 土钉施工

土钉施工包括定位、成孔、置筋、注浆等工序，一般情况下，可借鉴土层锚杆的施工经验。

(1) 成孔　工艺和方法与土层条件、机具装备及施工单位的手段和经验有关。当前国内大多数采用螺旋钻、洛阳铲等干法成孔设备钻机成孔。用打入法设置土钉时，不需要进行预先钻孔。在松散的弱胶结粒状土中应用时要谨慎，以免引起土钉周围土体局部结构破坏而降低土钉与土体间的黏结力。

(2) 置筋　在置筋前，最好采用压缩空气将孔内残留及扰动的废土清除干净。放置的钢筋一般采用 HRB335 级螺纹钢筋，为保证钢筋在孔中的位置，在钢筋上每隔 2～3m 焊置一个定位架。

(3) 注浆　土钉注浆可采用注浆泵或砂浆泵灌注，浆液采用纯水泥浆或水泥砂浆，再采用注浆泵或灰泵进行常压或高压注浆。为保证土钉与周围土体紧密结合，在孔口处设置止浆塞并旋紧，使其与孔壁紧密贴合。在止浆塞上将注浆管插入注浆口，深入至孔底 0.2～0.5m 处，注浆管连接注浆泵，边注浆边向孔口方向拔管，直至注满为止，放松止浆塞，将注浆管与止浆塞拔出，用黏性土或水泥砂浆充填孔口。

目前有一种打入注浆式土钉应用越来越多，它施工速度快，适用范围广，尤其对于粉细砂层、回填土、软土等难以成孔的土层，更显出优越性。

4. 土钉防腐

在正常环境条件下，对临时性支护工程，一般仅用砂浆做锈蚀防护层，有时可在钢筋表面涂一层防锈涂料；对永久性工程，可在钢筋外加环状塑料保护层或涂多层防腐涂料。

举工程实例如下。

(1) 工程概要　某工程共两座高 22 层的塔楼，由三层裙房连在一起；地下室两层，平面尺寸为 78m×72m；基坑最大开挖深度为 10.5m，而西侧开挖深度仅 7m，开挖边坡垂直面积约 2500m²。建筑物采用筏板基础，支撑于地面下约 10m 的天然地基上。

基坑的东侧为城市主干道，距基坑边约 8m，基坑北侧为小区道路，紧临开挖线，距离不到 1m，南侧为正在施工的某大厦，西侧为 2～3 层的民房，距离基坑 3～6m 远。

(2) 工程地质条件　从支护设计角度考虑，场地的岩土层情况是第一层为填土，第二层为砂砾黏土和砂质黏土，由于这两种土的力学计算指标相当近似，故将这两种土简化为一种土。

第一层填土的力学计算指标是重度 γ 为 20kN/m³，黏聚力 c 为 15kPa，层厚大于 35m。

地下水位在地表下 1.5m，场地总体富水性贫乏，地下水的主要来源为大气降水，地下水对混凝土无侵蚀性。

(3) 设计计算　通过对人工挖孔护坡桩、钻孔灌注排桩和土钉墙等方案，从技术、经济和进度等方面进行比较，最后主要采用土钉墙支护方案，其特点是造价最低，进度也快，不占用单独工期，可随挖土边挖边施工，待土方开挖完后，土钉墙支护即已形成，可立即施工地下室筏板基础，工期最短，技术上可行，安全可靠。具体方案为，基坑东侧、北侧采用土钉墙和预应力锚杆联合支护，西侧为土钉墙支护，南侧采用人工挖孔护坡桩（因紧邻大厦地下室、土钉不能施工）。由于开挖部分的土质较好，富水性贫乏，因此，不需专门的降水措施，仅在坡面预留一些泄水孔。

通过反复分析计算，最后选定的土钉墙参数为土钉长度 7～9m，横向间距 1.5m，土钉钢筋采用 φ25mm 螺纹钢筋，土钉直径为 100mm，为了减小边坡位移，第三排设置了预应力锚杆，横向间距 3.0m，与 9m 长土钉间隔布置，锚杆长 20m，其中自由段长 5m，设计抗拔力 200kN；喷射混凝土厚 100mm，设计强度等级为 C20，钢筋网采用 φ8@250mm，土钉墙典型剖面如图 5-39 所示。

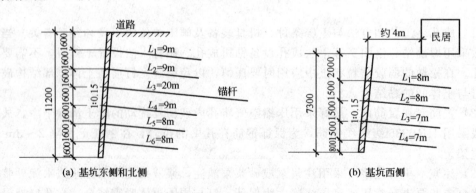

(a) 基坑东侧和北侧　　　　　(b) 基坑西侧

图 5-39　基坑支护典型剖面

(二) 土钉墙支护施工质量措施与验收

1. 措施

① 上层土钉注浆体及喷射混凝土面层达到设计强度的 70% 后方可开挖下层土方及进行

下层土钉施工。

② 基坑开挖和土钉墙施工应按设计要求自上而下分段分层进行。在机械开挖后，应辅以人工修整坡面，在坡面喷射混凝土支护前，应清除坡面虚土。

③ 土钉墙施工可按下列顺序进行：应按设计要求开挖工作面，修整边坡，埋设喷射混凝土厚度控制标志；喷射第一层混凝土；钻孔安设土钉、注浆，安装连接件；绑扎钢筋网，喷射第二层混凝土；设置顶坡、坡面和坡脚的排水系统。

④ 喷射混凝土作业应符合下列规定：喷射作业应分段进行，同一分段内喷射顺序应自下而上，一次喷射厚度不宜小于 40mm；喷射混凝土时，喷头与受喷面应保持垂直，距离宜为 0.6～1.0m；喷射混凝土终凝 2h 后，应喷水养护，养护时间根据气温确定，宜为 3～7h。

⑤ 喷射混凝土面层中的钢筋网铺设应符合下列规定：钢筋网应在喷射一层混凝土后铺设，钢筋保护层厚度不宜小于 20mm；采用双层钢筋网时，第二层钢筋网应在第一层钢筋网被混凝土覆盖后铺设；钢筋网与土钉应连接牢固。

⑥ 注浆材料宜选用水泥浆或水泥砂浆，水泥浆的水灰比宜为 0.5，水泥砂浆配合比宜为（1∶1）～（1∶2）（质量比），水灰比宜为 0.38～0.45。

⑦ 注浆作业应符合以下规定：注浆前应将孔内残留或松动的杂土清除干净；注浆开始或中途停止超过 30min 时，应用水或稀水泥浆润滑注浆泵及其管路；注浆时，注浆管应插至距孔底 250～500mm 处，孔口部位宜设置止浆塞及排气管；土钉钢筋应设定位支架。

2. 验收

土钉墙应按下列规定进行质量验收。

① 土钉采用抗拉试验检测承载力，同一条件下，试验数量不宜少于土钉总数的 1%，且不应少于 3 根。

② 墙面喷射混凝土厚度应采用钻孔检测，钻孔数宜每 100m² 墙面积一组，每组不应少于 3 点。

第四节　深基坑支护结构监测

由于土层的复杂性和离散性，勘探提供的数据难以代表土层的总体情况，土层取样时的扰动和试验误差也会造成偏差；荷载与设计计算中的假定和简化会造成误差；挖土和支撑装拆等施工条件的改变，突发和偶然情况等随机因素等也会造成误差。为此，支护结构设计计算的内力值与结构的实际工作状况往往难以准确一致，处于半理论半经验的状态。所以，在基坑开挖与支护结构使用期间，对较重要的支护结构需要进行监测。通过对支护结构和周围环境的监测能随时掌握土层和支护结构的变化情况，以及邻近建筑物、地下管线和道路的变形情况，将观测值与设计计算值对比和进行分析，随时采取必要的技术措施，必要时对设计方案或施工过程和方法进行修正，以保证在不造成危害的条件下安全地进行施工。

一、深基坑支护结构监测方法

深基坑和支护结构的监测项目，根据支护结构的重要程度、周围环境的复杂性和施工的要求而定。要求严格则监测项目可增多，否则可减少，表 5-12 所列的监测项目为重要的支护结构所需监测的项目，对其他支护结构可参照其增减。

二、常用监测仪器及其使用方法

支护结构与周围环境的监测，主要分为变形监测与应力监测。变形监测主要用机械系统、电气系统和光学系统的仪器；应力监测主要用机械系统和电气系统的仪器。

表 5-12 支护结构监测项目与方法

监测对象		监测项目	监测方法	备注
支护结构	挡墙	侧压力、弯曲应力、变形	土压力计、孔隙水压力计、测斜仪、应变计、钢筋计、水准仪等	验证计算的荷载、内力、变形时需监测的项目
	支撑（锚杆）	轴力、弯曲应力	应变计、钢筋计、传感器	验证计算的内力
	围檩	轴力、弯曲应力	应变计、钢筋计、传感器	验证计算的内力
	立柱	沉降、抬起	水准仪	观测坑底隆起的项目之一
周围环境及其他	基坑周围地面	沉降、隆起、裂缝	水准仪、经纬仪、测斜仪等	观测基坑周围地面变形的项目
	邻近建（构）筑物	沉降、抬起、位移、裂缝等	水准仪、经纬仪等	通常的观测项目
	地下管线等	沉降、抬起、位移	水准仪、经纬仪、测斜仪等	观测地下管线变形的项目
	基坑底面	沉降、隆起	水准仪	观测坑底隆起的项目之一
	深部土层	位移	测斜仪	观测深部土层位移的项目
	地下水	水位变化、孔隙水压	水位观测仪、孔隙水压力计	观测降水、回灌等效果的项目

（一）变形监测仪器

变形监测仪器除常用的经纬仪、水准仪外，主要是测斜仪。

测斜仪是一种测量仪器轴线与铅垂线之间夹角的变化量，进行计算挡墙或土层各总水平位移的仪器。使用时，沿挡墙或土层深度方向埋设测斜管（导管），让测斜仪在测斜管内一定位置上滑动，就能测得该位置处的倾角；沿深度各个位置上滑动，就能测得挡墙或土层各标高位置处的水平位移，如图 5-40 所示。

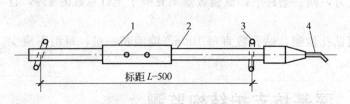

图 5-40 测斜仪
1—敏感部件；2—壳体；3—导向轮；4—引出电缆

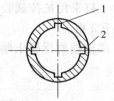

图 5-41 测斜管
1—导向槽；2—管壁

测斜仪按其工作原理分为伺服加速度式、电阻应变片式、差动电阻式、差动电容式和钢弦式等。最常用者为伺服加速度式和电阻应变片式。伺服加速度式测斜仪精度较高，但费用也高；电阻应变片式测斜仪费用较低，精度也能满足工程的实际需要。BC 型电阻应变片式测斜仪的性能见表 5-13 所示。SX-20 型伺服加速度式测斜仪的性能见表 5-14 所示。

测斜管可用工程塑料、聚乙烯塑料或铝质圆管。内壁有两对相对互成 90°的导槽，如图 5-41所示。

表 5-13 BC 型电阻应变片式测斜仪的性能

规格		BC-5	BC-10	规格	BC-5	BC-10
尺寸参数	连杆直径/mm	36	36	输出灵敏度/$\mu V \cdot V^{-1}$	约±1000	约±1000
	标距/mm	500	500	率定常数($l/\mu\varepsilon$)	约9″	约18″
	总长/mm	650	650	线性度误差(FS)	≤±1%	≤±1%
量程		±5°	±10°	绝缘电阻/MΩ	≥100	≥100

注：FS 为线性误差，下同。

表 5-14　SX-20 型伺服加速度式测斜仪的性能

项　目	指　标	项　目	指　标
测试范围	$\sin\alpha$ 挡：$0.0000\sim0.5000(\alpha=0°\sim30°)$	温漂系数($\sin\alpha$ 挡)	$1.7\times10^{-5}°C^{-1}(-4\sim28°C)$
	1.0m 挡：$000.00\sim199.99(\alpha=0°\sim30°)$	时漂系数(0.5m 挡)	$0.013mm/h$
	0.5m 挡：$000.00\sim125.00(\alpha=0°\sim30°)$		
灵敏度	$\sin\alpha$ 挡：0.0001(相当于 $\alpha=20.6''$)	测试深度	100m
	1.0m 挡：000.01(相当于 $\alpha=4.1''$)	规格	长 640mm
	0.5m 挡：000.01(相当于 $\alpha=3.2''$)		直径 36mm
重复测读误差	＜0.05％(满度)		质量小于 4kg
线性误差	＜0.15％(满度)	数字式测读仪器	4 位半数字显示

测斜管的埋设视测试目的而定。测试土层位移时，先在土层中预钻 $\phi139mm$ 的孔，再利用钻机向钻孔内逐节加长测斜管，直至所需深度，然后，在测斜管与钻孔之间的空隙中回填用水泥和膨胀土拌和的灰浆；测试支护挡墙的位移时，则需与挡墙紧贴固定。

（二）应力监测仪器

1. 土压力观测仪器

在支护结构使用阶段，有时需观测随着挖土过程的进行，作用于挡墙上土压力的变化情况，以便了解其与土压力设计值的区别，保证支护结构的安全。

测量土压力主要采用埋设土压力计（也称土压力盒）的方法。土压力计有液压式、气压平衡式、电气式（有差动电阻式、电阻应变式、电感式等）和钢弦式。其中应用较多的为钢弦式土压力计。

钢弦式土压力计有单膜式、双膜式之分。单膜式受接触介质的影响较大，由于使用前的标定要与实际土壤介质完全一致，往往难以做到，故测量误差较大。所以目前使用较多的是双膜式的钢弦式土压力计。

钢弦式双膜土压力计的工作原理是：当表面刚性板受到土压力作用后，通过传力轴将作用力传至弹性薄板，使之产生挠曲变形，同时也使嵌固在弹性薄板上的两根钢弦柱偏移，使钢弦应力发生变化，钢弦的自振频率也相应变化，利用钢弦频率仪中的激励装置使钢弦起振并接收其振荡频率，使用预先标定的压力-频率曲线，即可换算出压力值。钢弦式双膜土压力计的构造如图 5-42 所示。

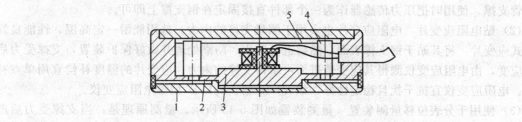

图 5-42　钢弦式双膜土压力计的构造
1—刚性板；2—弹性薄板；3—传力轴；4—弦夹；5—钢弦

由丹东电器仪表厂生产的钢弦式土压力计的技术性能见表 5-15 所示。它同时配有 SS-2 型袖珍数字式频率接收仪。

2. 孔隙水压力计

测量孔隙水压力用的孔隙水压力计，其形式、工作原理都与土压力计相同，使用较多的也为钢弦式。其技术性能见表 5-16 所示。

表 5-15 钢弦式土压力计技术性能

型号		JXY-2 LXY-2 （单膜式）	JXY-4 LXY-4 （双膜式）
规格/N·mm⁻²		0.1,0.2,0.3,0.4,0.5,0.6,0.8,1.0, 1.5,2.0,2.5,3.0,4.0,5.0,6.0	0.1,0.2,0.3,0.4,0.5,0.6,0.8,1.0, 1.5,2.0,2.5,3.0,4.0,5.0,6.0,8.0
主要技术指标	零点漂移	3～5Hz/3 个月	3～5Hz/3 个月
	重复性	＜0.5%(FS)	＜0.5%(FS)
	得合误差	＜2.5%(FS)	＜2.5%(FS)
	温度-频率特性	3～4Hz/10℃	3～4Hz/10℃
	使用环境温度	－10～＋50℃	－10～＋50℃
	外形尺寸	φ114mm×28mm	φ114mm×35mm

表 5-16 钢弦式孔隙水压力计技术性能

型号	JXS-1	JXS-2
量程	0.1～1.0N/mm²	0.1～1.0N/mm²
频带	450Hz	450Hz
长期观测零点最大漂移	＜±1%(FS)	＜±1%(FS)
滞后性	＜±0.5%(FS)	＜±0.5%(FS)
满负荷徐变	＜－0.5%(FS)	＜－0.5%(FS)
使用环境温度	4～60℃	4～60℃
温度-频率特性	0.15Hz/℃	0.15Hz/℃
封闭性能	在使用量程内不泄漏	在使用量程内不泄漏
外形尺寸	φ60mm×140mm	φ60mm×260mm

孔隙水压力计宜钻孔埋设，待钻孔至要求深度后，先在孔底填入部分干净的砂，将测头放入，再在测头周围填砂，最后用黏土将上部钻孔封闭。

3. 支撑内力测试

支撑内力测试方法，常用的有以下几种。

（1）使用压力传感器 压力传感器有油压式、钢弦式、电阻应变片式等多种。多用于型钢或钢管支撑。使用时把压力传感器作为一个部件直接固定在钢支撑上即可。

（2）贴电阻应变片 电阻应变片也多用于测量支撑的内力。选用能耐一定高温、性能良好的箔式应变片，将其贴于钢支撑表面，然后进行防水、防潮处理并做好保护装置，支撑受力后产生应变，由电阻应变仪测得其应变值进而可求得支撑的内力。应变片的温度补偿宜用单点补偿法。电阻应变仪宜抗干扰且稳定性好，如 YJ-18 型、YJD-17 型等电阻应变仪。

（3）使用千分表位移量测装置 量测装置如图 5-43 所示。量测原理是：当支撑受力后产

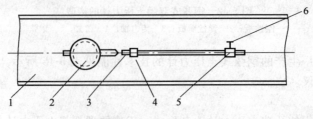

图 5-43 千分表量测装置

1—钢支撑；2—千分表；3—标杆；4,5—支座；6—紧固螺栓

生变形，根据千分表测得的一定标距内支撑的变形量，和支撑材料的弹性模量等参数，即可算出支撑的内力。

(4) 使用应力、应变传感器　该法用于测量钢筋混凝土支撑系统中的内力。对一般以承受轴力为主的杆件，可在杆件混凝土中埋入混凝土计，以量测杆件的内力。对兼有轴力和弯矩的支撑杆件和围檩等，则需要同时埋入混凝土计和钢筋计，才能获得所需要的内力数据。为便于长期量测，多用钢弦式传感器，其技术性能见表 5-17、表 5-18。

表 5-17　JXG-1 型钢筋计技术性能

规格	$\phi12$	$\phi14$	$\phi16$	$\phi18$	$\phi20$	$\phi22$	$\phi25$	$\phi28$	$\phi30$	$\phi32$	$\phi36$
最大外径	$\phi32$	$\phi32$	$\phi32$	$\phi32$	$\phi34$	$\phi35$	$\phi38$	$\phi42$	$\phi44$	$\phi47$	$\phi55$
总长/mm	783	783	783	785	785	785	785	795	795	795	795
最大拉力/kN	22	30	40	50	60	80	100	120	140	160	200
最大压力/kN	11	15	20	25	30	40	50	60	70	80	100
最大拉应力/MPa	200										
最大压应力/MPa	100										
分辨率/%(FS)	$\leqslant$0.2										
零点漂移/Hz·(3 个月)$^{-1}$	3～5										
温度漂移/Hz·(10℃)$^{-1}$	3～4										
使用环境温度/℃	-10～$+5$										

表 5-18　JXH-2 型混凝土应变计技术性能

规格/MPa	10	20	30	40
等效弹性模量/MPa	1.5×10^4	3.0×10^4	4.5×10^4	6.0×10^4
总应变($\mu\varepsilon$)	800～1000			
分辨率/%(FS)	$\leqslant$0.2			
零点漂移/Hz·(3 个月)$^{-1}$	3～5			
总长/mm	150			
最大外径/mm	$\phi35.68$			
承压面积/mm^2	1000			
温度漂移/Hz·(10℃)$^{-1}$	3～4			
使用环境温度/℃	-10～$+5$			

应力、应变传感器的埋设方法，钢筋计应直接与钢筋固定，可焊接或用接驳器连接，混凝土计直接埋设在要测试的截面内。

(三) 支护结构变形观测

深基坑支护结构的变形观测主要是进行水平位移和垂直位移的观测。施工单位常采用光学仪器观测方法即工程测量的方法。

1. 水平位移观测

在有条件的场地用视准线法比较简便。具体作法是沿欲测某基坑边缘设置一条视准线，在该线的两端设置基准点 A、B，在此基线上沿基坑边缘设置若干个水平位移测点。基准点 A、B 应设置在距离基坑一定距离的稳定地段，各测点最好设在刚度较大的支护结构上，测量时采用经纬仪测出各测点对比基线的小角度，从而算出测点的偏离值，该值即为测点垂直于视准线的水平位移值。

当施工场地狭窄，通视条件较差，建立视准线比较困难时，可采用前方交会法。前方交会法是在距基坑有一定距离的稳定地段设置一条交会基线，或者设两个或多个基准点，用交会方法测出各测点的位移值。前方交会分为测角交会、测边交会和测边测角交会三种，即在两个或两个以上的基点上，观测测点的方向或边长，算出测点的平面坐标，从而获得位移值。此法采用全站仪观测最为方便。

2. 垂直位移观测

基坑开挖支护施工过程的垂直位移观测宜采用水准仪观测法。沉降观测点应布设在变形明显的部位。水准基点应布设在距基坑有一定距离的稳定坚实、通视良好、便于观测的地段。沉降观测的精度宜按《工程测量规范》的技术要求检测。

三、监测数据整理与报警标准

监测数据应及时报告给现场监理、设计和施工单位。达到或超过监测项目报警值应及时研究、及时处理，以确保基坑工程安全顺利施工。

① 用视准线法观测支护结构水平位移，测量结束后应根据工程需要，提交下列有关资料：观测点平面位置图；水平位移量成果表；水平位移量曲线图；有关工程进展、荷载变化、温度变化与位移值相关曲线图；水平位移和垂直位移综合曲线图；变形分析报告。

② 用水准仪观测支护结构的垂直位移，测量结束后，应根据工程需要，提交下列有关资料：观测点位置图；垂直位移量成果表；位移速率、时间、位移量曲线图；荷载、时间、位移量曲线图；水平位移和垂直位移综合曲线图；变形分析报告等。

③ 用测斜仪观测支护结构侧向位移，测量结束后，应整理观测资料，其内容包括：工程名称，测斜孔编号，平面位置和导槽方位，水平位移实测值，最大位移值及发生的位置与方向，位移发展速率，观测时间，施工速度，观测、计算和校核责任人等。为了及时进行险情预报，现场实测数据应立即分析处理后反馈给施工现场管理人员。

基坑支护结构的变形允许值与土质条件、支护结构类型、地下水和基坑周围环境条件密切相关，其报警标准参与值应符合我国工程建设行业标准《建筑基坑工程技术规范》和地区性标准中有关变形的预估值和允许值的规定。

复习思考题

1. 简述深基坑支护结构的主要作用。
2. 简述深基坑支护结构的主要类型。
3. 简述掌握灌注桩支护和土层锚杆计算步骤和方法。
4. 灌注桩支护结构的施工技术措施和质量措施有哪些？
5. 简述地下连续墙支护结构施工工艺流程和施工的优、缺点。
6. 简述土层锚杆的构造和施工工艺。
7. 深基坑支护结构的监测目的、作用是什么？
8. 深基坑支护结构的监测对象、项目有哪些？各用什么样的监测方法？

练 习 题

1. 某高层建筑深基坑挖土深 6.4m，因场地狭小无法拉结，故采用悬臂桩，求挡土桩的插入深度与最大弯矩。
2. 某大厦系合资兴建的综合性大楼，总面积 32000m²，主楼地面以上 24 层，裙房 5～6 层，全部 2～3 层地下室、主楼及裙房基础挖土深 13m。该工程场地狭窄，两面临街，一面紧靠民房，基础为箱基，土方不可能大开挖，因两面临街，做挡土桩后不能在地面拉锚，研究结果采用锚杆最合适，如图 5-44 所示。图 5-45 所示为该工程地质剖面 1 号柱状图，地面下 3m 有砂层，6m 下是卵石，钢桩无法打入，机械钻孔卵石易坍孔，因此确定用人工挖孔 φ800mm 大孔径桩。根据计算，锚杆做在地面下 4.5m 处的砂层内，一道锚杆即可以，桩距选 1.5m，锚杆机采用某市机械施工公司自制的 MZ-1 型，其取大角度为 15°，现用 13°，在砂及粗砾砂层内，锚固力较好，试进行锚杆设计。

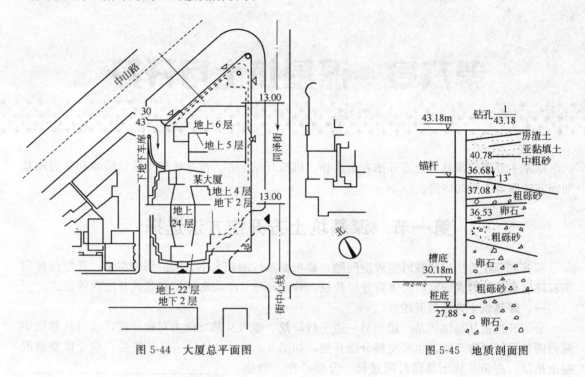

图 5-44　大厦总平面图　　　　　　　　图 5-45　地质剖面图

第六章 深基坑土方开挖

本章主要研究深基坑土方开挖方法选择、机械开挖土方、深基坑施工质量验收和常用地基加固方法四个方面的内容。

第一节 深基坑土方开挖方法选择

深基坑开挖方法应重视时空效应问题，要根据基坑面积大小、围护结构类型、开挖深度和工程环境条件等因素而定，大体有分层开挖、分段开挖、中心岛开挖和盆式开挖四种方式。

一、深基坑土方分层开挖

分层开挖可从基坑的某一边向另一边平行开挖，也可从基坑两头对称开挖，也可从基坑中间向两边平行对称开挖，也可交替分层开挖，如图6-1所示。最后一层开挖后，应立即浇灌混凝土垫层，避免基坑土暴露时间过长。分层开挖一般适用于基坑较深，且不允许分块分段施工混凝土垫层的，或土质较软弱的基坑。分层开挖，整体浇灌混凝土垫层和基础，分层厚度要视土质情况进行稳定性计算，以确保在开挖过程中土体不滑移，桩基不位移倾斜，一般要求分层厚度软土地基要控制在2m以内，硬质土可控制在5m以内为宜。分层开挖有下面三种方法。

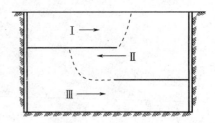

图6-1 交替分层开挖

1. 设坡道

可设土坡道或栈桥式坡道。土坡道的坡度视土质、挖土深度和运输设备情况而定，一般为1:(8~10)，坡道两侧要采取挡土或其他加固等措施。有的基坑太短，无法按要求放坡，可视场地情况，把坡道设在基坑外，或基坑内外结合等。

栈桥式坡道一般分为钢栈桥和钢筋混凝土栈桥两种。采用钢栈桥结构一般可采用型钢组成，桥面铺设标准路基箱或厚钢板。栈桥结构要根据挖土机械、运输车辆等荷载进行专项的栈桥结构与稳定性设计计算。栈桥坡道设计有两种方法：一种是根据运输设备动力状况设坡度，把挖土机械和运输车辆直接开进坑底作业；另一种是设一定的坡度，把坡道伸入坑内，但不下底，使挖土机械能以较少的翻驳次数，就能把土方直接装车外运，加快挖土速度。

2. 不设坡道

一般有钢平台、栈桥和阶梯式三种。钢平台要根据挖土机械和运输车辆的荷载进行设计。挖土机械可用吊车吊下坑底作业，用吊车或铲车出土；或采用抓斗挖掘机在平台上作业，辅以推土机、挖土机等机械或人工集土修坡。这种钢平台作业，虽然造价较高，但施工方便、安全，且加强了围护结构的刚度。尤其适用于施工现场狭窄的基坑工程。

栈桥同样可分为钢栈桥和钢筋混凝土栈桥，也可结合基坑围护结构的第一道钢筋混凝土水平支撑，设置十字形的贯通全基坑的栈桥，作为挖土平台和运输通道，栈桥与支撑合二为一。按照支撑梁、桥面梁板的重力和挖土机械、满载的车辆等荷载设计栈桥和立柱，栈桥宽度为两道支撑梁顶端的间距，两道支撑梁之间设联系小梁，桥面铺设标准路基箱，立柱可利用工程桩

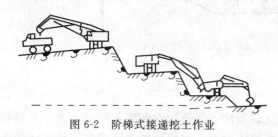

图 6-2　阶梯式接递挖土作业

加强，作为栈桥立柱。这种栈桥与支撑合二为一，不仅解决了城市基坑工程施工场地狭窄的困难，而且加强了支撑体系，有助于基坑围护结构的受力和抗变形。

3. 阶梯式开挖

基坑较深、基坑面积较大，土方开挖也可采用阶梯式分层开挖，每个阶梯台作为挖土机械接递作业平台，如图 6-2 所示。阶梯宽度要以挖土机械可以作业为度，阶梯的高度要视土质和挖土机臂长而定，一般以 2m 为好，土质好的可以适当高些。采用阶梯式挖土时，应考虑阶梯式土坡留设的稳定性，防止塌方。

二、深基坑土方分段开挖

分段开挖顺序如下。

第一区先分层开挖 2～3m→预留被动土区后继续开挖，每层 2～3m 直到基底浇灌混凝土垫层→安装斜撑→挖预留的被动土区→边挖边浇灌混凝土垫层→拆斜撑（视土质情况而定）→继续开挖另一个区

基坑周围环境复杂，土质较差或基坑开挖深浅不一，或基坑平面不规则的，为了加快支撑的形成，减少时效影响，都可采用分段分块开挖方式。分段与分块大小、位置和开挖顺序要根据开挖场地工作面条件、地下室平面与深浅和施工工期的要求来决定。分块开挖，即开挖一块施工一块混凝土垫层或基础，必要时可在已封底的基底与周围结构之间加斜撑。土质较差的在开挖面要放坡，坡度视土质情况而定，以防开挖面滑坡。在挖某一块土时，在靠近围护结构处，可先挖一至二皮土，然后留一定宽度和深度的被动土区，待被动土区外的基坑浇灌混凝土垫层后，再突击开挖这部分被动土区的土，边开挖边浇灌混凝土垫层。

三、深基坑土方中心岛开挖

中心岛开挖法是首先在基坑中心开挖，而周围一定范围内的土暂不开挖，视土质情况，可按（1∶1）～（1∶2.5）放坡，或做临时性支护挡土，使之形成对四周围护结构的被动土反压力区，保护围护结构的稳定性。四周的被动土区可视情况，待中间部分的混凝土垫层、基础或地下结构物施工完成后，再用斜撑或水平撑在四周围护结构与中间已施工完毕的基础或结构物之间对撑，如图 6-3 所示。然后进行四周土的开挖和结构施工。如四周土方量不大，可采取分块挖除，分块施工混凝土垫层和顶板结构的方法，然后与中间部分的结构连接在一起。也可采用"中顺边逆"的施工工艺，即先开挖中心岛部分的土方，由下而上顺序施工中间部分的基础和结构，然后把中心岛的结构与周边围护结构连接成支撑体系后，再对周边结构进行逆作法施工，自上而下边开挖土方边施工结构物，直至基础、底板。这种工艺比上述两种工艺更为安全可靠。在进行逆作法施工时，还可同时施工上部结构。

中心岛的范围大小取决于被动土压力区的土体稳定性，一般坡度和预留土区应尽量小一些，原则上自身必须稳定，中心岛范围可以大一些，第一次土方开挖量可大些，中心岛与围护结构之间的支撑可短一些，支撑长细比可小些，支撑强度能充分利用，施工速度会快些，经济效益也会较显著。

中心岛结构范围还必须是结构施工能留设施工缝部位。施工期间还须考虑排水沟设置及

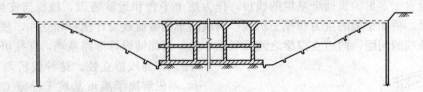

图 6-3　中心岛开挖法（先开挖中心）

施工缝处钢筋错开设置的要求。

四、深基坑土方盆式开挖

盆式开挖采取与中心岛开挖法施工顺序相反的做法，先开挖两侧或四周的土方，并进行周边支撑或基础和结构物施工，然后开挖中间残留的土方，再进行地下结构物的施工，如图 6-4 所示。

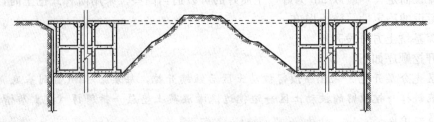

图 6-4　盆式开挖法（先开挖四周或两侧）

中心岛开挖与盆式开挖两种方法较适用于土质较好的黏性土和密实的砂质土，对于软弱土层，要视开挖深度而定，如基坑开挖较深，残留的土方量就要大，才能满足形成被动土区压力的要求。这两种方法的优点是基坑内有较大空间，有利于机械化施工，并可使坑内反压土和围护结构共同来承担坑外荷载的土压力、水压力，对特大型的基坑，其内支撑体系设置有困难，采用这种开挖方法，可以节省大量投资，加快施工进度。同时，在某种情况下，还可以防止基坑底隆起回弹过大。它的缺点是分两次开挖，如果开挖面积过大，先施工中间或两侧的基础、结构物的混凝土，待养护后再施工残留部分，可能会延长工期。同时，这种分次开挖和分开施工底板、基础，要在设计允许可不连续浇灌混凝土的前提下才可采用，并且还要考虑两次开挖面的稳定性。

土方开挖是一种卸载，其开挖过程就是应力的释放过程，即由开挖前的静态平衡发展到动态平衡状态。因此，深基坑变形就存在着时间效应的问题。土体即使在开挖后处在临时平衡状态时，也会发生蠕变。如果基底开挖后暴露时间过长，或基坑积水或孔隙水压力升高形成超静孔隙水压力等。因此，基底开挖至标高后应尽快进行基底检查、基底封底和基础施工。

第二节　机械开挖土方

一、挖土机械的选择

土方开挖机械常用的有正铲、反铲、拉铲、抓铲、多斗挖土机和挖掘装载机等挖土机械，辅以推土机、装载机、吊车、自卸汽车等机械设备。常用挖土机械的选择见表 6-1。挖土机械一般按下列原则进行选择。

① 基坑深浅、开挖断面和范围大小。

② 土的性质与坚硬程度和地下水位情况。

表 6-1　常用挖土机械的选择

名称	机械特性	作业特点	适用范围	辅助
正铲挖掘机	装车轻便灵活,回转速度快,移位方便,能挖掘坚硬土层,易控制开挖尺寸,工作效率高	① 开挖停车面以上土方 ② 工作面应在 1.5m 以上 ③ 开挖高度超过挖土机挖掘高度时,可采用分层开挖 ④ 装车外运	① 开挖含水率不大于 27% 的一至四类土和经爆破后的岩石和冻土碎块 ② 大型场地平整土方 ③ 工作面狭小,且较深的大型管沟和基槽、基坑、路堑 ④ 大型独立基坑 ⑤ 边坡开挖	土方外运应配备自卸汽车,工作面应有推土机配合平土、集土进行联合作业
反铲挖掘机	操作灵活,挖土、卸土均在地面作业,不用开运输道	① 开挖地面以下深度不大土方 ② 最大挖土深度 4~6m,经济合理深度为 1.5~3m ③ 可装车和两边堆土、堆放 ④ 较大较深基坑可用多层接递挖土	① 开挖含水量大的一至三类的砂土或黏土 ② 管沟和基槽 ③ 基坑 ④ 边坡开挖	土方外运应配备自卸汽车,工作面应有推土机配合,推到附近集土外运
拉铲挖掘机	可挖深坑,挖掘半径及卸载半径大,操作灵活性较差	① 开挖停机面以下土方 ② 可装车和甩土 ③ 开挖截面误差较大 ④ 可装甩在基坑两边较远处堆放	① 挖掘一至三类土,开挖较深较大的基坑、管沟 ② 大量外借土 ③ 填筑路基、堤坝 ④ 挖掘河床 ⑤ 不排水挖掘基坑	土方外运需配备自卸汽车、推土机
抓铲挖掘机	钢绳牵拉灵活性较差,工效不高,不能挖掘坚硬土	① 开挖直井或沉井土方 ② 在基坑顶往坑内抓土吊上装车或甩土 ③ 排水不良的基坑、沟槽也能开挖 ④ 吊杆倾斜角度应在 45°以上,距边坡应不小于 2m	① 土质比较松软,施工较窄的深基坑、基槽 ② 水中取土,清理河床 ③ 桥基、桩孔挖土 ④ 装卸散装材料	外运土方时,按运距配备自卸汽车
铲运机	操作简单灵活,不受地形限制,不需特设道路,准备工作简单,能独立工作,不需其他机械配合能完成铲土、运土、卸土、填筑、压实等工序,行驶速度快,易于转移,需用劳力少,动力少,生产效率高	① 大面积整平 ② 开挖大型基坑、沟渠 ③ 运距 800~1500m 内的挖运土(效率最高为 200~350m) ④ 填筑路基、堤坝 ⑤ 回填压实土方 ⑥ 坡度控制在 20°以内	① 开挖含水率 27% 以下的一至四类土 ② 大面积场地平整压实 ③ 运距 800m 内的挖运土方 ④ 开挖大型基坑(槽)、管沟、填筑路基等,但不适于砾石层、冻土地带及沼泽地区使用	开挖坚土时需用推土机助铲,开挖三、四类土宜先用松土机预先翻松 20~40cm;自行式铲运机用轮胎行使,适用于长距离,但开挖也须用助铲

表 6-2　液压反铲挖土机工作性能

符号	项　目	单位	机　型					
			WY10	WY16	WY50	WY100	WY142	WY160
	铲斗容量	m³	0.1	0.16	0.50	0.4~1.2	0.4~2.0	1.6
	发动机功率	kW	18	30	59	110	125	128
H	最大挖土深度	m	2.40	3.20	4.0	5.70	8.10	6.10
R	最大挖土半径	m	4.30	5.32	7.51	6.8~12	11.6	10.60
H_2	最大挖土高度	m	2.50	4.70	6.00	7.57	9.50	8.10
H_1	最大卸土高度	m	1.84	3.20	4.45	5.39	7.55	5.83
	最大挖掘力	kN	18.4	26	56.4	120	146	180
	爬坡能力	%	45	57	45	45	67	80
	整机自重	t	3.05	4.8	13	25	31.1	38.5
	接地比压	MPa	0.031	0.033	0.051	0.052	0.067	0.088
	长形尺寸 (长×宽×高)	mm	4420×1400×2200	5900×1910×2320	4100×2590×3000	9530×3100×3400	10265×3258×3300	10900×3200×4050

③ 挖土机械的特点和适应程度。

④ 施工现场的条件。

⑤ 经济效益与成本等。

采用机械开挖基坑时，必须开设坡道，辅以人工修正，自卸汽车运土。如不设坡道，即选用小型的挖土机械，用吊车吊下基坑内作业，或在坑顶、平台作业。

二、机械开挖土方的施工方法

深基坑土方开挖多为机械开挖土方。这里仅叙述反铲挖土机的施工方法。

（一）工作面的确定

1. 工作面的宽度

工作面的宽度应根据开挖方式和挖土深度及停机位置确定。

沟端开挖其工作面一般为 $(0.8\sim1.7)R$（R 为反铲的最大挖土半径，见表 6-2）。

沟侧开挖其工作面一般为 $(0.5\sim0.8)R$。

2. 工作面的深度（挖土深度）

工作面的深度应根据开挖方式和工作面的土质及开挖条件确定。在实际施工中，要考虑施工安全及基坑底平整等因素，进行折减，见表 6-3。

表 6-3　反铲挖土机实际最大挖土深度参考值

土质及开挖条件	开 挖 方 式	
	沟端开挖	沟侧开挖
杂填土、砂土、欠稳定土坡	$(0.7\sim0.8)H$	$(0.6\sim0.7)H$
黏性土、较稳定土坡	$0.9H$	$(0.75\sim0.85)H$

（二）开挖方式

1. 沟端开挖

反铲挖土机在沟端退着挖土，如图 6-5(a) 所示，既可装车，也可甩土，装车或甩土回转角度小，一般回转角度仅为 $45°\sim90°$，视线好，机身停放平稳，同时可挖到最大深度。对较宽的基坑可采用图 6-5(b) 所示方法，其最大挖掘宽度为反铲有效挖掘半径的两倍。或者采用几次沟端开挖法来完成作业，此法是基坑开挖采用最多的一种开挖方式。为保证边坡开挖质量，反铲要紧靠边坡线开挖。这种沟端开挖方式，如果汽车须停在机身后面装土，生产效率就会下降。

(a) 沟端开挖方式　(b) 沟端开挖较宽基坑

图 6-5　反铲挖土机沟端开挖方式　　　　图 6-6　反铲挖土机沟侧开挖方式

2. 沟侧开挖

反铲挖土机沿坑（沟）边的一侧横向移动挖土，如图 6-6 所示，既可装车，也可甩土，并可将土甩至较远的地方。但挖土宽度、深度比挖掘半径小，受限制，边坡也不好控制。同时机身靠坑（沟）边停放，稳定性较差。

（三）施工方法

1. 分条挖土法

当基坑开挖宽度较大，反铲不能一次开挖时，可采用分条挖土法，如图 6-7 所示。分条宽度为当接近反铲实际最大挖土深度时，靠边坡的一侧为 $(0.8\sim1.0)R$，中间地带为 $(1.0\sim1.3)R$。分条过窄，挖土机移动频繁，降低生产效率；分条过宽，将影响边坡及坑底的开挖质量。

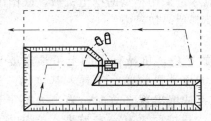

图 6-7　反铲分条挖土法

由于反铲挖土，工作面越挖越窄，因此，挖土机的施工顺序和开行路线，不但要考虑汽车的装卸位置及行驶路线，还要考虑收尾工作面。如因条件限制，反铲不能垂直开行时，可参考正铲之字形挖土法，采用之字形开行路线。

2. 分层挖土法

当基坑开挖深度大于反铲最大挖土深度时，可采用分层挖土法，如图 6-8 所示。分层原则是上层要尽量浅，层底不要在滞水、淤泥及其他弱土层上。

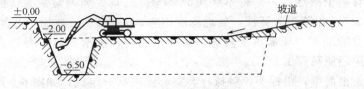

图 6-8　反铲分层挖土法

分层挖土需开设汽车运土的上下坡道或栈桥，宽度一般为 3～5m，坡度根据分层深度及汽车性能，一般层深（即坡高）在 2m 以内时，坡道坡度为 $(1:3)\sim(1:5)$；层深在 5m 以内时，坡道坡度为 $(1:6)\sim(1:7)$；层深超过 5m 时，坡度为 $1:10$。坡道开挖方式应根据场地情况确定，通常有内坡道、外坡道、内外结合坡道三种方式。

3. 接递挖土法

当基坑需分层开挖，又无条件开设坡道时，可采用阶梯式接递挖土法，即用两台或数台反铲分别在不同的分层标高上同时挖土，下层反铲挖甩，最上一层反铲装车，这样，两层或数层进行土方开挖传递，可一次挖至设计标高。一般在下层挖土作业要选择体积小、质量轻的中小型反铲，以便最后收尾，在陡坡上牵引或用吊车运出坑。

三、机械开挖土方应注意的问题

1. 减小基坑顶边缘地面荷载、严禁超载

挖出的土方不宜堆放在坑边，尽量减小坑边地面的堆载，在坑边缘移动施工机械与运输设备、工具时，其堆置距离应根据土方、设备、工具的重力以及基坑围护结构和土质情况经过计算确定，同时，设备停放位置必须平稳。机械在坑边作业，或基坑周围有交通要道时，还应采取措施，限制与隔离施工机械和过道汽车等对周围建筑物、对围护结构的振动作用。要做好施工机械上下基坑坡道部位的支护加固，以支撑设备的重力。

2. 做好保护工作

采取机械开挖基坑时，根据土质情况和挖土机械的类型，基坑底应保留 150～300mm

土层不用机械开挖，由人工开挖修整，以保持坑底土体的原状结构。

注意保护测量坐标、水准点以及监测埋设的仪器与元件；严禁在开挖过程中碰撞、损坏围护结构、支撑、工程桩和止水帷幕、降排水设施；对周围的电信、电缆、煤气、给排水管道等地下设施，必须采取可靠的保护措施，防止撞坏而造成事故。

如设有多层内支撑时，应尽量采用小型的挖土机械，操作比较灵活，可以减少碰撞基坑围护结构、工程桩、支撑以及其他一切设施。

3. 确保施工安全

所有施工机械行驶、停放平稳，机械行走的上下坡道要加固，基顶周边要设有围护栏杆和安全标志，严禁从基坑顶乱扔物体、工具入基坑内。施工人员必须戴安全帽，基坑内应设有安全出口，以供当基坑出现事故时，施工人员可以立即安全撤离。每层开挖深度应严格按设计要求进行，开挖面要有一定坡度，严禁采用"偷土"开挖，以免造成坍方事故。

第三节　深基坑施工质量验收

一、常用地基检验技术

（一）基槽检验技术——轻便触探法

基础开挖后，基底土的情况是否符合设计要求需要检验。目前，施工部门常用钎探法。但是，这种方法有两个缺点：一是得不到质的概念；二是人为因素太大，探深只有 2.5m。在某工地由于对 2.5m 以下没有钎探，处理程度不够，6 层宿舍完成后不久就发生墙体开裂。在新区大面积开发情况下，局部填土较深、情况不明时，基槽检验带有检查地基承载力性质，因此，应采用轻便触探试验。

轻便触探设备很简单，由探头、触探杆、穿心锤三部分组成，如图 6-9 所示。触探杆长 1.0～1.5m，用接头器连接后可探深至 4m。穿心锤重量为 10kg，自由落距为 50cm，每打入土层 30cm 的锤击数为 N_{10}，全部操作由人工完成。如发现击数变化过大，可取下探头，换以轻便钻头，并取样。根据击数可作出深度与击数的关系曲线，用以划分土层。击数与承载力之间的关系见表 6-4 和表 6-5。

表 6-4　黏性土承载力标准值

N_{10}	15	20	25	30
f_k/kPa	105	145	190	230

表 6-5　素填土承载力标准值

N_{10}	10	20	30	40
f_k/kPa	85	115	135	160

注：素填土指由粉土或黏性土组成的填土。

（二）标准贯入试验法

标准贯入试验设备由标准贯入器（或圆锥探头）、触探杆和穿心锤组成，如图 6-10 所示，用来配合勘察钻孔取土试验，进一步确定钻孔间土层的分布变化情况，适用于砂、粉土、黏土及颗粒直径较小的碎石土。设备简单，易于操作，探深可达 50m 以上，在划分土层方面比较准确。通过贯入击数的大小，与取样结合对比可得到可靠而详尽的地质剖面。在确定土的承载力及砂的孔隙比与液化等方面属于间接测定，需要与当地土的荷载试验及其他试验结果，经过统计，得出相应的经验系数，才能使用。

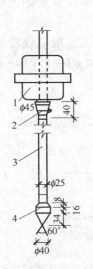
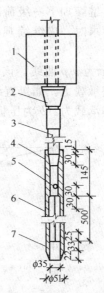

图 6-9　轻便触探试验设备　　　　　　　　图 6-10　标准贯入试验设备
1—穿心锤；2—锤垫；3—触探杆；4—探头　　1—穿心锤；2—锤垫；3—触探杆；4—贯入器头；5—出水孔；
　　　　　　　　　　　　　　　　　　　　6—由两半圆形管合成的贯入器身；7—贯入器靴

穿心锤重量为 63.5kg，落距高度 76cm，贯入 30cm 的击数为标准基数 N。目前与钻机连用不需取土时，可改用锥形探头，连续贯入。

施工采用标准贯入试验的目的在于判断地层，经常用来判定预制桩桩尖持力层。在桩施工过程中，设计与施工的争议多因打入深度而引起。由于钻孔取样试验很少，所绘地质剖面是宏观剖面，实际的地质情况远比地质剖面图复杂。采用柴油锤锤击打桩，桩的入土深度可用最后 1 阵（10 击）或 3 阵的贯入度控制，但由于地层的变化，桩尖标高相差可能较大，设计人员往往坚持桩尖落在同一标高上。采用振动锤打桩时，往往是桩尖标高控制或电流控制，事实证明这种控制很不可靠。在某工地桩的检测中发现承载力相差大，实际上该场地有古河道，有些桩尖正好落在河道的淤积层上。所以，利用标准贯入快速检验手段，确定等击数值标高线，控制桩的入土深度，受到各方的采纳。在这种情况下，利用锥形探头连续贯入法，每 30cm 击数作为实测锤击数 N'。

钻杆直径为 42mm，越长能量消耗越大，需将击数 N 值进行钻杆长度校正。

$$N = \alpha N' \tag{6-1}$$

式中　N——标准贯入试验锤击数；

　　　α——触探杆长度校正系数，见表 6-6。

表 6-6　杆长修正系数 α

杆长/m	≤3	6	9	12	15	18	21
α	1.00	0.92	0.86	0.81	0.77	0.73	0.70

（三）载荷试验

对于一级建筑物，对基坑下的土必须进行载荷试验，确认地基的承载力。

载荷试验采用 50cm×50cm 和 70.7cm×70.7cm 的标准压板，在压板上加载，根据每级荷载下压板的沉降作出 s-p 曲线，借以判定土的承载力。

最大加载量按土的情况决定，但不小于设计荷载的两倍。加载分 8～10 级进行，待每级沉降稳定后，才继续加下一级荷载。稳定的标准为每小时的沉降量小于 0.1mm。当沉降速率不符合稳定要求时，应继续观测，如 24h 内达不到稳定标准或沉降急剧增大时即可停止试验。

图 6-11 所示为 s-p 曲线，该曲线一般由直线段和曲线段组成。取直线段的最大值即比例界限值为地基承载力。如果直线段的比例界线值不明确，可取 $s/b=0.010\sim0.015$ 所对应的荷载值为地基承载力（b 为压板宽度）。

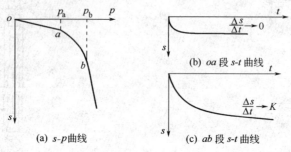

(a) s-p 曲线　　(b) oa 段 s-t 曲线　　(c) ab 段 s-t 曲线

图 6-11　载荷试验 s-p 曲线

除天然地基承载力外，复合地基的承载力也可用载荷试验法确定。但压板宽度要适当加大，采用 $s/b=0.01$ 对应的荷载为复合地基的承载力。

在国内的大、中城市，载荷试验可由专门单位进行，但是有些情况或者在国外施工时则需由施工单位进行。这时，压板可用钢筋混凝土现浇板，加载直接在板上进行，荷载可用标准铁件，包括角钢、型钢、钢筋等，用油压千斤顶加荷。

桩基试验方法基本相同，但取值上有差别。对摩擦为主的桩，取沉降为 40mm 对应的荷载为极限承载力，除以安全度 2 后作为允许承载力。

二、深基坑施工质量验收

（一）深基坑施工质量验收标准

土方开挖工程的质量检验标准应符合表 6-7 的规定。

表 6-7　土方开挖工程质量检验标准　　　　　　　　　　　　　　　　/mm

项目	序	项 目	桩基基坑基槽	挖方场地平整 人工	挖方场地平整 机械	管沟	地（路）面基层	检验方法
主控项目	1	标高	−50	±30	±50	−50	−50	水准仪
主控项目	2	长度、宽度（由设计中心线向两边量）	+200 −50	+300 −100	+500 −150	+100	—	经纬仪，用钢尺量
主控项目	3	边坡	设计要求					观察或用坡度尺检查
一般项目	1	表面平整度	20	20	50	20	20	用 2m 靠尺和楔形塞尺检查
一般项目	2	基底土性	设计要求					观察或土样分析

注：地（路）面基层的偏差只适用于直接在挖、填方上做地（路）面的基层。

（二）深基坑施工质量验收内容

① 标高：符合设计要求及标准规定允许偏差值。

抽查数量：柱基按总数抽检 10%，但不少于 5 个，每个至少检 2 点；基坑每 20m² 取一点，每个坑至少检 2 点；基槽、管沟、排水沟、路面基层每 20m 取一点，但不少于 5 点；

地面基层每 30~50m² 取一点，但不少于 5 点；场地平整每 100~400m² 取一点，但不少于 10 点。

检验方法：水准仪测量。

② 基底土性：必须符合设计要求，严禁扰动。

抽查数量：全数抽查。

检验方法：由设计、勘察、施工单位共同检查，发现问题需检测或土样分析，采取措施处理。

③ 边坡：符合设计要求或临时性挖方边坡值符合表 6-8 的规定。如采用降水或其他加固措施，可不受临时性挖方边坡值限，但应计算复核。

表 6-8　临时性挖方边坡值

土 的 类 别		边坡值(高：宽)
砂土(不包括细砂、粉砂)		(1:1.25)~(1:1.50)
一般性黏土	硬	(1:0.75)~(1:1.00)
	硬、塑	(1:1.00)~(1:1.25)
	软	1:1.50 或更缓
碎石类土	充填坚硬、硬塑黏性土	(1:0.50)~(1:1.00)
	充填砂土	(1:1.00)~(1:1.50)

注：1. 设计有要求时，应符合设计标准。

2. 如采用降水或其他加固措施，可不受本表限制，但应计算复核。

3. 开挖深度，对软土不应超过 4m，对硬土不应超过 8m。

抽查数量：每 20m 取一点，每边不少于 1 点。

检验方法：观察或用坡度尺检查。

④ 长度、宽度（由设计中心线向两边量）：应符合标准规定允许偏差值。

抽查数量：长、宽边全数。

检验方法：钢尺检查。

⑤ 表面平整度：符合标准规定允许偏差值。

抽查数量：每 30~50m² 取一点。

检验方法：用 2m 靠尺和楔形塞尺检查。

第四节　常用地基加固方法

一、产生地基加固的因素

当建筑物的天然地基存在以下四类问题之一时，必须采取地基处理措施，以保证建筑物的安全和正常使用。

① 强度与稳定性。当地基的抗剪强度不足以支撑上部结构的自重及外荷载时，地基就会产生局部或整体的剪切破坏，从而影响建（构）筑物的正常使用，甚至引起破坏。

② 压缩与不均匀沉降。当地基在上部结构的自重及外荷载作用下产生过大的变形时，会影响结构的正常使用；当超过建筑物所能允许的不均匀沉降时，结构可能开裂。沉降量较大时，结构可能开裂。沉降量较大时，不均匀沉降往往也较大。

③ 渗漏。这是由于地下水在运动中出现的问题，会产生水量损失，可能导致建筑物发生事故。

④ 动力荷载的作用（地震、机器与车辆的振动），会造成地基失稳和震陷。任何建筑物的荷载，最终将传递到地基上，由于上部结构材料强度很高，而相应的地基土的强度很低、压缩性较大，因此必须设置一定结构形式和尺寸的基础。基础承受建筑物的全部荷载并将其传递给地基，起承上启下的作用。

二、地基加固方法

常用地基加固方法有灰土地基、砂和砂石地基、土工合成材料地基、粉煤灰地基、强夯地基、注浆地基、预压地基、振冲地基、高压喷射注浆地基、水泥土搅拌桩地基、土和灰土挤密桩复合地基、水泥粉煤灰碎石桩复合地基、夯实水泥土桩复合地基和砂桩地基 14 种。这里仅介绍以下几种。

（一）注浆法加固地基

注浆加固主要是水泥压力灌浆，是将水泥浆通过压力泵、灌浆管均匀地注入土层中，以填充、渗透和挤密等方式驱走土颗粒间的水分和气体，并填充其位置，硬化后将土颗粒胶结成一个整体形成一个强度大、压缩性低、抗渗性高和稳定性良好的新的土体，从而使地基得到加固，可防止或减少渗透和不均匀的沉降。

1. 施工工艺

① 机械选择。灌浆设备主要是压浆泵，多用泥浆泵或砂浆泵代替，常用于灌浆的有 TBW-50/15 型、TBW-200/40 型、NSB-100/30 型泥浆泵以及 100/15（C-232）型砂浆泵，配套机具有 TXU-75 液压钻机、灰浆搅拌机、灌浆管、阀门、压力表等。

② 材料要求。水泥用强度等级 32.5 或 42.5 普通硅酸盐水泥，水灰比变化范围为 0.6～2.0，常用水灰比为（8：1）～（1：1）。要求速凝时，可采用快硬水泥或在水中搀入水泥用量 1%～2%的氯化钙；要求缓凝时，可掺加水泥用量 0.1%～0.5%的木质素磺酸钙，也能掺加其他外加剂以调节水泥浆性能，如常用"三水浆"，水泥：水：水玻璃＝1：（0.7～0.8）：适量，在孔隙较大，可灌性好的地层可在浆液中掺入适量细砂，比例为（1：0.5）～（1：3），以节约水泥，更好填充，并可减少收缩。对不以提高固结强度为主的松散土层，也可在水泥浆中掺加细粉质黏土配成水泥黏土浆，灰泥比为 1：（3～8）（水泥：土，体积比），可以提高浆液的稳定性，防止沉淀和析水，使填充更加密实。

③ 注浆的工艺流程如下。

钻孔→下注浆管、套管→填砂→拔套管→封口→边注浆边拔注浆管→封孔

灌浆施工方法是先在加固地基中按规定位置用钻机手钻钻孔到要求的深度，孔径一般为 55～100mm，并探测地质情况，然后在孔内插入直径 38～50mm 的注浆射管，管底部 1.0～1.5m 管壁上钻有注浆孔，在射管之外设有套管，在射管与套管之间用砂填塞。地基表面空隙用 1：3 水泥砂浆或黏土、麻丝填塞，而后拔出套管，用压力泵将水泥浆压入射管而透入土层孔隙中，水泥浆应连续一次压入不得中断。灌浆先从稀浆开始，逐渐加浓，灌浆次序一般把射管一次沉入整个深度后，自下而上分段连续进行拔管，直至孔口为止。灌浆宜间隔进行，第一组孔灌浆后，再灌第二组、第三组。

灌浆完后，拔出灌浆管，留孔用 1：2 水泥砂浆或细砂砾石填塞密实，也可用原浆压浆堵口。

注浆充填率应根据加固土要求达到的强度指标、加固深度、注浆流量、土体的孔隙率和渗透系数等因素确定，饱和软黏土的一次注浆充填率不宜大于 0.15～0.17。

地基注浆加固前，应通过试验确定灌浆段长度、灌浆孔距、灌浆压力等有关技术参数。灌浆段长度根据土的裂隙、松散情况、渗透性以及灌浆设备能力等条件选定，在一般地质条件下，段长多控制在 5～6m，在土质严重松散、裂隙发育、渗透性强的情况下，宜为 2～

4m；灌浆孔距一般不宜大于 2.0m，单孔加固的直径范围可按 1～2m 考虑；孔深视土层加固深度而定；灌浆压力是指灌浆段所受的全压力，所用压力大小视钻孔深度、土的渗透性以及水泥浆的稠度等而定，一般为 0.3～0.6MPa。

2. 施工质量验收

① 检验批的划分与抽检数量。相同材料、工艺和施工条件的注浆地基，按 500～1000m² 划分为一个检验批，不足 500m² 的也应划分为一个检验批，独立基础地基每个按一个检验批检验。抽检数量每批不少于 3 点。

② 注浆强度必须符合设计要求。检查数量为注浆体总数量的 2%～5%，不合格率大于等于 20%，必须进行第二次注浆。检测时间应在施工结束后 60d（黏性土）或 15d（砂土）进行。检验方法应符合 JGJ 79《建筑地基处理技术规范》的有关规定。

③ 地基承载力特征值必须达到设计要求，重点工程应采用原位测试方法，一般工程可根据成熟经验进行检测，确定地基承载力特征值。

④ 各种注浆材料称量应采用质量比，称量偏差应控制在 3% 以内。

注浆孔位：偏差不大于 ±20mm。

注浆孔深：偏差不大于 ±100mm。

注浆压力：偏差不大于 ±10%。

⑤ 注浆地基的质量检验标准应符合表 6-9 的规定。

表 6-9　注浆地基质量检验标准

| 项目 | 序 | 检查项目 | | 允许偏差或允许值 | | 检查方法 |
				单位	数值	
主控项目	1	原材料检验	水泥	设计要求		查产品合格证书或抽样送检
			注浆用砂：粒径	mm	<2.5	实验室试验
			细度模数		<2.0	
			含泥量及有机物含量	%	<3	
			注浆用黏土：塑性指数		>14	实验室试验
			黏粒含量	%	>25	
			含砂量	%	<5	
			有机物含量	%	<3	
			粉煤灰：细度	不粗于同时使用的水泥		实验室试验
			烧失量	%	<3	
			水玻璃：模数	2.5～3.3		抽样送检
			其他化学浆液	设计要求		查产品合格证书或抽样送检
	2	注浆体强度		设计要求		取样检验
	3	地基承载力		设计要求		按规定方法
一般项目	1	各种注浆材料称量误差		%	<3	抽查
	2	注浆孔位		mm	±20	用钢尺量
	3	注浆孔深		mm	±100	测量注浆管长度
	4	注浆压力（与设计参数比）		%	±10	检查压力表读数

（二）粉体喷射法加固地基

粉体喷射法加固地基是采用喷粉桩机成孔，运用粉体喷射搅拌法（喷粉法）原理，用压缩空气将粉体（水泥或石灰粉）输送到桩头，并以雾状喷入加固地基的土层中，并借钻头的叶片旋转，加入搅拌，使其充分混合，形成水泥（或石灰）土桩体，与原地基构成复合地基，从而达到加固软弱地基的目的。

1. 机械设备选择

主要机具设备包括喷粉桩机及配套水泥罐、储灰罐及喷粉系统、空气压缩机等。喷粉桩机由液压步履式底架、井架和导向加减压机构、钻机传动系统、钻具、液压系统、电气系统等部分组成，其构造如图 6-12 所示。

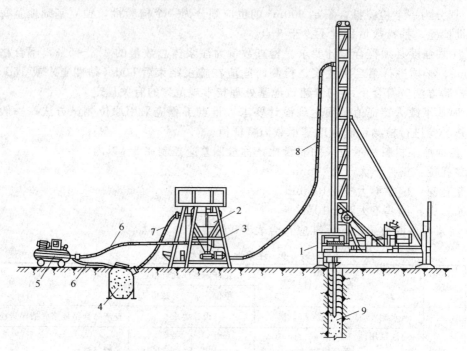

图 6-12　喷粉桩机具设备与施工工艺示意
1—喷粉桩机；2—储灰罐；3—灰罐架；4—水泥罐；5—空气压缩机；
6—进气管；7—进灰管；8—喷粉管；9—喷粉桩体

2. 施工工艺

施工工艺如下。

放线定桩位→钻机就位→钻桩孔至设计深度→边搅拌、喷粉，边提升钻杆→至桩顶以上 50cm 停止搅拌、喷粉→全程或局部复搅（复喷）一次，提杆至地面→移至下一桩位继续施工

① 施工前，应进行场地整平、桩位放线，组装架立喷粉桩机，检查主机各部的连接，喷粉系统各部分安装调试情况及灰罐、管路的密封连接情况是否正常，做好必要的调整和紧固工作，灰罐装满料后，进料口应加盖密封，排除异常情况后方可开始施工。

② 成桩时先用喷粉机在桩位钻孔，至设计要求深度后（钻速为 0.57～0.97m/min，一般钻一根 10m 长桩约 15～25min），将钻头以 0.97m/min 速度边搅拌边提升，同时边通过喷粉系统将水泥（或石灰粉）通过钻杆端喷嘴定时定量向搅动的土体喷粉，使土体和水泥（或石灰）进行充分搅拌混合，形成水泥、水、土混合体。

③ 桩体喷粉要求一气呵成，不得中断，每根桩宜装一次灰，搅拌完一根桩；喷粉深度在钻杆上标线控制，喷粉压力控制在 0.5～0.8MPa。

④ 单位桩长喷粉量是成桩质量的关键，喷粉量随土质情况、桩体强度要求而定，一般为 45～70kg/m。常用 50kg/m，相当桩体的 12%，每个工程喷粉量控制应一次大体调定。

为避免桩机移动路线和管路过长，喷粉桩施工时宜采用先中轴后边轴，先里排后外排的次序进行。桩机移动最长距离为 50m。

⑤ 当钻头提升到高于地面约 150mm，喷粉系统停止向孔内喷射水泥（或石灰粉）；遇有荷载较大和不正常情况，为避免桩上部受力最大部位因气压骤减出现松散层，提高桩体质量，在桩顶下部 3.5m 范围内，宜再钻进提杆复喷（水泥用量为 10kg/m）一次，桩体即告完成。复喷桩体强度可达到 1.2MPa 左右。

⑥ 喷粉桩应自然养护 14d 以上方可挖基坑土方，桩基上部 500mm 高上层尽可能用人工开挖，避免挖土机、推土机在其上行驶或站在桩上挖土，以免将桩头压碎或水平推力作用造成断桩。切割上部桩头时应用人工在周边凿槽，再用锤击破碎。

3. 施工质量验收

① 相同规格、材料、工艺和施工条件的粉体喷射法加固地基，各每 300 根划分为一个检验批，不足 300 根也应划分为一个检验批。

抽查数量：每个检验批至少应抽查 20%，且每批不少于 3 根。

② 水泥用量符合设计要求，通过试验室配制确定，当没有室内配合比的情况下，水泥掺量不得低于加固土体质量的 10%。

检查方法：检查配合比试验报告及施工记录。

③ 桩体强度符合设计要求。水泥最终强度检验应以 90d 试样强度检测为准。

抽检数量：相同材料、相同工艺每 50m³、每一工作台班不少于一组试件。

检查方法：检查水泥土强度试验报告。

④ 施工结束后必须检验地基承载力、复合地基承载力特征值，必须满足设计要求。检测时间不得少于施工结束后 20d（黏性土），检测方法应符合 JGJ 79《建筑地基处理技术规范》的有关规定。场地土复杂或施工有问题的桩应进行单桩载荷试验，检验单桩承载力。检验点应选取具有代表性的或地基土质较差的加固地段。

抽查数量：承载力检验，数量为总数的 0.5%～1%，但不应少于 3 处。有单桩强度检验要求时，数量为总数的 0.5%～1%，但不应少于 3 根。

检查方法：检查单桩载荷试验报告和复合地基载荷试验报告。

⑤ 实测项目如下。

机头提升速度不大于 0.5m/min，测机头上升距离与时间。检查方法：检查施工记录。

桩底标高：偏差为 ±200mm。检查方法：测量机头入土深度。

桩顶标高：+100mm，−50mm。检查方法：水准仪测量（最上部 500mm 不计入）。

桩位偏差：小于 50mm。检查方法：拉线和尺量检查。

桩径：偏差小于 0.04D（D 为桩径）。检查方法：浅挖基槽，尺量检查。

垂直度：偏差不大于 1.5%。检查方法：经纬仪或测锤测量检查。

搭接：大于 200mm，喷水泥过程遇有故障而停止作业，继续喷水泥的重叠长度不得小于 1m。检查方法：尺量检查，检查机头钻入深度与施工记录。

⑥ 粉体喷射法加固地基质量检验标准应符合表 6-10 的规定。

（三）深层搅拌法加固地基

深层搅拌法是利用水泥（石灰）等材料作为固化剂，通过深层搅拌机在地基深部，就地将软土和固化剂（浆体或粉体）强制拌和，利用固化剂和软土发生一系列物理、化学反应，使其凝结成整体性、水稳性好和较高强度的水泥加固体，与天然地基形成复合地基。

深层搅拌法加固地基适于加固较深较厚的淤泥、淤泥质土、粉土和含水量较高且地基承载力不大于 120kPa 的黏性土地基，对超软土效果更为显著。

表 6-10　粉体喷射法加固地基质量检验标准

项	序	检 查 项 目	允许偏差或允许值		检 查 方 法
			单位	数量	
主控项目	1	水泥及外揽剂质量	设计要求		查产品合格证书或抽样送检
	2	水泥用量	参数指标		查看流量计
	3	桩体强度	设计要求		按规定办法
	4	地基承载力	设计要求		按规定办法
一般项目	1	机头提升速度	m/min	≤0.5	测机头上升距离与时间
	2	桩底标高	mm	±200	测机头深度
	3	桩顶标高	mm	+100 −50	水准仪（最上部 500mm 不计入）
	4	桩位偏差	mm	<50	用钢尺量
	5	桩径		<0.04D	用钢尺量（D 为桩径）
	6	垂直度	%	≤1.5	经纬仪
	7	搭接	mm	>200	用钢尺量

1. 机械设备与材料选择

机具设备包括深层搅拌机、起重机、水泥制配系统、导向设备及提升速度量测设备等。其配套设备如图 6-13 所示。

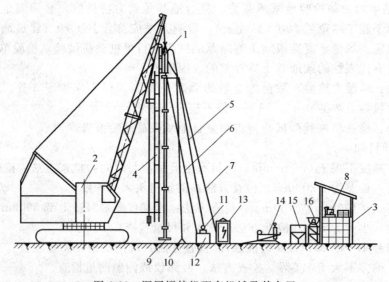

图 6-13　深层搅拌机配套机械及其布置

1—深层搅拌机；2—履带式起重机；3—工作平台；4—导向架；5—进水管；6—回水管；
7—电缆；8—磅秤；9—搅拌头；10—输浆压力胶管；11—冷却泵；12—储水池；
13—电气控制框；14—灰浆泵；15—集料斗；16—灰浆搅拌机

深层搅拌法加固软土的固化剂可选用水泥，掺入量一般为加固土质量的 7%～15%，每加固 1m³ 土体掺入水泥约 110～160kg；如用水泥砂浆作固化剂，其配合比为 1：（1～2）（水泥：砂）。为增强流动性，利用泵送，可掺入水泥质量 0.2%～0.25% 的木质素磺酸钙减水剂，但其有缓凝性，为此用硫酸钠（掺量为水泥用量的 1%）和石膏（掺量为水泥用量的 2%）与之复合使用，以促进速凝、早强。水灰比为 0.43～0.50，水泥砂浆稠度为

11～14cm。

2. 施工工艺

深层搅拌法加固地基的施工工艺流程如图 6-14 所示。

深层搅拌机定位→预搅下沉→制配水泥浆（或砂浆）→喷浆搅拌、提升→重复搅拌下沉→重复搅拌提升直至孔口→关闭搅拌机、清洗→移至下一根桩重复以上工序

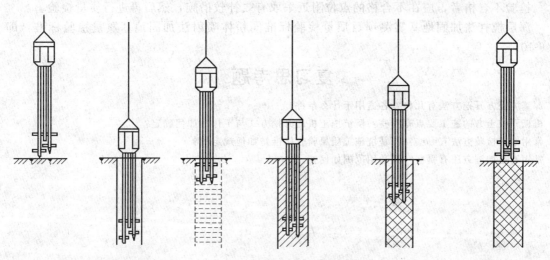

(a) 定位下沉　(b) 深入到设计深度　(c) 喷浆搅拌提升　(d) 原位重复搅拌下沉　(e) 重复搅拌提升　(f) 搅拌完成形式加固体

图 6-14　深层搅拌法工艺流程

① 场地应先整平，清除桩位处地上、地下一切障碍物（包括大块石、树根和生活垃圾等），场地低洼处用黏性土料回填夯实，不得用杂填土回填。

② 施工前，应标定搅拌机械的灰浆泵输送量、灰浆输送管到达搅拌机喷浆口的时间和起吊设备提升速度等施工工艺参数，并根据设计要求通过试验确定搅拌桩的配合比。

③ 施工时，先将深层搅拌机用钢丝绳吊挂在起重机上，用输浆胶管将储料罐砂浆泵与深层搅拌机接通，开动电动机，搅拌机叶片相向而转，借设备自重，以 0.38～0.75m/min 的速度沉至要求加固深度，再以 0.3～0.5m/min 的均匀速度提起搅拌机，与此同时开动砂浆泵将砂浆从深层搅拌中心管不断压入土中，由搅拌叶片将水泥浆与深层处的软土搅拌，边搅拌边喷射直到提至地面（近地面开挖部位可不喷浆，便于挖土），即完成一次搅拌过程。用同法再一次重复搅拌下沉和重复搅拌喷浆上升，即完成一根柱状加固体，外形呈"8"字形，一根接一根搭接，相搭接宽度宜大于 100mm，以增强其整体性，即成壁状加固体，几个壁状加固体连成一片，即成块状。

④ 施工中固化剂应严格按预定的配比拌制，并应有防离析措施。起吊应保证起吊设备的平稳度和导向架的垂直度。成桩要控制搅拌机的提升速度和次数，使其连续均匀，以控制注浆量，保证搅拌均匀，同时泵送必须连续。

⑤ 搅拌机预搅下沉时，不宜冲水，当遇到较硬土层下沉太慢时，方可适量冲水，但应考虑冲水成桩对桩身强度的影响。

⑥ 每天加固完毕，应用水清洗储料罐、砂浆泵、深层搅拌机及相应管道，以备再用。

3. 施工质量验收

① 在成桩后 7d 内用轻便触探器钻取桩身加固土样，观察搅拌均匀程度，同时根据轻便触探击数用对比法判断桩身强度。检验桩的数量应不少于已完成桩数的 2%。

② 在下列情况下尚应进行取样、单桩载荷试验或开挖检验：经触探检验对桩身强度有怀疑的应钻取桩身芯样，制成试块，试块尺寸不小于 50mm×50mm×50mm，钻孔直径不宜小于 108mm，并测定桩身强度；场地复杂或施工有问题的桩应进行单桩载荷试验，最大加载为单桩设计荷载的两倍，检验其承载力；对相邻桩搭接要求严格的工程，应在桩养护到一定龄期时选取数根桩体进行开挖，检查桩顶部分外观质量。

检验不合格者，应在不合格的点位附近采取有效补救措施，然后再进行质量检验。

深层搅拌法加固地基实测项目质量检验标准同粉体喷射法加固地基质量检验标准，即表6-10。

复习思考题

1. 深基坑土方开挖方法有几种？各适用于什么条件？
2. 机械开挖土方的施工要点有哪些？反铲挖土机的开挖方式与工作面如何确定？
3. 常用地基检验方法有哪些？深基坑施工质量验收标准是如何规定的？
4. 常用地基加固方法有哪些？其适用范围如何？

第七章　深基坑降水

高层建筑基础埋置较深，面积大，基坑开挖和基础施工经常会遇到地表和地下水大量浸入，造成地基浸泡，使地基承载力降低；或出现管涌、流砂、坑底隆起、坑外地层过度变形等现象，导致地基基础无法施工，影响邻近建（构）筑物使用安全和工程顺利进行，因此，基坑的排降水，是基坑开挖施工必须首先解决的。

深基坑降水方法有集水沟明排水法和人工降低地下水位法及隔离地下水。

深基坑常用降水类型与适用范围见表 7-1，可根据基坑规模、深度、场地及周边工程、水文与地质条件、需降水深度、周围环境状况、支护结构种类、工期要求及技术经济效益等进行全面综合考虑、分析、比较后合理选用降水类型。本章主要介绍轻型井点降水和井点回灌技术。

表 7-1　降水类型与适用范围

类型 ＼ 适用条件	适用土层类别、水文、地质特征	渗透系数 /m·d^{-1}	降低水位 深度/m
集水沟明排水	填土、粉土、砂土、黏性土；上层滞水，水量不大的潜水	7＜20	＜5
轻型井点	填土、粉土、砂土、粉质黏土、黏性土；上层滞水，水量不大的潜水	0.1～50	3～6
二级轻型井点	填土、粉土、砂土、粉质黏土、黏性土；上层滞水，水量不大的潜水	0.1～50	6～12
喷射井点	填土、粉土、砂土、粉质黏土、黏性土、淤泥质粉质黏土；上层滞水，水量不大的潜水	0.1～20	8～20
电渗井点	淤泥质粉质黏土、淤泥质黏土；上层滞水，水量不大的潜水	＜0.1	根据选定的 井点确定
管井井点	粉土、砂土、碎石土、可溶岩、破碎带；含水丰富的潜水、承压水、裂隙水	20～200	＞10

第一节　轻型井点降水

深基础或深的构筑物施工，地下水位以下含水丰富的土方开挖，采用一般的明沟方法排水，常会遇到大量地下涌水，难以排干，当遇粉砂层、细砂层时，还会出现严重的翻浆、冒泥、流砂现象，不但使基坑无法挖深，而且还会造成大量水土流失，使边坡失稳或附近地面出现塌陷，严重影响邻近建筑物的安全，遇此情况，一般应采用人工降低地下水位方法施工。

人工降低地下水位常用的方法为轻型井点降水法，它是在基坑开挖前，沿开挖基坑的四周，或沿一侧、两侧、三侧埋设一定数量深于坑底的井点滤水管或管井，以总管连接或直接与抽水设备连接从中抽水，使地下水位降落到基坑底 0.5～1.0m，以便在无水干燥的条件下开挖土方和进行基础施工。

一、主要机械设备选择

轻型井点系统主要机具设备由井点管、连接管、集水总管及抽水设备等组成。

1. 井点管

用直径 38～55mm 的钢管（或镀锌钢管），长度 5～7m，管下端配有滤管和管尖，其构造如图 7-1 所示。滤管直径常与井点管相同。长度不小于含水层厚度的 2/3，一般为 0.9～1.7m。管壁上呈梅花形钻直径为 10～18mm 的孔，管壁外包两层滤网，内层为细滤网，采用网眼 30～50 孔/cm² 的黄铜丝布、生丝布或尼龙丝布；外层为粗滤网，采用网眼 3～10 孔/cm² 的铁丝布或尼龙丝布或棕皮。为避免滤孔淤塞，在管壁与滤网间用铁丝绕成螺旋状隔开，漏网外面再围一层 8 号粗铁丝保护层。滤管下端放一个锥形的铸铁头。井点管的上端用弯管与总管相连。

2. 连接管与集水总管

连接管用塑料透明管、胶皮管或钢管制成，直径为 38～55mm。每个连接管均宜装设阀门，以便检修井点。集水总管一般用直径为 75～100mm 的钢管分节连接，每节长 4m，一般每隔 0.8～1.6m 设一个连接井点管的接头。

3. 抽水设备

轻型井点根据抽水机组类型不同，分为真空泵轻型井点、射流泵轻型井点和隔膜泵轻型井点三种。真空泵轻型井点设备由真空泵一台、离心式水泵两台（一台备用）和气水分离器一台组成一套抽水机组，如图 7-2 所示。国内已有定型产品供应（见表 7-2）。

这种设备形成真空度高（67～80kPa），带井点数多（60～70 根），降水深度较大（5.5～6.0m），但设备较复杂，易出故障，维修管理困难，耗电量大，适用于重要的较大规模工程降水。

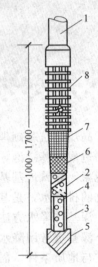

图 7-1　滤管构造
1—井点管；2—缠绕粗铁丝；3—钢管；4—进水孔眼；5—铸铁头；6—细滤网；7—粗滤网；8—粗铁丝保护网

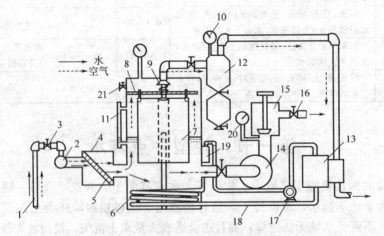

图 7-2　真空泵轻型井点抽水设备工作示意
1—井点管；2—弯连管；3—集水总管；4—过滤箱；5—过滤网；6—气水分离器；7—浮筒；8—挡水布；9—阀门；10—真空表；11—水位计；12—副气水分离器；13—真空泵；14—离心泵；15—压力箱；16—出水阀；17—冷却泵；18—冷却水管；19—冷却水箱；20—压力表；21—真空调节阀

表 7-2　真空泵轻型井点设备规格与技术性能

名　称	数量	规　格　与　技　术　性　能
往复式真空泵	1 台	V_5 型（W_6 型）或 V_6 型；生产率 4.4m^3/min；真空度 100kPa，电动机功率 5.5kW，转速1450r/min
离心式水泵	2 台	B 型或 BA 型；生产率 ≤30m^3/h；扬程 25m，抽吸真空高度 7m，吸口直径 50mm，电动机功率 2.8kW，转速 2900r/min
水泵机组配件	1 套	井点管 100 根，集水总管直径 75～100mm，每节长 1.6～4.0m，每套 29 节，总管上节管间距 0.8m，接头弯管 100 根；冲射管用冲管 1 根；机组外形尺寸 2600mm×1300mm×1600mm，机组质量为 1500kg

注：地下水位降低深度为 5.5～6.0m。

　　射流泵轻型井点设备由离心泵、射流器（射流泵）、水箱等组成，如图 7-3 所示，配套设备见表 7-3，由高压水泵供给工作水，经射流泵后产生真空，引射地下水流。设备构造简单，易于加工制造，效率较高，降水深度较大（可达 9m），操作维修方便，经久耐用，耗能少，费用低，应用广泛，是一种有发展前途的降水设备。

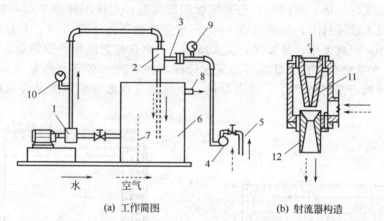

(a) 工作简图　　　　　　　　(b) 射流器构造

图 7-3　射流泵井点设备工作示意

1—离心泵；2—射流器；3—进水管；4—集水总管；5—井点管；6—循环水箱；
7—隔板；8—泄水口；9—真空表；10—压力表；11—喷嘴；12—喉管

表 7-3　ϕ50mm 射流泵轻型井点设备规格与技术性能

名　称	型　号　与　技　术　性　能	数量	备　注
离心泵	3BL-9，流量 45m^3/h，扬程 32.5m	1 台	供给工作水
电动机	JO₂-42-2，功率 7.5kW	1 台	水泵的配套动力
射流泵	喷嘴 ϕ50mm，空载真空度 100kPa，工作水压 0.15～0.30MPa，工作水流 45m^3/h，生产率 10～35m^3/h	1 个	形成真空
水箱	1100mm×600mm×1000mm	1 个	循环用水

注：每套设备带 9m 长井点 25～30 根，间距 1.6m，总长 180m，降水深 5～9m。

　　隔膜泵轻型井点分真空型、压力型和真空压力型三种。前两种由真空泵、隔膜泵、气液分离器等组成，真空压力型隔膜泵则兼有前两种特性，可一机代三机，其技术性能见表7-4。设备也较简单，易于操作维修，耗能较少，费用较低，但形成真空度低（56～64kPa），所带井点较少（20～30 根），降水深度为 4.7～5.1m，适用于降水深度不大的一般性工程。

表 7-4　ϕ400mm 真空压力型隔膜泵技术性能

型　号	隔膜数量/根	隔膜频率/次·min⁻¹	隔膜行程/mm	电机功率/kW	真空度/kPa	压力/MPa	工作流量/m^3·h⁻¹
ϕ400mm	2	58	90	3.0	93.3～100	0.1～0.2	10

三种轻型井点配用功率、井点根数和总管长度见表7-5。

表7-5　三种轻型井点配用功率、井点根数和总管长度参考值

轻型井点类别	配用功率/kW	井点根数/根	总管长度/m
真空泵轻型井点	18.5～22.0	80～100	96～120
射流泵轻型井点	7.5	30～50	40～60
隔膜泵轻型井点	3.0	50	60

二、轻型井点降水施工

1. 井点布置

井点布置根据基坑平面形状与大小、地质和水文情况、工程性质、降水深度等而定。当基坑（槽）宽度小于 6m，且降水深度不超过 6m 时，可采用单排井点，布置在地下水上游一侧，如图 7-4 所示；当基坑（槽）宽度大于 6m 或土质不良、渗水系数较大时，宜采用双排井点，布置在基坑（槽）的两侧；当基坑面积较大时，宜采用环形井点，如图 7-5 所示。挖土运输设备出入道可封闭，间距可达 4m，一般留在地下水下游方向。井点管距坑壁不应小于 1.0～1.5m，距离太小，易漏气，大大增加了井点数量。间距一般为 0.8～1.6m，最大可达 2.0m。集水总管标高宜尽量接近地下水位线，并沿抽水水流方向有 0.25%～0.5% 的上仰坡度，水泵轴心与总管齐平。井点管的入土深度应根据降水深度及含水层所在位置决

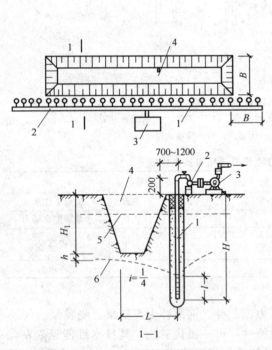

图 7-4　单排线状井点布置

1—井点管；2—集水总管；3—抽水设备；4—基坑；5—原地下水位线；6—降低后地下水位线；H—井点管的埋置深度；H_1—井点管埋设面至基坑底面的距离；h—降低后地下水位至基坑底面的安全距离，一般取 0.5～1.0m；L—井点管中心至基坑外边的水平距离；l—滤管长度；B—基坑开口尺寸

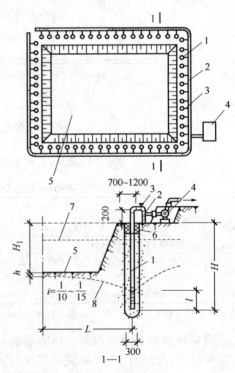

图 7-5　环形井点布置

1—井点管；2—集水总管；3—弯连管；4—抽水设备；5—基坑；6—回填黏土夯实；7—原地下水位线；8—降低后地下水位线；H—井点管的埋置深度；H_1—井点管埋设面至基坑底面的距离；h—降低后地下水位至基坑底面的安全距离，一般取 0.5～1.0m；L—井点管中心至基坑中心的水平距离；l—滤管长度

定，但必须将滤水管埋入含水层内，并且比挖基坑（槽、沟）底深 0.9～1.2m。

井点管的埋设深度如图 7-5 所示，可按式（7-1）计算。

$$H \geqslant H_1 + h + iL + l \tag{7-1}$$

式中 H——井点管的埋置深度，m；

H_1——井点管埋设面至基坑底面的距离，m；

h——基坑中央最深挖掘面至降水曲线最高点的安全距离，一般为 0.5～1.0m，人工开挖取下限，机械开挖取上限；

i——降水曲线坡度与土层渗透系数、地下水流量等因素有关，根据扬水试验和工程实测经验确定，对环状或双排井点可取 1/10～1/15；对单排线状井点可取 1/4；环状降水可取 1/8～1/10；

L——井点管中心至基坑中心的短边距离，m；

l——滤管长度，m。

计算出 H 后，为了安全，一般再增加 1/2 滤管长度。井点管的滤水管不宜埋入渗透系数极小的土层。在特殊情况下，当基坑底面处在渗透系数很小的土层时，水位可降到基坑底面以上标高最低的一层，渗透系数较大土层底面。井点管露出地面高度，一般取 0.2～0.3m。

一套抽水设备的总管长度一般不大于 100～120m。当主管过长时，可采用多套抽水设备；井点系统可以分段，各段长度应大致相等，宜在拐角处分段，以减少弯头数量，提高抽吸能力；分段宜设阀门，以免管内水流紊乱，影响降水效果。

真空泵连接井点造成的真空度，理论上为 760mmHg（101.3kPa），相当于 10.3m 水头高度，但由于管道接头漏气、土层漏气等原因，真空度只能维持在 53.3～66.6kPa，相应的吸程高度大约为 5.5～6.5m。当所需水位降低值超过 6m 时，一级轻型井点不能满足降水深度要求，一般应采用明沟排水与井点相结合的方法，将总管安装在原有地下水位线以下，或采用二级（或三级）轻型井点排水（降水深度可达 7～10m），即先挖去第一级井点排干的土，至二级井点标高处，然后再在坑内布置埋设第二级井点，如图 7-6 所示，以增加降水深度，再挖土至施工要求的标高。抽水设备布置在地下水的上游，并设在总管的中部。

2. 井点施工工艺

施工工艺如下：

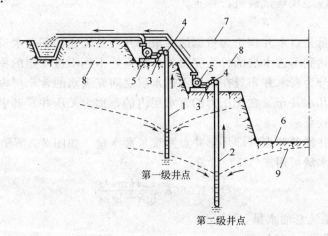

图 7-6 二级轻型井点降水

1—第一级轻型井点；2—第二级轻型井点；3—集水总管；4—连接管；5—水泵；
6—基坑；7—原地面线；8—原地下水位线；9—降低后地下水位线

放线定位→铺设总管→冲孔→安装井点管、填砂砾滤料、上部填黏土密封→用弯连管将井点管与总管接通→安装抽水设备与总管连通→安装集水箱和排水管→开动真空泵排气，再开动离心水泵抽水→测量观测井中地下水变化

3. 井点管埋设

井点管埋设方法，可根据土质情况、场地和施工条件，选择适用的成孔机具和方法，其工艺方法基本都是用高压水冲刷土体，用冲管扰动土壤助冲，将土层冲成圆孔后埋设井点管，只是冲管构造有所不同。

所有井点管在地面以下 0.5～1.0m 的深度内，用黏土填实，以防止漏气。井点管埋设完毕，应接通总管与抽水设备连通，接头应严密，并进行试抽水，检查有无漏气、淤塞等情况，出水是否正常，如有异常情况，检修后方可使用。

4. 井点管使用

使用井点管时，应保持连续不断地抽水，并备用双电源，以防断电。一般在抽水 3～5d 后水位降落，漏斗基本趋于稳定。正常出水规律是"先大后小，先混后清"。如不上水，或水一直较混，或出现清后又混等情况，应立即检查纠正。真空度是判断井点系统良好与否的尺度，应经常观测，一般应不低于 55.3～66.7kPa，如真空度不够，通常是由于管路漏气引起，应及时修好。井点管淤塞，可通过听管内水流声、手扶管壁感到振动、夏冬期手摸管子冷热与潮干等简便方法进行检查。如井点管淤塞太多，严重影响降水效果时，应逐个用高压水反复冲洗井点管或拔出重新埋设。

地下构筑物竣工并进行回填土后，方可拆除井点系统，拔出可借助于倒链式或杠杆式起重机，所留孔洞用砂或土堵塞，对地基有防渗要求时，地面下 2m 应用黏土填实。

井点水位降低时，应对水位降低区域内的建筑物进行沉陷观测，发现沉陷或水平位移过大时，应及时采取防护技术措施。

三、轻型井点降水计算

轻型井点计算的主要内容包括：根据确定的井点系统的平面和竖向布置图计算单井井点涌水量和群井（井点系统）涌水量，计算确定井点管数量与间距，校核水位降低数值，选择抽水设备，确定抽水系统（抽水机组、管路等）的类型、规格和数量以及进行井点管的布置等。井点计算由于受水文地质和井点设备等多种因素的影响，计算的结果只是近似的，对重要工程的计算结果应经现场试验进行修正。

1. 涌水量计算

井点系统涌水量是以水井理论为依据的。根据井底是否达到不透水层，水井分为完整井和非完整井。井底达到不透水层的称为完整井；井点达不到不透水层的称为非完整井。根据地下水有无压力又分为：水井布置在两层不透水层之间充满水的含水层内，地下水有一定压力的称为承压井；凡水井布置在无压力的含水层内的，称为无压井。其中以无压完整井的理论较为完善，应用较普遍。

（1）无压完整井群井井点（即环形井点系统）涌水量　如图 7-7 所示。

无压完整井涌水量可用式(7-2) 计算。

$$Q=1.366K\frac{(2H-s)s}{\lg R-\lg x_0} \tag{7-2}$$

式中　Q——井点系统总涌水量，m^3/d；

K——渗透系数，m/d；

H——含水层厚度，m；

R——抽水影响半径，m；

s——水位降低值，m；

x_0——基坑假想半径，m。

（2）无压非完整井井点系统涌水量 如图7-8所示。

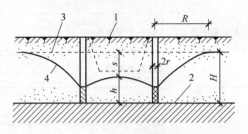

图7-7 无压完整井涌水量计算简图
1—基坑；2—不透水层；3—原水位线；
4—降低后水位线

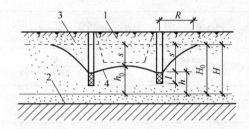

图7-8 无压非完整井涌水量计算简图
1—基坑；2—不透水层；3—原水位线；
4—降低后水位线

为了简化计算，仍可采用式(7-2)，但式中 H 应换成有效带深度 H_0。H_0 是经验数值，可由表7-6查得。

表7-6 有效带深度 H_0 值

$\dfrac{s'}{s'+l}$	0.2	0.3	0.5	0.8
H_0	$1.3(s'+l)$	$1.5(s'+l)$	$1.7(s'+l)$	$1.85(s'+l)$

（3）x_0、R、K 值计算 计算涌水量时，需预先确定 x_0、R、K 值。

① 计算基坑假想半径 x_0。对矩形基坑，其长度与宽度之比不大于5时，可将不规则平面形状化成一个假想半径为 x_0 的圆井进行计算。

$$x_0=\sqrt{\frac{A}{\pi}}\quad(\pi\ \text{取}\ 3.14)\tag{7-3}$$

式中 A——基坑的平面面积，m^2。

② 确定渗透系数 K。渗透系数 K 值的确定是否准确，对计算结果影响很大，一般可根据地质报告提供数值或参考表7-7所列的土的渗透系数 K 值。对重大工程应进行现场抽水试验确定，其方法是在现场设置一个抽水井，距抽水井为 x_1 与 x_2 处设置一个或两个观察孔，抽水试验中水位升降次数一般为3次（至少应为2次），每次抽水形成稳定的降落漏斗曲线之后，再继续抽水6~8h，然后算做抽水稳定。根据记录，绘制稳定后的 Q-s 曲线，观测孔的水位一般2h测一次，估计抽水稳定一次需7d。然后，根据所抽出的水量，按表7-8中所列公式及参考图7-9计算出 K 值。

表7-7 土的渗透系数

土 的 种 类	$K/\text{m}\cdot\text{d}^{-1}$	土 的 种 类	$K/\text{m}\cdot\text{d}^{-1}$
黏土、亚黏土	<0.1	含黏土的中砂及纯细砂	20~25
亚砂土	0.1~0.5	含黏土的细砂及纯中砂	35~50
含黏土的粉砂	0.5~1.0	纯粗砂	50~75
纯粉砂	1.5~5.0	粗砂夹卵石	50~100
含黏土的细砂	10~15	卵石	100~200

③ 计算抽水影响半径 R。抽水影响半径 R 一般由现场井点抽水试验确定。井点系统抽水后地下水受到影响而形成降落曲线，降落曲线稳定时的影响半径即为计算用的抽水影响半径 R，可按式(7-4)计算。

表 7-8　渗透系数 K 值计算公式

计　算　公　式		使　用　条　件
$K=0.73Q\dfrac{\lg R-\lg r}{H^2-h^2}=0.73Q\dfrac{\lg R-\lg r}{(2H-s)s}$		无观测孔
$K=0.73Q\dfrac{\lg x_1-\lg r}{y_1^2-h^2}=0.73Q\dfrac{\lg x_1-\lg r}{(2H-s-s_1)(s-s_1)}$	无压完全井	有一个观测孔
$K=0.73Q\dfrac{\lg x_2-\lg x_1}{y_2^2-y_1^2}=0.73Q\dfrac{\lg x_2-\lg x_1}{(2H-s_1-s_2)(s_1-s_2)}$		有两个观测孔
$K=0.73Q\dfrac{\lg R-\lg r}{H_a^2-h_a^2}$		无观测孔
$K=0.73Q\dfrac{\lg R-\lg r}{H_a^2-h_a^2}\sqrt{\dfrac{h_a}{l}}\sqrt[4]{\dfrac{h_a}{2h_a-l}}$	无压非完全井	无观测孔,井壁进水,非淹没过滤管
$K=0.73Q\dfrac{\lg x_2-\lg x_1}{(2H_a-s_1-s_2)(s_1-s_2)}\sqrt{\dfrac{h_a}{l}}\sqrt[4]{\dfrac{h_a}{2h_a-l}}$		同上,但有两个观测孔

注：Q，K，R，H，s 均同前；r—抽水孔半径，m；h—由抽水孔底标高算起完全井的动水位，m；H_a—含水层有效带深度，m；h_a—含水层有效带底部算起至抽水稳定后的高度，$h_a=H_a-s$，m；l—过滤管进水部分长度，m；x_1，x_2—第一个、第二个观测孔距抽水井的距离，m；y_1，y_2—第一个、第二个观测孔的水位，m；s_1，s_2—第一个、第二个观测孔的水位降落值，m。

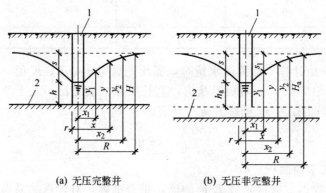

(a) 无压完整井　　　(b) 无压非完整井
图 7-9　抽水孔水位降落示意
1—抽水孔；2—不透水层

$$R=1.95s\sqrt{HK} \tag{7-4}$$

式中，s、H、K、R 符号意义同前。

2. 井点管数量与间距确定

（1）井点管需要根数　可按式（7-5）计算。

$$n=m\frac{Q}{q} \tag{7-5}$$

式中　m——井点备用系数，参考堵塞等因素，一般取 $m=1.1$；

　　q——单根井点管出水量，m³/d，$q=65\pi dl\sqrt[3]{K}$；

　　d——滤管直径，m；

　　l——滤管长度，m；

　　K——渗透系数，m/d。

（2）井点管间距　可根据井点系统布置方式按式（7-6）计算。

$$D=\frac{2(L+B)}{n-1} \tag{7-6}$$

式中　L，B——矩形井点系统的长度和宽度，m。

求出的管距应大于 $15d$（如井点管太密，会影响抽水效果），并应符合总管接头的间距（0.8m，1.2m，1.6m）。

3. 水位降低数值校核

井点管数与间距确定后，可按式(7-7)校核所采用的布置方式是否能将地下水位降低到规定标高，即 h 是否小于规定数值。

$$h=\sqrt{H^2-\frac{Q}{1.366K}\left[\lg R-\frac{1}{n}\lg(x_1 x_2 \cdots x_n)\right]} \tag{7-7}$$

式中　　　　　　h——滤管外壁处或坑底任意点的动水位高度，m，对完整井算至井底，对不完整井算至有效带深度；

x_1，x_2，…，x_n——所核算的滤管外壁或坑底任意点至各井点管的水平距离，m。

4. 抽水设备确定

一般按涌水量、渗透系数、井点管数量与间距、降水深度及需用水泵功率等综合数据来选定水泵的型号（包括流量、扬程、吸程等）。

水泵所需功率 N（kW）按式(7-8)计算。

$$N=\frac{K_1 QH}{75\eta_1 \eta_2} \tag{7-8}$$

式中　K_1——安全系数，一般取 2；

　　　Q——基坑的涌水量，m^3/d；

　　　H——包括扬水、吸水及由于各种阻力所造成的水头损失在内的总高度，m；

　　　η_1——水泵效率，一般取 0.4～0.5；

　　　η_2——动力机械效率，取 0.75～0.85。

求得 N 后即可选择水泵类型。需用水泵流量也通过试验求得，在一般的集水井设置口径 75～100mm 的水泵即可。

常用离心泵技术性能见表 7-9 和表 7-10，可供参考。

表 7-9　BA 型离心水泵主要技术性能

水泵型号	流量 /$m^3 \cdot h^{-1}$	扬程 /m	吸程 /m	电动机功率 /kW	外形尺寸（长×宽×高） /mm	质量 /kg
$1\frac{1}{2}$BA-6	11.0	17.4	6.7	1.5	370×225×240	30
2BA-6	20.0	38.0	7.2	4.0	524×337×295	35
2BA-9	20.0	18.5	6.8	2.2	534×319×270	36
3BA-6	60.0	50.0	5.6	17.0	714×368×410	116
3BA-9	45.0	32.6	5.0	7.5	623×350×310	60
3BA-13	45.0	18.8	5.5	4.0	554×344×275	41
4BA-6	115.0	81.0	5.5	55.0	730×430×440	138
4BA-8	109.0	47.6	3.8	30.0	722×402×425	116
4BA-12	90.0	34.6	5.8	17.0	725×387×400	108
4BA-18	90.0	20.0	5.0	10.0	631×365×310	65
4BA-25	79.0	14.8	5.0	5.5	571×301×295	44
6BA-8	170.0	32.5	5.9	30.0	759×528×480	166
6BA-12	160.0	20.1	7.9	17.0	747×490×450	146
6BA-18	162.0	12.5	5.5	10.0	748×470×420	134
8BA-12	280.0	29.1	5.6	40.0	809×584×490	191
8BA-18	285.0	18.0	5.5	22.0	786×560×480	180
8BA-25	270.0	12.7	5.0	17.0	779×512×480	143

表 7-10　B 型离心水泵主要技术性能

水泵型号	流量/m³·h⁻¹	扬程/m	吸程/m	电动机功率/kW	质量/kg
$1\frac{1}{2}$B-17	6～14	20.3～14.0	6.6～6.0	1.5	17.0
2B-19	11～25	21.0～16.0	8.0～6.0	2.2	19.0
2B-31	10～30	34.5～24.0	8.2～5.7	4.0	37.0
3B-19	32.4～52.2	21.5～15.6	6.2～5.0	4.0	23.0
3B-33	30～55	35.5～28.8	6.7～3.0	7.5	40.0
3B-57	30～70	62.0～44.5	7.7～4.7	17.0	70.0
4B-15	54～99	17.6～10.0	5.0	5.5	27.0
4B-20	65～110	22.6～17.1	5.0	10.0	51.6
4B-35	65～120	37.7～28.0	6.7～3.3	17.0	48.0
4B-51	70～120	59.0～43.0	5.0～3.5	30.0	78.0
4B-91	65～135	98.0～72.5	7.1～40.0	55.0	89.0
6B-13	126～187	14.3～9.6	5.9～5.0	10.0	88.0
6B-20	110～200	22.7～17.1	8.5～7.0	17.0	104.0
6B-33	110～200	36.5～29.2	6.6～5.2	30.0	117.0
8B-13	216～324	14.5～11.0	5.5～4.5	17.0	111.0
8B-18	220～360	20.0～14.0	6.2～5.0	22.0	—
8B-29	220～340	32.0～25.4	6.5～4.7	40.0	139.0

【例 7-1】　某商住楼工程地下室基坑平面尺寸如图 7-10 所示。基坑底宽 10m，长 19m，深 4.1m，挖土边坡为 1∶0.5，地下水深为 -0.6m，根据地质勘察资料，该处地面下 0.7m 为杂填土，此层下面有 6.6m 的细砂层，土的渗透系数 K 为 5m/d，再往下为不透水的黏土层，现采用轻型井点设备进行人工降低地下水位，机械开挖土方，试对该轻型井点系统进行设计计算。

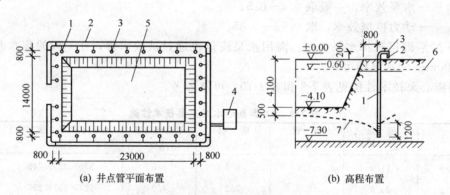

(a) 井点管平面布置　　　　　　　　(b) 高程布置

图 7-10　轻型井点布置计算示意

1—井点管；2—集水总管；3—弯连管；4—抽水设备；5—基坑；
6—原地下水位线；7—降低后地下水位线

解

①　井点系统的布置。该基坑顶部平面尺寸为 14m×23m，布置环状井点，井点管离边坡 0.8m，要求降水深度 $s=4.10-0.60+0.50=4.00$m，故用一级轻型井点系统即可满足要求，总管和井点布置在同一水平面上。

由井点系统布置处至下面一层不透水黏土层的深度为 0.70+6.60=7.30m，设井点管长度为 7.2m（井管长 6m，滤管长 1.2m），故滤管底距离不透水黏土层只差 0.1m，可按无压完整井进行设计和计算。

②　基坑总涌水量计算。含水层厚度为

$$H=7.3-0.6=6.7(\text{m})$$

降水深度为

$$s=4.1-0.6+0.5=4.0(\text{m})$$

由于该基坑长宽比不大于 5，所以可化简为一个假想半径为 x_0 的圆井进行计算。基坑假想半径为

$$x_0=\sqrt{\frac{A}{\pi}}=\sqrt{\frac{(14+0.8\times2)\times(23+0.8\times2)}{3.14}}=11(\text{m})$$

抽水影响半径为

$$R=1.95s\sqrt{HK}=1.95\times4\times\sqrt{6.7\times5}=45.1(\text{m})$$

基坑总涌水量按式(7-2) 计算。

$$Q=1.366K\frac{(2H-s)s}{\lg R-\lg x_0}=1.366\times5\frac{(2\times6.7-4)\times4}{\lg45.1-\lg11}=419(\text{m}^3/\text{d})$$

③ 计算井点管数量和间距。单井出水量为

$$q=65\pi dl\sqrt[3]{K}=65\times3.14\times0.05\times1.2\times\sqrt[3]{5}=20.9(\text{m}^3/\text{d})$$

需井点管数量为

$$n=1.1\frac{Q}{q}=1.1\times\frac{419}{20.9}=22(\text{根})$$

在基坑四角处井点管应加密，如考虑每个角加 2 根井点管，则采用的井点管数量为 22+8=30 根。井点管间距平均为

$$D=\frac{2\times(24.6+15.6)}{30-1}=2.77(\text{m})(\text{取 }2.4\text{m})$$

布置时，为使机械挖土有开行路线，宜布置成端部开口（即留 3 根井点管距离），因此，实际需要井点管数量为

$$n=\frac{2\times(24.6+15.6)}{2.4}-2=31.5(\text{根})(\text{取 }32\text{ 根})$$

④ 校核水位降低数值。由式(7-7) 得

$$h=\sqrt{H^2-\frac{Q}{1.366K}(\lg R-\lg x_0)}=\sqrt{6.7^2-\frac{419}{1.366\times5}\times(\lg45.1-\lg11)}=2.7(\text{m})$$

实际可降低水位为

$$s=H-h=6.7-2.7=4.0(\text{m})$$

与需要降低水位数值 4.0m 相符，固布置可行。

第二节　井点回灌

在软弱土层中开挖基坑进行井点降水，由于基坑地下水位下降，使降水影响范围内土层中含水量减少，产生固结和压缩，土层中的含水浮托力减少而产生压密，致使地基产生不均匀沉降，从而导致邻近建（构）筑物产生下沉或开裂。

为了防止或减少井点降水对邻近建（构）筑物不良影响，减少建（构）筑物下地下水的流失，一般在降水区和原有建（构）筑物之间土层中设置一道抗渗屏幕。通常有设置挡墙阻止地下水流失和采用补充地下水保持建（构）筑物地下水位稳定两类方法，其中以后者在降水井点系统与需要保护的建（构）筑物之间埋置一道回灌井点（见图 7-11）的方法最为合理而经济。其基本原理是在井点降水的同时，通过回灌井点向土层中灌入足够的水量，使降水井点的影响半径不超过回灌井点的范围，这样，回灌井点就以一道隔水帷幕，阻止回灌井

点外侧的建（构）筑物下的地下水流失，使地下水位保持不变，建（构）筑物下土层的承载力仍处于原始平衡状态，从而可有效地防止降水井点降水对周围建（构）筑物的影响。

一、井点回灌构造

回灌井点系统由水源、流量表、水箱、总管、回灌井管组成。其工作方式恰好与降水井点系统相反，将水灌入井点后，水从井点周围土层渗透，在土层中形成一个和降水井点相反的倒转降落漏斗，如图 7-12 所示。回灌井点的设计主要考虑井点的配置以及计算每一灌水井点的灌水能力，准确地计算其影响范围。回灌井点的井管滤管部分宜从地下水位以上 0.5m 处开始一直到井管底部，其构造与降水井点管基本相同。为使注水形成一个有效的补给水幕，避免注水直接回到降水井点管，造成两井"相通"，两者间应保持一定距离。回灌井点与降水井点间的距离应根据降水、回灌水位曲线和场地条件而定，一般不宜小于 5m。回灌井点的埋设深度应按井点降水曲线、透水层的深度和土层渗透性来确定，以确保基坑施工安全和回灌效果。一般使两管距离为两管水平差＝1：（0.8～0.9），并使注水管尽量靠近保护的建（构）筑物。

二、井点回灌技术

① 回灌井点埋设方法及质量要求与降水井点相同。

② 回灌水量应根据地下水位的变化及时调整，尽可能保持抽灌平衡，既要防止灌水量过大渗入基坑而影响施工，又要防止灌水量过少，使地下水位失控而影响回灌效果。因此，要在原有建（构）筑物上设置沉降观测点，进行精密水准测量，在基坑纵横轴线及原有建（构）筑物附近设置水位观测井，以测量地下水位标高，固定专人定时观测，并做好记录，以便及时调整抽水量或灌水量，使原有建（构）筑物下地下水位保持一定的深度，从而达到控制沉降的目的，避免裂缝的产生。

③ 回灌注水压力应大于 0.5atm（1atm 约为 0.1MPa），为满足注水压力的要求，应设置高位水箱，其高度可根据回灌水量配置，一般采用将水箱架高的办法提高回灌水压力，靠水位差重力自流灌入土中。

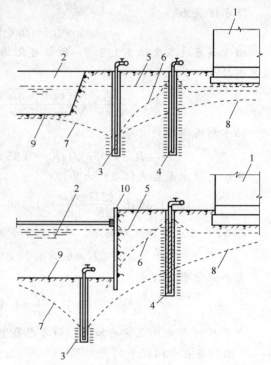

图 7-11　回灌井点布置

1—原有建筑物；2—开挖基坑；3—降水井点；
4—回灌井点；5—原地下水位线；6—降灌井
点间水位线；7—降低后地下水位线；8—仅降
水时水位线；9—基坑底；10—支护结构

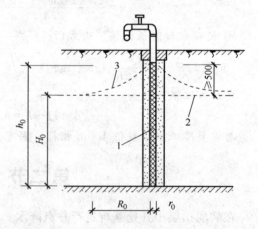

图 7-12　回灌井点水位

1—回灌井点；2—原有地下水位线；
3—回灌后地下水位线；
R_0—灌水半径，m；r_0—回灌井点的
计算半径，m；h_0—动水位高度，m；
H_0—静水位高度，m

④ 要做好回灌井点设置后的冲洗工作，冲洗方法一般是往回灌井点大量地注水后，迅速进行抽水，尽可能地加大地基内的水力梯度，这样既可除去地基内的细粒成分，又可提高其灌水能力。

⑤ 回灌水宜采用清水，以保持回灌水量，为此，必须经常检查灌入水的污浊度及水质情况，避免产生孔眼堵塞现象，同时也必须及时校核灌水压力及灌水量，当产生孔眼堵塞时，应立即进行井点冲洗。

⑥ 回灌井点必须在降水井点启动前或在降水的同时向土中灌水，且不得中断，当其中有一方因故停止工作时，另一方应停止工作，恢复工作应同时进行。

本法适于在软弱土层中开挖基坑降水，要求附近建（构）筑物不产生不均匀下沉和裂缝，或要求不影响附近设备正常生产的情况下采用。

本法具有设备操作简单，效果好、费用低，可防止降水点周围地下水位的下降以及地基的固结沉降，保证建（构）筑物使用安全，保证生产正常进行，同时还可部分解决地下水抽出后的排放问题等优点，但需两套井点系统设备，管理较为复杂一些。

复习思考题

1. 人工降低地下水位方法有哪些？其适用范围如何？
2. 简述轻型井点降水计算步骤与方法。
3. 为什么采用井点回灌技术？它有哪些措施？

练 习 题

1. 某基坑面积为 15.6m×21.5m，基坑深 5.6m，地下水位在地面下 1m，不透水层在地面下 10m，地下水为无压水，渗透系数 $K=5\text{m/d}$，基坑边坡为 1：0.5，现采用轻型井点降低地下水位，试进行井点系统的布置和设计。

2. 某商住楼工程地下室基坑平面尺寸如图 7-13 所示。基坑底宽 10m，长 19m，深 5.1m，挖土边坡为 1：0.5。地下水深为 0.6m，根据地质勘察资料，该处地面下 0.7m 为杂填土，此层下面有 6.6m 的细砂层，土的渗透系数 $K=5\text{m/d}$，再往下为不透水的黏土层。现采用轻型井点设备进行人工降低地下水位，机械开挖土方，试对轻型井点系统进行设计计算。

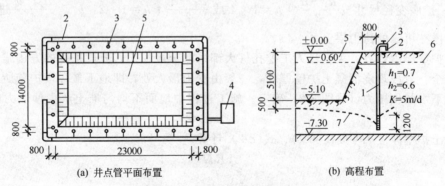

(a) 井点管平面布置　　　　　　　　(b) 高程布置

图 7-13　轻型井点布置计算示意

1—井点管；2—集水总管；3—弯连管；4—抽水设备；5—基坑；

6—原地下水位线；7—降低后地下水位线

第八章 高层建筑基础施工

高层建筑基础大多为复合基础，它是在桩上做箱基或筏基组成复合基础。

第一节 桩基础工程施工

一、灌注桩施工

桩按施工方法分有预制桩和灌注桩两大类。高层建筑基础中常用的灌注桩有人工挖孔混凝土灌注桩、大直径机械成孔人工挖扩底桩、钻孔压浆桩、桩端压浆桩和超流态混凝土灌注桩等。

（一）人工挖孔混凝土灌注桩

人工挖孔混凝土灌注桩是指在桩位采用人工挖掘方法成孔，然后安放钢筋笼，灌注混凝土而成基桩的方法。

人工挖孔混凝土灌注桩宜在水位以上施工，适用于黏土、粉土，也可在湿陷性黄土、膨胀土和冻土等特殊土中使用，适应性较强。

1. 构造要求与护壁厚度计算

（1）构造要求。桩的一般结构如图 8-1 所示。桩直径一般为 800～2000mm，最大直径可达 3500mm。底部采取不扩底和扩底两种方式，扩底直径 1.3～3.0d，最大扩底直径可达 4500mm。扩底变径尺寸按 $\dfrac{d_1-d}{2}:h=1:4$ 或 $\dfrac{d_1-d}{2}:h=1:2$，$h_1 \geqslant \dfrac{d_1-d}{4}$ 进行控制。桩底应支撑在可靠的持力层上。

（2）护壁厚度计算。大直径人工挖孔桩大都采取分段挖土，分段护壁的方法施工，以保证操作安全。分段现浇混凝土护壁厚度，一般由受力最大处，即地下最深段护壁所承受的土压力及地下水的侧压力（见图 8-2）确定。施工过程中地面不均匀堆土产生偏压力的影响可不考虑。

混凝土护壁厚度 t 可按式(8-1)、式(8-2) 计算。

$$t \geqslant \frac{KN}{f_c} \tag{8-1}$$

或

$$t \geqslant \frac{KpD}{2f_c} \tag{8-2}$$

式中　N——作用在混凝土护壁截面上的压力，(Pa)，$N=\dfrac{pD}{2}$；

　　　　K——安全系数，一般取 $K=1.65$；

　　　　f_c——混凝土轴心抗压强度，(MPa)；

　　　　p——土和地下水对护壁的最大侧压力，(MPa)；

D——挖孔桩外直径，m。

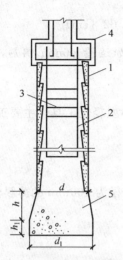

图 8-1 人工挖孔灌注桩构造示意
1—现浇混凝土护壁；2—主筋；3—箍筋；
4—承台；5—灌注桩混凝土

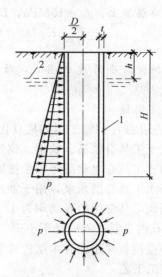

图 8-2 护壁受力计算简图
1—护壁；2—地下水位线

对无黏性土，当无地下水时

$$p=\gamma H\tan^2\left(45°-\frac{\varphi}{2}\right)$$

当有地下水时

$$p=\gamma H\tan^2\left(45°-\frac{\varphi}{2}\right)+(\gamma-\gamma_{\mathrm{w}})(H-h)\tan^2\left(45°-\frac{\varphi}{2}\right)+(H-h)\gamma_{\mathrm{w}}$$

对黏性土，当无地下水时

$$p=\gamma H\tan^2\left(45°-\frac{\varphi}{2}\right)-2\cot\left(45°-\frac{\varphi}{2}\right)$$

当有地下水时

$$p=\gamma H\tan^2\left(45°-\frac{\varphi}{2}\right)-4c\times\tan\left(45°-\frac{\varphi}{2}\right)+(\gamma-\gamma_{\mathrm{w}})(H-h)\tan\left(45°-\frac{\varphi}{2}\right)+(H-h)\gamma_{\mathrm{w}}$$

式中　γ——土的重度，$\mathrm{kN/m^3}$；

　　　γ_{w}——水的重度，$\mathrm{kN/m^3}$；

　　　H——挖孔桩护壁深度，m；

　　　h——地面至地下水位深度，m；

　　　φ——土的内摩擦角，（°）；

　　　c——土的黏聚力，kPa。

【例 8-1】 2.5m 直径混凝土灌注桩，深 22m，用人工挖孔，混凝土护壁采用 C20，每节高 1.0m，地基土为粉质黏土，土的天然重度 $\gamma=19.5\mathrm{kN/m^3}$；内摩擦角 $\varphi=20°$，地面以下 6m 有地下水，不考虑黏聚作用（$c=0$），试计算混凝土护壁所需厚度。

解 最深段的总压力为

$$p=\gamma H\tan^2\left(45°-\frac{\varphi}{2}\right)+(\gamma-\gamma_{\mathrm{w}})(H-h)\tan^2\left(45°-\frac{\varphi}{2}\right)+(H-h)\gamma_{\mathrm{w}}$$

$$=19.5\times6\times\tan^2\left(45°-\frac{20°}{2}\right)+(19.5-10)\times(22-6)\times\tan^2\left(45°-\frac{20°}{2}\right)+(22-6)\times10$$

＝291.88（Pa）

用 C20 混凝土，$f_c＝10MPa$，$D＝2.5m$，由式（8-2）得

$$t=\frac{KpD}{2f_c}=\frac{1.65\times291.88\times250}{2\times10\times10^3}=6.02\text{（cm）}$$

一般护壁最小厚度为 8cm，故采用 8cm。为安全再加适量 $\phi6mm$ 钢筋，间距200～300mm。

2. 施工机具

人工挖孔灌注桩施工用的机具比较简单，大都是一些小型轻便工具，主要工具如下。

① 挖土工具有铁镐、铁锹、钢钎、铁锤、风镐等。

② 出土工具有电动葫芦或手摇辘轳和提土桶。

③ 降水工具有潜水泵，用于抽出桩孔内的积水。

④ 通风工具常用的有功率为 1.5kW 的鼓风机，配以直径为 100mm 的薄膜塑料送风管，用于向桩孔内强制送入风量不小于 25L/s 的新鲜空气。

⑤ 护壁模板常用的有木结构式和钢结构式两种。

3. 施工工艺

场地平整→放线、定桩位→挖第一节桩孔土方→支模浇筑第一节混凝土护壁→在护壁上二次投测标高及桩位十字轴线→安装活动井盖、垂直运输架、起重电动葫芦或卷扬机、活瓣吊土桶、排水、通风、照明设施等→第二节桩身挖土→清理桩孔四壁、校核桩孔垂直度和直径→拆上节模板，支第二节模板，浇筑第二节混凝土护壁→重复第二节挖土、支模、浇筑混凝土护壁工序，循环作业直至设计深度→检查持力层后进行扩底→清理虚土、排除积水、检查尺寸和持力层→吊放钢筋笼就位→浇筑桩身混凝土（当桩孔不设支护和不扩底时，则无此两道工序）

（1）放线、定桩位 开孔前，桩位应定位放样准确，在桩位外设置定位龙门桩，安装护壁模板必须用桩心点校正模板位置，并由专人负责。

（2）挖桩孔土方

① 当桩净距小于 2 倍桩径且小于 2.5m 时，应采用间隔开挖。排桩跳挖的最小施工净距不得小于 4.5m，孔深不宜大于 40m。

② 挖至设计标高时，孔底不应积水，终孔后应清理好护壁上的淤泥和孔底残渣、积水，吊装钢筋笼，然后进行隐蔽工程验收。验收合格后，应立即封底和浇筑桩身混凝土。

（3）护壁施工 为确保人工挖孔灌注桩施工过程中的安全，必须采取防止土体坍滑的支护措施。支护的方法有现浇混凝土护壁、钢套管护壁、钢筋网护壁和滑模护壁等。

① 现浇混凝土护壁 现浇混凝土护壁人工挖孔灌注桩施工，是边开挖土方边修筑混凝土护壁的方法。护壁的结构形式为斜阶型，如图 8-3 所示。对于土质较好的土层，护壁可用素混凝土，土质较差地段应增加少量钢筋（环筋 $\phi10～12mm$，间距 200mm；竖筋 $\phi10～12mm$，间距 400mm）。修筑护壁的模板宜用工具式钢模板，它多由三块模板以螺栓连接拼成，使用方便。有时也可用喷射混凝土护壁代替现浇混凝土护壁，以节省模板。当深度不大，地下水少，土质比较好时，甚至可利用砌石砌筑护壁。其施工工序如下。

放线定位→开挖土方→测量控制→构筑混凝土护壁→挖土至设计标高（扩底）→基底验收→安装钢筋笼→浇筑混凝土

② 钢套管护壁 对于流砂地层、地下水丰富的强透水地带或承压水地层，采用强行抽水挖掘并构筑混凝土护壁会有一定困难，且影响施工速度，甚至会威胁挖土工人的安全。因

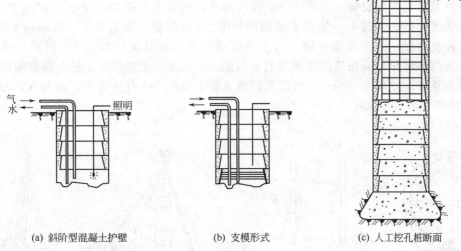

(a) 斜阶型混凝土护壁　　　　(b) 支模形式　　　　(c) 人工挖孔桩断面

图 8-3　现浇混凝土护壁人工挖孔桩施工

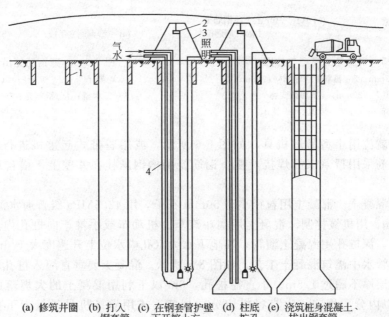

(a) 修筑井圈　(b) 打入　(c) 在钢套管护壁　(d) 桩底　(e) 浇筑桩身混凝土、
　　　　　　　钢套管　　下开挖土方　　　扩孔　　　　拔出钢套管

图 8-4　钢套管护壁人工挖孔桩施工

1—井圈；2—链式电动葫芦；3—小型机架；4—钢套管

此，必须应用钢套管护壁，如图 8-4 所示。其施工工序如下。

放线定位并构筑井圈→安放打桩架→打入钢套管→挖土至钢套管下口（扩底）→基底验收→安放钢筋笼→浇筑混凝土、拔出钢套管

③ 钢筋网护壁　对于土质较好的地层，无地下水，可采用钢筋网护壁，可加快施工进度。护壁钢筋用环筋可根据地层情况一般为 $\phi12\sim16mm$，竖筋为 $\phi12\sim16mm$，环筋间距 400mm，竖筋间距 100mm。支护钢筋网均采用焊接成型后切断，连接采用 8 号钢丝。其施工工序如下。

放线定位并构筑井圈→开挖土方→测量控制→制作钢筋网护壁并安装支护→挖土至设计

标高（扩底）→基底验收→安放钢筋笼→浇筑混凝土

（4）钢筋笼制作与安装　直径 1.2m 以内的桩，钢筋笼制作与一般灌注桩的方法相同，对直径和长度大的钢筋笼，一般在主筋内侧每隔 2.5m 加设一道直径 25～30mm 的加强箍，每隔一箍在箍内设一井字加强支撑，与主筋焊接牢固组成骨架，如图 8-5 所示。为便于吊运，一般分两节制作，钢筋笼的主筋为通长钢筋，其接头采用对焊，主筋与箍筋间隔点焊固定，控制平整度误差不大于 5cm，钢筋笼四侧主筋上每隔 5m 设置耳环，控制保护层为 5～7cm，钢筋笼外形尺寸比孔小 11～12cm。

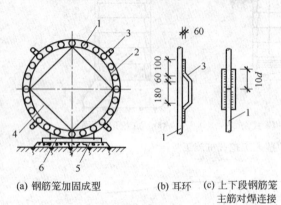

(a) 钢筋笼加固成型　　　(b) 耳环　(c) 上下段钢筋笼
主筋对焊连接

图 8-5　钢筋笼的成型与加固
1—主筋 ϕ32mm；2—箍筋 ϕ12～16@150mm；
3—耳环 ϕ20mm；4—加劲支撑
ϕ30@5.0mm；5—轻轨；6—枕木

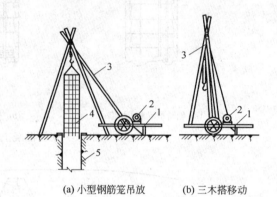

(a) 小型钢筋笼吊放　　(b) 三木搭移动

图 8-6　小型钢筋笼吊放
1—双轮架子车；2—0.5～1.0t 卷扬机；
3—三木搭；4—钢筋笼；5—桩孔

钢筋笼的就位用小型吊运机具，如图 8-6 所示，或用履带式起重机进行，如图 8-7 所示，上下节主筋采用帮条双面焊接，整个钢筋笼用槽钢悬挂在井壁上，借自重保持垂直度正确。

（5）浇筑混凝土　混凝土用粒径小于 50mm 石子，用 42.5MPa 级普通水泥或矿渣水泥，坍落度 4～8cm，用机械拌制。混凝土用翻斗汽车、机动车或手推车向桩孔内浇筑。混凝土下料采用串桶，深桩孔用混凝土溜管，如地下水大（孔中水位上升速度大于 6mm/min），应采用混凝土导管水中浇筑混凝土工艺，如图 8-8 所示。混凝土要垂直灌入桩孔内，并应连续分层浇筑，每层厚不超过 1.5m。小直径桩孔，6m 以下利用混凝土的大坍落度和下冲力使其密实；6m 以内分层捣实。大直径桩应分层捣实，或用卷扬机吊导管上下插捣。对直径小、深度大的桩，人工下井振捣有困难时，可在混凝土中掺水泥用量 0.25% 木钙减水剂，使混凝土坍落度增至 13～18cm，利用混凝土大坍落度下沉力使之密实，但桩上部钢筋部位仍应用振捣器振捣密实。

（6）桩混凝土养护　当桩顶标高比自然场地标高低时，在混凝土浇筑 12h 后进行湿水养护，当桩顶标高比场内标高高时，混凝土浇筑 12h 后应当覆盖草袋，并湿水养护，养护时间不应少于 7d。

（7）地下水与流砂处理　桩挖孔时，如地下水丰富、渗水或涌水量较大时，可根据情况分别采取以下措施。

① 少量渗水可在桩孔内挖小集水坑，随挖土随用吊桶，将泥水一起吊出。

② 大量渗水可在桩孔内先挖较深集水井，设小型潜水泵将地下水排出桩孔外，随挖土随加深集水井。

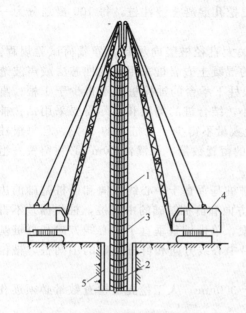

图 8-7　大直径灌注桩钢筋笼的吊放
1—上节钢筋笼；2—下节钢筋笼；
3—钢筋焊接接头；4—15t 履带式或
轮胎式起重机；5—混凝土护壁

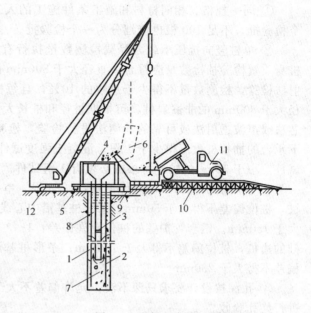

图 8-8　混凝土浇筑工艺
1—大直径桩孔；2—钢筋笼；3—导管；4—下料漏斗；5—浇
筑台架；6—卸料槽；7—混凝土；8—泥浆水；9—泥浆溢
流槽；10—钢承台；11—翻斗汽车；12—履带起重机

③ 涌水量很大时，如桩较密集，可将一桩超前开挖，使附近地下水汇集于此桩孔内，用 1~2 台潜水泵将地下水抽出，起到深井降水的作用，将附近桩孔地下水位降低。

④ 渗水量较大，井底地下水难以排干时，底部泥渣可用压缩空气清孔方法清孔。

当挖孔时遇流沙层，一般可在井孔内设高 1~2m，厚 4mm 钢套护筒，直径略小于混凝土护壁内径，利用混凝土支护作为支点，用小型油压千斤顶将钢护筒逐渐压入土中，阻挡流砂，钢套筒可一个接一个下沉，压入一段，开挖一段桩孔，直至穿过流沙层 0.5~1.0m，再转入正常挖土和浇混凝土支护。浇筑混凝土时，至该段，随浇混凝土将钢护筒（上设吊环）吊出，也可不吊出。

4. 人工挖孔施工安全措施

① 孔内必须设置应急软爬梯，供人员上下井使用的电葫芦、吊笼等应安全可靠并配有自动卡紧保险装置，不得使用麻绳和尼龙绳吊挂或脚踏井壁凸缘上下，电葫芦使用前必须检验其安全起吊能力。

② 每日开工前必须检测井下的有毒、有害气体，并应有足够的安全防护措施。桩孔开挖深度超过 10m 时，应有专门向井下送风的设备。

③ 孔口四周必须设置护栏，一般加 0.8m 高围栏围护。

④ 挖出的土石方应及时运离孔口，不得堆放在孔口四周 1m 范围内，机动车辆的通行不得对井壁的安全造成影响。

⑤ 施工现场的一切电源、电路的安装和拆除必须由持证电工操作；电器必须严格接地、接零和使用漏电保护器。各孔用电必须分闸，严禁一闸多用。孔上电缆必须架空 2.0m 以上，严禁拖地和埋压土中，孔内电缆、电线必须有防磨损、防潮、防断等保护措施。照明应采用安全矿灯或 12V 以下的安全灯。

5. 施工质量验收

① 同一规格、相同材料和施工条件施工的人工挖孔混凝土灌注桩，每 100 根划分为一个检验批，不足 100 根也应划分为一个检验批。

② 单桩竖向抗压承载力静载检测数量执行有关大直径桩竖向承载力静载荷试验规程。桩身质量检验抽检数量应符合：直径大于 800mm 的混凝土嵌岩桩采用钻孔抽芯法或声波透射法检验，检测数量不得少于总数的 10%，且每根柱下承台的抽检桩数不得少于 1 根；直径大于 800mm 的非嵌岩桩，可根据桩径和桩长大小，结合桩的类型和实际需要采用钻孔抽芯法或声波透射法或可靠的动测法进行检验，检验数量不得少于总桩数的 10%，且每根柱下承台的抽检桩数不得少于 1 根。混凝土强度试件的留置数量，每灌注 50m³ 必须留置一组试件，小于 50m³ 的桩，每根桩必须有 1 组试件。

③ 混凝土护壁的桩位允许偏差：1～3 根、单排桩基垂直于中心线方向和群桩基础的边桩，桩位偏差不得大于 50mm；条形桩基沿中心线方向和群桩基础的中间桩，桩位偏差不得大于 150mm。钢套管护壁的桩位允许偏差：1～3 根、单排桩基垂直于中心线方向和群桩基础的边桩，桩位偏差不得大于 100mm；条形桩基沿中心线方向和群桩基础的中间桩，桩位偏差不得大于 200mm。

④ 孔深按设计要求只深不浅，允许偏差不大于 300mm。人工挖孔桩检查数量必须逐孔进行终孔验收。

⑤ 护壁必须符合设计要求，且当淤泥、流沙层大于 3m 时，应采用沉井法护壁。井圈中心线和桩设计中心线重合，轴线偏差不大于 20mm，同一水平的井圈任意直径的极差不得大于 50mm。

⑥ 混凝土护壁垂直度小于 0.5% 桩长，钢套管护壁垂直度小于 1% 桩长。

⑦ 人工挖孔桩桩径不包括内衬厚度，允许偏差为 +50mm。

⑧ 施工结束后必须进行工程桩竖向承载力检验，单桩承载力特征值必须满足设计要求。竖向承载力的试验方法应根据地基设计等级和现场条件，结合当地可靠的经验和技术确定。单桩竖向承载力检测方法应符合 JGJ 106《建筑基桩检测技术规范》规定。

⑨ 钢筋笼安装深度允许偏差值 ±100mm。全数检查。

⑩ 混凝土坍落度允许值干施工为 70～100mm，水下灌注为 160～220mm。每工作班检查数量不少于 4 次。

⑪ 桩顶标高需扣除桩顶浮浆层及劣质桩体，允许偏差值 +30mm，−50mm。全数检查。

⑫ 人工挖孔混凝土灌注桩施工质量检验标准见表 8-1。

（二）大直径机械成孔桩

大直径机械成孔桩桩孔直径为 0.8～2m，桩长一般为 30～40m，最长达 70m，用机械成孔扩底的桩，有干作业和湿作业两种。它们在设备选择和施工工艺上完全不同。

1. 干作业机钻机扩桩

干作业机钻机扩桩适用于无地下水软塑、可塑、硬塑状态的黏性土，密实、稍密的砂性土。

（1）机械设备选择　利用引进的短螺旋钻孔机 CM-35R，如图 8-9 所示，配以研制的扩孔机械设备，图 8-10 所示为专用扩孔钻头。

（2）施工工艺

平整场地→放桩位线并复测→钻机就位→校正钻杆对中和垂度→钻孔→出土→清运土→安放钢护口（防止孔口塌方）→继续钻孔出土→测量孔深、垂直度→达到预定扩孔深度，更换扩孔钻头→安放安全保护装置→检查扩孔尺寸并清除孔底土→安放钢筋笼→浇筑混凝土

表 8-1　人工挖孔混凝土灌注桩施工质量检验标准

验收项目			允许偏差或允许值		检验方法
			1～3 根、单排桩基垂直于中心线方向和群桩基础的边桩/mm	条形桩基沿中心线方向和群桩基础的中间桩/mm	
主控项目	※1	桩位 成孔方式 混凝土护壁	50	150	拉线用钢尺量
		钢套管护壁	100	200	
	2	孔深/mm	≤+300		用重锤、钢尺检查
	※3	护壁	符合设计要求		按施工图设计文件,施工组织设计对照,钢尺量检查
	※4	垂直度 混凝土护壁	<0.5%桩长		吊锤检查或超声波探测
		钢套管护壁	<1%桩长		
	※5	桩径/mm	+50		用井径仪、钢尺测量
	6	混凝土充盈系数	>1		实际灌注量与计算比较
	7	扩大头直径	+50		用伸缩器或钢尺量
	8	桩身质量检测	符合设计要求		检查检测报告
	※9	混凝土强度	符合设计要求		试件报告或钻芯取样
	※10	承载力	符合设计要求		检查基桩检测报告
一般项目	1	钢筋笼安装深度/mm	±100		用钢尺量测
	2	混凝土坍落度/mm 水下	160～220		用坍落度仪检查
		干成孔施工	70～100		
	3	桩顶标高/mm	+30,−50		用水准仪测量

注：带※者为强制性条款，下同。

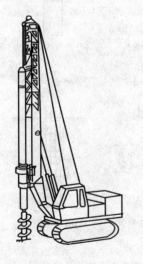

图 8-9　CM-35R 型短螺旋大直径钻孔机

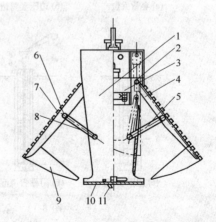

图 8-10　扩孔钻头结构

1—钻筒；2—上销轴；3—滑块；4—刀杆；

5—支撑架；6—中销轴；7—刀齿；8—下销轴；

9—推土板；10—底门；11—清底刀片

① 机械钻孔。钻杆在 90°的两个方向上的垂直偏差保证在 0.5%以内，同时要求场地平整，钻孔过程中随时注意偏斜及时纠正。

② 扩孔。干作业扩孔完成后应有专人下孔检验，如土质是否符合勘察报告，扩孔几何尺寸与设计是否相符，还要检查孔底虚土残渣情况，要作为隐蔽验收记录归档。如不符合要求要进行修整。

③ 安放钢筋骨架。钢筋骨架要保证不变形，箍筋与主筋要点焊，吊车吊放孔内应有保护层。

④ 浇筑混凝土。混凝土坍落度宜在 10cm 左右，用浇灌漏斗桶直落，避免离析，必须振捣密实。

2. 湿作业机钻机扩桩

湿作业机钻机扩桩适用于在水下作业的软土和高地下水位地区施工，不适用硬岩层以及含水的原细砂层施工。

（1）机械设备选择　套管护壁有锤击套管成孔和旋入套管冲抓取土成孔。泥浆护壁有斗式钻头取土成孔和潜水钻钻孔及地质钻机成孔。

（2）施工工艺　其主要施工工艺如下。

利用液压旋转摆动顶升机构将套管往复旋扭，压入地层→利用钢绳冲抓斗，在套管中冲抓提升出土→到设计标高后，放置钢筋笼→灌筑混凝土→边旋边拔起套管

其成桩工艺如图 8-11 所示。

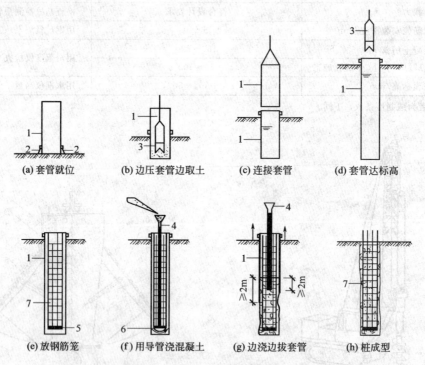

（a）套管就位　　（b）边压套管边取土　　（c）连接套管　　（d）套管达标高

（e）放钢筋笼　　（f）用导管浇混凝土　　（g）边浇边拔套管　　（h）桩成型

图 8-11　全套管灌注桩的工艺过程

1—套管；2—摇动装置；3—锤式抓斗；4—混凝土导管；

5—混凝土块；6—由导管中注入的混凝土骨料；7—钢筋笼

① 套管就位，如图 8-11（a）所示。

② 通过套管摇动装置，一边摇动、扭摆第一节套管，一边用千斤顶将其压入土中。这种套管摇动装置如图 8-12 所示。在将第一节套管入土同时，用一锤式抓斗将套管内的土体搅碎，并同时用抓斗将搅碎的土体抓出孔外。对一般的土层，应使套管超前下沉 0.3m；较

软的土层中套管应下沉更多一些；对碎石层或坚硬土层，因土质较硬，套管下沉困难，所以常采用超前掘凿、开挖，以利套管下沉，如图 8-11（b）所示。

③ 当第一节套管沉入土中以后，再在上边连接第二节套管，如图 8-11（c）所示。

④ 随着不断挖土，连接套管，使套管沉至设计标高，如图 8-11（d）所示。

⑤ 将钢筋笼插入孔中，并轻轻转动套管，检查套管与钢筋笼之间是否卡在一起。在灌注混凝土以前，为防止钢筋笼上拱，可以在钢筋笼下端焊上 Φ 16@150mm 的钢筋网片，并在网片上固定混凝土块，以增加钢筋笼自重，如图 8-11（e）所示。

⑥ 浇筑混凝土。在采用导管法灌注混凝土时，应边灌混凝土、边拔套管，但应保证导管及套管的底部至少低于混凝土面 2m。考虑到已浇筑的混凝土表面部分夹有泥渣，所以实际混凝土面应比实际的设计标高高出 0.5m 以上，待基坑开挖以后凿除，如图 8-11（f）～图 8-11（h）所示。

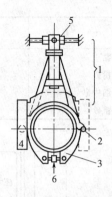

图 8-12　套管摇动装置
1—摇动装置；2—压入、抽拔套管用的油压千斤顶；3—紧固装置；4—前部固定装置；5—摇动千斤顶；6—紧固套管的千斤顶

进行全套管灌注桩施工的机械设备外形尺寸及自重均很大，向上抽拔套管时的反作用力也较大，所以应注意在地表土为软土时，需设一坚固垫板，否则将难以施工。

从整个全套管钻孔灌注桩施工过程可以看出，使用该法可以减少由于灌注桩挖土所引起的土体松动，并且可以在软土地基中安全施工。由于不用泥浆护壁，避免桩与周围土之间形成一层泥膜，可有效地提高桩侧摩阻力，同时由于底部沉渣较少，清孔容易，所以桩端承载力也有所提高，成桩质量远比其他钻孔灌注桩高，成桩速度也比同条件其他桩成型快。

（三）钻孔压浆桩

首先以长螺旋钻机钻孔达设计标高以后，通过设在钻杆纵向的一个高压灌注水泥浆的系统，开泵送浆，使水泥浆从钻头底部的喷嘴向孔内高压喷注水泥浆，借助水泥浆的压力，把钻杆慢慢提起，至浆液能够使孔壁自行保持稳定的位置。移开钻杆后，放入钢筋笼并投入碎石，为了使水泥浆与石子充分拌和，通过补浆管压入水泥浆，把带水的泥浆全部挤出，至纯水泥浆溢出地面为止。

1. 施工工艺

场地平整、放线定桩位→钻孔同时制备水泥浆→提钻、注浆→安放钢筋笼、补浆管→投入骨料→补浆成桩

（1）施工准备　场地整平，放线定桩位。桩机、注浆泵就位，安装注浆系统管路。

（2）钻孔　钻进速度应根据电流值大小控制，同时清除桩孔周围残土。

（3）水泥浆制备　钻孔的同时搅拌水泥浆，浆液相对密度根据地质情况配制，并将搅拌好的水泥浆存入储浆池内。浆液相对密度宜在 1.60～1.70 之间。

（4）提钻、注浆　钻孔深度达到设计标高后，提钻同时开始压力注浆。根据不同的土层采用适宜的注浆压力（见表 8-2）。提钻同时清除孔口处和钻杆叶片上的残土。提钻速度应根据注浆量控制，保证浆液埋过钻头 1m。停止注浆应根据土层情况，保证浆液面超过塌孔位置 1m 以上。

（5）安放钢筋笼、补浆管　开钻之前钢筋笼制作数量应满足施工需要，安放钢筋笼必须保证居桩中；满足桩钢筋的保护层要求。注浆管（补浆管）敷设根数与长度应根据地质条件确定，如图 8-13 所示。

表 8-2　不同土层适宜压力参考值

土　　质	适宜压力 /MPa	工作压力 /MPa	备　　注
黏土	4	2～4	压力过大土体易被剪坏
粉砂	6	4～6	压力过大易产生液化
细中砂	8	4～8	压力过大易产生流砂
粗砂	10	6～10	压力过大易形成渗流

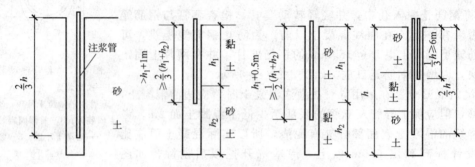

图 8-13　注浆管根数与长度示意

（6）投入骨料　投放骨料与注浆面高差不应小于 0.5m，给骨料以初动能，有利于骨料下沉。当骨料下沉不顺利时，可用注浆管注入高压空气，调匀浆液，加速骨料下沉。

（7）补浆成桩　根据桩孔内水泥浆下沉情况，采用多次补浆，补浆时应将桩孔内含杂质的浆液和泥水顶出孔外。补浆至浆液面不下沉为止，提出补浆管成桩。

首先，钻孔压浆桩能在有地下水和流砂等复杂地质条件下确保施工顺利进行，由于无需采用泥浆护壁或套筒护壁，提高了施工速度，降低了工程造价，减少了城市污染；其次，在施工过程中由于采用高压注浆技术，桩侧土体受到一定的挤压，比普通钻孔灌注桩的承载力有较大提高。

2. 施工质量验收

① 钻孔压浆桩每 300 根划分为一个检验批，不足 300 根的也应划分为一个检验批。混凝土强度抽检数量每浇筑 50m³、每个浇筑台班不得少于一组。

② 单桩承载力特征值必须满足设计要求。要求基础设计等级为甲级或地质条件复杂，成桩质量可靠性较差的压浆桩，必须采用静载荷试验方法进行检验；地质条件较好，且不含或很少含地下水以及工程桩施工质量可靠性较高的乙级建筑地基基础工程，可采用高应变动测法。单桩承载力检测方法应符合 JGJ 106《建筑基桩检测技术规范》规定。

③ 钻孔压浆桩施工质量检验标准见表 8-3。

（四）桩端压浆桩

用桩端压力灌浆法使桩端土压实并有水泥浆渗透入砂土层，提高桩的端阻力，从而提高桩的承载力。

1. 施工工艺

成孔→下桩筋及压浆管尖→浇筑混凝土→桩端注浆压密→割除导管制作承台

桩端压浆设备与工艺如图 8-14 所示。

① 机械对准桩位，进行钻孔，保持钻杆垂直度，并达深度要求。

② 将两根平行的、底部有注浆系统的高压注浆管与钢筋笼绑在一起放入孔中，并使注浆管插入土中一定深度（或投入 0.5m 高的石子）。

表 8-3　钻孔压浆桩施工质量检验标准

		验 收 项 目	允许偏差或允许值		检 验 方 法
			1～3根、单排桩基垂直于中心线方向和群桩基础的边桩	条形桩基沿中心线方向和群桩基础的中间桩	
主控项目	※1	桩位偏差			拉线用钢尺量
			$D/6$ 且≤100mm	$D/4$ 且≤150mm	
	2	孔深(桩长)/mm	≤＋300		重锤测量或测桩杆
	3	桩体质量	符合设计要求		检测报告
	4	混凝土强度	符合设计要求		混凝土强度报告
	※5	桩径/mm	－20		钢尺测量
	※6	垂直度	<1%桩长		测钻杆或超声波探测
	※7	承载力	符合设计要求		基桩检测报告
一般项目	1	笼顶标高/mm	±50		水准仪测定
	2	桩顶标高/mm	＋30，－50		水准仪测定
	3	钢筋保护层/mm	±20		钢尺测量
	4	注浆压力/MPa	5～15		检查压力表
	5	混凝土充盈系数	>1		实际量与计算对比
	6	水胶比	按设计要求		比重法测量
	7	骨料含泥量	<1%		试验报告

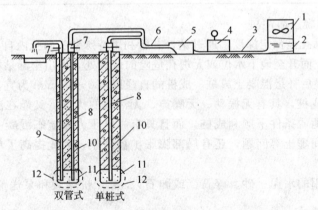

图 8-14　桩端压浆设备与工艺

1—制浆机；2—储浆桶；3—进浆管；4—高压油泵；5—高压泥浆泵；6—出浆管；
7—闸阀；8—注浆管；9—溢流管；10—桩身；11—预填碎石；12—扩底外形

③ 孔内浇筑混凝土，待桩身强度达到 70%，便可通过注浆管将水泥浆以一定的压力泵入桩底，泵入的水泥浆在压力作用下逐渐渗透到桩底松软土层的孔隙中，甚至还可以被压到原土中一定深度，起到挤压、填塞桩底软弱土层、增加桩端承载力的作用。与此同时，在压力作用下，水泥浆会沿着桩侧，即桩土交界处向上漫延渗透，使桩侧摩阻力也有所提高。

④ 取出高压注浆管和溢流管，移至下一根注浆孔中。

采用桩端压浆钻孔灌注桩比普通钻孔灌注桩的单桩承载力可以提高 20%～35%。若桩长更短时，单桩承载力的增加会更加明显。由于单桩承载力的提高，可以缩短桩长，减小桩径，45～48m 长的桩可以缩短至 30m，桩径 1～1.2m 减少至 0.8～1.0m，降低了工程造价约 30%，工期大为缩短，施工难度有所降低。桩端压浆钻孔灌注桩克服了普通钻孔灌注桩在采用正反循环清孔工艺处理时，施工质量难以控制的问题，减小了群桩的总体沉降。

桩端压浆的工艺也可适用于干作业钻孔灌注桩和大直径扩底灌注桩，从而提高其单桩承载力。它不仅保留了普通钻孔灌注桩无噪声、无振动、无挤土效应的特点，而且利用预埋在压浆管上的传感器可以进行超声波检测，查明桩身有无缺陷及缺陷的位置，实现桩基的信息施工，提高超长钻孔灌注桩的施工质量。

2. 施工质量验收

① 桩端压浆桩，每 100 根划分为一个检验批，不足 100 根的也应划分为一个检验批。

② 桩端压浆桩施工质量检验标准见表 8-4。

表 8-4　桩端压浆桩施工质量检验标准

<table>
<tr><th colspan="3">验收项目</th><th>允许偏差或允许值</th><th>检验方法</th></tr>
<tr><td rowspan="4">主控项目</td><td>1</td><td colspan="2">水泥质量</td><td>符合标准</td><td>出厂合格证、复试报告</td></tr>
<tr><td>※2</td><td colspan="2">单桩承力</td><td>符合设计要求</td><td>基桩检测报告</td></tr>
<tr><td>3</td><td colspan="2">注浆量</td><td>符合设计要求</td><td>计算水泥浆注入量，检查施工记录</td></tr>
<tr><td>4</td><td colspan="2">水胶比</td><td>0.7～1.0</td><td>称量法或比重法</td></tr>
<tr><td rowspan="4">一般项目</td><td rowspan="2">1</td><td rowspan="2">注浆压力
/MPa</td><td>渗透</td><td>0.2～2</td><td rowspan="2">检查注浆泵压力表读数</td></tr>
<tr><td>劈裂</td><td>2～4</td></tr>
<tr><td rowspan="2">2</td><td rowspan="2">注浆速度
/L·min⁻¹</td><td>渗透</td><td>30～50</td><td rowspan="2">计量注浆时间及水泥浆注入量，检查施工记录</td></tr>
<tr><td>劈裂</td><td>50～100</td></tr>
</table>

（五）超流态混凝土灌注桩

先用螺旋钻机钻孔至预定深度，通过钻杆芯管利用特殊钻头向孔内自下而上压力灌注超流态混凝土，使混凝土面升至地下水位或无坍孔危险的位置处，提出全部钻杆后，向孔内沉放钢筋笼至设计标高，最后补足混凝土成桩。成桩的直径以 400～800mm 为宜，深度可达 30m。

该法连续一次成桩，具有无振动、无噪声、无污染的优点，又能在流砂、卵石、地下水位高易塌孔等复杂地质条件下顺利成桩，而且具有一定压力超流态混凝土的渗透扩散，解决了断桩、缩颈、桩间虚土等问题，还有局部膨胀扩径现象，因此提高了单桩承载能力。

1. 混凝土配制

配制混凝土所用的水泥、砂、碎石（或卵石）、水、粉煤灰和泵送剂均应符合有关标准的要求。

① 水泥应选用硅酸盐水泥和普通硅酸盐水泥，水泥强度等级不低于 42.5MPa。

② 砂应选用中粗砂，砂率宜为 38%～45%。

③ 碎石（或卵石）粒径宜为 2～5mm。

④ 粉煤灰用一级至二级磨细粉煤灰。

⑤ 混凝土的搅拌时间应根据选用的混凝土搅拌机型号确定。

⑥ 泵送混凝土的水胶比宜为 0.4～0.6，最小水泥用量为 300kg/m³。

2. 施工工艺

场地整平→放线、定桩位→钻孔机、混凝土输送泵、混凝土输送管路组装就位→钢筋笼制备→混凝土制备→钻机钻进、清土→钻孔至设计标高、提钻泵送混凝土→提出钻杆、沉放钢筋笼成桩超流态混凝土桩成桩工艺如图 8-15 所示。超流态混凝土桩施工工艺流程如图 8-16 所示。

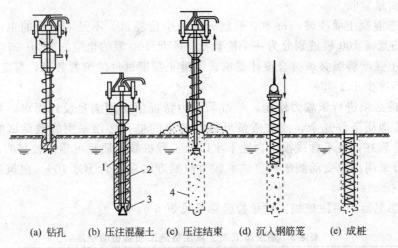

(a) 钻孔　(b) 压注混凝土　(c) 压注结束　(d) 沉入钢筋笼　(e) 成桩

图 8-15　超流态混凝土桩成桩工艺

1—被连续螺旋叶片破碎的土；2—带螺旋叶片的空心钻杆；3,4—自空心钻杆中泵出的混凝土

① 钻机就位对准桩位点后必须调平，确保成孔的垂直度，结合场地实际情况铺设枕木或钢板，使钻机支撑稳定。

开钻时，钻头对准桩位点后，启动钻机下钻，下钻速度要平稳，严防钻进中钻机倾斜错位。

② 混凝土的输送是由混凝土泵对已搅拌适宜的混凝土施加一定的压力（一般不小于 7MPa），通过水平的钢管送至垂直的软胶导管压入螺旋钻杆的内管，最后到钻头处桩孔中。

桩孔所需混凝土量大于混凝土搅拌量时，应设可进行二次搅拌的储料箱，储存量应大于灌注量的 50%。

钻机提钻速度应视混凝土压入桩孔中连续量定，压入的混凝土量应大于桩孔的设计量。

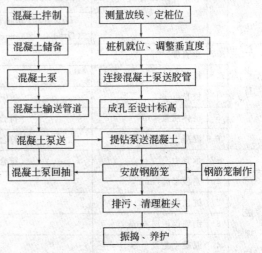

图 8-16　超流态混凝土桩施工工艺流程

压入的混凝土应将桩孔中的泥浆挤至桩孔外，以确保桩身混凝土的质量。

桩头部位最后应加入适量的干硬性混凝土或碎石，以确保桩头处混凝土密实。

③ 钢筋笼应保证有一定的刚度，且应直立后沉放入桩的混凝土中。钢筋笼端部 500mm 向内侧弯 30°，严防碰撞桩孔的侧壁土。锚桩钢筋笼按规范构造配筋以下部分箍筋取消，采用加强箍筋代替。

钢筋笼可采用按螺旋箍筋的方向旋转的沉入桩的混凝土中。

在淤泥、淤泥质软塑土层中，泵送混凝土后，要注意混凝土下沉，应随时填加混凝土且高于桩顶，以确保桩身和桩头混凝土质量。

超流态混凝土桩施工工艺成熟、操作简单、施工速度快；应用范围广，有无地下水层均可成桩，质量可靠（桩身混凝土强度等级可达 C60）；单桩承载力高，对土层有挤搅作用；符合环保要求，社会效益好，经济效益明显。

3. 施工质量验收

① 超流态混凝土灌注桩，每 300 根划分为一个检验批，不足 300 根的也应划分为一个检验批。钢筋笼每 100 根桩划分为一个检验批，不足 100 根的也应划分为一个检验批。

② 混凝土强度等级必须符合设计要求。混凝土强度试件的留置数量，每灌注 50m³ 或每个浇筑台班不得少于 1 组。

③ 工程桩必须进行承载力检验，单桩承载力特征值必须满足设计要求。要求基础设计等级为甲级或地质条件复杂，成桩质量可靠性较差的桩，必须采用静载荷试验方法进行检验；地质条件较好，且不含或很少含地下水以及工程桩施工质量可靠性较高的乙级建筑地基基础工程，可采用高应变动测法。单桩承载力检测方法应符合 JGJ 106《建筑基桩检测技术规范》规定。

④ 超流态混凝土灌注桩施工质量检验标准见表 8-5。

表 8-5　超流态混凝土灌注桩施工质量检验标准

验 收 项 目			允许偏差或允许值		检 验 方 法
主控项目	※1	桩位偏差	1～3 根、单排桩基垂直于中心线方向和群桩基础的边桩	条形桩基沿中心线方向和群桩基础的中间桩	拉线用钢尺量
			$D/6$ 且≤70mm（D=300～800mm）	$D/4$ 且≤150mm（D=300～800mm）	
	※2	垂直度	<1%桩长		测钻杆或超声波探测
	※3	桩径/mm	−20		井径仪或钢尺量
	4	桩长/mm	0～＋300		测钻杆
	5	桩体质量	符合设计要求		检测报告
	6	混凝土强度	符合设计要求		混凝土强度报告
	※7	承载力	符合设计要求		基桩检测报告
一般项目	1	笼顶标高/mm	±50		用水准仪
	2	桩顶标高/mm	＋30		用水准仪
	3	钢筋保护层/mm	±20		钢尺测量
	4	混凝土充盈系数	>1		实际灌注量与计算对比
	5	骨料含泥量	<1%		检查试验报告

目前桩基础施工新技术还有夯扩灌注桩、钻孔灌注同步桩、人工挖孔空心桩、旋转挤压灌注桩、锥形灌注桩和肋形钢管水泥土桩等。

二、预制桩施工

（一）预制桩的锤击沉桩法

锤击沉桩法。锤击沉桩法简称锤击法，又称打入法，是利用桩锤的冲击力克服土体对桩体的阻力，使桩沉到预定深度或达到持力层。锤击沉桩的工艺流程为：桩机就位→桩起吊→对位插桩→打桩→接桩→打桩→送桩→检查验收→桩机移位。

1. 桩机就位

打桩机就位时，应对准桩位，保证垂直、稳定，确保在施工中不发生倾斜、移位。在打桩前，用2台经纬仪对打桩机进行垂直度调整，使导杆垂直，或达到符合设计要求的垂直度。

2. 桩起吊

钢筋混凝土预制桩应在混凝土达到设计强度的75％以上方可起吊，桩在起吊和搬运时，吊点应符合设计规定。

3. 对位插桩

桩尖插入桩位后，先起锤轻压并轻击数锤，使桩入土一定深度，再调整桩锤、桩帽、桩垫及打桩机导杆，使之与打入方向成一直线，并使桩稳定。

4. 打桩

打桩宜重锤低击，打入初期应缓慢地间断地试打，在确认桩中心位置及垂直度无误后再转入正常施打。打桩期间应经常校核检查桩机导杆的垂直度或设计角度。

5. 接桩

混凝土预制长桩一般要分节制作，在现场接桩，分节沉入。桩的常用接头型式如图8-17所示：有焊接接桩、法兰接桩及硫黄胶泥锚接接桩三种。焊接接桩、法兰接桩可用于各类土层；硫黄胶泥（见表8-6，表8-7）、锚接适用于软土层。接桩前应先检查下节桩的顶部，如有损伤应适当修复，并清除两桩端的污染和杂物等。如下节桩头部严重破坏时应补打桩。

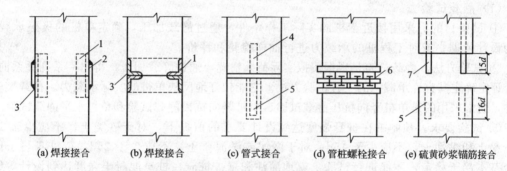

(a) 焊接接合 (b) 焊接接合 (c) 管式接合 (d) 管桩螺栓接合 (e) 硫黄砂浆锚筋接合

图 8-17 桩的接头型式

1—角钢与主筋焊接；2—钢板；3—焊缝；4—预埋钢管；5—浆锚孔；
6—预埋法兰；7—预埋锚筋；d—锚栓直径

表 8-6 硫黄胶泥的配合比及物理力学性能

配合比（质量比）							物理力学性能							
硫黄	水泥	石墨粉	粉砂	石英砂	聚硫胶	聚硫甲胶	密度/(kg/m³)	吸水率/%	弹性模量/MPa	抗拉强度/MPa	抗压强度/MPa	抗折强度/MPa	握裹强度/MPa	
													与螺纹钢筋	与螺纹孔混凝土
44	11	—	40	—	1	—	2280～	0.12～	5×10⁴	4	40	10	11	4
60	—	5	—	34.3		0.7	2320	0.24						

注：1. 热变性：在60℃以下不影响强度；热稳定性：92％。

2. 疲劳强度：取疲劳应力0.38经200万次损失20％。

表 8-7 硫黄胶泥灌注后的停歇时间

项次	桩截面/mm	不同气温下的停歇时间/min									
		0～10℃		11～20℃		21～30℃		31～40℃		41～50℃	
		打桩	压桩	打桩	压桩	打桩	压桩	打桩	压桩	打桩	压桩
1	400×400	6	4	8	5	10	7	13	9	17	12
2	450×450	10	6	12	7	14	9	17	11	21	14
3	500×500	13	—	15	—	18	—	21	—	24	—

（二）预制桩的静力压桩法

静力压桩的施工一般采取分段压入，逐段接长的方法。施工程序为：测量定位→压桩机就位→吊桩插桩→桩身对中调直→静压沉桩→接桩→再静压沉桩→终止压桩→切割桩头。

① 压桩时，用起重机将预制桩吊运或用汽车运至桩机附近，再利用桩机自身设置的起重机将其吊入夹持器中，夹持油缸将桩从侧面夹紧，即可开动压桩油缸。先将桩压入土中1m 左右后停止，矫正桩在互相垂直两个方向上的垂直度后，压桩油缸继续伸程动作，把桩压入土层中。伸长完后，夹持油缸回程松夹，压桩油缸回程。重复上述动作，可实现连续压桩操作，直至把桩压入预定深度土层中。

② 压同一根（节）桩时应连续进行。

③ 压桩过程中要认真记录桩入土深度和压力表读数的关系，以判断桩的质量及承载力。

④ 当压力表数值达到预先规定值，便可停止压桩。

三、桩基础工程施工的质量检测与验收

1. 桩基的检测

桩基的质量检验有两种方法：一种是静载试验法（或称破损试验）；另一种是动测法（或称无破损试验）。

（1）静载试验法

① 试验目的。采用接近于桩的实际工作条件，通过静载加压，确定单桩的极限承载力，作为设计依据；或对工程桩的承载力进行抽样检验和评价。

② 试验方法。静载试验是根据模拟实际荷载情况，通过静载加压，得出一系列关系曲线，综合评定确定其容许承载力的一种试验方法。它能较好地反映单桩的实际承载力。荷载实验有多种，通常采用的是单桩竖向抗压静载试验、单桩竖向抗拔静载试验和单桩水平静载试验。

③ 试验要求。预制桩在桩身强度达到设计要求的前提下，对于砂类土，不应少于 10d；对于粉土和黏性土，不应少于 15d；对于淤泥或淤泥质土，不应少于 25d，待桩身与土体的结合基本趋于稳定，才能进行试验。就地灌注和爆扩桩应在桩身混凝土强度达到设计等级的前提下，对砂类土不少于 10d；对一般黏性土不少于 20d；对于淤泥或淤泥质土，不应少于30d，才能进行试验。对地基基础设计等级为甲级或地质条件复杂，成桩质量可靠性低的灌注桩，应采用静载荷试验的方法进行检验；检验桩数不应少于总数的 1%，且不应少于 3根；当总桩数少于 50 根时，不应少于 2 根。其桩身质量检验时的抽检数量不应少于总数的30%，且不应少于 20 根；其他桩基，工程的抽检数量不应少于总数的 20%，且不应少于 10根；对混凝土预制桩及地下水位以上且终孔后核验的灌注桩，抽检数量不应少于总桩数的10%，且不得少于 10 根。每根柱子承台下不得少于 1 根。

（2）动测法

① 特点。动测法又称动力无损检测法，是检测桩基承载力及桩身质量的一项新技术，作为静载试验的补充。

② 试验方法。动测法是相对静载试验法而言，对桩土体系进行适当的简化处理：建立数学力学模型，借助于现代电子技术与量测设备采集桩土体系在给定的动荷载作用下所产生的振动参数，并结合实际桩土条件进行计算；将所得结果与相应的静载试验结果进行对比，在积累一定数量的动静试验对比结果的基础上，找出两者之间的某种相关关系，并以此作为标准来确定桩基承载力。单桩承载力的动测方法种类较多，国内有代表性的方法有动力参数法、锤击贯入法、水电效应法、共振法、机械阻抗法、波动方程法等。

③ 桩身质量检验。在桩基动态无损检测中，国内外广泛使用的方法是应力波反射法，又称低（小）应变法。其原理是根据一维杆件弹性反射理论（波动理论）：采用锤击振动力

法检测桩体的完整性，即以波在不同阻抗和不同约束条件下的传播来鉴别桩身质量。

2. 桩基的验收

（1）桩基的验收规定

① 当桩顶设计标高与施工场地标高相同时，或桩基施工结束后有可能对桩位进行检查时，桩基工程的验收应在施工结束后进行。

② 当桩顶设计标高低于施工场地标高，桩后无法对桩位进行检查时，对打入桩可在每根桩桩顶沉至场地标高时，进行中间验收，待全部桩施工结束，承台或底板开挖到设计标高后，再做最终验收。对灌注桩可对护筒位置做中间验收。

（2）桩基允许偏差

1）桩位放样允许偏差

① 群桩：20mm。

② 单排桩：10mm。

2）桩位偏差

① 打（压）入桩（顶制混凝土方桩、先张法预应力管桩、钢桩）的桩位允许偏差，必须符合表8-8的规定。斜桩倾斜度的偏差不得大于倾斜角正切值的15%（倾斜角系桩的纵向中心线与铅垂线间夹角）。

表8-8 预制桩（钢桩）桩位的允许偏差/mm

项	项 目		允许偏差
1	盖有基础梁的桩	（1）垂直基础梁的中心线	$100+0.01H$
		（2）沿基础梁的中心线	$150+0.01H$
2	桩数为1～3根桩基中的桩		100
3	桩数为4～16根桩基中的桩		1/2桩径或边长
4	桩数大于16根桩基中的桩	（1）最外边的桩	1/3桩径或边长
		（2）中间桩	1/2桩径或边长

注：H为施工现场地面标高与桩顶设计标高的距离。

② 灌注桩的桩位允许偏差必须符合表8-9的规定，桩顶标高至少要比设计标高高出0.5m，桩底清孔质量按不同的成桩工艺有不同的要求，应按GB50202《建筑地基基础工程施工质量验收规范》的要求执行。混凝土每浇筑50m³，必须有1组试件，小于50m³的桩，每根桩必须有1组试件。

表8-9 灌注桩的平面位置和垂直度的允许偏差

序号	成孔方法		桩径允许偏差/mm	垂直度允许偏差/%	桩位允许偏差/mm	
					1～3根、单排桩基垂直于中心线方向和群桩基础的边桩	条形桩基沿中心线方向和群桩基础的中间桩
1	泥浆护壁钻孔桩	$D\leqslant1000mm$	±50	<1	$D/6$，且不大于100	$D/4$，且不大于150
		$D>1000mm$	±50		$100+0.01H$	$150+0.01H$
2	套管成孔灌注桩	$D\leqslant500mm$	−20	<1	70	150
		$D>500mm$			100	150
3	干成孔灌注桩		−20	<1	70	150
4	人工挖孔桩	混凝土护壁	+50	<0.5	50	150
		钢套管护壁	+50	<1	100	200

注：1. 桩径允许偏差的负值是指个别断面。

2. 采用复打、反插法施工的桩，其桩径允许偏差不受上表限制。

3. H为施工现场地面标高与桩顶设计标高的距离，D为设计桩径。

（3）桩伸入承台的构造要求　中小直径的桩伸入长度不小于 50mm，对于大直径桩不小于 100mm；主筋伸入承台内的锚固长度不小于钢筋直径（HPB300 钢筋）的 30 倍和钢筋直径（HRB335 和 HRB400 钢筋）的 35 倍。

第二节　高层建筑筏形与箱形基础施工

筏形基础为柱下或墙下连续的平板式或梁板式钢筋混凝土基础。箱形基础是由底板、顶板、侧墙及一定数量内隔墙构成的整体刚度较好的单层或多层钢筋混凝土基础。

一、模板结构设计计算

（一）模板设计资料

1. 钢模板规格编码表

钢模板规格编码表见表 8-10。

表 8-10　钢模板规格编码表　　　　　mm

模板名称		模板长度													
		450		600		750		900		1200		1500		1800	
		代号	尺寸	代号	尺寸	代号	尺寸	代号	尺寸	代号	尺寸	代号	尺寸	代号	尺寸
平面模板代号 P	宽度 600	P6004	600×450	P6006	600×600	P6007	600×750	P6009	600×900	P6012	600×1200	P6015	600×1500	P6018	600×1800
	550	P5504	550×450	P5506	550×600	P5507	550×750	P5509	550×900	P5512	550×1200	P5515	550×1500	P5518	550×1800
	500	P5004	500×450	P5006	500×600	P5007	500×750	P5009	500×900	P5012	500×1200	P5015	500×1500	P5018	500×1800
	450	P4504	450×450	P4506	450×600	P4507	450×750	P4509	450×900	P4512	450×1200	P4515	450×1500	P4518	450×1800
	400	P4004	400×450	P4006	400×600	P4007	400×750	P4009	400×900	P4012	400×1200	P4015	400×1500	P4018	400×1800
	350	P3504	350×450	P3506	350×600	P3507	350×750	P3509	350×900	P3512	350×1200	P3515	350×1500	P3518	350×1800
	300	P3004	300×450	P3006	300×600	P3007	300×750	P3009	300×900	P3012	300×1200	P3015	300×1500	P3018	300×1800
	250	P2504	250×450	P2506	250×600	P2507	250×750	P2509	250×900	P2512	250×1200	P2515	250×1500	P2518	250×1800
	200	P2004	200×450	P2006	200×600	P2007	200×750	P2009	200×900	P2012	200×1200	P2015	200×1500	P2018	200×1800
	150	P1504	150×450	P1506	150×600	P1507	150×750	P1509	150×900	P1512	150×1200	P1515	150×1500	P1518	150×1800
	100	P1004	100×450	P1006	100×600	P1007	100×750	P1009	100×900	P1012	100×1200	P1015	100×1500	P1018	100×1800
阴角模板（代号 E）		E1504	150×150×450	E1506	150×150×600	E1507	150×150×750	E1509	150×150×900	E1512	150×150×1200	E1515	150×150×1500	E1518	150×150×1800
		E1004	100×150×450	E1006	100×150×600	E1007	100×150×750	E1009	100×150×900	E1012	100×150×1200	E1015	100×150×1500	E1018	100×150×1800
阳角模板（代号 Y）		Y1004	100×100×450	Y1006	100×100×600	Y1007	100×100×750	Y1009	100×100×900	Y1012	100×100×1200	Y1015	100×100×1500	Y1018	100×100×1800
		Y0504	50×50×450	Y0506	50×50×600	Y0507	50×50×750	Y0509	50×50×900	Y0512	50×50×1200	Y0515	50×50×1500	Y0518	50×50×1800
连接角模（代号 J）		J0004	50×50×450	J0006	50×50×600	J0007	50×50×750	J0009	50×50×900	J0012	50×50×1200	J0015	50×50×1500	J0018	50×50×1800
倒棱模板	角棱模板（代号 JL）	JL1704	17×450	JL1706	17×600	JL1707	17×750	JL1709	17×900	JL1712	17×1200	JL1715	17×1500	JL1718	17×1800
		JL4504	45×450	JL4506	45×600	JL4507	45×750	JL4509	45×900	JL4512	45×1200	JL4515	45×1500	JL4518	45×1800
	圆棱模板（代号 YL）	YL2004	20×450	YL2006	20×600	YL2007	20×750	YL2009	20×900	YL2012	20×1200	YL2015	20×1500	YL2018	20×1800
		YL3504	35×450	YL3506	35×600	YL3507	35×750	YL3509	35×900	YL3512	35×1200	YL3515	35×1500	YL3518	35×1800
梁腋模板（代号 IY）		IY1004	100×50×450	IY1006	100×50×600	IY1007	100×50×750	IY1009	100×50×900	IY1012	100×50×1200	IY1015	100×50×1500	IY1018	100×50×1800
		IY1504	150×50×450	IY1506	150×50×600	IY1507	150×50×750	IY1509	150×50×900	IY1512	150×50×1200	IY1515	150×50×1500	IY1518	150×50×1800
柔性模板（代号 Z）		Z1004	100×450	Z1006	100×600	Z1007	100×750	Z1009	100×900	Z1012	100×1200	Z1015	100×1500	Z1018	100×1800
搭接模板（代号 D）		D7504	75×450	D7506	75×600	D7507	75×750	D7509	75×900	D7512	75×1200	D7515	75×1500	D7518	75×1800
双曲可调模板（代号 T）		—	—	T3006	300×600	—	—	T3009	300×900	—	—	T3015	300×1500	T3018	300×1800
		—	—	T2006	200×600	—	—	T2009	200×900	—	—	T2015	200×1500	T2018	200×1800
变角可调模板（代号 B）		—	—	B2006	200×600	—	—	B2009	200×900	—	—	B2015	200×1500	B2018	200×1800
		—	—	B1606	160×600	—	—	B1609	160×900	—	—	B1615	160×1500	B1618	160×1800

2. 平面模板截面特征

平面模板截面特征见表 8-11，平面模板截面见图 8-18。

表 8-11 平面模板截面特征

模板宽度 b/mm	600		550		500		450		400		350	
板面厚度 δ/mm	3.00	2.75	3.00	2.75	3.00	2.75	3.00	2.75	3.00	2.75	3.00	2.75
肋板厚度 δ_1/mm	3.00	2.75	3.00	2.75	3.00	2.75	3.00	2.75	3.00	2.75	3.00	2.75
净截面面积 A/cm²	24.56	22.55	23.06	21.17	19.58	17.98	18.08	16.60	16.58	15.23	13.94	12.80
中性轴位置 Y_x/cm	0.98	0.97	1.03	1.02	0.96	0.95	1.02	1.01	1.09	1.08	1.00	0.99
净截面惯性矩 J_x/cm⁴	58.87	54.30	59.59	55.06	47.50	43.82	46.43	42.83	45.20	41.69	35.11	32.38
净截面抵抗矩 W_x/cm³	13.02	11.98	13.33	12.29	10.46	9.63	10.36	9.54	10.25	9.43	7.80	7.18

模板宽度 b/mm	300		250		200		150		100	
板面厚度 δ/mm	2.75	2.50	2.75	2.50	2.75	2.50	2.75	2.50	2.75	2.50
肋板厚度 δ_1/mm	2.75	2.50	2.75	2.50	—		—		—	
净截面面积 A/cm²	11.42	10.40	10.05	9.15	7.61	6.91	6.24	5.69	4.86	4.44
中性轴位置 Y_x/cm	1.08	0.96	1.20	1.07	1.08	0.96	1.27	1.14	1.54	1.43
净截面惯性矩 J_x/cm⁴	36.30	26.97	29.89	25.98	20.85	17.98	19.37	16.91	17.19	15.25
净截面抵抗矩 W_x/cm³	8.21	5.94	6.95	5.86	4.72	3.96	4.58	3.88	4.34	3.75

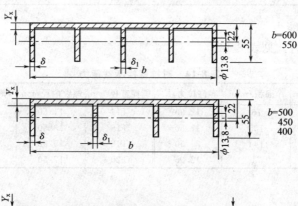
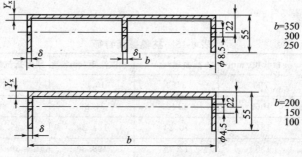

图 8-18 平面模板截面

3. 钢模板及配件的容许挠度

组成模板结构的钢模板、钢楞和支柱应采用组合荷载验算其刚度，其容许挠度应符合表 8-12 的规定。

表 8-12　钢模板及配件的容许挠度　　　　　　　单位：mm

部件名称	容许挠度	部件名称	容许挠度
钢模板的面积	1.5	柱箍	$b/500$
单块钢模板	1.5	桁架	$l/1000$
钢楞	$l/500$	支承系统累计	4.0

注：l 为计算跨度，b 为柱宽。

4. 钢楞截面特性

钢楞截面特性见表 8-13。

表 8-13　钢楞截面特性

规格/mm		截面积/cm²	惯性矩/cm⁴	截面抵抗矩/cm³
圆钢管	$\phi48\times3.0$	4.24	10.78	4.49
	$\phi48\times3.5$	4.89	12.19	5.08
	$\phi51\times3.5$	5.22	14.81	5.81
矩形钢管	□ 60×40×2.5	4.57	21.88	7.29
	□ 80×40×2.0	4.52	37.13	9.28
	□ 100×50×3.0	8.54	112.12	22.42
轻型槽钢	⊏ 80×40×3.0	4.50	43.92	10.98
	⊏ 100×50×3.0	5.70	88.52	12.20
内卷边槽钢	⊏ 80×40×15×3.0	5.08	48.92	12.23
	⊏ 100×50×20×3.0	6.58	100.28	20.06
轧制槽钢	⊏ 80×43×5.0	10.24	101.30	25.30

5. 对拉螺栓承载能力

对拉螺栓承载能力，见表 8-14。

表 8-14　对拉螺栓承载能力

螺栓直径/mm	螺纹内径/mm	净面积/mm²	容许拉力/kN	螺栓直径/mm	螺纹内径/mm	净面积/mm²	容许拉力/kN
M12	10.11	76	12.90	T14	11.50	104	17.65
M14	11.84	105	17.80	T16	13.50	143	24.27
M16	13.84	144	24.50	T18	15.50	189	32.08
T12	9.50	71	12.05	T20	17.50	241	40.91

6. 柱箍截面特征

柱箍截面特征见表 8-15。

表 8-15　柱箍截面特征

规格/mm		夹板长度/mm	截面积/cm²	惯性矩/cm⁴	截面抵抗矩/cm³	适用柱宽范围/mm
扁钢	—60×6	790	3.60	10.80	3.60	250～500
角钢	∟ 75×50×5	1068	6.12	34.86	6.83	250～750
槽钢	⊏ 80×43×5	1340	10.24	101.30	25.30	500～1000
	⊏ 100×48×5.3	1380	12.74	198.30	39.70	500～1200
圆钢管	$\phi48\times3.5$	1200	4.89	12.10	5.08	300～700
	$\phi51\times3.5$	1200	5.22	14.81	5.81	300～700

7. 单管钢支柱截面特征

单管钢支柱截面特征见表 8-16。

表8-16　单管钢支柱截面特征

类型	项目	直径/mm		壁厚/mm	截面积 A/cm²	截面积惯性矩 I/cm⁴	回转半径 r/cm
		外径	内径				
CH	插管	48	43	2.5	3.57	9.28	1.16
	套管	60	55	2.5	4.52	18.70	2.03
YJ	插管	48	41	3.5	4.89	12.19	1.58
	套管	60	53	3.5	6.21	24.88	2.00

8. 钢桁架截面特征

钢桁架截面特征，见表8-17。

表8-17　钢桁架截面特征

项目	杆件名称	杆件规格/mm	毛截面积 A/cm²	杆件长度 l/mm	惯性矩 I/cm⁴	回转半径 r/mm
平面可调桁架	上弦杆	∟63×6	7.2	600	27.19	1.94
	下弦杆	∟63×6	7.2	1200	27.19	1.94
	腹杆	∟36×4	2.72	876	3.3	1.1
		∟36×4	2.72	639	3.3	1.1
曲面可变桁架	内外弦杆	25×4	2×1＝2	250	4.93	1.57
	腹杆	ϕ18	2.54	277	0.52	0.45

（二）模板荷载的标准值

1. 荷载标准值

（1）新浇混凝土自重标准值　普通混凝土为24kN/m³。

（2）钢筋自重标准值　钢筋按图纸确定，一般可按每 m³ 混凝土中，楼板：1.10kN；梁：1.50kN。

（3）模板结构的自重标准值　模板结构的自重标准值，见表8-18。

表8-18　模板及支架自重标准值　　　　　　　　　　kN/m³

模板构件的名称	木模板	组合钢模板
平板的模板及小楞	0.30	0.50
楼板模板（其中包括梁的模板）	0.50	0.75
楼板模板及其支架（楼层高度为4m以下）	0.75	1.10

（4）施工人员及施工设备荷载标准值

① 计算模板板面及直接支撑模板的小楞时，均布荷载取 2.50kPa，另应以集中荷载 2.50kN 进行验算，比较两者所得的弯矩值，取其大者采用。

② 计算直接支撑小楞结构的构件时，均布活荷载取 1.50kPa。

③ 计算支撑结构立柱及其他支撑结构构件时，均布活荷载取 1.00kPa。

大型浇注设备如上料平台、混凝土输送泵等，按实际情况计算。

混凝土堆集料高度超过 100mm 以上者，按实际高度计算。

模板单块宽度小于 150mm 时，集中荷载可分布在相邻的两块板上。

（5）振捣混凝土时产生的荷载标准值

① 对水平面模板产生的垂直荷载为 2kPa。

② 对垂直面模板，在新浇混凝土侧压力有效压头高度以内，取 4kPa，有效压头高度以

外可不予考虑。

（6）新浇筑混凝土对模板侧面的压力标准值　采用内部振捣器时，新浇筑的混凝土作用于模板的最大侧压力，可按式(8-3)、式(8-4) 计算，并取两式中的较小值。

$$F = 0.22\gamma_c t_0 \beta_1 \beta_2 v^{\frac{1}{2}} \tag{8-3}$$

$$F = \gamma_c H \tag{8-4}$$

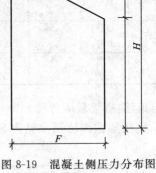

图 8-19　混凝土侧压力分布图
h—有效压头高度，$h = F/\gamma_c$（m）

式中　F——新浇筑混凝土对模板的最大侧压力，kPa；

γ_c——混凝土的重力密度，kN/m^3；

t_0——新浇混凝土的初凝时间 h，可按实测确定。当缺乏试验资料时，可采用 $t_0 = 200/(T+15)$ 计算（T 为混凝土的温度，℃）；

v——混凝土的浇筑速度，m/h；

H——混凝土侧压力计算位置处至新浇筑混凝土顶面的总高度，m；

β_1——外加剂影响修正系数，不掺外加剂时取 1.00，掺具有缓凝作用的外加剂时取 1.20；

β_2——混凝土坍落度影响修正系数，当坍落度小于 30mm 时，取 0.85；50~90mm 时，取 1.00；110~150mm 时，取 1.15。

混凝土侧压力的计算分布图形见图 8-19。

（7）倾倒混凝土时产生的荷载标准值　倾倒混凝土时对垂直面模板产生的水平荷载标准值可按表 8-19 采用。

表 8-19　倾倒混凝土时产生的水平荷载标准值　　　　　　　　kPa

项　　次	向模板内供料方法	水平荷载
1	溜槽、串筒或导管	2
2	容量小于 $0.2m^3$ 的运输器具	2
3	容量为 $0.2 \sim 0.8m^3$ 的运输器具	4
4	容量为大于 $0.8m^3$ 的运输器具	6

注：作用范围在有效压头高度以内。

2. 荷载分项系数和调整系数

（1）计算模板及其支架时的荷载分项系数　计算模板及其支架时的荷载设计值，应采用荷载标准值乘以相应的荷载分项系数求得，荷载分项系数，按表 8-20 采用。

表 8-20　荷载分项系数表

项　　次	荷　载　类　别	γ_i
1	模板及支架自重	
2	新浇筑混凝土自重	1.2
3	钢筋自重	
4	施工人员及施工设备荷载	
5	振捣混凝土时产生的荷载	1.4
6	新浇筑混凝土对模板侧面的压力	1.2
7	倾倒混凝土时产生的荷载	1.4

（2）计算模板及其支架时的荷载调整系数

① 对于钢模板及其支架的设计应符合现行国家标准 GBJ 17《钢结构设计规范》的规定，其截面塑性发展系数取 1.00；其荷载设计值可乘以调整系数 0.85 予以折减；当采用冷弯薄壁型钢，应符合现行国家标准 GBJ 18《冷弯薄壁型钢结构技术规范》的规定，其荷载设计值不应折减。

② 对于木模板及其支架的设计应符合现行国家标准 GBJ 5《木结构设计规范》的规定，当木材含水率小于 25％时，其荷载设计值可乘以 0.90 的调整系数予以折减。但由于一般混凝土工程施工时，都要湿润模板和浇水养护，其含水率往往难以控制，因此一般均不乘以调整系数予以折减，以保证结构安全。

③ 当验算模板结构在自重和风荷载作用下的抗倾倒稳定性时，风荷载按 GB 50009《建筑结构荷载规范》的规定采用，其中基本风压值应乘以 0.80 的调整系数予以折减。

（三）模板的荷载组合

1. 设计时应考虑的荷载

① 模板及支架自重。

② 新浇混凝土自重。

③ 钢筋自重。

④ 施工人员及设备荷载。

⑤ 振捣混凝土时产生的荷载。

⑥ 新浇混凝土对模板侧面的压力。

⑦ 倾倒混凝土时产生的荷载。

2. 荷载组合

计算不同项目时采用荷载组合见表 8-21。

表 8-21　计算一般模板结构的荷载组合

模板结构计算项目	荷载类别	
	计算承载能力	验算刚度
平板和薄壳的模板及其支架	①+②+③+④	①+②+③
梁和拱模板的底模及其支架	①+②+③+⑤	①+②+③
梁、拱、柱（边长≤300mm），墙（厚≤100mm）的侧面模板	⑤+⑥	⑥
大体积结构，柱（边长＞300mm）、墙（厚＞100mm）的侧面模板	⑥+⑦	⑥

（四）墙模板的设计计算

墙模板的组装情况见图 8-20。

墙模板的设计计算主要内容：钢模板面板→内外钢楞→对拉螺栓等。

1. 墙模板面板的计算

墙模板面板的计算包括：荷载计算→强度（或承载能力）验算→挠度（或刚度）验算。

（1）荷载计算　当混凝土墙厚≤100mm 时，计算承载能力应考虑振捣混凝土产生的荷载加新浇筑混凝土对模板侧面的压力荷载设计值；验算刚度应考虑新浇筑混凝土对模板侧面的压力荷载标准值。

当混凝土墙厚＞100mm 时，计算承载能力应考虑新浇筑混凝土对模板侧面的压力加倾倒混凝土时产生的荷载设计值；验算刚度应考虑新浇筑混凝土对模板侧面的压力荷载标准值。

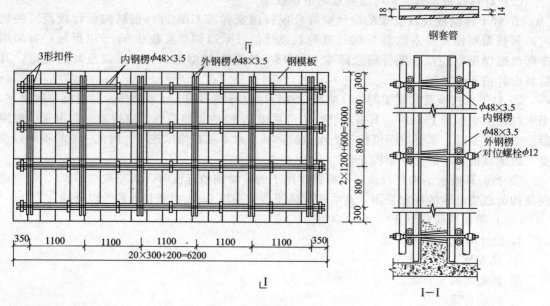

图 8-20　墙模板

（2）墙面板的承载能力按下式验算

$$\sigma = \frac{M}{W_x} \leqslant f \qquad (8-5)$$

式中　σ——面板弯曲正应力，MPa；

　　　M——最大弯矩，kN·m；

　　　W_x——净截面抵抗矩，cm³，见表 8-11；

　　　f——钢模板强度设计值，取 205MPa。

（3）墙面板的挠度验算　例如受均布荷载的简支墙面板的挠度按下式验算：

$$\upsilon = \frac{5ql^4}{384EJ_x} \leqslant [\upsilon] \qquad (8-6)$$

式中　υ——挠度，mm；

　　　q——模板块线荷载，N/mm；

　　　l——模板块跨度，mm；

　　　E——弹性模量，MPa，取 2.06×10^5 MPa；

　　　J_x——净截面惯性矩，cm⁴，见表 8-11；

　　　$[\upsilon]$——容许挠度，mm，见表 8-12。

其他受力简图的挠度计算查有关资料。

2. 内、外钢楞的计算

（1）内钢楞的计算方法

① 单跨及两跨连续的内钢楞计算。

承载能力验算：

$$M = \frac{1}{8}ql^2$$

$$\sigma = \frac{M}{W_{xj}} \leqslant [\sigma] \qquad (8-7)$$

式中　q——内钢楞所承受的均布荷载，N/mm；$q = b\overline{F}$，b 为内钢楞间距，$\overline{F}$ 为侧压力合力；

　　　l——外钢楞间距，mm；

　　W_{xj}——内钢楞的截面抵抗矩，mm³，见表 8-13。

挠度验算：

$$v = \frac{5q'l^4}{384EI_{xj}} \leqslant [v] \tag{8-8}$$

式中　q'——内钢楞所承受的均布荷载，N/mm；$q' = bF$，b 为内钢楞间距，F 为新浇混凝土侧压力的标准荷载；

　　I_{xj}——钢楞惯性矩，cm⁴，见表 8-13；

　　　E——同前。

② 三跨及三跨以上连续内钢楞计算。

承载能力验算：

$$M = \frac{\overline{F}bl^2}{10} \tag{8-9}$$

$$\sigma = \frac{M}{W_{xj}} \leqslant [\sigma]$$

式中符号含义同前。

挠度验算：

$$v = \frac{q'l^4}{150EI_{xj}} \leqslant [v] \tag{8-10}$$

式中符号含义同前。

（2）外钢楞的计算方法　应根据实际情况，按简支梁、连续梁及悬臂梁分别进行承载能力与刚度验算。例如简支梁的验算。

承载能力验算：

$$M = \frac{P}{4}l$$

$$\sigma = \frac{M}{W_{xj}} \leqslant [\sigma]$$

式中　P——内钢楞支座最大反力，kN；

　　　l——外钢楞跨度（穿墙螺栓水平间距），mm。

3. 对拉螺栓计算

对拉螺栓，也称穿墙螺栓用于墙体模板或柱模板的内、外侧模板间的拉结，以保证模板结构在混凝土侧压力和其他荷载作用下的强度、刚度及整体性要求。对拉螺栓的计算公式如下：

$$N \leqslant [N] \tag{8-11}$$

式中　N——对拉螺栓承受拉力的设计值，kN；

　　$[N]$——对拉螺栓的容许拉力，kN，见表 8-14。

【例 8-2】　某工程墙体模板采用组合钢模板组拼，墙高 3m，厚 18cm，宽 3.30m。

钢模板采用 P3015（1500mm×300mm）分两行竖排拼成。内钢楞采用两根 $\phi51×3.50$ 钢管，间距为 750mm；外钢楞采用同一规格钢管，间距为 900mm。对拉螺栓采用 M18，间距为 750mm，见图 8-21。

混凝土自重 γ_c 为 24kN/m³，强度等级 C20，坍落度为 70mm；采用 0.60m³ 混凝土吊斗卸料，浇筑速度为 1.80m/h，混凝土温度为 20℃，用插入式振捣器振捣。

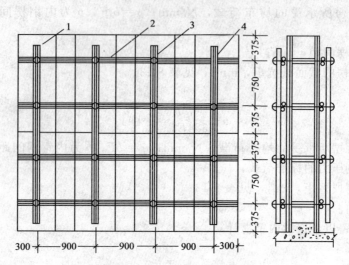

图 8-21　组合钢模板拼装图
1—钢模；2—内楞；3—外楞；4—对拉螺栓

试验算：1. 钢模板的承载能力和刚度。2. 内、外钢楞的承载能力和刚度。3. 对拉螺栓是否满足容许拉力。

解：1. 验算钢模板的承载能力和刚度

（1）荷载设计值

① 混凝土侧压力

混凝土侧压力标准值按式(8-3) 和式(8-4) 计算，其中 $t_0 = \dfrac{200}{20+15} = 5.71$。

$$F_1 = 0.22\gamma_c t_0 \beta_1 \beta_2 v^{\frac{1}{2}} = 0.22 \times 24000 \times 5.71 \times 1 \times 1 \times 1.80^{\frac{1}{2}} = 40.40\text{kPa}$$
$$F_2 = \gamma_c H = 24 \times 3 = 72\text{kPa}$$

取两者中小值，即 $F_1 = 40.40\text{kPa}$。

混凝土侧压力设计值：

$$F = F_1 \times 分项系数 \times 折减系数 = 40.40 \times 1.20 \times 0.85 = 41.21\text{kPa}$$

② 倾倒混凝土时产生的水平荷载

查表 8-19 为 4kPa。

荷载设计值为 $4 \times 1.40 \times 0.85 = 4.76\text{kPa}$。

③ 按表 8-21 进行荷载组合

$$F' = 41.21 + 4.76 = 45.97\text{kPa}$$

（2）验算钢模板的承载力

① 计算简图　见图 8-22。

$$q_1 = F' \times \frac{0.30}{1000} = \frac{45.97 \times 0.30}{1000} = 13.79 \ （\text{N/mm}）$$

② 验算承载能力

$$M = \frac{q_1 m^2}{2} = \frac{13.79 \times 375^2}{2} = 97 \times 10^4 \ （\text{N} \cdot \text{mm}）$$

查表 8-11，$W_x = 5.94 \times 10^3 \text{mm}^3$。

所以承载能力为：

$$\sigma = \frac{M}{W_x} = \frac{97 \times 10^4}{5.94 \times 10^3} = 163 \ （\text{MPa}）< f = 205\text{MPa}$$

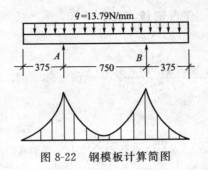

图 8-22　钢模板计算简图

符合规定。

（3）验算钢模板的刚度

$$q_z = F \times \frac{0.30}{1000} = \frac{41.21 \times 0.30}{1000} = 12.36 \text{（N/mm）}$$

查表 8-11，$J_x = 26.97 \times 10^4 \text{mm}^4$。

刚度验算：

$$\upsilon = \frac{q_2 m}{24 E J_x} (-l^3 + 6m^2 l + 3m^3)$$

$$= \frac{12.36 \times 375 \times (-750^3 + 6 \times 375^2 \times 750 + 3 \times 375^3)}{24 \times 2.06 \times 10^5 \times 26.97 \times 10^4}$$

$$= 1.28 \text{mm} < [\upsilon] = 1.50 \text{mm} \quad 查表 8-12$$

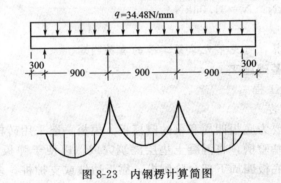

图 8-23　内钢楞计算简图

符合规定。

2. 验算内外钢楞承载能力和刚度

内钢楞验算过程如下。

（1）计算简图　内钢楞计算简图见图 8-23。

$$q_1 = F' \times \frac{0.75}{1000} = \frac{45.97 \times 0.75}{1000} = 34.48 \text{（N/mm）}$$

（2）验算承载力

$$M = \frac{q_1 l^2}{10} = 0.10 \times 34.48 \times 900^2 \text{（N·mm）}$$

查表 8-13，$W_{xj} = 2 \times 5.81 \times 10^3 \text{mm}^3$。

承载能力：

$$\sigma = \frac{M}{W_{xj}} = \frac{0.10 \times 34.48 \times 900^2}{2 \times 5.81 \times 10^3} = 240.35 \text{（MPa）} > 205 \text{MPa}$$

不满足。

改用两根□60×40×2.50作内钢楞，查表 8-13，$I_{xj}=2×21.88×10^4 mm^4$，$W_{xj}=2×7.29×10^3 mm^3$。

其承载能力：

$$\sigma=\frac{M}{W_{xj}}=\frac{0.10×34.48×900^2}{2×7.29×10^3}=191.56（MPa）<205MPa$$

满足要求。

（3）刚度验算

$$q'=q_2=F×\frac{0.75}{1000}=\frac{41.21×0.75}{1000}=30.90（N/mm）$$

$$\upsilon=\frac{q'l^4}{150EI_{xj}}=\frac{30.90×900^4}{150×2.06×10^5×2×21.88×10^4}$$

$$=1.50（mm）<\frac{l}{500}=\frac{900}{500}=1.80（mm）$$

符合规定。

外钢楞与内钢楞采用同一规格，在每个内外钢楞交点处均设穿墙螺栓，则外钢楞可不必再验算。

3. 对拉螺栓验算

对拉螺栓的拉力：

$$N=F'×内楞间距×外楞间距=45.97×0.75×0.90=31.03（kN）$$

查表 8-14，M18$[N]=32.08kN$。

所以 $[N]=32.80kN>N=31.03kN$

满足要求。

顶板模板的设计计算，可见第九章第二节的有关内容。

二、高层建筑筏形基础施工

（一）筏形基础模板工程

1. 筏形基础模板安装

筏形基础的模板主要为底板四周和梁的侧模板。模板一般采用砖模、组合钢模板或木模板。在支模前应组织地基验槽，将混凝土垫层浇筑完成，以便于弹板、梁、柱的位置边线，作为安装模板的准绳。底板四周下部台阶侧模，靠近边坡或支护桩，多采用砖侧模，在护壁桩间砌 120mm 厚砖墙，表面抹 20mm 厚 M5 水泥砂浆；基础上部台阶侧模采用组合钢模板或木模板，支撑在下部钢筋支座上或 100mm×100mm 混凝土短柱上，利用桩头钢筋或在垫层中预埋的锚环锚固，如图 8-24 所示。

梁板式筏形基础的梁在底板上时，当底板与梁一起浇筑混凝土时，底板与梁侧模应一次同时支好，此时梁侧模需用钢支撑架支撑；当浇筑底板后浇筑梁时，则先支底板侧模板，安装梁钢筋骨架，待板混凝土浇筑完后再在板上放线支设梁侧模板，如常规方法。也可以梁侧模一次整体制作吊入基坑内组装。当梁板或筏形基础的梁在底板下部时，通常采取梁板同时浇筑混凝土，梁的侧模板是无法拆除的，一般梁侧模采取在垫层上两侧砌半砖代替钢（或木）侧模与垫层形成一个砖底子模，如图 8-25 所示。

梁板式筏形基础模板的安装多采用组合钢模板，支撑在钢支架上，用钢管脚手固定，如图 8-26 所示。

2. 筏形基础模板拆除

高层建筑筏形基础的板厚多为 1m 以上，而且在施工中应采取措施，防止混凝土结构裂缝的产生，因此筏形基础模板拆除应按大体积混凝土考虑。

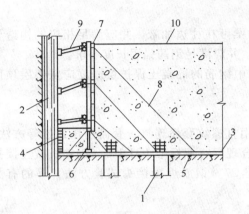

图 8-24 筏形基础侧模支设
1—灌注桩；2—护坡桩；3—垫层；
4—半砖侧模；5—预埋吊环；
6—钢筋或角钢支撑架；7—组合钢模板；
8—拉筋；9—支撑；10—筏形基础

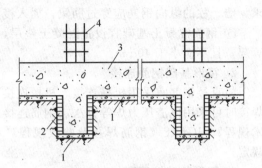

图 8-25 梁板式筏形基础砖侧模板
1—垫层；2—砖侧模；3—底板；4—柱钢筋

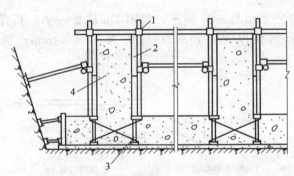

图 8-26 梁板式筏形基础钢管支架支模
1—钢管支架；2—组合钢模板；3—钢支撑架；4—基础梁

① 大体积混凝土的拆模时间，应满足国家现行有关标准对混凝土的强度要求，混凝土浇筑体表面与大气温差不应大于 20℃；当模板作为保温养护措施的一部分时，其拆模时间应根据规定的温控要求确定。

混凝土浇筑体的里表温差（不含混凝土收缩的当量温度）不宜大于 25℃。

混凝土浇筑体的降温速率不宜大于 2.0℃/d。

② 大体积混凝土宜适当延迟拆模时间，拆模后，应采取预防寒流袭击、突然降温和剧烈干燥等措施。

（二）筏形基础钢筋工程

1. 筏形基础钢筋构造配置

① 筏形基础应采用双向钢筋网片分别配置在板的顶面和底面，受力钢筋直径不宜小于 12mm，钢筋间距不宜小于 150mm，也不宜大于 300mm。

② 当筏板的厚度大于 2000mm 时，宜在板厚中间部位设置直径不小于 12mm、间距不大于 300mm 的双向钢筋。

③ 桩筏基础的筏板仅按局部弯矩计算时，其配筋除应满足局部弯曲的计算要求外，筏板顶部跨中钢筋应全部连通，筏基的底部支座钢筋应分别有 1/4 和 1/3 贯通全跨，上、下贯

通钢筋的配筋率均不应小于 0.15%。

④ 当梁板式筏基的肋梁宽度小于柱宽时，肋梁可在柱边加腋，并应满足相应的构造要求。墙、柱的纵向钢筋应穿过肋梁，插入筏板中，并应满足钢筋锚固长度要求。

⑤ 钢筋混凝土基础宜设置混凝土垫层，基础中钢筋的混凝土保护层厚度应从垫层顶面算起，且不应小于 40mm。

2. 筏形基础钢筋连接

粗直径钢筋宜采用机械连接。机械连接可采用直螺纹套筒连接、套筒挤压连接等方法。焊接时可采用电渣压力焊等方法。钢筋连接应符合现行行业标准 JGJ 107《钢筋机械连接技术规程》、JGJ 18《钢筋焊接及验收规程》和 JGJ 27《钢筋焊接接头试验方法》等的有关规定。

3. 筏形基础钢筋安装

钢筋网的绑扎，四周两行钢筋交叉点应每点扎牢，中间部分交叉点可相隔交错扎牢，但必须保证受力钢筋不位移。双向主筋的钢筋网，必须将全部钢筋相交点扎牢。绑扎时应注意相邻绑扎点的铁丝扣要成八字形，以免网片歪斜变形。

基础底板采用双层钢筋网时，在上层钢筋网下面应设置钢筋撑脚，以保证钢筋位置正确。

钢筋撑脚的形式与尺寸如图 8-27 所示，每隔 1m 放置一个。其直径选用：当板厚 $h \leqslant$ 30cm 时为 8~10mm；当板厚 $h = 30~50$cm 时为 12~14mm；当板厚 $h > 50$cm 时为 16~18mm。

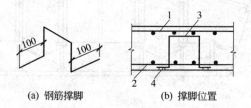

(a) 钢筋撑脚　　　　　　(b) 撑脚位置

图 8-27　钢筋撑脚

1—上层钢筋网；2—下层钢筋网；3—撑脚；4—水泥垫块

若基础底板采用多层钢筋时，应采用 X 形支架来支撑钢筋网，支架间距 2m 以内。钢筋的弯钩应朝上，不要倒向一边，但双层钢筋网的上层钢筋弯钩应朝下。

在上、下层钢筋高差更大、配筋更多的工程中，应采用角钢焊制的支架来支撑上层钢筋的重力，控制钢筋的标高，承担上部操作平台的全部施工荷载。支架的立柱下端焊在桩帽的主筋上，上端焊上一段插座管，插入 ϕ48mm 钢筋脚手管，用横棱和满铺脚手板组成浇筑混凝土用的操作平台，钢筋网片和钢筋骨架一般可在现场地面上加工成型，然后再进行安装。

（三）筏形基础混凝土工程

1. 筏形基础混凝土浇筑的后浇带设置

后浇带是为在现浇混凝土结构施工过程中，克服由于温度、收缩而可能产生有害裂缝而设置的临时施工缝。该缝需根据设计要求保留一段时间后再浇筑，将整个结构连成整体。基础长度超过 40m 时，宜设置施工缝，缝宽不宜小于 80cm。在施工缝处，钢筋必须贯通。

后浇带的保留时间应根据设计确定，若设计无要求时，一般至少保留两个月以上。

后浇带的宽度应考虑施工简便，避免应力集中。一般其宽度为 700~1000mm。后浇带内的钢筋应完好保存。后浇带的构造如图 8-28 所示。

后浇带在浇筑混凝土前，必须将整个混凝土表面按照施工缝的要求进行处理。填充后浇

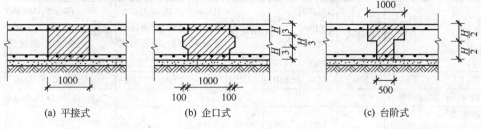

(a) 平接式　　　　　　　(b) 企口式　　　　　　　(c) 台阶式

图 8-28　后浇带构造

带混凝土可采用微膨胀或无收缩水泥，也可采用普通水泥加入相应的外加剂拌制，但必须要求填筑混凝土的强度等级比原结构强度提高一级，并保持至少 15d 的湿润养护。

2. 筏形基础混凝土浇筑方案

混凝土结构的浇筑方案应根据整体性要求、结构大小、钢筋疏密、混凝土供应等具体情况，选用如下三种方式。

① 全面分层。如图 8-29(a) 所示。在第一层全面浇筑完毕回来浇筑第二层时，第一层浇筑的混凝土还未初凝，如此逐层进行，直至浇筑好。这种方案适用于结构和平面尺寸大的场合，施工时从短边开始、沿长边进行较适宜。必要时也可分两段，从中间向两端或从两端向中间同时进行。

② 分段分层。如图 8-29(b) 所示。此法适用于厚度不太大而面积或长度较大的结构。混凝土从底层开始浇筑，进行一定距离后回来浇筑第二层，如此依次向前浇筑以上各分层。

③ 斜面分层。如图 8-29(c) 所示。此法适用于结构的长度超过厚度的 3 倍。振捣工作应从浇筑层的下端开始，逐渐上移，以保证混凝土施工质量。

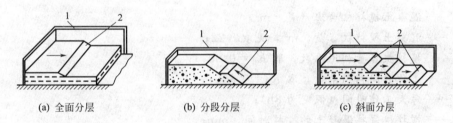

(a) 全面分层　　　　　　(b) 分段分层　　　　　　(c) 斜面分层

图 8-29　大体积混凝土浇筑方案

1—模板；2—新浇筑的混凝土

分层的厚度决定于振捣器的棒长和振动力的大小，也要考虑混凝土的供应量大小和可能浇筑量的多少，一般为 200～300mm。

混凝土搅拌机型号选择与台数需用量计算如下。

【例 8-3】　某筏形基础尺寸长 20m，宽 8m，高 3m，浇筑混凝土时不允许留设施工缝，从搅拌站至浇筑地点的运输时间为 24min，混凝土初凝时间为 2h。

试求：

(1) 选择混凝土搅拌机型号与台数。

(2) 确定混凝土浇筑方案。

解： 1. 选择混凝土搅拌机型号与台数

(1) 已知：每罐混凝土搅拌时间 $t_1 = 2min$，每罐出料时间为 $t_2 = 3.50min$，$K_1 = 0.90$，$K_2 = 0.80$，$T = 8h$。

由表 8-22 查得，选搅拌机型号 JZC350 双锥自落式出料容量 $V_1 = 0.35m^3$。

表 8-22　常用混凝土搅拌机的主要技术性能

项目 ＼ 型号	J1-250 自落式	JGZR350 自落式	JZC350 双锥自落式	J1-400 自落式	J4-375 强制式	JD250 单卧轴强制式	JS350 双卧轴强制式	JD500 单卧轴强制式	TQ500 强制式	JW500 涡浆强制式	JW1000 涡浆强制式	S4S1000 双卧轴强制式
进料容量/L	250	560	560	400	375	400	560	800	800	800	1600	1600
出料容量/L	160	350	350	260	250	250	350	500	500	500	1000	1000
拌合时间/min	2	2	2	2	1.2	1.5	2	2	1.5	1.5～2.0	1.5～3.0	3.0
平均搅拌能力/(m³/h)	3～5		12～14	6～12	12.5	12.5	17.5～21	25.30	20	20		60
拌筒尺寸(直径×长×宽)/mm	1218×960	1447×1096	1560×1890	1447×1178	1700×500				2040×650	2042×646	3000×830	
拌筒转速/(r/min)	18	17.4	14.5	18		30	35	26	28.5	28	20	36
电动机 kW	5.5		5.5	7.5	10	11	15	5.5	30	30	55	
电动机 r/min	1440		1440	1450	1450	1460				980		
配水箱容量/L	40			65					2020			
外形尺寸/mm 长	2280	3500	3100	3700	4000	4340	4340	4580	2375	6150	3900	3852
外形尺寸/mm 宽	2200	2600	2190	2800	1865	2850	2570	2700	2138	2950	3120	2385
外形尺寸/mm 高	2400	3000	3040	3000	3120	4000	4070	4570	1650	4300	1800	2465
整机重/kg	1500	3200	2000	3500	2200	3300	3540	4200	3700	5185	7000	6500

注：估算搅拌机的产量，一般以出料系数表示，其数值为 0.55～0.72，通常取 0.66。

计算混凝土搅拌机台班产量

$$V = \frac{60}{t_1 + t_2} V_1 K_1 K_2 T \tag{8-12}$$

式中　V——混凝土搅拌机台班产量，m³；

　　　V_1——混凝土搅拌机容量，m³，见表 8-22；

　　　K_1——搅拌机容量利用系数，取 $K_1 = 0.90$；

　　　K_2——工作时间利用系数，取 $K_2 = 0.80$；

　　　T——每天工作时间（假定为 8h）；

　　　t_1——搅拌机每拌混凝土的搅拌时间，min；

　　　t_2——搅拌机每拌混凝土的出料时间，min。

则混凝土搅拌机台班产量 V

$$V = \frac{60}{2 + 3.50} \times 0.35 \times 0.90 \times 0.80 \times 8 = 22 (\text{m}^3/\text{台班})$$

（2）计算搅拌机台数 N

$$N = \frac{V_总}{V} \tag{8-13}$$

式中　N——混凝土搅拌机需要台数，台；

　　　$V_总$——每班混凝土需要总量，m³；

从施工方案得知，$V_总 = 66$（m³/台班）。

$$N = \frac{66}{22} = 3 (\text{台})$$

2. 确定混凝土浇筑方案

混凝土浇筑方案有三种供选择。

第一种方案：全面分层浇筑方案。

允许浇筑长度 l 为

$$l = \frac{Q(t_1 - t_2)}{BH} \tag{8-14}$$

式中　Q——混凝土每小时浇筑量，m^3/h；

　　　t_1——混凝土初凝时间，h；

　　　t_2——混凝土运输时间，h；

　　　B——基础宽度，m；

　　　H——浇筑层厚度，m。

所以　　　　　　　$l = \dfrac{3 \times \frac{22}{8} \times \left(2 - \frac{24}{60}\right)}{8 \times 0.30} = 5.50(m) < 20m$

此方案不可行。

全面分层加缓凝剂浇筑方案，其缓凝时间可按式（8-15）计算：

$$t_1 = \frac{lBH}{Q} + t_2 \tag{8-15}$$

式中　l——基础长度，m；

　　　其他符号含义同前。

所以　　　　　　　$t_1 = \dfrac{20 \times 8 \times 0.30}{3 \times \frac{22}{8}} + \dfrac{24}{60} = 6.2(h)$

初凝时间允许 2h，选缓凝剂的缓凝时间，只允许 4.2h 即可。

允许浇筑长度　　　$l = \dfrac{3 \times \frac{22}{8} \times \left(6.2 - \frac{24}{60}\right)}{8 \times 0.30} = 19.94(m) \approx 20m$。

满足要求，可行。

又因为每小时混凝土浇筑量 Q

$$Q = \frac{lBH}{t_1 - t_2} = \frac{20 \times 8 \times 0.30}{2 - \frac{24}{60}} = 30 \ (m^3/h)$$

即 3 台搅拌机每小时搅拌量为：

$$3 \times \frac{22}{8} = 8.25 \ (m^3/h) < 30m^3/h$$

所以 3 台搅拌机满足不了混凝土供应量。

故全面分层法，不可行。

第二种方案：分段分层浇筑方案

混凝土厚 3m，长度 20m，不宜分段；若分层浇筑需分 10 层，分层过多，不可行。

第三种方案：斜面分层浇筑方案。

计算浇筑混凝土的斜边长度 l（1：3 坡度）

$$l = \sqrt{3^2 + 9^2} = 9.50(m) > 5.50m$$

斜边长度大于允许浇筑长度，不可行。

上述三种方案均不可行，必须采取措施。

① 若采用全面分层法，一是掺缓凝剂；二是增加搅拌机台数，或改变搅拌机型号。

② 若加缓凝剂，可采用第三种方案斜面分层法，增加 2h 缓凝时间，则 $t_1 = 2 + 2 = 4h$。

允许浇筑长度 l

$$l=\frac{Q(t_1-t_2)}{BH}=\frac{3\times\frac{22}{8}\times\left(4-\frac{24}{60}\right)}{8\times0.30}=12.40\ (m)>9.50m$$

满足混凝土初凝要求。

3. 筏形基础混凝土振捣

混凝土的振捣工作是伴随浇筑过程而进行的。根据常采用的斜面分层浇筑方法，振捣时应从坡脚处开始，以保证混凝土的质量。根据泵送混凝土的特点，浇筑后会自然流淌形成转平缓的坡度，也可布设前、后两道振捣器振捣，如图8-30所示。第一道振捣器布置在混凝土坡脚处，保证下部混凝土的密实；第二道振捣器布置在混凝土卸料点，解决上部混凝土的密实。随着混凝土浇筑工作的向前推进，振捣器也相应跟进，确保不漏振并保证整个高度混凝土的质量。

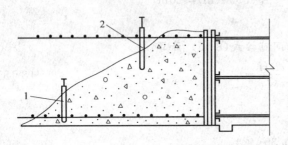

图 8-30　混凝土振捣示意
1—前道振捣器；2—后道振捣器

考虑提高混凝土的极限拉伸值，提高混凝土的抗裂性，二次振捣方法是避免混凝土裂缝的一项技术措施。大量现场试验证明，对浇筑后的混凝土进行二次振捣，能排除混凝土因泌水在骨料、水平钢筋下部生成的水分和空隙，提高混凝土与钢筋的握裹力，防止因混凝土沉落而出现的裂缝，减小混凝土内部微裂，增加混凝土的密实度，使混凝土的抗压强度提高 $10\%\sim20\%$，从而可提高混凝土的抗裂性。

混凝土二次振捣的恰当时间是二次振捣的关键。振动界线时间是指混凝土振捣后尚能恢复到塑性状态的时间。掌握二次振捣恰当时间的方法一般为：将运转着的振捣棒以其自身的重力逐渐插入混凝土中进行振捣，混凝土在振动棒慢慢拔出时能自行闭合，不会在混凝土中留下孔穴，则可认为此时施加二次振捣是适宜的；国外一般采用测定贯入阻力值的方法进行判定，当标准贯入阻力值在未达到 $350N/cm^2$ 以前，进行二次振捣是有效的，不会损伤已成型的混凝土。

由于采用二次振捣的最佳时间与水泥品种、水灰比、坍落度、气温和振捣条件等有关，因此，在实际工程正式采用前必须经试验确定。同时，在最后确定二次振捣时间时，既要考虑技术上的合理性，又要满足分层浇筑与循环周期的安排，在操作时间上要留有余地。

4. 筏形基础混凝土泌水处理和表面处理

① 混凝土的泌水处理。筏形基础由于采用大流动性混凝土分层浇筑，上下层施工的间隔时间较长（一般为1.5～3h），经过振捣后上涌的泌水和浮浆易顺混凝土坡面流到坑底。当采用泵送混凝土时，泌水现象尤为严重。解决的办法是在混凝土垫层施工时，预先在横向上做出2cm的坡度；在结构四周侧模的底部开设排水孔，使泌水从孔中自然流出；少量来不及排除的泌水，随着混凝土浇筑向前推进被赶至基坑顶部，由该处模板下部的预留孔排除坑外。

当混凝土大坡面的坡脚接近顶端模板时，应改变混凝土的浇筑方向，即从顶端往回浇筑，与原斜坡相交成一个集水坑，另外有意识地加强两侧混凝土浇筑强度，这样集水坑逐步在中间缩成小水潭，然后用软轴泵及时将泌水排除。采用这种方法适用于排除最后阶段的所有泌水（见图8-31）。

② 混凝土的表面处理。大体积混凝土，尤其是泵送混凝土，其表面水泥浆较厚，不仅会引起混凝土的表面收缩开裂，而且会影响混凝土的表面强度。因此，在混凝土浇筑结束后，必须进行二次抹面工作。在混凝土浇筑4～5h，先初步按设计标高用长刮尺刮平，在初

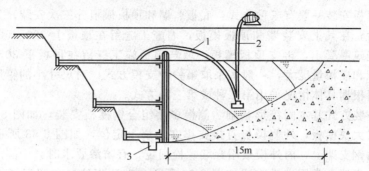

图 8-31 顶端混凝土浇筑方向及泌水排除
1—顶端混凝土浇筑方向；2—软轴抽水机排除泌水；3—排水沟

凝前（因混凝土中外加剂作用，初凝时间延长 6～8h）用铁滚筒碾压数遍，再用木槌打磨压实，以闭合收水裂缝。

5. 筏形基础混凝土养护

筏形基础混凝土浇筑后，加强表面的保湿、保温养护，是控制混凝土温差裂缝的一项工艺技术措施，对防止混凝土产生裂缝具有重大作用。

通过对混凝土表面的保湿、保温工作，可减小混凝土的内外温差，防止出现表面裂缝；另外，也可防止混凝土过冷，避免产生贯穿裂缝。一般应在完成浇筑混凝土后的 12～18h 内洒水，如在炎热、干燥的气候条件下，应提前养护，并且应延长养护时间。混凝土的养护时间，主要根据水泥品种而定，一般规定养护时间为 14～21d。筏形基础的底板较厚混凝土宜采用蓄热养护法养护，其内外温差不宜大于 25℃。

6. 筏形基础混凝土温度监测

在筏形基础混凝土的凝结硬化过程中，应随时掌握混凝土不同深度温度场升降的变化规律，及时监测混凝土内部的温度情况，对于有的放矢地采取相应的技术措施，确保混凝土不产生过大的温度应力，具有非常重要的作用。

监测混凝土内部的温度，可采用在混凝土内不同部位埋设铜热传感器，用混凝土温度测定记录仪进行施工全过程的跟踪和监测。

测温点的布置应便于绘制温度变化梯度图，可布置在基础平面的对称轴和对角线上。测温点应设在混凝土结构厚度的 1/2、1/4 和表面处，离钢筋的间距应大于 30mm。

铜热传感器也可用绝缘胶布绑扎在预定测点位置处的钢筋上。如预定位置处无钢筋，可另外设置钢筋。由于钢筋的热导率大，传感器直接接触钢筋会使该部位的温度值失真，故要用绝缘胶布绑扎。待各铜热传感器绑扎完毕后，应将馈线收成一束，固定在钢筋上并引出，以避免在浇筑混凝土时馈线受到损伤。

待馈线与测定记录仪接好后，必须再次对传感器进行试测检查，试测完全合格后，混凝土测试的准备工作即告结束。

混凝土温度测定记录仪，不仅可显示读数，而且还可自动记录各测点的温度，能及时绘制出混凝土内部温度变化曲线，随时对照理论计算值，这样在施工过程中，可以做到对大体积混凝土内部的温度变化进行跟踪监测，实现信息化施工，确保工程质量。

为了控制裂缝的产生，不仅要对混凝土成型之后的内部温度进行监测，而且应在一开始，就对原材料、混凝土的拌和、入模和浇筑温度系统进行实测。

三、高层建筑箱形基础施工

（一）箱形基础模板工程

1. 箱形基础模板安装

　　箱形基础模板安装一般有三种方式：底板、墙和顶板模板分三次安装；先安装底板模板浇筑混凝土完后，在其上安装墙和顶板模板，墙施工缝留在顶板上 300～500mm 处；底板和墙·次支模浇筑混凝土，再支顶板模板，墙与顶板施工缝留在顶板下 30～50mm 处。由于箱形基础体积和模板量庞大，一般多采取第一种支模方式，对尺寸小的箱形基础，为加速工程进度，也可根据具体情况采用第二种或第三种方式。

　　底板模板安装方式基本同筏形基础，侧模多用组合钢模板安装，如图 8-32 所示。墙模板多采用整体式大块模板，外侧模板直接支撑在垫层上定位，如图 8-33 所示。内侧模板多支撑在钢筋或角钢支架上，内外模板用穿墙螺栓固定，有防渗要求时，中间加设止水板。墙模板一般均一次支好，常用支模方式如图 8-34 所示。在适当位置预留门子板，以便于下料和振捣混凝土。

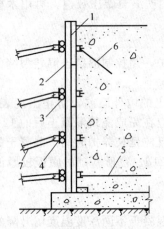

图 8-32　组合式钢模板支模方式

1—组合钢模板；2—钢管式槽钢立楞；3—钢管横楞；
4—对拉螺栓外杆；5—对拉螺栓内杆与钢筋焊接；
6—φ8～12mm 拉杆；7—支撑

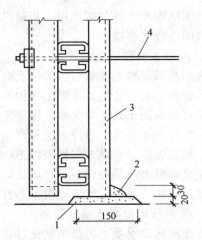

图 8-33　组合钢模板预拼装大模板定位

1—1：3 水泥砂浆找平；2—定位砂浆；
3—组合钢模板预拼装大模板；4—拉紧螺栓

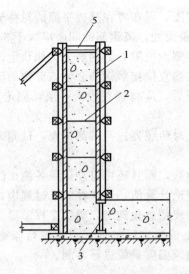
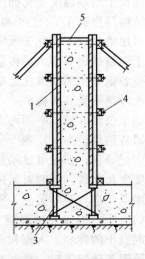

图 8-34　墙模板支设

1—墙模板（木或组合钢模板）；2—拉紧铁丝；3—角钢或钢筋支撑架；
4—φ12mm 穿墙螺栓；5—60mm×60mm 方木顶楞

箱形基础顶板通常是在地下室墙（柱）施工完后进行，对无梁、厚度与跨度大的顶板，多采取以钢代木用型钢架空，适当支顶的方法，在浇筑墙（柱）混凝土时，离板底500mm处预留槽钢或工字钢作牛腿，在其上架设工字钢主梁及次梁，再在次梁上安模板棱，铺组合钢模板，在中部加设一排100mm×100mm顶撑，如图8-35所示。对厚度、跨度不大的顶板，可在墙、柱上部预埋角钢或槽钢承托，支撑桁架（见图8-36）或钢横梁，在其上安装板的模板，而不必在底板上设置大量支撑，因而可让出空间为下一道工序施工创造条件。如果墙与顶板同时施工，则在梁板底部安装立柱支顶模板，如一般民用建筑现浇梁板的支模方法。

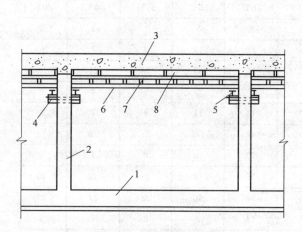

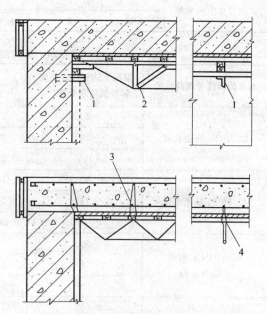

图 8-35 顶板模板支设

1—底板；2—墙；3—顶板；4—短槽钢或工字钢；

5—Ⅰ14型钢主梁；6—Ⅰ12型钢次梁；

7—50mm×100mm木棱；8—组合钢模板

图 8-36 顶板桁架支模

1—预埋角钢或槽钢或立木排架（虚线）；

2—桁架；3—钢筋网片；4—铁丝

当箱形基础尺寸大，采取分段支模时，应从底板、墙到顶板均在同一位置留后浇缝带，支侧模板。

2. 箱形基础的模板拆除

常温施工时，箱形基础的内、外墙拆模强度不应低于2.5MPa，冬期拆模与保温应满足混凝土抗冻临界强度的要求。箱形基础的顶板底模拆模时，跨度不大于8m时混凝土强度应达到设计强度的75%；跨度大于8m时混凝土强度应达到设计强度的100%。后浇带拆模时，混凝土强度应达到设计强度的100%。

① 混凝土强度达到2.5MPa所需天数见表8-23。

② 箱形基础顶板底模的拆除，应在与混凝土结构同条件养护的试件达到规定强度标准值时，方可拆除，同时参考达到规定强度标准值所需时间，见表8-24。

③ 当施工荷载值超过结构所能承受的荷载值时，模板不能拆除。例如，锅炉房二层楼面正安装锅炉，产生动荷载时，其下模板不能拆除，如果不是这种情况，模板可以拆除。

（二）箱形基础钢筋工程

1. 箱形基础钢筋构造设置

表 8-23　侧模板的拆除时间

水泥品种	混凝土强度等级	混凝土凝固的平均温度/℃					
		5	10	15	20	25	30
		混凝土强度达到 2.5MPa 所需天数					
普通水泥	C10	5	4	3	2	1.5	1
	C15	4.5	3	2.5	2	1.5	1
	≥C20	3	2.5	2	1.5	1.0	1
矿渣及火山灰水泥	C10	8	6	4.5	3.5	2.5	2
	C15	6	4.5	3.5	2.5	2	1.5

表 8-24　拆除底模板的时间参考表　　　　　　　　　　　　　d

水泥的强度等级及品种	混凝土达到设计强度标准值的百分率/%	硬化时昼夜平均温度					
		5℃	10℃	15℃	20℃	25℃	30℃
32.5MPa 普通水泥	50	12	8	6	4	3	2
	75	26	18	14	9	7	6
	100	55	45	35	28	21	18
42.5MPa 普通水泥	50	10	7	6	5	4	3
	75	20	14	11	8	7	6
	100	50	40	30	28	20	18
32.5MPa 矿渣或火山灰水泥	50	18	12	10	8	7	6
	75	32	25	17	14	12	10
	100	60	50	40	28	24	20
42.5MPa 矿渣或火山灰水泥	50	16	11	9	8	7	6
	75	30	20	15	13	12	10
	100	60	50	40	28	24	20

　　箱基（箱形基础）上的门洞宜设在柱间居中部位，洞边至上层柱中心的水平距离不宜小于 1.2m，洞口上过梁的高度不宜小于层高的 1/5，洞口面积不宜大于柱距与箱形基础全高乘积的 1/6。

　　墙体洞口周围应设置加强钢筋，洞口四周附加钢筋面积不应小于洞口内被切断钢筋面积的一半，且不应少于两根直径为 14mm 的钢筋，此钢筋应从洞口边缘处延长 40 倍钢筋直径。

　　箱形基础的顶板、底板及墙体均应采用双层双向配筋。墙体的竖向和水平钢筋直径均不应小于 10mm，间距均不应大于 200mm。除上部为剪力墙外，内、外墙的墙顶处宜配制两根直径不小于 20mm 的通长构造等钢筋。

　　上部结构底层柱纵向钢筋伸入箱形基础墙体的长度应符合下列要求：柱下三面或四面有箱形基础墙的内柱，除柱四角纵向钢筋直通到基底外，其余钢筋可伸入顶板底面以下 40 倍纵向钢筋直径处；外柱、与剪力墙相连的柱及其他内桩的纵向钢筋应直通到基底。

　　底板下部纵向受力钢筋的保护层厚度在有垫层时不应小于 50mm，无垫层时不应小于 70mm，此外尚不应小于桩头嵌入底板内的长度。

　　2. 箱形基础钢筋连接

　　① 箱形基础的顶板和底板的钢筋宜采用机械连接；采用搭接时，搭接长度应按受拉钢

筋考虑。

②　受拉钢筋的锚固长度和钢筋的搭接长度

计算：

受拉钢筋的基本锚固长度 l_{ab}：

$$l_{ab} = \alpha \frac{f_y}{f_t} d \tag{8-16}$$

式中　α——锚固钢筋的外形系数，见表 8-25。

　　　f_y——普通钢筋的抗拉强度设计值，见表 8-26。

　　　f_t——混凝土轴心抗拉强度设计值，当混凝土强度等级高于 C60 时，按 C60 取值，见表 8-26。

　　　d——锚固钢筋的直径。

表 8-25　锚固钢筋的外形系数 α

钢筋类型	光圆钢筋	带肋钢筋	螺旋肋钢筋	三股钢绞线	七股钢绞线
α	0.16	0.14	0.13	0.16	0.17

注：光圆钢筋末端应做 180°弯钩，弯后平直段长度不应小于 3d，但作受压钢筋时可不做弯钩。

表 8-26　混凝土强度设计值　　　　　　　　　　　　　MPa

强度种类	混凝土强度等级													
	C15	C20	C25	C30	C35	C40	C45	C50	C55	C60	C65	C70	C75	C80
f_c	7.2	9.6	11.9	14.3	16.7	19.1	21.1	23.1	25.3	27.5	29.7	31.8	33.8	35.9
f_t	0.91	1.10	1.27	1.43	1.57	1.71	1.80	1.89	1.96	2.04	2.09	2.14	2.18	2.22

注：1. 计算现浇钢筋混凝土轴心受压及偏心受压构件时，如截面的长边或直径小于 300mm，则表中混凝土的强度设计值应乘以系数 0.8；当构件质量（如混凝土成型、截面和轴线尺寸等）确有保证时，可不受此限制。

2. 离心混凝土的强度设计值应按专门标准取用。

受拉钢筋的锚固长度 l_a

$$l_a = \zeta_a l_{ab} \tag{8-17}$$

式中　l_a——受拉钢筋的锚固长度。

　　　ζ_a——锚固长度修正系数。

纵向受拉普通钢筋的锚固长度修正系数 ζ_a 应按下列规定取用：

①　当带肋钢筋的公称直径大于 25mm 时取 1.10。

②　环氧树脂涂层带肋钢筋取 1.25。

③　施工过程中易受扰动的钢筋取 1.10。

④　当纵向受力钢筋的实际配筋面积大于其设计计算面积时，修正系数取设计计算面积与实际配筋面积的比值，但对有抗震设防要求及直接承受动力荷载的结构构件，不应考虑此项修正。

⑤　锚固钢筋的保护层厚度为 3d 时修正系数可取 0.80，保护层厚度为 5d 时修正系数可取 0.70，中间按内插取值，此处 d 为锚固钢筋的直径。

当多于一项时，可按连乘计算，但不应小于 0.60；对预应力筋可取 1.0。

纵向受拉钢筋的搭接长度 l_1：

$$l_1 = \zeta_1 l_a \tag{8-18}$$

式中　ζ_1——纵向受拉钢筋搭接长度修正系数，见表 8-27。当纵向搭接钢筋接头面积百分率为表的中间值时，修正系数可按内插取值。

表 8-27　纵向受拉钢筋搭接长度修正系数

纵向搭接钢筋接头面积百分率/%	≤25	50	100
ζ_1	1.2	1.4	1.6

纵向受拉钢筋的抗震锚固长度 l_{aE}

$$l_{aE} = \zeta_{aE} l_a \tag{8-19}$$

式中　ζ_{aE}——纵向受拉钢筋抗震锚固长度修正系数，对一、二级抗震等级取 1.15；对三级抗震等级取 1.05；对四级抗震等级取 1.00。

纵向受拉钢筋的抗震搭接长度 l_{lE}：

$$l_{lE} = \zeta_1 l_{aE} \tag{8-20}$$

3. 箱形基础钢筋安装

墙的垂直钢筋每段长度不宜超过 4m（钢筋直径小于或等于 12mm）或 6m（直径大于 12mm），水平钢筋每段长度不宜超过 8m，以利绑扎。

采用双层钢筋网时，在两层钢筋间应设置撑铁，以固定钢筋间距。撑铁可用直径 6～10mm 的钢筋制成，长度等于两层网片的净距（见图 8-37），间距为 1m，相互错开排列。

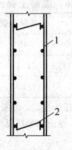

图 8-37　墙钢筋的撑铁
1—钢筋网；2—撑铁

绑扎墙筋时，部分钢筋应绑吊扣，其他对称绑单扣。

顶板的钢筋安装可见第九章第二节中的有关内容。

（三）箱形基础混凝土工程

1. 箱形基础混凝土浇筑的施工缝留置

箱形基础底板，内、外墙和顶板施工缝的留设如图 8-38 所示。外墙水平施工缝应在底板面上部 300～500mm 范围内和无梁顶板下部 30～50mm 处，并应做成企口式，如图 8-39 所示。有严格防水要求时，应在企口中部设镀锌钢板（或塑料）止水带，外墙的垂直施工缝宜用凹缝，内墙的水平和垂直施工缝多采用平缝，内墙与外墙之间可留垂直缝。在继续浇筑混凝土前必须清除杂物，将表面冲洗干净，注意接浆质量，然后浇筑混凝土。

2. 箱形基础混凝土浇筑的温度后浇带设置

当箱形基础长度超过 40m 时，为避免出现温度收缩裂缝或降低浇筑强度，宜在中部设置贯通后浇缝带，缝带宽度不宜小于 800mm，并从两侧混凝土内伸出贯通主筋，主筋按原设计连续安装而不切断，经两个月后，再在预留的中间缝带用高一强度等级的半干硬性混凝土或微膨胀混凝土（掺水泥用量 12% 的 U 形膨胀剂，简称 U·E·A）浇筑密实，使连成整体并加强养护，但后浇缝带必须是在底板、墙壁和顶板的同一位置上部留设，使其形成环形，以利释放早、中期温度应力。若只在底板和墙壁上留后浇缝带，而不在顶板上留设，将

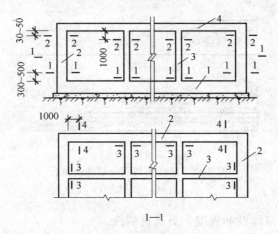

图 8-38 箱形基础施工缝位置留设

1—底板；2—外墙；3—内隔墙；

4—顶板 1—1、2—2 等的施工缝位置

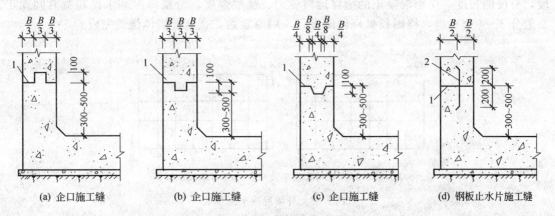

(a) 企口施工缝　　(b) 企口施工缝　　(c) 企口施工缝　　(d) 钢板止水片施工缝

图 8-39 外墙水平施工缝类型

1—施工缝；2—3～4mm 镀锌钢板止水片

会在顶板上产生应力集中而出现裂缝，且会传递到墙壁后浇缝带，也会引起裂缝。底板后浇缝带处的垫层应加厚，局部加厚范围可采用 l_a+800mm（l_a 为钢筋最小锚固长度），垫层顶面做二毡三油或沥青麻布两层等防水层，外墙外侧在上述范围应做二毡三油防水层，并用强度等级为 M5 的砂浆砌半砖墙保护。后浇缝带适用于变形稳定较快、沉降量较小的地基，对变形量大、变形延续时间长的地基不宜采用。当有管道穿过箱形基础外墙时，应加焊止水片防渗漏。

3. 箱形基础混凝土浇筑方案

混凝土浇筑要合理选择浇筑方案，根据每次浇筑量，确定搅拌、运输、振捣能力，配备机械人员，确保混凝土浇筑均匀、连续，避免出现过多的施工缝和薄弱层面。

底板混凝土浇筑，可沿长度方向分 2～3 个区，由一端向另一端分层推进，分层均匀下料。当底面积大或底板呈正方向，宜分段分组浇筑，当底板厚度小于 50cm，可不分层，采用斜面赶浆法浇筑，如图 8-40（a）所示。表面及时整平，当底板厚度等于或大于 50cm，宜水平分层或斜面分层［见图 8-40（b）］浇筑，每层厚 25～30cm，分层用插入式或平板式振捣器捣固密实，同时应注意各区、组搭接处的振捣，防止漏振，每层应在水泥初凝时间内浇筑

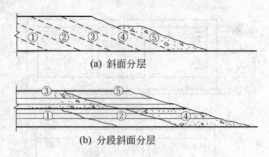

图 8-40　混凝土斜面分层浇筑流程
①～⑤—浇筑次序

完成，以保证混凝土的整体性和强度，提高抗裂性。

一般先浇外墙，后浇内墙，或内、外墙同时浇筑，分支流向轴线前进，各组兼顾横墙左右宽度各半范围。

外墙浇筑可采取分层分段循环浇筑法，如图 8-41（a）所示，即将外墙沿周边分成若干段，分段的长度，应由混凝土的搅拌运输能力、浇灌强度、分层厚度和水泥初凝时间而定。一般分 3～4 个小组，绕周长循环转圈进行，周而复始，直至外墙体浇筑完成。

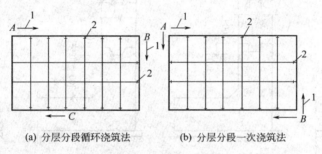

图 8-41　外墙混凝土浇筑法
1—浇筑方向；2—施工缝

当周边较长，工程量较大，也可采取分层分段一次浇筑法，如图 8-41（b）所示，即由 2～6 个浇筑小组从一点开始，混凝土分层浇筑，每两组相对应向后延伸浇筑，直至同时闭合。

箱形基础顶板（带梁）混凝土浇筑方法与基础底板浇筑基本相同。

4. 箱形基础混凝土养护

箱形基础混凝土浇筑完后，要加强覆盖，浇水养护；冬期要保温，防止温差过大出现裂缝，以保证结构使用和防水性能。

筏形与箱形基础地下室施工完成后（包括外墙外侧贴牢防水卷材，并铺贴好保护层），应及时进行基坑回填。回填土应按设计要求选料，或采用级配砂石、砂土或灰土。回填时应先清除基坑内的杂物，在相对的两侧或四周同时进行并分层夯实，回填土的压实系数不应小于 0.94。

四、筏形与箱形基础地下水渗漏产生原因与预防措施

筏形与箱形基础可作为人防地下室，在高层建筑中采用较多。常见的弊端：人防地下室渗漏较严重，尤其到雨期，顶板、外墙渗漏现象常有发生，造成人防地下室不能正常使用。为解决此弊端，应及时查找渗漏原因，并采取相应的预防措施。

（一）人防地下室渗漏产生原因

（1）主要原因是承包方和监理方管理不到位。承包方没有编制"人防地下室施工方案"，监理方没有编制"人防地下室监理实施细则"，又无"平行检验方案"和"旁站记录"。

（2）混凝土的水胶比、坍落度不符合规范要求。

（3）温度后浇带和沉降后浇带以及施工缝位置留置不合理，后浇混凝土的处理不符合要求。

（4）穿墙管随意穿墙，无止水措施。

（5）筏形与箱形基础的混凝土浇筑方式选择不合理，温控措施不当，混凝土浇筑的间歇时间超过了混凝土的初凝时间，形成了施工缝。

（6）顶板拆模过早，顶板上施工荷载较大，产生振动裂缝。

（7）筏形与箱形基础养护方法欠妥，且不及时。

（8）外墙、顶板、卷材防水无保护层，回填土中粗骨料致使卷材防水破损严重。

（9）回填土料选择不合理，外墙侧壁、顶板屋面无排水措施。

（二）人防地下室渗漏预防措施

（1）建立健全质量管理体系，编制工程质量管理文件，并严格实施。

（2）水胶比不得大于 0.50，有浸蚀性介质的水胶比不宜大于 0.45。入泵坍落度宜控制在 120～160mm。

（3）当筏形与箱形基础的长度超过 40m 时，应设置永久性的沉降缝和温度收缩缝。当不设置永久性的沉降缝和温度收缩缝时，应采取设置沉降后浇带、温度后浇带、诱导缝或用微膨胀混凝土、纤维混凝土浇筑基础等措施。

后浇带的宽度不宜小于 800mm，在后浇带处，钢筋应贯通。后浇带两侧应采用钢筋支架和钢丝网隔断，保持带内的清洁，防止钢筋锈蚀或被压弯、踩弯。并应保证后浇带两侧混凝土的浇注质量。

当地下室有防水要求时，地下室后浇带不宜留成直槎，并应做好后浇带与整体基础连接处的防水处理。

后浇带浇筑混凝土前，应将缝内的杂物清理干净，做好钢筋的除锈工作，并将两侧混凝土凿毛，涂刷界面剂。后浇带混凝土应采用微膨胀混凝土，且强度等级应比原结构混凝土强度等级增大一级。

沉降后浇带应在其两侧的差异沉降趋于稳定后再浇筑混凝土。

温度后浇带从设置到浇筑混凝土的时间不宜少于两个月。

（4）穿墙管穿墙应符合设计要求，施工中严禁随意凿洞埋管。

（5）根据筏形与箱形基础底板的厚度，以及施工时的季节条件，正确选择混凝土浇筑方案和外墙留置施工缝的形式。外墙和顶板的混凝土浇筑宜连续进行。混凝土浇筑的间歇时间严禁超过混凝土的初凝时间。

在进行筏形与箱形基础混凝土施工时，应对其表面和内部的温度进行监测。

（6）当人防地下室的柱、墙、顶板混凝土强度等级达到设计要求时，顶板的回填土填筑完成后，顶板的支模方可拆除，拆模顺序应符合要求。

（7）底板和顶板宜采用蓄热法或冷却法养护，其内外温差不宜大于 25℃；内外墙宜采用喷洒塑料薄膜剂养护，养护时间不少于 14d。

（8）在外墙的外侧卷材防水铺贴完成后，应及时铺贴苯板保护层，然后及时回填土。

（9）首先在顶板和外墙侧壁先回填米粒河卵石或中粗砂，然后再回填黏土或三合土，分层夯实，使雨水顺畅排到指定地点。

第三节　大体积混凝土施工

大体积混凝土是指混凝土结构物实体最小尺寸不小于 1m 的大体量混凝土，或预计会因混凝土中胶凝材料水化引起的温度变化和收缩而导致有害裂缝产生的混凝土。

一、大体积混凝土配合比设计

大体积混凝土配合比设计除应按普通混凝土配合比设计规定进行外，在配合比设计与材料选用上还应符合有关规定。

1. 确定混凝土配制强度

当混凝土的设计强度等级小于 C60 时，配制强度应按下式确定：

$$f_{cu,o} \geqslant f_{cu,k} + 1.645\sigma \tag{8-21}$$

式中　$f_{cu,o}$——混凝土配制强度，MPa；

$f_{cu,k}$——混凝土立方体抗压强度标准值，这里取混凝土的设计强度等级值，MPa；

σ——混凝土强度标准差，MPa，当没有近期的同一品种、同一强度等级混凝土强度资料时，可按表 8-28 取值。

表 8-28　标准差 σ 值　　　　　　　　　　　　　　MPa

混凝土强度标准值	≤C20	C25~C45	C50~C55
ε	4.0	5.0	6.0

2. 初步计算水胶比

水胶比是指混凝土中用水量与胶凝材料用量的质量比。

$$f_{ce} = \gamma_c f_{ce,g} \tag{8-22}$$

$$f_b = \gamma_f \cdot \gamma_s \cdot f_{ce} \tag{8-23}$$

当混凝土强度等级小于 C60 时，混凝土水胶比宜按下式计算：

$$W/B = \frac{\alpha_a f_b}{f_{cu,o} + \alpha_a \cdot \alpha_b \cdot f_b} \leqslant 0.55 \tag{8-24}$$

式中　f_{ce}——水泥 28d 胶砂抗压强度，MPa，可实测，也可按公式(8-22) 计算；

γ_c——水泥强度等级值的富余系数，可按实际统计资料确定，当缺乏实际统计资料时，也可按表 8-29 选用；

$f_{ce,g}$——水泥强度等级值，MPa；

f_b——胶凝材料 28d 胶砂抗压强度，MPa，可实测，且试验方法应按现行国家标准《水泥胶砂强度检验方法（ISO）法》GB/T 17671 执行，也可按公式(8-23) 计算；

γ_f，γ_s——粉煤灰影响系数和粒化高炉矿渣粉影响系数，见表 8-30；

W/B——混凝土水胶比；

α_a，α_b——回归系数，见表 8-31，也可根据工程所使用的原材料，通过试验建立的水胶比与混凝土强度关系式来确定。

应选用中、低热硅酸盐水泥或低热矿渣硅酸盐水泥，大体积混凝土施工所用水泥其 3d 的水化热不宜大于 240kJ/kg，7d 的水化热不宜大于 270kJ/kg；当混凝土有抗渗指标要求时，所用水泥的铝酸三钙含量不宜大于 8%。

表 8-29　水泥强度等级值的富余系数（γ_c）

水泥强度等级值	32.5	42.5	52.5
富余系数	1.12	1.16	1.10

表 8-30 粉煤灰影响系数（γ_f）和粒化高炉矿渣粉影响系数（γ_s）

种类 掺量/%	粉煤灰影响系数 γ_f	粒化高炉矿渣粉影响系数 γ_s
0	1.00	1.00
10	0.85～0.95	1.00
20	0.75～0.85	0.95～1.00
30	0.65～0.75	0.90～1.00
40	0.55～0.65	0.80～0.90
50	—	0.70～0.85

注：1. 采用Ⅰ级、Ⅱ级粉煤灰宜取上限值。

2. 采用 S75 级粒化高炉矿渣粉宜取下限值，采用 S95 级粒化高炉矿渣粉宜取上限值，采用 S105 级粒化高炉矿渣粉可取上限值加 0.05。

3. 当超出表中的掺量时，粉煤灰和粒化高炉矿渣粉影响系数应按经验确定。

表 8-31 回归系数（α_a，α_b）取值表

粗骨料品种 系数	碎石	卵石
α_a	0.53	0.49
α_b	0.20	0.13

粉煤灰和粒化高炉矿渣粉，其质量应符合现行国家标准《用于水泥和混凝土中的粉煤灰》GB 1596 和《用于水泥和混凝土中的粒化高炉矿渣粉》GB/T 18046 的有关规定。

粉煤灰掺量不宜超过胶凝材料用量的 40%；矿渣粉的掺量不宜超过胶凝材料用量的 50%；粉煤灰和矿渣粉掺合料的总量不宜大于混凝土中胶凝材料用量的 50%。

3. 初步确定用水量

（1）每立方米干硬性或塑性混凝土的用水量（m_{wo}）应符合下列规定。

① 混凝土水胶比在 0.40～0.80 范围时，可按表 8-32 和表 8-33 选取。

表 8-32 干硬性混凝土的用水量   kg/m³

拌合物稠度		卵石最大公称粒径/mm			碎石最大公称粒径/mm		
项目	指标	10.0	20.0	40.0	16.0	20.0	40.0
维勃稠度/s	16～20	175	160	145	180	170	155
	11～15	180	165	150	185	175	160
	5～10	185	170	155	190	180	165

表 8-33 塑性混凝土的用水量   kg/m³

拌合物稠度		卵石最大公称粒径/mm				碎石最大公称粒径/mm			
项目	指标	10.0	20.0	31.5	40.0	16.0	20.0	31.5	40.0
坍落度/mm	10～30	190	170	160	150	200	185	175	165
	35～50	200	180	170	160	210	195	185	175
	55～70	210	190	180	170	220	205	195	185
	75～90	215	195	185	175	230	215	205	195

注：1. 本表用水量系采用中砂时的取值。采用细砂时，每立方米混凝土用水量可增加 5～10kg；采用粗砂时，可减少 5～10kg。

2. 掺用矿物掺合料和外加剂时，用水量应相应调整。

② 混凝土水胶比小于 0.40 时，可通过试验确定。

（2）掺外加剂时，每立方米流动性或大流动性混凝土的用水量（m_{wo}）可按下式计算：

$$m_{wo} = m'_{wo}(1-\beta)$$

$$(8-25)$$

式中　m_{wo}——计算配合比每立方米混凝土的用水量，kg/m^3；

　　　　m'_{wo}——未掺外加剂时推定的满足实际坍落度要求的每立方米混凝土用水量，kg/m^3，以表 8-33 中 90mm 坍落度的用水量为基础，按每增大 20mm 坍落度相应增加 $5kg/m^3$ 用水量来计算，当坍落度增大到 180mm 以上时，随坍落度相应增加的用水量可减少；

　　　　β——外加剂的减水率，%，应经混凝土试验确定。

　　拌合用水的质量应符合国家现行标准《混凝土用水标准》JGJ 63 的有关规定，拌合水用量不宜大于 $175kg/m^3$。

　　所用外加剂的质量及应用技术，应符合现行国家标准《混凝土外加剂》GB 8076、《混凝土外加剂应用技术规范》GB 50119 和有关环境保护标准的规定。外加剂的品种、掺量应根据工程所用胶凝材料经试验确定；应提供外加剂对硬化混凝土收缩等性能的影响；耐久性要求较高或寒冷地区的大体积混凝土，宜采用引气剂或引气减水剂。

　　4. 初步确定水泥用量

　　（1）每立方米混凝土的胶凝材料用量（m_{bo}）应按下式计算，并应进行试拌调整，在拌合物性能满足的情况下，取经济合理的胶凝材料用量。

$$m_{bo} = \frac{m_{wo}}{W/B} \tag{8-26}$$

式中　m_{bo}——计算配合比每立方米混凝土中胶凝材料用量，kg/m^3；

　　　　m_{wo}——计算配合比每立方米混凝土的用水量，kg/m^3；

　　　　W/B——混凝土水胶比。

　　（2）每立方米混凝土的矿物掺合料用量（m_{fo}）应按下式计算：

$$m_{fo} = m_{bo}\beta_f \tag{8-27}$$

式中　m_{fo}——计算配合比每立方米混凝土中矿物掺合料用量，kg/m^3；

　　　　β_f——矿物掺合料掺量，%，矿物掺合料在混凝土中的掺量应通过试验确定，采用硅酸盐水泥或普通硅酸盐水泥时，钢筋混凝土中矿物掺合料最大掺量宜符合表 8-34 的规定，预应力混凝土中矿物掺合料最大掺量宜符合表 8-35 的规定。对基础大体积混凝土，粉煤灰、粒化高炉矿渣粉和复合掺合料的最大掺量可增加 5%。采用掺量大于 30% 的 C 类粉煤灰的混凝土应以实际使用的水泥和粉煤灰掺量进行安定性检验。也可按式(8-24) 的规定确定。

表 8-34　钢筋混凝土中矿物掺合料最大掺量

矿物掺合料种类	水胶比	最大掺量/%	
		采用硅酸盐水泥时	采用普通硅酸盐水泥时
粉煤灰	≤0.40	45	35
	>0.40	40	30
粒化高炉矿渣粉	≤0.40	65	55
	>0.40	55	45
钢渣粉	—	30	20
磷渣粉	—	30	20
硅灰	—	10	10
复合掺合料	≤0.40	65	55
	>0.40	55	45

注：1. 采用其他通用硅酸盐水泥时，宜将水泥混合材掺量 20% 以上的混合材量计入矿物掺合料。

2. 复合掺合料各组分的掺量不宜超过单掺时的最大掺量。

3. 在混合使用两种或两种以上矿物掺合料时，矿物掺合料总掺量应符合表中复合掺合料的规定。

表 8-35 预应力混凝土中矿物掺合料最大掺量

矿物掺合料种类	水胶比	最大掺量/%	
		采用硅酸盐水泥时	采用普通硅酸盐水泥时
粉煤灰	≤0.40	35	30
	>0.40	25	20
粒化高炉矿渣粉	≤0.40	55	45
	>0.40	45	35
钢渣粉	—	20	10
磷渣粉	—	20	10
硅灰	—	10	10
复合掺合料	≤0.40	55	45
	>0.40	45	35

注：1. 采用其他通用硅酸盐水泥时，宜将水泥混合材掺量20%以上的混合材量计入矿物掺合料。

2. 复合掺合料各组分的掺量不宜超过单掺时的最大掺量。

3. 在混合使用两种或两种以上矿物掺合料时，矿物掺合料总掺量应符合表中复合掺合料的规定。

（3）每立方米混凝土的水泥用量（m_{co}）应按下式计算：

$$m_{co} = m_{bo} - m_{fo} \tag{8-28}$$

式中　m_{co}——计算配合比每立方米混凝土中水泥用量，kg/m^3。

5. 计算外加剂

每立方米混凝土中外加剂用量（m_{ao}）应按下式计算：

$$m_{ao} = m_{bo}\beta_a \tag{8-29}$$

式中　m_{ao}——计算配合比每立方米混凝土中外加剂用量，kg/m^3；

　　　m_{bo}——计算配合比每立方米混凝土中胶凝材料用量，kg/m^3；

　　　β_a——外加剂掺量，%，应经混凝土试验确定。

6. 选取砂率

当缺乏砂率的历史资料时，混凝土砂率的确定应符合下列规定。

（1）坍落度小于10mm的混凝土，其砂率应经试验确定。

（2）坍落度为10~60mm的混凝土，其砂率可根据粗骨料品种、最大公称粒径及水胶比按表8-36选取。

（3）坍落度大于60mm的混凝土，其砂率可经试验确定，也可在表8-36的基础上，按坍落度每增大20mm、砂率增大1%的幅度予以调整。

表 8-36　混凝土的砂率　　　　　　　　　　%

水胶比	卵石最大公称粒径/mm			碎石最大公称粒径/mm		
	10.0	20.0	40.0	16.0	20.0	40.0
0.40	26~32	25~31	24~30	30~35	29~34	27~32
0.50	30~35	29~34	28~33	33~38	32~37	30~35
0.60	33~38	32~37	31~36	36~41	35~40	33~38
0.70	36~41	35~40	34~39	39~44	38~43	36~41

注：1. 本表数值系中砂的选用砂率，对细砂或粗砂，可相应地减少或增大砂率。

2. 采用人工砂配制混凝土时，砂率可适当增大。

3. 只用一个单粒级粗骨料配制混凝土时，砂率应适当增大。

大体积混凝土砂率宜为 38%～42%；细骨料宜采用中砂，其细度模数宜大于 2.3，含泥量不应大于 3%。

7. 计算砂、碎石用量

(1) 当采用质量法计算混凝土配合比时，粗、细骨料用量应按式(8-30) 计算；砂率应按式(8-31) 计算。

$$m_{fo} + m_{co} + m_{go} + m_{so} + m_{wo} = m_{cp} \tag{8-30}$$

$$\beta_s = \frac{m_{so}}{m_{go} + m_{so}} \times 100\% \tag{8-31}$$

式中　m_{go}——计算配合比每立方米混凝土的粗骨料用量，kg/m³；

$\quad\quad m_{so}$——计算配合比每立方米混凝土的细骨料用量，kg/m³；

$\quad\quad \beta_s$——砂率，%；

$\quad\quad m_{cp}$——每立方米混凝土拌合物的假定质量，kg，可取 2350～2450kg/m³。

(2) 当采用体积法计算混凝土配合比时，砂率应按式(8-31) 计算，粗、细骨料用量应按式(8-32) 计算。

$$\frac{m_{co}}{\rho_c} + \frac{m_{fo}}{\rho_f} + \frac{m_{go}}{\rho_g} + \frac{m_{so}}{\rho_s} + \frac{m_{wo}}{\rho_w} + 0.01\alpha = 1 \tag{8-32}$$

式中　ρ_c——水泥密度，kg/m³，可按现行国家标准《水泥密度测定方法》GB/T 208 测定，

$\quad\quad\quad$也可取 2900～3100kg/m³；

$\quad\quad \rho_f$——矿物掺合料密度，kg/m³，应按现行国家标准《水泥密度测定方法》GB/T 208

$\quad\quad\quad$测定；

$\quad\quad \rho_g$——粗骨料的表观密度，kg/m³，应按现行行业标准《普通混凝土用砂、石质量及

$\quad\quad\quad$检验方法标准》JGJ 52 测定；

$\quad\quad \rho_s$——细骨料的表观密度，kg/m³；

$\quad\quad \rho_w$——水的密度，kg/m³，可取 1000kg/m³；

$\quad\quad \alpha$——混凝土的含气量百分数，在不使用引气剂或引气型外加剂时，α 可取 1。

粗骨料最大公称粒径不宜小于 31.5mm，并应连续级配，含泥量不应大于 1%。当采用非泵送施工时，粗骨料的粒径可适当增大；应选用非碱活性的粗骨料。

试配、调整计算等同普通混凝土配合比设计。

大体积混凝土配合比设计还应注意以下几点。

① 当采用混凝土 60d 或 90d 龄期的设计强度时宜采用标准尺寸试件进行抗压强度试验，应将其作为混凝土配合比的设计依据。

② 所配制的混凝土拌合物，到浇筑工作面的坍落度不宜大于 160mm。

③ 在混凝土制备前，应进行常规配合比试验，并应进行水化热、泌水率、可泵性等对大体积混凝土控制裂缝所需技术参数的试验；必要时其配合比设计应当通过试泵送。

④ 在确定混凝土配合比时，应根据混凝土的绝热温升，温控施工方案的要求等，提出混凝土制备时粗细骨料和拌合用水及入模温度控制的技术措施。

二、大体积混凝土的热工计算

(一) 大体积混凝土浇筑体施工阶段温度应力与收缩应力的计算

1. 计算混凝土的绝热温升值

(1) 计算水泥的水化热 (Q_t)

$$Q_0 = \frac{4}{7/Q_7 - 3/Q_3} \tag{8-33}$$

$$Q_t = \frac{1}{n+t}Q_0 t \tag{8-34}$$

式中 Q_0——水泥水化热总量，kJ/kg；

Q_3——水泥龄期 3d 时的累计水化热（kJ/kg），见表 8-37；

Q_7——水泥龄期 7d 时的累计水化热（kJ/kg），见表 8-37；

Q_t——龄期 t 时的累计水化热（kJ/kg）；

t——龄期，d；

n——常数，随水泥品种、比表面积等因素不同而异。

表 8-37 水泥水化热量值

水泥品种	水泥强度等级/MPa	每千克水泥的水化热/kJ·kg^{-1}		
		3d	7d	28d
普通硅酸盐水泥	52.5	314	354	375
	42.5	250	271	334
	32.5	208	229	292
矿渣水泥	32.5	146	208	271
火山灰水泥	32.5	125	169	250

注：本表数值是按平均硬化温度 15℃时编制的，当平均温度为 7~10℃时，表中数值按 60%~70%采用。

（2）计算胶凝材料水化热总量（Q）

$$k = k_1 + k_2 - 1 \tag{8-35}$$

$$Q = k \cdot Q_0 \tag{8-36}$$

式中 k——不同掺量掺合料水化热调整系数；

k_1——粉煤灰掺量对应的水化热调整系数，见表 8-38；

k_2——矿渣粉掺量对应的水化热调整系数，见表 8-38；

Q——胶凝材料水化热总量，kJ/kg；也可通过试验得出。

表 8-38 不同掺量掺合料水化热调整系数

掺量	0	10%	20%	30%	40%
粉煤灰（k_1）	1	0.96	0.95	0.93	0.82
矿渣粉（k_2）	1	1	0.93	0.92	0.84

注：表中掺量为掺合料占总胶凝材料用量的百分比。

（3）计算混凝土的绝热温升值 $T(t)$

$$T(t) = \frac{WQ}{c\rho}(1 - e^{-mt}) \tag{8-37}$$

式中 $T(t)$——龄期为 t 时，混凝土浇筑体处于绝热状态，内部某一时刻温升值，℃；

W——每立方米混凝土的胶凝材料用量，kg/m^3；

c——混凝土的比热容，可取（0.92~1.0）kJ/(kg·℃)；

ρ——混凝土的质量密度，可取（2400~2500）kg/m^3；

m——与水泥品种，浇筑温度等有关的系数，可取（0.3~0.5）d^{-1}；

t——龄期，d；

e——常数，为 2.718。

2. 混凝土收缩值的当量温度

（1）计算混凝土收缩的相对变形值 $[\varepsilon_Y(t)]$

$$\varepsilon_Y(t) = \varepsilon_Y^0 (1 - e^{-0.01t}) \cdot M_1, M_2, M_3 \cdots M_{11} \tag{8-38}$$

式中　　　　　$\varepsilon_Y(t)$——龄期为 t 时，混凝土收缩引起的相对变形值；

ε_Y^0——在标准试验状态下，混凝土最终收缩的相对变形值，取 4.0×10^{-4}；

$M_1, M_2, M_3, \cdots, M_{11}$——混凝土收缩值不同条件影响修正系数，见表 8-39。

表 8-39　混凝土收缩值不同条件影响修正系数

水泥品种	M_1	水泥细度 /m²·kg⁻¹	M_2	水胶比	M_3	胶浆量 /%	M_4	养护时间 /d	M_5	环境相对湿度 /%	M_6	$\bar{r}$	M_7	$\dfrac{E_s F_s}{E_c F_c}$	M_8	减水剂	M_9	粉煤灰掺量 /%	M_{10}	矿渣粉掺量 /%	M_{11}
矿渣水泥	1.25	300	1.00	0.3	0.85	20	1.00	1	1.11	25	1.25	0	0.54	0.00	1.00	无	1.00	0	1.00	0	1.00
低热水泥	1.10	400	1.13	0.4	1.00	25	1.20	2	1.11	30	1.18	0.1	0.76	0.05	0.85	有	1.30	20	0.86	20	1.01
普通水泥	1.00	500	1.35	0.5	1.21	30	1.45	3	1.09	40	1.10	0.2	1.00	0.10	0.76	—	—	30	0.89	30	1.02
火山灰水泥	1.00	600	1.68	0.6	1.42	35	1.75	4	1.07	50	1.00	0.3	1.03	0.15	0.68			40	0.90	40	1.05
抗硫酸盐水泥	0.78	—				40	2.10	5	1.04	60	0.88	0.4	1.20	0.20	0.61						
						45	2.55	7	1.00	70	0.77	0.5	1.31	0.25	0.55						
						50	3.03	10	0.96	80	0.70	0.6	1.40								
						—		14~180	0.93	90	0.54	0.7	1.43								

注：1. $\bar{r}$ 为水力半径的倒数，构件截面周长（L）与截面积（F）之比，$\bar{r} = L/F$（cm^{-1}）。

2. $E_s F_s / E_c F_c$ 为广义配筋率，E_s、E_c 为钢筋、混凝土的弹性模量 N/mm^2，F_s、F_c 为钢筋、混凝土的截面积（mm^2）。

3. 粉煤灰（矿渣粉）掺量指粉煤灰（矿渣粉）掺合料重量占胶凝材料总重的百分数。

（2）计算混凝土收缩相对变形值的当量温度 $[T_Y(t)]$

$$T_Y(t) = \varepsilon_Y(t)/\alpha \tag{8-39}$$

式中　$T_Y(t)$——龄期为 t 时，混凝土收缩当量温度；

α——混凝土的线膨胀系数，取 1.0×10^{-5}。

3. 计算混凝土的弹性模量

$$\beta = \beta_1 \beta_2 \tag{8-40}$$

$$E(t) = \beta E_0 (1 - e^{-\varphi t}) \tag{8-41}$$

式中　β——混凝土中掺合料对弹性模量的修正系数，取值应以现场试验数据为准，也可按公式计算；

β_1——混凝土中粉煤灰掺量对应的弹性模量修正系数，见表 8-40；

β_2——混凝土中矿渣粉掺量对应的弹性模量修正系数，见表 8-40；

$E(t)$——混凝土龄期为 t 时弹性模量，N/mm^2；

E_0——混凝土弹性模量，可取标准条件下养护 28d 的弹性模量，见表 8-41；

φ——系数，应根据所用混凝土试验确定，当无试验数据时，可取 0.09。

表 8-40　不同掺量掺合料修正系数

掺　　量	0	20%	30%	40%
粉煤灰	1	0.99	0.98	0.96
矿渣粉	1	1.02	1.03	1.04

表 8-41　混凝土在标准养护条件下龄期为 28d 时的弹性模量

混凝土强度等级	混凝土弹性模量/N·mm⁻²	混凝土强度等级	混凝土弹性模量/N·mm⁻²
C25	2.80×10^4	C35	3.15×10^4
C30	3.0×10^4	C40	3.25×10^4

4. 温升估算

浇筑体内部温度场和应力场计算可采用有限单元法或一维差分法。有限单元法可使用成熟的商用有限元计算程序或自编的经过验证的有限元程序。

（1）采用一维差分法计算混凝土浇筑体内的中间层的温度（$T_{n,k+1}$）

采用一维差分法，可将混凝土沿厚度分许多有限段 Δx（m），时间分许多有限段 Δt（h）。相邻三层的编号为 $n-1$、n、$n+1$，在第 k 时间里，三层的温度为 $T_{n-1,k}$、$T_{n,k}$ 及 $T_{n+1,k}$，经过 Δt 时间后，中间层的温度 $T_{n,k+1}$，可按差分式求得下式：

$$T_{n,k+1}=\frac{T_{n-1,k}+T_{n+1,k}}{2}\times 2a\frac{\Delta t}{\Delta x^2}-T_{n,k}\left(2a\frac{\Delta t}{\Delta x^2}-1\right)+\Delta T_{n,k} \tag{8-42}$$

式中　$T_{n,k+1}$——在第 k 时间里，经过 Δt 时间后，中间层的混凝土浇筑体内的温度，℃；

$T_{n-1,k}$——在第 k 时间里，上一层混凝土浇筑体内的温度，℃；

$T_{n,k}$——在第 k 时间里，中间层混凝土浇筑体内的温度，℃；

$T_{n+1,k}$——在第 k 时间里，底层混凝土浇筑体内的温度，℃；

a——混凝土的热扩散率，取 0.0035m²/h；

Δx，Δt——混凝土沿厚度分许多有限段 Δx（m），时间分许多有限段 Δt（h）；

$\Delta T_{n,k}$——中间层内部热源在 k 时段释放热量所产生的温升。

（2）计算混凝土浇筑体内的最高温度（$T_{\max}$）

$$T_c=\frac{\sum T_i m_i c}{\sum m_i c} \tag{8-43}$$

$$T_j=T_c+(T_q-T_c)(A_1+A_2+A_3+\cdots+A_{11}) \tag{8-44}$$

$$T_{\max}=T_j+T(t)\xi \tag{8-45}$$

式中　T_c——混凝土的拌和温度，℃；

T_i——组成混凝土的原材料温度，℃；

m_i——组成混凝土原材料的质量，kg；

c——组成混凝土原材料的比热容，水 4.2kJ/(kg·℃)，水泥、砂、石子 0.84kJ/(kg·℃)；

T_j——混凝土的浇筑温度，℃；

T_q——混凝土达到最高温度时（浇筑后 3～5d）的大气平均温度，℃；

$A_1,A_2,A_3,\cdots,A_{11}$——温度损失系数，其值按下列考虑；

① 混凝土装、卸、转运，每次 $A=0.032$；

② 混凝土运输时 $A=\theta\tau$，τ 为运输时间，min；θ 值按表 8-42 取值；

③ 浇筑过程中 $A=0.003\tau$，τ 为浇筑时间，min。

$T_{\max}$——混凝土浇筑体内的最高温度，℃；

ξ——不同的浇筑块厚度、不同龄期时的降温系数，见表 8-43。

（3）计算混凝土内部热源在 t_1 和 t_2 时刻之间释放热量所产生的温升（ΔT）

$$\Delta T=T_{\max}(e^{-mt_1}-e^{-mt_2}) \tag{8-46}$$

表 8-42　混凝土运输时冷量或热量损失计算 θ 值

运输工具	混凝土容积/m³	θ	运输工具	混凝土容积/m³	θ
滚动式搅拌机	6.0	0.0042	长方形吊斗	0.3	0.022
自卸汽车（开敞式）	1.0	0.0040	长方形吊斗	1.6	0.013
自卸汽车（开敞式）	1.4	0.0037	圆柱形吊斗	1.6	0.0009
自卸汽车（开敞式）	2.0	0.0030	双轮手推车（保温）	0.15	0.0070
自卸汽车（封闭式）	2.0	0.0017	双轮手推车（不保温）	0.15	0.0100

表 8-43　不同龄期和浇筑厚度的 ξ 值

浇筑层厚度 /m	不同龄期(d)时的 ξ 值									
	3	6	9	12	15	18	21	24	27	30
1.0	0.36	0.29	0.17	0.09	0.05	0.03	0.01			
1.25	0.42	0.31	0.19	0.11	0.07	0.04	0.03			
1.50	0.49	0.46	0.38	0.29	0.21	0.15	0.12	0.08	0.05	0.04
2.50	0.65	0.62	0.59	0.48	0.38	0.29	0.23	0.19	0.16	0.15
3.00	0.68	0.67	0.63	0.57	0.45	0.36	0.30	0.25	0.21	0.19
4.00	0.74	0.73	0.72	0.65	0.55	0.46	0.37	0.30	0.25	0.24

注：本表适用于混凝土浇筑温度为 20～30℃ 的工程。

在混凝土与相应位置接触面上释放热量所产生的温升可取 $\Delta T/2$。

5. 温差计算

(1) 计算混凝土浇筑体内的表层温度 $[T_b(t)]$：

$$R_s = \sum_{i=1}^{n} \frac{\delta_i}{\lambda_i} + \frac{1}{\beta_\mu} \tag{8-47}$$

$$\beta_s = \frac{1}{R_s} \tag{8-48}$$

$$h' = \frac{\lambda_0}{\beta_s} \tag{8-49}$$

式中　R_s——保温层总热阻，$(m^2 \cdot K)/W$；

δ_i——第 i 层保温材料厚度，m；

λ_i——第 i 层保温材料的热导率，$W/(m \cdot K)$，见表 8-44；

β_μ——固体在空气中的传热系数，$W/(m^2 \cdot K)$；见表 8-45；

β_s——保温材料总传热系数，$W/(m^2 \cdot K)$；

h'——混凝土的虚拟厚度，m；

λ_0——混凝土的热导率，$W/(m \cdot K)$，见表 8-44。

表 8-44　各种保温材料的热导率

材料名称	密度 /kg·m⁻³	热导率 λ /W·m⁻¹·K⁻¹	材料名称	密度 /kg·m⁻³	热导率 λ /W·m⁻¹·K⁻¹
木模板	500～700	0.23	水	1000	0.58
钢模板	—	58	矿棉、岩棉	110～200	0.031～0.065
草袋	150	0.14	沥青矿棉毡	100～160	0.033～0.052
木屑	—	0.17	膨胀蛭石	80～200	0.047～0.07
红砖	1900	0.43	沥青蛭石板	350～400	0.081～0.105
普通混凝土	2400	1.51～2.33	膨胀珍珠岩	40～300	0.019～0.065
空气	—	0.03	泡沫塑料	25～50	0.035～0.047

表 8-45　固体在空气中的传热系数

风速/m·s⁻¹	β_μ		风速/m·s⁻¹	β_μ	
	光滑表面	粗糙表面		光滑表面	粗糙表面
0	18.4422	21.0350	5.0	90.0360	96.6019
0.5	28.6460	31.3224	6.0	103.1257	110.8622
1.0	35.7134	38.5989	7.0	115.9223	124.7461
2.0	49.3464	52.9429	8.0	128.4261	138.2954
3.0	63.0212	67.4959	9.0	140.5955	151.5521
4.0	76.6124	82.1325	10.0	152.5139	164.9341

$$T_b(t) = T_q + \frac{4}{H^2} h'(H - h') \Delta T(t) \qquad (8\text{-}50)$$

式中　$T_b(t)$——龄期为 t 时，混凝土浇筑体内的表层温度，℃；

　　　　T_q——混凝土达到最高温度时（浇筑后 3～5d）的大气平均温度，℃；

　　　　H——混凝土的计算厚度，m，$H = h + 2h'$；

　　　　h——混凝土结构的实际厚度，m；

　　　$\Delta T(t)$——龄期为 t 时，混凝土内最高温度与外界气温之差，℃。

$$\Delta T(t) = T_{max} - T_q \qquad (8\text{-}51)$$

（2）计算混凝土浇筑体的里表温差 $[\Delta T_1(t)]$：

$$\Delta T_1(t) = T_{max}(t) - T_b(t) \qquad (8\text{-}52)$$

式中　$\Delta T_1(t)$——龄期为 t 时，混凝土浇筑块体的里表温差，℃；

　　　$T_{max}(t)$——龄期为 t 时，混凝土浇筑体内的最高温度，℃，可通过温度场计算或实测求得；

　　　　$T_b(t)$——龄期为 t 时，混凝土浇筑体内的表层温度，℃，可通过温度场计算或实测求得。

（3）计算混凝土浇筑体在降温过程中的综合降温差 $[\Delta T_2(t)]$：

$$\Delta T_2(t) = \frac{1}{6}[4T_{max}(t) + T_{bm}(t) + T_{dm}(t)] + T_Y(t) - T_w(t) \qquad (8\text{-}53)$$

式中　$\Delta T_2(t)$——龄期为 t 时，混凝土浇筑块体在降温过程中的综合降温差，℃；

$T_{bm}(t)$、$T_{dm}(t)$——混凝土浇筑体中部达到最高温度时，其块体上、下表层的温度，℃；

　　　　$T_Y(t)$——龄期为 t 时，混凝土收缩当量温度，℃，见式(8-39)；

　　　　$T_w(t)$——龄期为 t 时，混凝土浇筑体预计的稳定温度或最终稳定温度，可取计算龄期 t 时的日平均温度或当地年平均温度，℃。

6. 计算温度应力

（1）计算混凝土浇筑体里表温差的增量 $[\Delta T_{1i}(t)]$：

$$\Delta T_{1i}(t) = \Delta T_1(t) - \Delta T_1(t - j) \qquad (8\text{-}54)$$

式中　$\Delta T_{1i}(t)$——龄期为 t 时，在第 i 计算区段混凝土浇筑块体里表温差的增量，℃；

　　$\Delta T_1(t - j)$——j 为第 i 计算区段步长，d。

（2）计算自约束拉应力 $[\sigma_z(t)]$：

$$\sigma_z(t) = \frac{\alpha}{2} \times \sum_{i=1}^{n} \Delta T_{1i}(t) \times E_i(t) \times H_i(t, \tau) \qquad (8\text{-}55)$$

式中　$\sigma_z(t)$——龄期为 t 时，因混凝土浇筑体里表温差产生自约束拉应力的累计值，MPa；

　　　　α——混凝土的线膨胀系数，取 $10 \times 10^{-6}/℃$；

　　　$H_i(t, \tau)$——在龄期为 τ 时，在第 i 计算区段产生的约束应力延续至 t 时的松弛系数，见表 8-46。

（3）计算最大自约束应力 $[\sigma_{zmax}]$：

$$\sigma_{zmax} = \frac{\alpha}{2} \times E(t) \times \Delta T_{1max} \times H_i(t, \tau) \qquad (8\text{-}56)$$

式中　σ_{zmax}——在施工准备阶段，最大自约束应力，MPa；

　　　　$E(t)$——与最大里表温差 ΔT_{1max} 相对应龄期 t 时，混凝土弹性模量，N/mm²；

　　　ΔT_{1max}——混凝土浇筑后可能出现的最大里表温差，℃。

表 8-46　混凝土的松弛系数

$\tau=2d$		$\tau=5d$		$\tau=10d$		$\tau=20d$	
t	$H(t,\tau)$	t	$H(t,\tau)$	t	$H(t,\tau)$	t	$H(t,\tau)$
2.00	1.000	5.00	1.000	10.00	1.000	20.00	1.000
2.25	0.426	5.25	0.510	10.25	0.551	20.25	0.592
2.50	0.342	5.50	0.443	10.50	0.499	20.50	0.549
2.75	0.304	5.75	0.410	10.75	0.476	20.75	0.534
3.00	0.278	6.00	0.383	11.00	0.457	21.00	0.521
4.00	0.225	7.00	0.296	12.00	0.392	22.00	0.473
5.00	0.199	8.00	0.262	14.00	0.306	25.00	0.367
10.00	0.187	10.00	0.228	18.00	0.251	30.00	0.301
20.00	0.186	20.00	0.215	20.00	0.238	40.00	0.253
30.00	0.186	30.00	0.208	30.00	0.214	50.00	0.252
∞	0.186	∞	0.200	∞	0.210	∞	0.251

(4) 计算混凝土浇筑体综合降温差的增量 $[\Delta T_{2i}(t)]$:

$$\Delta T_{2i}(t)=\Delta T_2(t-j)-\Delta T_2(t) \tag{8-57}$$

式中　$\Delta T_{2i}(t)$——龄期为 t 时，在第 i 计算区段内，混凝土浇筑块体综合降温差的增量，℃；

$\Delta T_2(t-j)$——j 为第 i 计算区段步长，d；

(5) 计算混凝土外约束的约束系数 $[R_i(t)]$:

$$R_i(t)=1-\frac{1}{\text{ch}\left(\sqrt{\dfrac{C_x}{HE(t)}}\cdot\dfrac{L}{2}\right)} \tag{8-58}$$

式中　$R_i(t)$——龄期为 t 时，在第 i 计算区段，外约束的约束系数，也可查表 8-47；

C_x——外约束介质（地基或老混凝土）的水平变形刚度，N/mm³，见表 8-48；

ch——双曲余弦函数；

L——混凝土浇筑体长度，mm。

表 8-47　混凝土的外约束系数

外约束条件	外约束系数
岩石地基	1
可滑动的垫层	0
一般地基	0.25~0.50

表 8-48　不同外约束介质的水平变形刚度取值　　　　　　　10^{-2} N/mm³

外约束介质	软黏土	砂质黏土	硬黏土	风化岩、低强度等级素混凝土	C10 级以上配筋混凝土
C_x	1~3	3~6	6~10	60~100	100~150

(6) 计算外约束拉应力 $[\sigma_x(t)]$:

$$\sigma_x(t)=\frac{\alpha}{1-\mu}\sum_{i=1}^{n}\Delta T_{2i}(t)\times E_i(t)\times H_i(t,\tau)\times R_i(t) \tag{8-59}$$

式中　$\sigma_x(t)$——龄期为 t 时，因综合降温差，在外约束条件下产生的拉应力，MPa；

μ——混凝土的泊松比，取 0.15；

$\Delta T_{2i}(t)$——龄期为 t 时，在第 i 计算区段内，混凝土浇筑块体综合降温差的增量，℃，见式(8-57)。

7. 控制温度裂缝的条件

(1) 计算混凝土抗拉强度：

$$f_{tk}(t) = f_{tk}(1 - e^{-\gamma t}) \tag{8-60}$$

式中　$f_{tk}(t)$——混凝土龄期为 t 时的抗拉强度标准值，N/mm^2；

　　　f_{tk}——混凝土抗拉强度标准值，N/mm^2；

　　　γ——系数，应根据所用混凝土试验确定，当无试验数据时，可取 0.3。

（2）混凝土防裂性能可按下列公式进行判断：

$$\sigma_z \leqslant \lambda f_{tk}(t)/k \tag{8-61}$$

$$\sigma_x \leqslant \lambda f_{tk}(t)/k \tag{8-62}$$

式中　k——防裂安全系数，取 1.15；

　　　λ——掺合料对混凝土抗拉强度影响系数，$\lambda = \lambda_1 、\lambda_2$，见表 8-49；

　　　f_{tk}——混凝土抗拉强度标准值，见表 8-50。

表 8-49　不同掺量掺合料抗拉强度调整系数

掺量	0	20%	30%	40%
粉煤灰（λ_1）	1	1.03	0.97	0.92
矿渣粉（λ_2）	1	1.13	1.09	1.10

表 8-50　混凝土抗拉强度标准值　　　　　　　N/mm^2

符号	混凝土强度等级			
	C25	C30	C35	C40
f_{tk}	1.78	2.01	2.20	2.39

（二）大体积混凝土浇筑体表面保温层的计算

1. 计算混凝土浇筑体表面保温层厚度

$$\delta = \frac{0.5 h \lambda_i (T_b - T_q)}{\lambda_0 (T_{max} - T_b)} K_b \tag{8-63}$$

式中　　　δ——混凝土表面的保温层厚度；

　　　　　h——混凝土结构的实际厚度，m；

　　　　　λ_i——第 i 层保温材料的热导率，W/(m·K)，见表 8-44；

　　　　　λ_0——混凝土的热导率，W/(m·K)，见表 8-44；

　　　　　K_b——传热系数修正值，见表 8-51；

　　$(T_b - T_q)$——可取 15～20℃；

　　$(T_{max} - T_b)$——可取 20～25℃；

　　　　　T_b——混凝土浇筑体表面温度，℃；见式 8-50；

　　　　　T_q——混凝土达到最高温度时（浇筑后 3～5d）的大气平均温度，℃；

　　　　T_{max}——混凝土浇筑体的最高温度，℃，见式（8-45）。

表 8-51　传热系数修正值

保温层种类	K_{b1}	K_{b2}
由易透风材料组成，但在混凝土面层上再铺一层不透风材料	2.0	2.3
在易透风保温材料上铺一层不易透风材料	1.6	1.9
在易透风保温材料上下各铺一层不易透风材料	1.3	1.5
由不易透风的材料组成	1.3	1.5

注：K_{b1} 值为风速不大于 4m/s 时；K_{b2} 值为风速大于 4m/s 时。

【例 8-4】 某工程为筏板基础，平面尺寸长 68.70m，宽 31.10m，厚 2.30m，C30 混凝土坍落度为 10～30，施工时的当地平均气温为 26℃。所选用材料如下。

水泥：普通水泥 42.5 级，$\rho_c = 3000 \text{kg/m}^3$。

粉煤灰：磨细灰，质量符合 II 级，$\rho_f = 2200 \text{kg/m}^3$。

砂：中砂，$\rho_s = 2600 \text{kg/m}^3$，含水率为 2%。

石子：碎石 5～40mm，$\rho_g = 2700 \text{kg/m}^3$，含水率 1%。

水：自来水。

外加剂：糖蜜减水剂，掺量 0.20%，减水率 8%。

试计算：1. 计算理论配合比、基准配合比、试验室配合比及施工配合比；2. 混凝土的热工计算。

解： 1. 初步计算理论配合比

(1) 确定混凝土配制强度

查表 8-28 得 $\sigma = 5.0 \text{MPa}$，按式(8-21) 计算 $f_{cu,o}$：

$$f_{cu,o} = f_{cu,k} + 1.645\sigma = 30 + 1.645 \times 5.0 = 38.20 \text{ (MPa)}$$

(2) 初步计算水胶比

查表 8-29 得 $\gamma_c = 1.16$，按式(8-22) 计算 f_{ce}：

$$f_{ce} = 1.16 \times 42.5 = 49.3 \text{ (MPa)}$$

查表 8-30 当粉煤灰掺量为 30% 时，

$\gamma_f = 0.7$　按式(8-23) 计算 f_b：

$$f_b = 0.7 \times 49.3 = 34.51 \text{ (MPa)}$$

查表 8-31 得 $\alpha_a = 0.53$　$\alpha_b = 0.20$

计算水胶比：

$$W/B = \frac{0.53 \times 34.51}{38.2 + 0.53 \times 0.20 \times 34.51} = \frac{18.30}{41.86} = 0.44 < 0.55 \text{ (满足)}$$

(3) 初步确定用水量

依据碎石最大粒径 40mm，坍落度 10～30mm，查表 8-33 得 $m'_{wo} = 165 \text{kg/m}^3$

当掺外加剂时，按式(8-25) 计算用水量 m_{wo}：

$$m_{wo} = m'_{wo}(1 - \beta) = 165(1 - 8\%) = 151.8 \text{kg/m}^3$$

(4) 初步确定水泥用量

按式(8-26) 计算胶凝材料用量：

$$m_{bo} = \frac{151.8}{0.44} = 345 \text{kg（取 350kg）}$$

计算混凝土中矿物掺合料用量 m_{fo}。按式(8-27) 计算，先查表 8-34 得 $\beta_f = 30\%$，则 $m_{fo} = 350 \times 30\% = 105 \text{kg}$

计算每立方米混凝土中水泥用量 m_{co}。

按式(8-28) 计算：$m_{co} = 350 - 105 = 245 \text{kg/m}^3$

(5) 计算糖蜜减水剂 m_{ao}

按式(8-29) 计算：$m_{ao} = 350 \times 0.20\% = 0.7 \text{ (kg/m}^3)$

(6) 选取砂率

根据碎石最大粒径 40mm，水胶比 0.50，查表 8-36 得 $\beta_s = 35\%$

(7) 计算砂、碎石用量

按式(8-31)、式(8-32) 列关系式如下：

$$\frac{245}{3000}+\frac{105}{2200}+\frac{m_{go}}{2700}+\frac{m_{so}}{2600}+\frac{151.8}{1000}+0.01\times1=1$$

$$\frac{m_{so}}{m_{go}+m_{so}}\times100\%=0.44$$

解得：

$$m_{so}=643kg/m^3$$
$$m_{go}=1195kg/m^3$$

经计算得初步理论配合比：

水泥：粉煤灰：砂：碎石：水：外加剂＝245：105：643：1195：151.8：0.70

试配、调整，分别计算基准配合比、试验室配合比及施工配合比，在此不予叙述。

2. 混凝土的热工计算

(1) 计算混凝土拌和温度

混凝土拌和温度，每立方米混凝土原材料质量、温度、比热容及热量，见表8-52。

表8-52　每立方米混凝土原材料质量、温度、比热容及热量

材料名称	质量 W/kg	比热容 $c/kJ\cdot kg^{-1}\cdot K^{-1}$	$W\times c/kJ\cdot ℃^{-1}$	材料温度 $T_i/℃$	$T_i\times W\times c/kJ$
水泥	245	0.84	206	25	5150
粉煤灰	105	0.84	88.2	25	2205
砂	643	0.84	540	28	15120
碎石	1195	0.84	1004	25	25100
水	152	4.20	638	15	9570
骨料含水量	25	4.20	105	26	2730
合计 Σ	2365		2581		59875

按式(8-43)计算混凝土拌和物温度 T_c

$$T_c=59875/2581=23.20（℃）$$

(2) 计算混凝土出罐温度 T_1

由于搅拌机棚为敞开式，故 $T_1=T_c=23.2℃$

混凝土浇筑温度各温度损失系数值如下。

装料：$A_1=0.032$

塔吊吊斗5min：$A_2=0.0013\times5=0.0065$

卸料：$A_3=0.032$

浇捣：$A_4=0.003\times90=0.27$

$$\Sigma A=A_1+A_2+A_3+A_4=0.341$$

故按式(8-44)计算混凝土的浇筑温度 T_j

$$T_j=23.20+(26-23.20)\times0.341=24.20（℃）$$

(3) 计算混凝土绝热温升

先计算胶凝材料水化热总量 Q。

查表8-38粉煤灰掺量对应的水化热调整系数：$k_1=0.93$、$k_2=0$

则 $k=k_1+k_2=0.93$

查表8-37得：$Q_3=250（kJ/kg）$

$$Q_7=271（kJ/kg）$$

则：$$Q_0=\frac{4}{7/271-3/250}=\frac{4}{0.026-0.012}=286（kJ/kg）$$

按式(8-36)计算 Q：

$$Q = k \cdot Q_0 = 0.93 \times 286 = 266 \ (\text{kJ/kg})$$

再按式(8-37)计算混凝土的绝热温升值：

$$T(t) = \frac{350 \times 266}{0.92 \times 2400}(1 - 0.316) = 29(\text{℃})$$

(4) 计算混凝土内部实际最高温度

经计算：$T_j = 24.20$（℃）　　$T(t) = 29$（℃）

查表 8-43 得 $\xi = 0.65$（3d 龄期）

按式(8-45)计算，则　　$T_{\max} = 24.20 + 29 \times 0.65 = 43.05$（℃）

(5) 计算混凝土表层温度

当采用组合钢模板，用厚 3cm 草袋养护。

大气温度：$T_q = 26℃$

① 计算混凝土的虚拟厚度 h'

查表 8-44 得：草袋，$\lambda_i = 0.14$（W/m·K）

查表 8-45（风速 1m/s，粗糙表面）得：$\beta_\mu = 38.5989$（W/m²·K）

按式(8-47)计算：$R_s = \dfrac{0.03}{0.14} + \dfrac{1}{38.5989} = 0.24$

按式(8-48)计算：$\beta_s = \dfrac{1}{0.24} = 4.16$（W/m²·K）

查表 8-44 取 $\lambda_0 = 2.0$（W/m·K）

按式(8-49)计算：$h' = \dfrac{2}{4.16} = 0.48$（m）

② 按式(8-50)考虑混凝土的计算厚度 H

$$H = 2.30 + 2 \times 0.48 = 3.26 \ (\text{m})$$

③ 按式(8-51)计算：$\Delta T(t) = 43.05 - 26 = 17.05$（℃）

根据以上计算可按式(8-50)计算 $T_b(t)$：

$$T_b(t) = 26 + \frac{4}{3.26^2} \times 0.48(3.26 - 0.48) \times 17.05 = 34.56 \ (\text{℃})$$

结论：混凝土中心最高温度与表层温度之差为

$$(T_{\max} - T_b) = (43.05 - 34.56) = 8.50 \ (\text{℃}) < 25 \ (\text{℃})$$

表面温度与大气温度之差为

$$(T_b - T_q) = 34.56 - 26 = 8.60 \ (\text{℃}) < 20 \ (\text{℃})$$

故不需要采取措施，可以防止温度裂缝。

三、大体积混凝土浇筑

(1) 大体积混凝土的浇筑应符合下列规定。

① 混凝土浇筑层厚度应根据所用振捣器的作用深度及混凝土的和易性确定，整体连续浇筑时宜为 300~500mm。

② 整体分层连续浇筑或推移式连续浇筑，应缩短间歇时间，并应在前层混凝土初凝之前将次层混凝土浇筑完毕。层间最长的间歇时间不应大于混凝土的初凝时间。混凝土的初凝时间应通过试验确定。当层间间歇时间超过混凝土的初凝时间时，层面应按施工缝处理。

③ 混凝土浇筑宜从低处开始，沿长边方向自一端向另一端进行。当混凝土供应量有保证时，亦可多点同时浇筑。

④ 混凝土浇筑宜采用二次振捣工艺。

(2) 大体积混凝土施工采取分层间歇浇筑混凝土时，水平施工缝的处理应符合下列规定。

① 在已硬化的混凝土表面，应清除表面的浮浆、松动的石子及软弱混凝土层。

② 在上层混凝土浇筑前，应用清水冲洗混凝土表面的污物，并应充分润湿，但不得有积水。

③ 混凝土应振捣密实，并应使新旧混凝土紧密结合。

（3）大体积混凝土底板与侧墙相连接的施工缝，当有防水要求时，应采取钢板止水带处理措施。

（4）在大体积混凝土浇筑过程中，应采取防止受力钢筋、定位筋、预埋件等移位和变形的措施，并应及时清除混凝土表面的泌水。

（5）大体积混凝土浇筑面应及时进行二次抹压处理。

（6）大体积混凝土施工遇炎热、冬期、大风或雨雪天气时，必须采用保证混凝土浇筑质量的技术措施。

（7）炎热天气浇筑混凝土时，宜采用遮盖、洒水、拌冰屑等降低混凝土原材料温度的措施，混凝土入模温度宜控制在 30℃ 以下。混凝土浇筑后，应及时进行保湿保温养护；条件许可时，应避开高温时段浇筑混凝土。

（8）冬期浇筑混凝土时，宜采用热水拌合、加热骨料等提高混凝土原材料温度的措施，混凝土入模温度不宜低于 5℃。混凝土浇筑后，应及时进行保温保湿养护。

（9）大风天气浇筑混凝土时，在作业面应采取挡风措施，并应增加混凝土表面的抹压次数，应及时覆盖塑料薄膜和保温材料。

（10）雨雪天不宜露天浇筑混凝土，当需施工时，应采取确保混凝土质量的措施。浇筑过程中突遇大雨或大雪天气时，应及时在结构合理部位留置施工缝，并应尽快中止混凝土浇筑；对已浇筑还未硬化的混凝土应立即进行覆盖，严禁雨水直接冲刷新浇筑的混凝土。

四、大体积混凝土养护

（1）大体积混凝土应进行保温保湿养护，在每次混凝土浇筑完毕后，除应按普通混凝土进行常规养护外，还应及时按温控技术措施的要求进行保温养护，并应符合下列规定。

① 应专人负责保温养护工作，同时应做好测试记录。

② 保湿养护的持续时间不得少于 14d，并应经常检查塑料薄膜或养护剂涂层的完整情况，保持混凝土表面湿润。

③ 保温覆盖层的拆除应分层逐步进行，当混凝土的表面温度与环境最大温差小于 20℃ 时，可全部拆除。

（2）在混凝土浇筑完毕初凝前，宜立即进行喷雾养护工作。

（3）塑料薄膜、麻袋、阻燃保温被等，可作为保温材料覆盖混凝土和模板，必要时，可搭设挡风保温棚或遮阳降温棚。在保温养护中，应对混凝土浇筑体的里表温差和降温速率进行现场监测，当实测结果不满足温控指标的要求时，应及时调整保温养护措施。

（4）高层建筑转换层的大体积混凝土施工，应加强养护，其侧模、底模的保温构造应在支模设计时确定。

（5）大体积混凝土拆模后，地下结构应及时回填土；地上结构应尽早进行装饰，不宜长期暴露在自然环境中。

五、大体积混凝土的温度监测

1. 测温元件的选择

测温元件的选择应符合下列规定。

（1）测温元件的测温误差不应大于 0.3℃（25℃ 环境下）。

(2) 测试范围应为 −30～150℃。

(3) 绝缘电阻应大于 500MΩ。

2. 温度测试元件的安装布置

(1) 温度测试元件的安装及保护，应符合下列规定。

① 测试元件安装前，必须在水下 1m 处经过浸泡 24h 不损坏。

② 测试元件接头安装位置应准确，固定应牢固，并应与结构钢筋及固定架金属体绝热。

③ 测试元件的引出线宜集中布置，并应加以保护。

④ 测试元件周围应进行保护，混凝土浇筑过程中，下料时不得直接冲击测试测温元件及其引出线；振捣时，振捣器不得触及测温元件及引出线。

(2) 大体积混凝土浇筑体内监测点的布置，应真实地反映出混凝土浇筑体内最高温升、里表温差、降温速率及环境温度，可按下列方式布置。

① 监测点的布置范围应以所选混凝土浇筑体平面图对称轴线的半条轴线为测试区，在测试区内监测点按平面分层布置。

② 在测试区内，监测点的位置与数量可根据混凝土浇筑体内温度场的分布情况及温控的要求确定。

③ 在每条测试轴线上，监测点位不宜少于 4 处，应根据结构的几何尺寸布置。

④ 沿混凝土浇筑体厚度方向，必须布置外表、底面和中心温度监测点，其余测点宜按测点间距不大于 600mm 布置。

⑤ 保温养护效果及环境温度监测点数量应根据具体需要确定。

⑥ 混凝土浇筑体的外表温度，宜为混凝土外表以内 50mm 处的温度。

⑦ 混凝土浇筑体底面的温度，宜为混凝土浇筑体底面上 50mm 处的温度。

3. 大体积混凝土的温度监测

(1) 大体积混凝土浇筑体里表温差、降温速率及环境温度的测试，在混凝土浇筑后，每昼夜不应少于 4 次；入模温度的测量，每台班不应少于 2 次。

(2) 测试过程中宜及时描绘出各点的温度变化曲线和断面的温度分布曲线。

(3) 发现温控数值异常应及时报警，并应采取相应的措施。

六、大体积混凝土结构温度裂缝的产生与预防措施

1. 大体积混凝土结构温度裂缝的产生

建筑工程中的大体积混凝土结构，由于其截面大，水泥用量多，水泥水化所释放的水化热会产生较大的温度变化和收缩作用，由此形成的温度收缩应力是导致混凝土结构产生裂缝的主要原因。这种裂缝有表面裂缝和贯通裂缝两种。表面裂缝是由于混凝土表面和内部的散热条件不同，温度外低内高，形成了温度梯度，使混凝土内部产生压应力，表面产生拉应力，表面的拉应力超过混凝土抗拉强度而引起裂缝。贯通裂缝是由于大体积混凝土在强度发展到一定程度，混凝土逐渐降温，这个降温差引起的变形加上混凝土失水引起的体积收缩变形，受到地基和其他结构边界条件的约束时引起的拉应力，超过混凝土抗拉强度时所产生的贯通整个截面的裂缝。这两种裂缝不同程度上，都属于有害裂缝。

2. 防治大体积混凝土结构温度裂缝的技术措施

为了有效地控制有害裂缝的出现和发展，可采取以下几个方面的技术措施。

(1) 降低水泥水化热　选用低水化热水泥；减少水泥用量；选用粒径较大、级配良好的粗骨料；掺加粉灰等掺和料或掺加减水剂；在混凝土结构内部通入循环冷却水，强制降低混凝土水化热温度；在大体积混凝土中，掺加总量不超过 20% 的大石块等。

(2) 降低混凝土入模温度　选择适宜的气温浇筑；用低温水搅拌混凝土；对骨料预冷或

防止骨料日晒；掺加缓凝型减水剂；加强模内通风等。

（3）加强施工中的温度控制　做好混凝土的保温保湿养护，缓慢降温，夏季避免暴晒，冬季保温覆盖；加强温度监测与管理；合理安排施工程序，控制浇筑均匀上升，及时回填等。

（4）改善约束条件、削减温度应力　采取分层或分块浇筑，合理设置水平或垂直施工缝，或在适当的位置设置施工后浇带；在大体积混凝土结构基层设置滑动层，在垂直面设置缓冲层，以释放约束应力。

（5）提高混凝土极限抗拉强度。

大体积混凝土基础可按现浇结构工程施工质量验收。

第四节　地下结构防水施工

地下防水工程技术依材料的不同，分为刚性防水和柔性防水两大类。刚性防水主要采用的是砂浆和混凝土类刚性材料作为防水层；柔性防水采用具有弹塑性变形性能的柔性材料作为防水层，常用的有各种卷材和涂膜。

地下防水的防水等级，根据防水工程的主要程度、使用功能和建筑物类别的不同按围护结构允许渗漏水量的程度将其分为四级，并规定了不同等级的设防标准，见表 8-53。

表 8-53　地下工程防水等级标准

防水等级	防　水　标　准
一级	不允许渗水，结构表面无湿渍
二级	不允许漏水，结构表面可有少量湿渍； 房屋建筑地下工程：总湿渍面积不应大于总防水面积（包括顶板、墙面、地面）的 1/1000；任意 100m² 防水面积上的湿渍不超过 2 处，单个湿渍的最大面积不大于 0.1m²； 其他地下工程：总湿渍面积不应大于总防水面积的 2/1000；任意 100m² 防水面积上的湿渍不超过 3 处，单个湿渍的最大面积不大于 0.2m²；其中，隧道工程平均渗水量不大于 0.05L/(m²·d)，任意 100m² 防水面积上的渗水量不大于 0.15L/(m²·d)
三级	有少量漏水点，不得有线流和漏泥砂； 任意 100m² 防水面积上的漏水或湿渍点数不超过 7 处，单个漏水点的最大漏水量不大于 2.5L/d，单个湿渍的最大面积不大于 0.3m²
四级	有漏水点，不得有线流和漏泥砂； 整个工程平均漏水量不大于 2L/(m²·d)；任意 100m² 防水面积上的平均漏水量不大于 4L/(m²·d)

一、地下工程防水混凝土施工

防水混凝土结构，是以调整混凝土配合比或掺外加剂等方法，来提高混凝土本身的密实度和抗渗性，使其具有一定防水能力的整体式混凝土或钢筋混凝土结构，同时还能承重。

（一）防水混凝土抗渗等级

防水混凝土的抗渗等级不低于 P6，施工中混凝土抗渗等级选择可参考表 8-54。防水混凝土具有防水可靠、耐久性好、成本较低、简化施工、缩短工期及修补较容易等优点，因此，在地下防水工程中得到广泛应用。

表 8-54　防水混凝土抗渗等级

埋置深度 d/m	设计抗渗等级	埋置深度 d/m	设计抗渗等级
$d < 10$	P6	$20 \leq d < 30$	P10
$10 \leq d < 20$	P8	$30 \leq d$	P12

（二）防水混凝土配合比设计

1. 防水混凝土的配合材料选择

（1）水泥的选择应符合下列规定。

① 宜采用普通硅酸盐水泥或硅酸盐水泥，采用其他品种水泥时应经试验确定。

② 在受侵蚀性介质作用时，应按介质的性质选用相应的水泥品种。

③ 不得使用过期或受潮结块的水泥，并不得将不同品种或强度等级的水泥混合使用。

（2）砂、石的选择应符合下列规定。

① 砂宜选用中粗砂，含泥量不应大于 3.0%，泥块含量不宜大于 1.0%。

② 不宜使用海砂；在没有使用河砂的条件时，应对海砂进行处理后才能使用，且控制氯离子含量不得大于 0.06%。

③ 碎石或卵石的粒径宜为 5mm～40mm，含泥量不应大于 1.0%，泥块含量不应大于 0.5%。

④ 对长期处于潮湿环境的重要结构混凝土用砂、石，应进行碱活性检验。

（3）矿物掺合料的选择应符合下列规定。

① 粉煤灰的级别不应低于 Ⅱ 级，烧失量不应大于 5%。

② 硅粉的比表面积不应小于 $15000m^2/kg$，SiO_2 含量不应小于 85%。

③ 粒化高炉矿渣粉的品质要求应符合现行国家标准《用于水泥和混凝土中的粒化高炉矿渣粉》GB/T 18046 的有关规定。

（4）外加剂的选择应符合下列规定。

① 外加剂的品种和用量应经试验确定，所用外加剂应符合现行国家标准《混凝土外加剂应用技术规范》GB 50119 的质量规定。

② 掺加引气剂或引气型减水剂的混凝土，其含气量宜控制在 3%～5%。

③ 考虑外加剂对硬化混凝土收缩性能的影响。

④ 严禁使用对人体产生危害、对环境产生污染的外加剂。

（5）混凝土拌合用水，应符合现行行业标准《混凝土用水标准》JGJ 63 的有关规定。

2. 防水混凝土配合比设计

防水混凝土的配合比应经试验确定，并应符合下列规定。

（1）试配要求的抗渗水压值应比设计值提高 0.2MPa。

（2）混凝土胶凝材料总量不宜小于 $320kg/m^3$，其中水泥用量不宜小于 $260kg/m^3$，粉煤灰掺量宜为胶凝材料总量的 20%～30%，硅粉的掺量宜为胶凝材料总量的 2%～5%。

（3）水胶比不得大于 0.50，有侵蚀性介质时水胶比不宜大于 0.45。

（4）砂率宜为 35%～40%，泵送时可增至 45%。

（5）灰砂比宜为 1：1.5～1：2.5。

（6）混凝土拌合物的氯离子含量不应超过胶凝材料总量的 0.1%；混凝土中各类材料的总碱量即 Na_2O 当量不得大于 $3kg/m^3$。

（7）防水混凝土采用预拌混凝土时，入泵坍落度宜控制在 120mm～160mm，坍落度每小时损失不应大于 20mm，坍落度总损失值不应大于 40mm。

（三）防水混凝土施工

由于防水混凝土结构处在地下复杂环境，长期承受地下水的毛细管作用，所以除了应对防水混凝土结构精心设计、合理选材以外，关键还要保证施工质量。

防水混凝土所用模板，除满足一般要求外，应特别注意模板拼缝严密，支撑牢固。一般不宜用螺栓或铁丝贯穿混凝土墙来固定模板，以防止由于螺栓或铁丝贯穿混凝土墙而引起渗漏水，影响防水效果。如果墙较高需用螺栓贯穿混凝土墙固定模板时，应采取止水措施。一般可采用螺栓加焊止水环、套管加焊止水环、螺栓加堵头的方法，如图 8-42 所示。

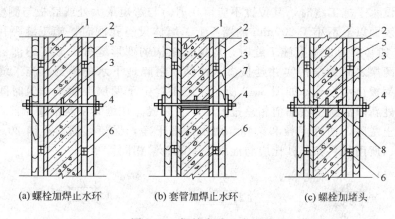

(a) 螺栓加焊止水环　　　(b) 套管加焊止水环　　　(c) 螺栓加堵头

图 8-42　螺栓穿墙止水措施

1—防水建筑；2—模板；3—止水环；4—螺栓；5—水平加劲肋；

6—垂直加劲肋；7—预埋套管（拆模后将螺栓拔出，套管内用膨胀水泥砂浆封堵）；

8—堵头（拆模后将螺栓沿平凹坑底割去，再用膨胀水泥砂浆封堵）

为了有效地保护钢筋和阻止钢筋的引水作用，迎水面防水混凝土的钢筋保护层厚度，不得小于 30mm，底板钢筋均不能接触混凝土垫层，结构内部设置的各种钢筋以及绑扎铁丝，均不得接触模板。

为了增强混凝土的均匀性，应采用机械搅拌，搅拌时间不应小于 2min。对掺外加剂的混凝土，应根据外加剂的技术要求确定搅拌时间，如加气剂混凝土搅拌时间为 2～3min。在混凝土运输、浇筑过程中，应防止漏浆和离析，严格做到分层连续浇筑，每层厚度不宜超过 300～400mm，两层浇筑的时间间隔一般不超过 2h，混凝土需用机械振捣密实。

防水混凝土浇筑后严禁打洞，因此，所有的预留孔和预埋件在混凝土浇筑前必须埋设准确。

防水混凝土的养护条件对其抗渗性有重要影响。因为防水混凝土中胶合材料用量较多，收缩性大，如养护不良，易使混凝土表面产生裂缝而导致抗渗能力降低。因此，在常温下，混凝土终凝后（一般浇后 4～6h），就应在其表面覆盖草袋，并经常浇水养护，保持湿润，以防止混凝土表面水分急剧蒸发，引起水泥水化不充分，使混凝土产生干裂，失去防水能力。由于抗渗等级发展慢，养护时间比普通混凝土长，故防水混凝土养护时间不少于 14d。

防水混凝土结构拆模时，必须注意结构表面与周围气温的温差不应过大（一般不大于 15℃），否则会由于混凝土结构表面局部产生温度应力而出现裂缝，影响混凝土的抗渗性。拆模后应及时进行填土，以避免混凝土因干缩和温差产生裂缝，同时也有利于混凝土后期强度的增长和抗渗性的提高。

防水混凝土抗渗性能，应采用标准条件下养护混凝土抗渗试件的试验结果评定。试件应在浇筑地点制作。

连续浇筑混凝土每 500m³ 应留置一组抗渗试件（一组为 6 个抗渗试件），且每项工程不得少于两组。采用预拌混凝土的抗渗试件，留置组数应视结构的规模和要求而定。

抗渗性能试验应符合现行的 GB/T 50082《普通混凝土长期性能和耐久性能试验方法标准》的有关规定。

（四）地下工程细部构造防水施工

施工缝是防水结构容易产生渗漏的薄弱部位，底板混凝土应连续浇筑，不得留施工缝。墙体如必须留设水平施工缝时，其位置不应留在剪力与弯矩最大处或底板与侧壁交接处，一般应留在底板表面以上不小于 200mm 的墙身上。墙体设有孔洞时，施工缝距孔洞边缘不宜小于 300mm。如必须留设垂直施工缝时，应留在结构的变形缝处。施工缝部位应认真做好防水处理，使两层之间黏结密实并延长渗水线路，阻隔地下水的渗透。施工缝的形式有凸缝、高低缝、钢板止水板等，如图 8-43 所示。施工缝上下两层混凝土浇筑时间间隔不能太长，以免接缝处新旧混凝土收缩值相差过大而产生裂缝。在继续浇筑混凝土前，应将施工缝处松散的混凝土凿除，清理浮粒和杂物，用水冲洗干净，保持湿润，再铺 20～25mm 厚的水泥砂浆一层，所用材料和灰砂比应与混凝土中的砂浆相同。

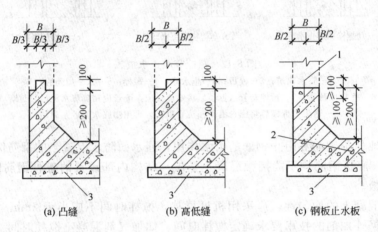

(a) 凸缝　　　　　(b) 高低缝　　　　　(c) 钢板止水板

图 8-43　施工缝形式
1—钢板止水板；2—板；3—垫层

防水混凝土结构内的预埋铁件、穿墙管道等部位，均为可能导致渗漏的薄弱之处，应采取措施，仔细施工。预埋件的防水作法如图 8-44 所示。穿墙管道防水处理如图 8-45 所示。

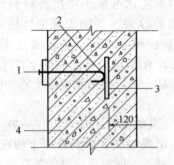

图 8-44　预埋件防水处理
1—预埋螺栓；2—焊缝；3—止水钢板；
4—防水混凝土结构

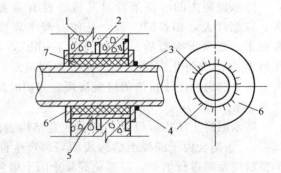

图 8-45　穿墙管道防水处理
1—防水结构；2—止水环；3—管道；4—焊缝；
5—预埋套管；6—封口钢板；7—沥青玛蹄脂

（五）防水混凝土工程施工质量验收

1. 防水混凝土工程施工的质量验收

① 在施工方案中确定，按不同地下层的层次、变形缝、施工段或施工面积划分，同时不超过 500m² （展开面积）为一个检验批。

② 每个检验批应按混凝土外露面积每 100m² 抽查一处，每处 10m²，且不得少于 5 处；细部构造应进行全数检查。

③ 防水混凝土的原材料、配合比及坍落度必须符合设计要求及有关标准的规定。

④ 防水混凝土可根据工程需要掺入减水剂、膨胀剂、防水剂、密实剂、引气剂、复合型外加剂等，其品种和掺量应经试验确定。所有外加剂应符合国家或行业标准一等品及以上的质量要求。

⑤ 防水混凝土的抗压强度和抗渗压力必须符合设计要求。

⑥ 防水混凝土的变形缝、施工缝、后浇带、穿墙管道、埋设件等设置和构造，均须符合设计要求，严禁有渗漏。

⑦ 防水混凝土工程施工质量检验标准见表 8-55。

表 8-55 防水混凝土工程施工质量检验标准

		验收项目与要求	检 验 方 法
主控项目	1	原材料、配合比及坍落度必须符合设计要求及有关标准的规定	出厂合格证、质量检验报告、配合比通知单、试验报告
	2	外加剂品种、掺量应经试验确定，所有外加剂应符合国家或行业标准一等品的质量要求	合格证、现场抽样试验报告
	3	各期施工必须制定出由单位技术负责人审定的冬期施工方案，并有完整的冬期施工记录	冬期施工记录、隐蔽工程验收记录
	4	防水混凝土的抗压强度和抗渗压力必须符合设计要求	检查混凝土抗压抗渗试验报告
	5	防水混凝土的变形缝、施工缝、后浇带、穿墙管道、埋设件等设置和构造，均应符合设计要求，严禁有渗漏	观察和检查隐蔽工程验收记录
一般项目	1	结构表面应坚实、洁净、平整、干燥，不得有露筋、蜂窝等缺陷 埋设件的位置应正确	观察和尺量检查
	2	结构表面的裂缝宽度不应大于 0.2mm，并不得贯通	用刻度放大镜检查
	3	结构底板的混凝土垫层形式、强度等级、厚度均应满足设计规定	用尺量，检查隐蔽工程验收记录
		结构厚度不应小于 250mm 允许偏差 +8mm −5mm	
		迎水面钢筋保护层厚度不应小于 50mm 允许偏差 ±5mm	

2. 防水混凝土细部构造工程施工质量验收

① 在施工方案中确定，按地下楼层、变形缝或施工段划分检验批，全数检查。

② 细部构造所用止水带、遇水膨胀腻子止水条或接缝密封材料必须符合设计要求。

③ 后浇带采用补偿收缩混凝土，其强度等级不得低于两侧混凝土的强度等级；混凝土的养护时间不得少于 28d。

④ 防水混凝土细部构造工程施工质量检验标准见表 8-56。

二、地下工程卷材防水层施工

地下工程卷材防水层适用于受侵蚀性介质或受振动作用的地下工程主体迎水面铺贴的卷材防水层。

（一）地下工程卷材防水层的材料选用

卷材防水层应采用高聚物改性沥青防水卷材和合成高分子防水卷材。所选用的基层处理剂、胶黏剂、密封材料等配套材料，均应与铺贴的卷材材性相容。

防水卷材厚度选用应符合表 8-57 的规定。

（二）地下工程卷材防水层构造层次

1. 基层处理

卷材防水层的基层宜采用 1：2.5 水泥砂浆找平。

铺贴防水卷材前，基面应干净、干燥，并应涂刷基层处理剂；当基面潮湿时，应涂刷湿固化型胶黏剂或潮湿界面隔离剂。

2. 铺贴卷材加强

基层阴阳角应做成圆弧或 45°坡角，其尺寸应根据卷材品种确定；在转角处、变形缝、施工缝、穿墙管等部位应铺贴卷材加强层，加强层宽度不应小于 500mm。

表 8-56　防水混凝土细部构造工程施工质量检验标准

		验收项目与要求	检验方法
主控项目	1	止水带、遇水膨胀止水条或接缝密封材料必须符合设计要求	出厂合格证、计量措施和现场抽样试验报告
	2	后浇带混凝土强度等级不得低于两侧混凝土的强度等级，混凝土的养护时间不得少于 28d	隐蔽工程记录、施工记录及混凝土强度试验报告
	3	变形裂缝处混凝土厚度不应小于 300mm	尺量、观察及检查隐蔽工程验收记录
		后浇带应设在受力和变形较小的部位	
		穿墙管（盒）应在浇筑混凝土前预埋	
		结构上的埋设件宜预埋	
		预留通道接头应采取复合防水构造形式	
		桩头防水应保证不渗漏	
		对遇水膨胀止水条进行保护	
		孔口、窗井应设置防倒灌措施	
		坑、池、储水库宜用防水混凝土整体浇筑，内设其他防水层。受振动作用时应设柔性防水层	
		底板以下的坑、池，其局部底板必须相应降低，并应使防水层保持连续	
一般项目	1	沉降缝的宽度宜为 25mm　　　　允许偏差±5mm	尺量检查
	2	伸缩缝的宽度宜为 20mm　　　　允许偏差±5mm	尺量检查
	3	中埋止水带中心线应与变形缝中心线重合，且应固定牢靠、平直，不得有扭曲现象	观察及检查隐蔽工程验收记录
	4	止水环、主管、套管应连续满焊并进行防腐处理	观察和尺量检查
	5	穿墙管与内墙角及凸凹部位距离应大于 250mm　　　允许偏差≤20mm	观察和尺量检查
	6	密封材料应嵌填严密，黏结牢固，不得有开裂、鼓泡和下塌现象	观察检查

表 8-57　防水卷材厚度

防水等级	设防道数	合成高分子防水卷材	高聚物改性沥青防水卷材
1 级	三道或三道以上设防	单层：不应小于 1.5mm；双层：每层不应小于 1.2mm	单层：不应小于 4mm；双层：每层不应小于 3mm
2 级	二道设防		
3 级	一道设防	不应小于 1.5mm	不应小于 4mm
	复合设防	不应小于 1.2mm	不应小于 3mm

3. 铺贴卷材

防水卷材的搭接宽度应符合表 8-58 的要求，铺贴双层卷材时，上下两层和相邻两幅卷材的接缝应错开 1/3～1/2 幅宽，且两层卷材不得相互垂直铺贴。

表 8-58　防水卷材的搭接宽度

卷 材 品 种	搭接宽度/mm	卷 材 品 种	搭接宽度/mm
弹性体改性沥青防水卷材	100	聚氯乙烯防水卷材	60/80（单焊缝/双焊缝）
改性沥青聚乙烯胎防水卷材	100		100（胶黏剂）
自粘聚合物改性沥青防水卷材	80	聚乙烯丙纶复合防水卷材	100（黏结料）
三元乙丙橡胶防水卷材	100/60（胶黏剂/胶粘带）	高分子自粘胶膜防水卷材	70/80（自粘胶/胶粘带）

4. 卷材防水层上的保护层

卷材防水层完工并经验收合格后应及时做保护层。保护层应符合下列规定。

（1）顶板的细石混凝土保护层与防水层之间宜设置隔离层。细石混凝土保护层厚度：机械回填时不应小于 70mm，人工回填时不应小于 50mm。

（2）底板的细石混凝土保护层厚度不应小于 50mm。

（3）侧墙宜采用软质保护材料或铺抹 20mm 厚 1∶2.5 水泥砂浆。

（三）卷材防水层施工

地下工程卷材防水层的防水方法有两种，即外防水法和内防水法，外防水法分为"外防外贴法"和"外防内贴法"两种施工方法。一般情况下大多采用外贴法。

（1）外防外贴法施工。外防外贴法是在垫层铺贴好底板卷材防水层后，进行地下需防水结构的混凝土底板与墙体的施工，待墙体侧模拆除后，再将卷材防水层直接铺贴在墙面上，如图 8-46 所示。

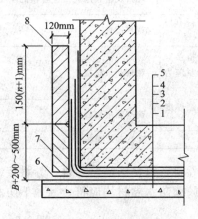

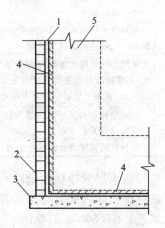

图 8-46　外防外贴法
1—垫层；2—找平层；3—卷材防水层；
4—保护层；5—构筑物；6—油毡；
7—永久保护墙；8—临时性保护墙

图 8-47　外防内贴法
1—卷材防水层；2—永久性保护墙；3—垫层；
4—保护层；5—尚未施工的防水结构

外防外贴法的施工程序是：首先浇筑需防水结构的底面混凝土垫层，并在垫层上砌筑部分永久性保护墙，墙下干铺油毡一条，墙高不小于 $B+(200～500)$mm（B 为底板厚度）。在永久性保护墙上用石灰砂浆砌临时保护墙，墙高为 $150×(n+1)$mm（n 为油毡层数）；在永久性保护墙上和垫层上抹 1∶3 水泥砂浆找平层，临时保护墙用石灰砂浆找平；待找平层基本干燥后，即在其上满涂冷底子油，然后分层铺贴立面和平面卷材防水层，并将顶端临时固定。在铺贴好的卷材表面做好保护层后，再进行需防水结构的底板和墙体施工。需防水结构施工完成后，将临时固定的接槎部位的各层卷材揭开并清理干净，再在此区段的外墙表面上补抹水泥砂浆找平层，找平层上满涂冷底子油，将卷材分层错槎搭接向上铺贴在结构表面上，并及时做好防水层的保护结构。

（2）外防内贴法施工。外防内贴法是在垫层四周先砌筑保护墙，然后将卷材防水层铺贴在垫层和保护墙上，最后再进行地下需防水结构的混凝土底板与墙体的施工，如图 8-47 所示。

外防内贴法的施工程序是：先铺设底板的垫层，在垫层四周砌筑永久性保护墙，然后在垫层及保护墙上沫 1∶3 水泥砂浆找平层，待其基本干燥并满涂冷底子油后，沿保护墙与底层铺贴防水卷材。铺贴完毕后，在立面防水层上涂刷最后一层沥青胶时，趁热粘上干净的热砂或散麻丝，待冷却后，立即抹一层 10～20mm 厚的 1∶3 水泥砂浆找平层；在平面上铺设一层 30～50mm 厚的水泥砂浆或细石混凝土保护层；最后再进行需防水结构的混凝土底板和墙体的施工。

（四）地下工程卷材防水层施工质量检验

（1）卷材防水层分项工程检验批的抽样检验数量，应按铺贴面积每 100m^2 抽查 1 处，每处 10m^2，且不得少于 3 处。

（2）卷材防水层工程施工质量检验标准见表 8-59。

表 8-59　卷材防水层工程施工质量检验标准

		验收项目与要求	检验方法
主控项目	1	卷材防水层所用卷材及其配套材料必须符合设计要求	检查产品合格证、产品性能检测报告和材料进场检验报告
	2	卷材防水层在转角处、变形缝、施工缝、穿墙管等部位做法必须符合设计要求	观察及检查隐蔽工程验收记录
一般项目	1	卷材防水层的搭接缝应粘贴或焊接牢固，密封严密，不得有扭曲、折皱、翘边和起泡等缺陷	观察检查
	2	采用外防外贴法铺贴卷材防水层时，立面卷材接槎的搭接宽度，高聚物改性沥青类卷材应为 150mm，合成高分子类卷材应为 100mm，且上层卷材应盖过下层卷材	观察和尺量检查
	3	侧墙卷材防水层的保护层与防水层应结合紧密，保护层厚度应符合设计要求	观察和尺量检查
	4	卷材搭接宽度的允许偏差应为 -10mm	观察和尺量检查

（3）卷材防水层的冷粘法铺贴卷材、热熔法铺贴卷材、自粘法铺贴卷材、卷材接缝焊接法施工、铺贴聚乙烯丙纶复合防水卷材、高分子自粘胶膜防水卷材均应符合《地下防水工程质量验收规范》GB 50208 的规定。

三、地下工程水泥砂浆防水层施工

（一）水泥砂浆防水层的材料与配合比

1. 水泥砂浆防水层的材料

水泥砂浆防水层的材料应符合下列规定。

① 水泥品种应按设计要求选用，不得使用过期或受潮结块的水泥。

② 砂宜采用中砂，粒径 3mm 以下，含泥量不得大于 1%，硫化物和硫酸盐含量不得大于 1%。

③ 水应采用不含有害物质的洁净水。

④ 聚合物乳液的外观为均匀液体，无杂质、无沉淀、不分层。

⑤ 外加剂的技术性能应符合国家和行业标准一等品及以上的质量要求。

2. 普通水泥砂浆防水层配合比

普通水泥砂浆防水层的配合比应按表 8-60 选用。掺外加剂、掺合料、聚合物水泥砂浆的配合比应符合所掺材料的规定。

表 8-60 普通水泥砂浆防水层的配合比

名 称	配合比（质量比）		水 灰 比	适 用 范 围
	水 泥	砂		
水泥浆	1	—	0.55～0.60	水泥砂浆防水层的第一层
水泥浆	1	—	0.37～0.40	水泥砂浆防水层的第三层、第五层
水泥砂浆	1	1.5～2.0	0.40～0.50	水泥砂浆防水层的第二层、第四层

（二）水泥砂浆防水层种类与适用范围

水泥砂浆防水层有刚性多层抹面防水层（或称普通水泥砂浆防水层）和掺外加剂防水层（常用的外加剂有氯化铁防水剂、膨胀剂和减水剂等）两种，其构造如图 8-48 所示。

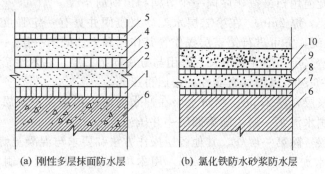

(a) 刚性多层抹面防水层 (b) 氯化铁防水砂浆防水层

图 8-48 水泥砂浆防水层构造

1,3—素灰层；2,4—水泥砂浆层；5,7,9—水泥浆；
6—结构基层；8—防水砂浆垫层；10—防水砂浆面层

防水层施工有外抹面（一般指迎水面）防水和内抹面（背水面）防水两种方法，防水层的施工程序，一般是先抹顶板，再抹墙面，后抹地面。

防水砂浆适用于埋置深度不大，使用时不会因结构沉降、温度、湿度变化及受振动等原因而产生有害裂缝的地下防水工程。

除聚合物砂浆外，其他均不宜用在长期受冲击荷载和较大振动作用下的防水工程，也不适用于受腐蚀、高温（100℃以上）以及遭受反复冻融的砖砌体工程。

（三）地下工程水泥砂浆防水层施工

1. 水泥砂浆防水层施工

（1）基层处理 防水砂浆要求与基层黏结牢固，所以基层处理十分重要，必须要求基层保持清洁、平整、坚实、粗糙，并保持潮湿。

混凝土基层的处理，对新建混凝土工程，在模板拆除后，立即用钢丝刷将表面打毛，并冲洗干净，旧混凝土工程，用凿子、剁斧、钢丝刷将表面凿毛，清理整平后再冲水刷净。

砖砌体基层处理，对于新建工程只需将表面残留的灰浆等杂物清除干净，并浇水冲洗；对旧工程基层，需将砌体表面疏松表皮及污物清洁干净，直至露出坚硬的砖面，然后用水冲洗干净。对于用石灰砂浆或混合砂浆砌筑的砖、石砌体，需将灰缝剔成深为 10mm 的 U 形沟槽，如图 8-49 所示。

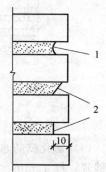

图 8-49 砖墙缝处理

1—剔缝合格；
2—剔缝不合格

（2）砂浆、净浆的制备　防水砂浆应采用机械搅拌，以保证水泥砂浆的匀质性。拌制时要严格掌握水胶比，水胶比过大，砂浆易产生离析现象；过小，则不易施工。

防水砂浆的配制方法是，将防水剂放入容器中，缓慢加水并搅拌均匀，然后加入水泥，充分搅拌均匀。

防水砂浆和防水净浆应现用现配，并应在初凝前用完。

（3）刚性多层防水层施工　混凝土墙面防水层施工的具体方法如下。

第一层为素灰层，厚 2mm，水胶比为 0.37～0.40。先抹一道 1mm 厚素灰，用铁抹子往返用力抹压，使素灰填实混凝土基层表面的空隙，以增加防水层与基层的黏结力。随即再抹 1mm 厚的素灰均匀找平，并用毛刷横向轻轻刷一遍，以便打乱毛细通路，从而形成一层坚实不透水的水泥结合层。

第二层为水泥砂浆层，厚 4～5mm，灰砂比 1.0：2.5，水胶比为 0.60～0.65。在初凝的第一层上轻轻抹压水泥砂浆，使砂粒能压入素灰层厚度的 1/4 左右，以便两层间结合牢固，在水泥砂浆初凝前用扫帚按顺序向一个方向扫出横向条纹。

第三层为素灰层，厚 2mm。在第二层水泥砂浆凝固并具有一定强度时（常温下间隔一昼夜），适当浇水湿润，方可进行第三层操作，其作用和方法同第一层。

第四层为水泥砂浆层，厚 4～5mm。作用与方法同第二层，在水泥砂浆硬化过程中，用铁抹子分次抹压 5～6 遍，以增加密实性，最后再压光。

第五层为水泥浆层，厚 1mm。当防水层在迎水面时，则需在第四层水泥砂浆抹压两遍后，用毛刷均匀涂刷水泥浆一遍，随第四层一并压光。

砖石墙面防水层，除第一层外，其他各层操作方法和要求与混凝土墙面操作相同。砖石墙面在第一层是刷水泥浆一道，厚约 1mm，用木板毛刷分段往返涂刷均匀后，立即做第二层。

防水层的施工缝必须留阶梯形槎，其接槎的层次要分明，如图 8-50 所示。不允许水泥砂浆和水泥砂浆搭接，而应先在阶梯坡形接槎处均匀涂刷水泥浆一层，以保证接槎处不透水，然后依照层次操作顺序层层搭接。接槎位置需离开阴阳角 200mm。阴阳角均应做成圆弧形或钝角，圆弧半径一般阳角为 10mm，阴角为 50mm。抹完后，要做好养护工作，养护时间一般不少于 14d。

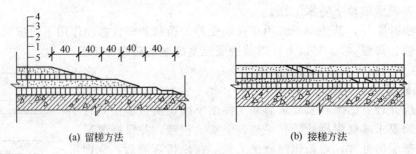

(a) 留槎方法　　　　　　　　　　　(b) 接槎方法

图 8-50　防水层留槎与接槎方法

1,3—素灰层；2,4—砂浆层；5—结构基层

（4）氯化铁防水砂浆防水层施工　在处理好的基层上先涂刷一道防水浆，接着抹底层防水砂浆，厚 12mm。要分两次抹。第一次要用力抹压使其与基层结成一体，第一遍砂浆凝固前用木抹子均匀槎压形成麻面，待阴干后即按相同方法抹压第二遍底层砂浆。

底层砂浆抹完的 12h 后，即抹面层防水砂浆，厚 13mm，仍分两次抹。在抹面层防水砂浆之前，应先在底层防水砂浆上涂刷一道水泥浆，并随刷随抹第一遍面层防水砂浆（厚度不超过 7mm），凝固前用木抹子均匀搓压形成麻面，第一遍面层防水砂浆阴干后再抹第二遍面层防水砂浆，并在凝固前分次抹压密实，最后压光。

2. 聚合物砂浆防水层施工

聚合物水泥砂浆弥补了普通水泥砂浆"刚性有余，韧性不足"的缺陷，使刚性抹面技术对防水工程的适应能力得以提高，同时也扩大了刚性抹面技术的适用范围。现以 EVA 聚合物水泥砂浆为例，介绍其施工方法。

EVA 聚合物水泥砂浆以 EVA（醋酸乙烯-乙烯的共聚物）高分子乳液、交联剂、母料以及水泥、砂子等组分，按一定的配合比拌制而成。

(1) 基层处理 基层表面应洁净，无油污，施工前宜用水冲刷干净。基层如有孔洞或裂缝，应将其部位剔成 V 形槽，以 EVA 聚合物水泥砂浆填空抹平。若基层已有渗漏，应先堵漏，后抹聚合物水泥砂浆。基层如有管道穿过，应先沿管道周围剔成 20mm×20mm 的环形沟槽，并清洗干净，再用聚氨酯嵌缝膏嵌缝，厚 5~8mm，然后用聚合物水泥砂浆将缝抹平。

(2) 砂浆的配制 普通硅酸盐水泥（含相当于三分之一水泥重的母料）：EVA 高分子乳液：砂子：水：MS 添加剂为 1：0.11：2：(0.26~0.30)：0.0015。

在配制过程中，严格按照配合比净量所用的材料，将混合均匀的粉料倒入液体料中，拌合均匀即可使用。

(3) 施工操作要点 在已处理好的基层面上，用长柄刷涂刷一道 EVA 聚合物水泥砂浆，厚度为 0.1~0.3mm，要涂刷均匀。素浆层干燥后，应先将阴阳角部位以及管道根部进行补强防水处理，用聚氨酯防水涂料涂刷两道，厚度为 1~2mm，宽度不小于 100mm。

为保证防水层质量，大面积施工须设置分格缝。分格缝间距为 4~5m、分格面积约 20m² 的正方形，施工结束后，用聚氨酯嵌缝膏将分格缝填密实。在已表干的素浆层上，将拌和均匀的 EVA 聚合物水泥砂浆沿一个方向抹压，边抹边压，切勿反复抹压。施工顺序是先立面后地面。接槎处应留置阶梯坡形槎。第一道砂浆终凝后，再抹压第二道聚合物水泥砂浆，方法同第一道砂浆。

(四) 水泥砂浆防水层的施工质量

水泥砂浆防水层施工应符合下列要求。

① 分层铺抹或喷涂，铺抹时应压实、抹平和表面压光。

② 防水层各层应紧密贴合，每层宜连续施工，必须留施工缝时应采用阶梯坡形槎，但离开阴阳角处不得小于 200mm。

③ 防水层的阴阳角处应做成圆弧形。

④ 水泥砂浆终凝后及时进行养护，养护温度不宜低于 5℃并保持湿润，养护时间不得少于 14d。

(五) 水泥砂浆防水层工程施工质量验收

① 在施工方案中确定，按地下楼层、变形缝、施工段及施工面积划分，同时不超过 500m²（展开面积）为一个检验批。

② 应按施工面积 100m² 抽查一处，每处 10m²，且不得少于 5 处；细部构造应全数检查。

③ 水泥砂浆防水层的原材料与配合比必须符合设计要求；按检验批留置试块，每批至少 2 组。

④ 水泥砂浆可根据需要掺入单一或复合型外加剂，其品种和掺量应经试验确定。所有外加剂均应符合国家或行业标准一等品的质量要求。

⑤ 水泥砂浆防水层各层之间必须结合牢固，无空鼓现象。

⑥ 细部构造均应符合设计要求，严禁有渗漏。

⑦ 水泥砂浆防水层工程施工质量检验标准见表 8-61。

表 8-61　水泥砂浆防水层工程施工质量检验标准

		验 收 项 目 与 要 求	检 验 方 法
主控项目	1	原材料与配合比必须符合设计要求；按检验批留置试块至少 2 组	出厂合格证、质量检验报告、试验报告
	2	外加剂的品种、掺量应经试验确定，所有外加剂应符合国家或行业标准一等品的质量要求	合格证、试验报告
	3	冬期施工必须制定由单位技术负责人审定及项目总监理工程师审批的冬期施工方案，并有完整的冬期施工记录	检查冬期施工方案、施工记录
	※4	水泥砂浆防水层各层之间必须结合牢固，无空鼓现象	小锤轻击检查
	5	细部构造均应符合设计要求，严禁有渗漏	观察、检查隐蔽工程验收记录
一般项目	1	表面应坚实、洁净，不得有裂纹、起砂、麻面等缺陷；阴阳角应做成圆弧形	观察检查及用 2m 靠尺检查
		平整度允许偏差不大于 4mm	
	2	留槎位置应正确，接槎应按层次，层层搭接紧密	观察检查、检查隐蔽工程及养护工程记录
	3	平均厚度应符合设计要求，最小厚度不得小于设计值的 85%	观察和尺量检查

四、地下工程涂膜防水层施工

涂膜防水就是在需防水的结构表面基层上涂以一定厚度的合成树脂、合成橡胶或高聚物改性沥青乳液，经过常温固化或溶剂挥发，形成有弹性的连续封闭且有防水作用的结膜。涂膜防水材料在施工固化前是一种无定形的黏稠状液态物质，它对于任何形状复杂、管道纵横的部位都容易施工，特别对阴阳角、管道根及端部收头，易于封闭严密。

常用的防水涂料有：有机防水涂料（含反应型防水涂料、水乳型防水涂料、聚合物水泥防水涂料）和无机防水涂料（含外加剂、掺合料、水泥基防水涂料和水泥基渗透结晶型防水涂料）。

地下工程涂膜防水层宜涂刷在结构具有自防水性能的基层上，与结构共同组成刚柔复合防水体系，以提高防水可靠性能。

（一）地下工程涂膜防水层施工

地下工程涂膜防水层的设置有内防水（防水涂膜刷于结构内壁）、外防水（防水涂膜刷于结构外壁）、内外结合三种形式。不论哪种防水形式，防水涂膜均要加以保护，保护层可采用砂浆、砖、饰面等。

一般的施工顺序如下。

基层处理→涂刷底面涂料→涂膜防水层→做保护层

先将要做防水施工的基层表面清扫干净。再涂布底胶，将配合好的底胶用长柄滚刷均匀涂布在基层表面上，涂布量一般以每平方米 0.15～0.20kg 为宜。涂布底胶后应干燥 24h 以上，才能进行下一道工序的施工。用滚刷蘸满已配制好的涂膜防水混合材料，均匀涂布在涂过底胶的干净的基底表面上，涂布时要求厚度均匀一致。对平面部位的涂膜防水层以涂布 3～4 度为宜，每度涂布量为 0.6～0.8kg/m²；对立面基层以涂刷 4～5 度为宜，每度涂布量为 0.5～0.6kg/m²。涂膜的总厚度以不小于 1.5mm 为合格。

涂完第一度涂膜后，一般需固化 6h 以上至基本不黏手时，方可按上述方法涂布第 2～5 度涂膜。对平面的涂布方向，后一度应与前一度的涂布方向相垂直。

最后一度涂膜固化成膜后，经检查验收合格后，即可虚铺一层石油沥青纸胎油毡作为保护隔离层，油毡之间采用搭接连接，搭接宽度宜为 50mm。铺设时可用少许聚氨酯混合料花粘固定，以防止在浇筑细石混凝土时发生位移。

在平面油毡保护层上，可直接浇筑 40～50mm 厚的细石混凝土保护层，施工时切勿损坏油毡和涂膜防水层，一旦损坏，必须立即修复，再浇筑细石混凝土，以免留下渗漏水的隐患。在立面油毡保护层表面抹 20～25mm 厚 1.0∶（2.0～2.5）水泥砂浆保护层（宜掺入微膨胀剂），或在防水层的外侧直接粘贴 5～6mm 厚的聚乙烯泡沫塑料片材作为保护层，粘贴时要求片材拼缝严密，以防止在回填时损坏防水涂膜。

（二）地下工程转角的涂膜铺贴法

待基层涂布底胶固化后，应对阴阳角、变形缝等复杂部位用涂料和涤纶纤维、无纺布等胎体材料进行增强性处理，如图 8-51 所示。

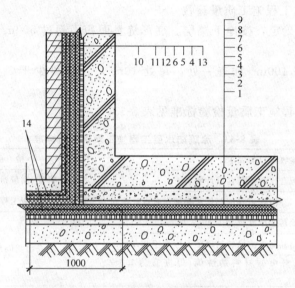

图 8-51 地下室聚氨酯涂膜防水构造示意

1—夯实素土；2—素混凝土垫层；3—无机铝盐防水砂浆找平层；4—聚氨酯底胶；
5—第一、二度聚氨酯涂膜；6—第三度聚氨酯涂膜；7—虚铺沥青油毡保护隔离层；
8—细石混凝土保护层；9—钢筋混凝土底板；10—聚乙烯泡沫塑料保护层；
11—第五度聚氨酯涂膜；12—第四度聚氨酯涂膜；13—钢筋混凝土
立墙；14—涤纶纤维无纺布增强层

胎体增强材料的宽度为 400～500mm。先在复杂部位涂布相应的涂膜，具体做法是在涂布第二层涂膜后，立即铺贴涤纶纤维无纺布，铺设时使无纺布均匀平坦地粘贴在涂膜上，并滚压密实，不能有空鼓和皱折现象存在。经过 6h 以上的固化后，方可涂布第三度涂膜。

（三）地下工程涂膜防水层施工质量

（1）防水涂料厚度的选用 应符合表 8-62 的规定。

表 8-62 防水涂料厚度   mm

防水等级	设防道数	有机涂料			无机涂料	
		反应型	水乳型	聚合物水泥	水泥基	水泥基渗透结晶型
1级	三道或三道以上设防	1.2～2.0	1.2～1.5	1.5～2.0	1.5～2.0	≥0.8
2级	两道设防	1.2～2.0	1.2～1.5	1.5～2.0	1.5～2.0	≥0.8
3级	一道设防	—	—	≥2.0	≥2.0	—
	复合设防	—	—	≥1.5	≥1.5	—

（2）涂料防水层的施工　应符合下列规定。

① 涂料涂刷前应在基面上涂一层与涂料相容的基层处理剂。

② 涂膜应多遍完成，涂刷应待前遍涂层干燥成膜后进行。

③ 每遍涂刷时应交替改变涂层的涂刷方向，同层涂膜的先后搭槎宽度宜为 30～50mm。

④ 涂料防水层的施工缝（甩槎）应注意保护，搭接缝宽度应大于 100mm，接涂前应将其槎表面处理干净。

⑤ 涂料程序应先做转角、穿墙管道、变形缝等部位的涂料加强层，后进行大面积涂刷。

⑥ 涂料防水层中铺贴的胎体增强材料，同层相邻的搭接宽度应大于 100mm，上下层接缝应错开 1/3 幅宽。

（四）涂膜防水层工程施工质量验收

① 在施工方案中确定，按地下楼层、变形缝且面积不超过 500m² （展开面积）为一个检验批。

② 按涂层面积每 100m² 抽查一处，每处 10m²，且不得少于 3 处，细部构造应全数检查。

③ 涂膜防水层工程施工质量检验标准见表 8-63。

表 8-63　涂膜防水层工程施工质量检验标准

<table>
<tr><td colspan="3">验 收 项 目 与 要 求</td><td>检 验 方 法</td></tr>
<tr><td rowspan="4">主控项目</td><td>※1</td><td>所有材料与配合比必须符合设计要求</td><td>出厂合格证、质量检验报告、试验报告</td></tr>
<tr><td>2</td><td>转角、变形缝、穿墙管道等细部作法必须符合设计要求</td><td>观察、检查隐蔽工程验收记录</td></tr>
<tr><td rowspan="2">3</td><td>水泥基防水涂料的厚度宜为 1.5～2.0mm</td><td rowspan="3">采用针刺或切割取片法，实样用卡尺量测检查</td></tr>
<tr><td>水泥基渗透结晶型防水涂料的厚度不应小于 0.8mm</td></tr>
<tr><td colspan="2">有机防水涂料根据材料的性能，厚度宜为 1.2～2.0mm</td></tr>
<tr><td rowspan="5">一般项目</td><td rowspan="2">1</td><td>基层应牢固，基面应洁净、平整，不得有空鼓、松动、起砂和脱皮现象</td><td rowspan="2">观察、检查隐蔽工程验收记录</td></tr>
<tr><td>基层阴阳角处按规定尺寸做成圆弧形</td></tr>
<tr><td>2</td><td>防水层与基层黏结牢固，表面平整，涂刷均匀，不得有流淌、皱折、鼓泡、露胎体和翘边等缺陷</td><td>观察</td></tr>
<tr><td>3</td><td>防水层平均厚度应符合设计要求，最小厚度不得小于设计厚度的 80%</td><td>针刺法或割取 20mm×20mm 的实样用卡尺测量</td></tr>
<tr><td>4</td><td>涂料防水层的保护层与防水层应黏结牢固，结合紧密、厚度均匀一致</td><td>观察、针刺或割取实样用卡尺测量</td></tr>
</table>

五、地下工程金属板防水层施工

金属板防水层应按设计规定选用材料。金属板和连接材料（如焊条、螺栓、型钢、铁件等），应有出厂合格证和质量证明书，并符合国家标准。

由于金属板防水层较其他形式的防水层质量大、工艺繁、造价高，故金属板防水层适用于抗渗性能要求较高的地下工程。

（一）地下工程金属板防水层构造

金属板防水层一般设在构筑物外壁的内侧，可为整体式或装配式，如图 8-52 和图 8-53 所示。

（二）地下工程金属板防水层施工

地下工程金属板防水层施工方法有整体式金属板防水层和装配式金属防水层两种。

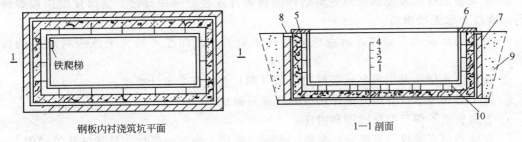

钢板内衬浇筑坑平面　　　　　　　　　　　1—1 剖面

图 8-52　钢板内衬浇筑坑

1—150 厚 C10 混凝土垫层抹水泥砂浆找平层；2—防水层；3—C20 普通防水混凝土；4—厚钢板内衬；
5—30mm 厚钢盖板；6—通气孔；7—保护墙；8—压顶；9—黏土夯实；10—钢板锚固筋

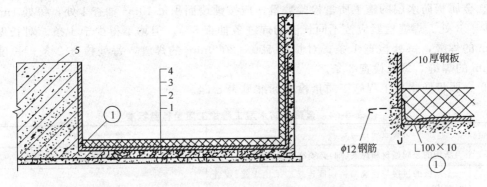

图 8-53　电炉钢水坑钢板防水层

1—C10 混凝土垫层；2—钢筋混凝土；3—10mm 厚钢板；4—用耐火泥砌耐火砖；5—电炉基础

1. 整体式金属板防水层

整体式金属板防水层多用于体积不太大的构筑物，以铸工浇筑为例，施工要点为先浇筑 150mm 厚 C10 混凝土垫层，在垫层四周砌好保护墙，并在垫层和保护墙上抹水泥砂浆找平层。然后在找平层上铺设防水层或改性沥青卷材、高分子防水卷材。

将预先拼装好并焊成箱体的金属板防水层整体吊入基坑内准确就位，箱体内可设临时支撑加固以防箱体变形。先浇筑底板防水混凝土，为施工便利和保证质量，可在金属箱底板留设浇筑振捣孔；后浇筑四壁防水混凝土，待混凝土强度达到设计要求后，拆除四周模板，补焊底板浇筑振捣孔，盖好钢盖板。

2. 装配式金属板防水层

装配式金属板防水层多在已做好构筑物之后进行拼装施工，以电炉钢水坑为例，施工要点为：首先浇筑混凝土垫层、混凝土为 C10，再制作安装基础、底板及侧壁结构钢筋，在支模的同时将焊好埋设件的 10mm 厚钢板防水层作为坑壁和基础的内侧模板固定牢靠，必要时可在坑内设临时支撑，以防钢板防水层变形，将通长的 120mm×10mm 的钢板及通长的 L100mm×10mm 角钢预埋件预埋固定后，浇筑底板、侧壁、基础混凝土。焊好底板上的钢板防水层，焊接周边 L100mm×10mm 角钢，用以将底板与侧壁钢板连成封闭的金属防水层，最后在钢板防水层上用耐火泥砌耐火砖。

（三）地下工程金属板防水层施工质量

① 金属板防水层所采用的金属材料和保护材料应符合设计要求。金属材料与焊条（剂）的规格、外观质量和主要物理性能，应符合国家现行标准的规定。

② 金属板的拼接及金属板与建筑结构的锚固件连接应采用焊接。金属板的拼接焊缝应进行外观检查和无损检验。

③ 当金属板表面有锈蚀、麻点或划痕等缺陷时，其深度不得大于该板材厚度的负偏差值。

④ 金属防水层所采用的金属板材和焊条（剂）必须符合设计要求。

⑤ 焊工必须经考试合格并取得相应的执业资格证书。

⑥ 金属板面不得有明显凹面和损伤。

⑦ 焊缝不得有裂纹、未熔合、夹渣、焊瘤、咬边、烧穿、弧坑、针状气孔等缺陷。

⑧ 焊缝的焊波应均匀，应清除焊渣和飞溅物；保护涂层不得有漏涂、脱皮和反锈现象。

（四）金属板防水层工程施工质量验收

① 在施工方案中确定，按地下楼层、变形缝、施工区段且面积不大于 100m² 为一个检验批。

② 金属板防水层的施工质量检验数量，应按铺设面积每 10m² 抽查 1 处，每处 1m²，且不得少于 3 处。焊缝检验应按不同长度的焊缝各抽查 5%，但均不得少于 1 条。对长度小于 500mm 的焊缝，每处检查 1 条；对长度 500～2000mm 的焊缝，每处检查 2 条；长度大于 2000mm 的焊缝，每处检查 3 条。

③ 金属板防水层工程施工质量检验标准见表 8-64。

表 8-64　金属板防水层工程施工质量检验标准

		验收项目与要求	检验方法
主控项目	※1	所用的金属板材和焊条（剂）必须符合设计要求	出厂合格证、质量检验报告、试验报告
	2	金属板的拼接与建筑结构锚固连接应采用焊接，焊缝应严密	观察检查
		金属板的竖向接缝应相互错开	
	3	焊工必须经考试合格并取得相应的执业资格证书	检查焊工执业资格证书
一般项目	1	金属板表面不得有明显凹面和损伤，其表面锈蚀、麻点或划痕等缺陷不得超过规定	观察检查
	2	焊缝不得有裂纹、未熔合、夹渣、焊瘤、咬边、烧穿、弧坑、针状气孔等缺陷	观察检查和无损检验
	3	焊缝的焊波应均匀，焊渣和飞溅物应清除干净	观察检查
		保护涂层不得有漏涂、脱皮和反锈现象	

六、地下防水工程渗漏与防治方法

地下防水工程常常由于设计考虑不周，选择不当或施工质量差而造成渗漏，直接影响生产和使用。渗漏水易发生的部位主要在施工缝、蜂窝麻面、裂缝、变形缝及穿墙管道等处。有孔洞漏水、裂缝漏水、防水面渗水或是上述几种渗漏水的综合。

（一）渗漏部位与原因

1. 防水混凝土结构渗漏的部位与原因

渗漏原因有模板表面粗糙或清理不干净，模板浇水湿润不够，脱模剂涂刷不均匀，接缝不严，振捣混凝土不密实等，应防止混凝土出现蜂窝、孔洞、麻面，引起地下水渗漏。

墙板和底板以及墙板和底板之间的施工缝留置不当，施工缝内杂物清理不干净，新旧混凝土之间形成夹层，地下水会沿施工缝渗入。

由于混凝土中砂石含泥量大，养护不及时等，产生干缩和温度裂缝，也会造成渗漏水。

混凝土内的预埋件表面没有认真清理，对周围混凝土振捣不密实，埋件与混凝土黏结不严密而产生缝隙，致使地下水渗入。

由于穿墙管道未设置止水法兰盘，管道未进行认真处理，使周围混凝土与管道黏结不严，造成渗漏水。

2. 卷材防水层渗漏部位与原因

由于保护墙和地下工程主体结构沉降不同，防水卷材粘在保护墙上后，卷材被撕裂而造成漏水。

卷材的压力和搭接接头宽度不够，搭接不严，有的甚至在搭接处张口而造成渗漏。

结构转角处卷材铺贴不严实，后浇或后砌结构时卷材被破坏而产生渗漏。

由于卷材韧性较差，结构不均匀沉降时卷材被破坏而产生渗漏。

由于管道处的卷材与管道黏结不严，出现张口翘边现象，地下水沿此处进入室内，产生渗漏。

3. 变形缝处渗漏原因

止水带固定方法不当，埋设位置不准确或在浇筑混凝土时被挤动。

止水带两翼的混凝土包裹不严，特别是底板止水带下面的混凝土振捣不实。

钢筋过密，浇筑混凝土时下料和振捣不当，造成止水带周围骨料集中、混凝土离析，产生蜂窝、麻面，这种情况在下部转角部位更为严重。

混凝土分层浇筑前，止水带周围的木屑杂物等未清理干净，混凝土中形成薄弱的夹层，造成渗漏。

（二）堵漏技术

对防水混凝土工程的修补堵漏，通常采用的方法是用促凝剂和水泥拌制而成的快凝水泥胶浆，进行快速堵漏或大面积修补。近年来，采用膨胀水泥（或掺膨胀剂）作为防水修补材料，其抗渗堵漏效果更好。对混凝土的微小裂缝，采用化学灌浆堵漏技术。

1. 快硬性水泥胶浆堵漏法

（1）堵漏材料　快凝水泥胶浆一般由促凝剂和水泥拌制而成。常用的配合比见表 8-65。

表 8-65　促凝剂配合比（质量比）

材料名称	分子式	配合比	色　泽
硫酸铜（胆矾）	$CuSO_4 \cdot 5H_2O$	1	水蓝色
重铬酸钾（红矾钾）	$K_2Cr_2O_7$	1	橙红色
硅酸钠（水玻璃）	Na_2SiO_2	400	无色
水	H_2O	60	无色

配制时按配合比先把定量的水加热至 $100℃$，然后将硫酸铜和重铬酸钾倒入水中，继续加热并不断搅拌至完全溶解后，冷却至 $30\sim40℃$。再将此溶液倒入称量好的水玻璃液体中，搅拌均匀，静置半小时后即可使用。

快凝水泥胶浆的配合比是水泥：促凝剂为（$1:0.5$）$\sim$（$1:0.6$）。由于这种胶浆凝固快（一般 1min 左右就凝固），使用时注意随拌随用。

（2）堵漏方法　地下防水工程的渗漏水情况比较复杂，堵漏的方法也较多。因此，在选用堵漏方法时，必须因地制宜，根据具体情况确定。常用的堵漏方法有堵塞法和抹面法。

堵塞法适用于孔洞漏水或裂缝漏水时的修补处理。孔洞漏水常用直接堵塞法和下管堵漏法。直接堵塞法适用于水压不大，漏水孔洞较小的修补处理，操作时，先将漏水孔洞处剔槽，槽壁必须与基面垂直，并用水刷洗干净，随即将配制好的快凝水泥胶浆捻成与槽尺寸相近的锥形团，在胶浆开始凝固时，迅速压入槽内，并挤压密实，保持约 30s 即可。当水压力较大，漏水孔洞较大时，可采用下管堵漏法。操作时，先将漏水处剔成上下基本垂直的孔洞，其深度视漏水情况而定，如图 8-54 所示，在孔洞底部铺碎石和油毡，并插入胶皮管，将水引出，使管周围的水压降低，如地面孔洞漏水，可在孔洞四周做挡水墙，然后用快凝水泥胶浆填塞孔洞并压实，孔洞封塞好后，在胶浆表面抹素灰一层，砂浆一层，作为保护，待砂浆有一定的强度后，将胶管拔出，按直接堵塞法将管孔堵塞，最后拆除挡水墙，再做防水层。裂缝漏水的处理方法有裂缝直接堵塞法和下绳堵漏法。裂缝直接堵塞法适用于水压较小的裂缝漏水，操作时，沿裂缝剔成八字形坡的沟槽，刷洗干净后，用快凝水泥胶浆直接堵塞，经检查无渗水，再做保护层和防水层。当水压力较大，裂缝较长时，可采用下绳堵漏法，如图 8-55 所示，先剔好沟槽，在槽底沿裂缝方向放置一根导水小绳，使水沿导水小绳流出，以便降低水压，将快凝水泥胶浆填塞于每段槽内压实后，即可把小绳抽出，待各段胶浆凝固后，再按孔洞直接堵塞法将段间空隙堵塞好。

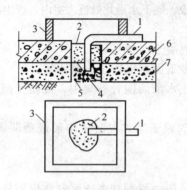

图 8-54　下管堵漏法

1—胶皮管；2—快凝胶浆；3—挡水墙；
4—油毡一层；5—碎石；6—构筑物；7—垫层

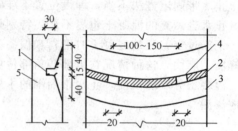

图 8-55　下绳堵漏法

1—小绳（导水用）；2—快凝胶浆填缝；3—砂浆层；
4—暂留小孔；5—构筑物

抹面法适用于较大面积的渗水面，一般先降低水压或降低地下水位，将基层处理好，然后用抹面法进行刚性防水层修补处理。先在漏水严重处用凿子剔出半贯穿性孔眼，插入胶管将水导出，这样就使"片渗"变为"点漏"，在渗水面进行刚性防水层修补处理，待修补的防水层砂浆凝固后，拔出胶管，再按孔洞直接堵塞法将管孔填塞好。

2. 化学灌浆堵漏法

氰凝是一种新型灌浆堵漏材料。它的主要成分是以多异氰酸酯与含羟基的化合物（聚酯、聚醚）制成的预聚体。使用前，在预聚体内掺入一定量的副剂（表面活性剂、乳化剂、增塑剂、溶剂与催化剂等），搅拌均匀即配制成氰凝浆液。氰凝浆液不遇水不发生化学反应，稳定性好；当浆液灌入漏水部位后，立即与水发生化学反应，生成不溶于水的凝胶体，同时释放二氧化碳气体，使浆液发泡膨胀，向四周渗透扩散直至反应结束。

丙凝浆液也是一种化学灌浆材料。它由双组分（甲溶液和乙溶液）组成。甲溶液是丙烯酰胺和 N,N'-亚甲基双丙烯酰胺与 β-二甲氨基丙腈的混合溶液。乙溶液是过硫酸铵的水溶液。两者混合后很快形成不溶于水的高分子硬性凝胶，这种凝胶可以封密结构裂缝，从而达到堵漏的目的。

灌浆堵漏施工，可分为对混凝土表面处理、布置灌浆孔、埋设灌浆嘴、封闭漏水部位、压水试验、灌浆、封孔等工序。灌浆孔的间距一般为 1m 左右，并要交错布置。灌浆嘴的埋设如图 8-56 所示。灌浆结束，待浆液固化后，拔出

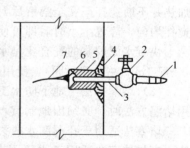

图 8-56　埋入式灌浆嘴埋设方法

1—进浆嘴；2—阀门；3—灌浆嘴；
4—一层素灰一层砂浆找平；
5—快硬水泥浆；6—半圆
铁片；7—混凝土墙裂缝

灌浆嘴并用水泥砂浆封固灌浆孔。

复习思考题

1. 人工挖孔桩护壁有几种方法？其适用条件有哪些？
2. 保护人工挖孔桩的施工质量要点是什么？
3. 人工挖孔桩施工中怎样保证人身安全？
4. 大直径机械成孔桩有何施工特点？干作业与湿作业各自的施工要点有哪些？
5. 钻孔压浆桩施工工艺与施工要点有哪些？
6. 桩端压浆桩施工工艺与施工要点有哪些？
7. 超流态混凝土桩的施工特点有哪些？超流态混凝土桩施工工艺与方法有哪些？
8. 模板结构设计应考虑哪些荷载？这些荷载如何组合？
9. 如何保证筏形与箱形基础施工质量？其渗漏问题应如何防治？
10. 大体积混凝土的含义与施工要点是什么？
11. 大体积混凝土裂缝产生的原因与防止产生温度裂缝主要的措施有哪些？
12. 地下结构防水施工有几种方法？最常用的是哪种方法？
13. 地下工程涂膜防水层施工工艺过程与施工要点有哪些？

练 习 题

1. 某工程墙体模板采用组合钢模板组拼，墙高 3m，厚 200cm，开间宽 3.30m。
钢模板采用 P3015（1500mm×300mm）分 2 行竖排拼成。内钢楞采用 2 根 $\phi51×3.50$ 钢管，间距为 750mm；外钢楞采用同一规格钢管，间距为 900mm。对拉螺栓采用 M18，间距为 750mm，见图 8-21。
混凝土自重 γ_c 为 24kN/m³，强度等级 C25，坍落度为 70mm；采用 0.60m³ 混凝土吊斗卸料，浇筑速度为 1.80m/h，混凝土温度为 20℃，用插入式振捣器振捣。
试验算：1. 钢模板的承载能力和刚度；2. 内、外钢楞的承载能力和刚度；3. 对拉螺栓是否满足容许拉力。

2. 某工程为筏板基础，平面尺寸长 45.50m，宽 20.30m，厚 1.50m，C30 混凝土坍落度为 10～30mm，施工时的当地平均气温为 26℃。所选用材料如下。
水泥：普通水泥 42.5 级，ρ_c=3000kg/m³。
粉煤灰：磨细灰，质量符合Ⅱ级，ρ_f=2200kg/m³。
砂：中砂，ρ_s=2600kg/m³，含水率为 2%。
石子：碎石 5～40mm，ρ_g=2700kg/m³，含水率 1%。
水：自来水。
外加剂：糖蜜减水剂，掺量 0.20%，减水率 8%。
试计算：1. 计算理论配合比，基准配合比，试验室配合比及施工配合比；2. 混凝土的热工计算。

3. 某工程地下车库，筏板厚 400mm，设计混凝土抗渗等级 P6，混凝土强度等级 C30，坍落度 10～30mm，所选用的原材如下。
水泥：普通 32.5 级，水泥密度 3000kg/m³，水泥强度 f_{ce}=1.10×32.5=35.75（MPa）。
砂：中砂，表观密度 ρ_s=2650kg/m³，含水率 3%。
碎石：粒径 5～40mm，表观密度 ρ_g=2600kg/m³，含水率 1%。
水：自来水。
外加剂：JN 减水剂掺量 0.50%，减水率 12%。
试：确定施工配合比。

第九章 高层建筑主体结构施工

第一节 高层现浇框架结构施工

现浇框架结构（包括框架-剪力墙结构）是指梁、板、柱、墙等构件，现场支模、扎筋、浇筑混凝土而形成的结构。它是框架结构中采用最早且较普遍的一种施工方法。

一、模板工程

（一）模板结构设计计算

1. 柱模板设计计算

柱箍直接支撑在钢模板上，承受钢模板传递的均布荷载，同时还承受其他两侧钢模板上混凝土侧压力引起的轴向拉力，其受力状态为拉弯杆件，工程上应按拉弯杆件进行计算。

（1）计算简图 计算简图及构造示意图如图 9-1 所示。

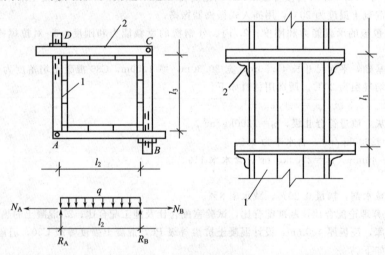

图 9-1 柱箍计算简图

1—钢模板；2—柱箍

图中 q 为柱箍杆件 AB 所承受的由模板板面传来的侧压力均布线荷载，N/mm，$q=Fl_1$，F 为计算处的混凝土侧压力，MPa，l_1 为柱箍间距；R_A，R_B 分别为柱箍杆件 A、B 在侧向均布荷载 q 作用下在 A、B 点产生的支座反力，N；N_A，N_B 分别为杆件 AD、BC 的支座反力，作用于杆件 AB，则为轴向拉力

（2）柱箍强度计算：

$$\frac{N}{A_n}+\frac{M_x}{\gamma_x W_{nx}}\leqslant f \tag{9-1}$$

式中　N——柱箍杆件承受的轴向拉力设计值，N；

A_n——柱箍杆件净截面面积，mm^2，见表 8-15；

M_x——柱箍杆件最大弯矩设计值，$M_x = \dfrac{ql_2^2}{8}$；

γ_x——弯矩作用平面内，截面塑性发展系数，因为受振动荷载取 $\gamma_x = 1.00$；

W_{nx}——弯矩作用平面内，受拉区净截面抵抗矩，mm^3，见表 8-15；

f——柱箍钢杆件抗拉强度设计值，MPa。

（3）柱箍挠度计算：

$$v = \frac{5ql_2^4}{384EI_{xj}} \leqslant [v] \tag{9-2}$$

式中　E——柱箍钢杆件的弹性模量，MPa；

I_{xj}——柱箍杆件在弯矩作用平面内的惯性矩，见表 8-15；

l_2——柱箍杆件的计算跨度，mm；

$[v]$——柱箍杆件允许挠度值，mm。

【例 9-1】　框架柱截面积为 600mm×800mm，侧压力和倾倒混凝土产生的荷载合计为 60kPa（设计值），采用组合钢模板，选用 [80×43×5 槽钢做柱箍，柱箍间距 l_1 为 600mm，试验算其强度和刚度。

解：（1）计算简图　如图 9-1 所示。

$$q = Fl_1 \times 0.85 = \frac{60 \times 10^3}{10^6} \times 600 \times 0.85 = 30.60 \ (N/mm)$$

（2）承载力验算　由于组合钢模板面板肋高为 55mm，故

$$l_1 = 600mm$$

$$l_2 = b + (55 \times 2) = 800 + 110 = 910 \ (mm)$$

$$l_3 = a + (55 \times 2) = 600 + 110 = 710 \ (mm)$$

$$N = \frac{a}{2}q = \frac{600}{2} \times 30.60 = 9180 \ (N)$$

$$M_x = \frac{1}{8}ql_2^2 = \frac{30.60 \times 910^2}{8} = 3167482.50 \ (N \cdot m)$$

$$\gamma_x = 1.00$$

查表 8-15，∟80×43×5 $A_n = 1024mm^2$，∟80×43×5 $W_{nx} = 25.30 \times 10^3 mm^3$

则　　　　$\dfrac{N}{A_n} + \dfrac{M_x}{\gamma_x W_{nx}} = \dfrac{9180}{1024} + \dfrac{3167482.50}{25.30 \times 10^3}$

$$= 8.96 + 125.20 = 134.16 \ (MPa) < f = 205MPa$$

满足要求。

（3）刚度验算　柱箍杆件弹性模量 $E = 2.05 \times 10^5 MPa$。

查表 8-15，$I_{xj} = 101.30cm^4$。

q' 为柱箍 AB 所承受侧压力的均布荷载设计值，kN/m。假设采用串筒倾倒混凝土，查表 8-19，得水平荷载为 2kPa，则其设计荷载为 2×1.40=2.80kPa，故

$$q' = \left(\frac{60 \times 10^3}{10^6} - \frac{2.80 \times 10^3}{10^6} \right) \times 600 \times 0.85 = 29.17 \ (N/mm)，则$$

$$v = \frac{5 \times 29.17 \times 910^4}{384 \times 2.05 \times 10^5 \times 101.30 \times 10^4} = 1.25 \ (mm)$$

$$< [v] = \frac{l_2}{500} = \frac{910}{500} = 1.82mm$$

符合规定。

2. 梁模板设计计算

梁模板的支承件有：钢管脚手支设、支柱式、桁架式、支架式等，现分别介绍梁模板的设计计算方法。

(1) 梁模板的钢管脚手支设设计计算

① 梁模构造　如图 9-2 所示。

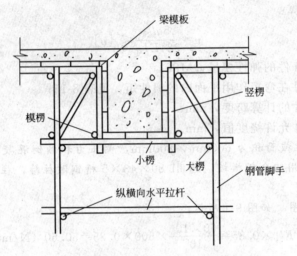

图 9-2　钢管脚手支设的钢模板梁模构造

② 底模验算

a. 承载力验算。按简支梁验算：

$$M=\frac{1}{8}ql^2$$

$$\sigma=\frac{M}{W_x}\leqslant f$$

式中　M——弯矩设计值，N·mm；

　　　q——作用在梁底模上的均布荷载，N/mm，按表 8-21 组合；

　　　l——小楞的间距，mm；

　　　σ——受弯应力设计值，MPa；

　　　W_x——截面抵抗矩，mm³，查表 8-11；

　　　f——钢材的抗弯强度设计值，MPa，$Q235 f=205$MPa。

b. 刚度验算：

$$v\frac{5q'l^4}{384EJ_x}\leqslant[v]=1.50\text{mm}$$

式中　q'——作用在梁底模上的均布荷载，N/mm，按表 8-21 组合；

　　　E——钢材弹性模量，MPa，$E=2.06\times10^5$MPa；

　　　J_x——截面惯性矩，mm⁴，查表 8-11。

③ 小楞验算

a. 承载力验算。小楞间距一般取 300mm、400mm、500mm、600mm，按简支梁计算。在计算刚度时，梁作用在小楞上的荷载可简化为一个集中荷载计算。

$$M=\frac{1}{8}Pl\left(2-\frac{b}{l}\right)$$

$$\sigma=\frac{M}{W}\leqslant f$$

式中　P——作用在小楞上的集中荷载，N，按表 8-21 组合；

　　　l——计算跨度，mm；

　　　b——梁（方截面）的短边长度，mm。

　　b. 刚度验算：

$$\upsilon=\frac{P'l}{48EI}\leqslant[\upsilon]$$

式中　P'——作用在小楞上的集中荷载，N，按表 8-21 组合；

　　　$[\upsilon]$——容许挠度，见表 4-14。

④ 大楞验算　按连续梁计算，承受小楞传来的集中荷载，简化成均布荷载计算。

　　a. 承载力验算：

$$M=\frac{1}{10}ql^2$$

$$[\sigma]=\frac{M}{W}\leqslant f$$

式中　q——小楞作用在大楞上的均布荷载，N/mm；

　　　l——计算跨度，mm。

　　b. 刚度验算：

$$\upsilon=\frac{q'l^4}{150EI}\leqslant[\upsilon]$$

⑤ 钢管立柱稳定性验算　钢管立柱稳定性验算，见楼板模板设计计算的内容。

（2）工具钢支柱式的设计计算

① 纵钢楞的设计计算　首先试选钢楞。如图 9-3 所示，计算纵楞最大弯矩：

$$M_{max}=\frac{Pl}{4}$$

纵楞截面应具有的抵抗矩为：

$$W=\frac{M_{max}}{f}$$

按 W 试选钢楞。

然后验算试选的钢楞的承载力和刚度：

$$\sigma_{max}=\frac{M_{max}}{W}<[\sigma]=205\text{MPa}$$

$$\upsilon_{max}=\frac{Pl^3}{48EI}<[\upsilon]=\frac{l}{500}$$

如果满足要求，所选纵钢楞可以使用，反之应重新计算，直至合格为准。

② 工具钢支柱式的设计计算　工具钢支柱式如图 9-4 所示。

首先计算每一组钢支柱所承受的荷载，然后试根据经验选钢支柱，最后予以验算。

工具钢支柱式可按两端铰接轴心受压构件进行计算。

工具钢支柱式允许承载力的取用，可根据厂家说明书做初步确定，再结合现场条件，适当降低后复核验算。

工具钢支柱式在使用荷载作用下，可能出现以下四种破坏状态，即强度不够、稳定性不够、插销抗剪强度不够和插销处钢管壁承压强度不够，为此，应针对以上四种情况进行验算。

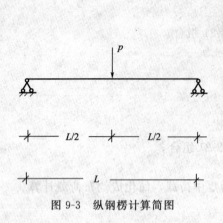

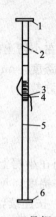

图 9-3　纵钢楞计算简图　　　　　　　图 9-4　工具钢支柱式

1—顶板；2—插管；3—插销；4—转盘；5—套管；6—底板

a. 按强度验算允许荷载。

$$\sigma = \frac{N}{A_n} \leqslant f$$

式中　N——轴心压力设计值，N；

　　　A_n——插管钢管截面面积，mm^2，查表 8-16；

　　　f——钢材强度设计值，MPa，$f=215MPa$。

b. 按受压稳定性计算允许荷载。

套管与插管之间存在松动而成为折线状，形成初偏心，形成压弯，按钢结构计算公式得：

$$\frac{N}{\varphi_x A} + \frac{\beta_{mx} M_x}{\gamma_x W_{ix} \left(1 - 0.80 \dfrac{N}{N_{Ex}}\right)} \leqslant f \tag{9-3}$$

式中　A——套管钢管截面面积，mm^2，查表 8-16；

　　　φ_x——轴心受压构件弯矩作用平面内的稳定系数，求 φ_x 之前，先按《冷弯薄壁型钢结构技术规程》（GBJ 18）求钢支柱长细比 $\lambda = \dfrac{\mu l}{i_2}$ ［式中，l 为钢支柱最大使用长度，mm；i_2 为套管回转半径，mm；μ 为当套、插管的惯性矩不同时，计算长度的换算系数，$\mu = \sqrt{\dfrac{1+n}{2}}$，$n = \dfrac{I_2（套管惯性矩）}{I_1（插管惯性矩）}$。有了 λ，再从《冷弯薄壁型钢结构技术规程》（GBJ 18）查得 φ_x 值］；

　　　β_{mx}——等效弯矩系数，按规定取 $\beta_{mx}=1.00$；

　　　M_x——偏心弯矩值，$M_x = Ne$（e 为小偏心，即套管与插管形成的偏心）；

　　　γ_x——截面塑性发展系数，$\gamma_x = 1.15$；

　　　W_{ix}——弯矩作用平面内，较大受压纤维的毛截面抵抗矩，mm^3；

　　　N_{Ex}——欧拉临界力，$N_{Ex} = \dfrac{\pi^2 EA}{\lambda_x^2}$。

c. 插销抗剪强度计算允许荷载。

$$N \leqslant f_v 2 A_o \tag{9-4}$$

式中　f_v——钢插销抗剪强度设计值，MPa，$f_v = 125MPa$；

　　　A_o——插销截面面积，mm^2。

d. 插销处钢管壁承压强度计算允许荷载。

$$N \leqslant f_{ce} A_{ce} \tag{9-5}$$

式中　f_{ce}——插销孔处管壁承压强度设计值，MPa，$f_{ce} = 320MPa$；

　　　　A_{ce}——两个插销孔处管壁承压面积，mm^2。

以上计算比较烦琐，为了便于设计计算，现将各种钢支柱的允许荷载绘成表格，见表9-1，供设计计算直接选用。

表 9-1　常用的钢支柱允许荷载

项目		CH 型			YJ 型		
		CH-65	CH-75	CH-90	YJ-18	YJ-22	YJ-27
最小使用长度/mm		1812	2212	2712	1820	2220	2720
最大使用长度/mm		3062	3462	3962	3090	3490	3990
调节范围/mm		1250	1250	1250	1270	1270	1270
允许荷载	最小长度/kN	20	20	20	20	20	20
	最大长度/kN	15	15	12	15	15	12
重量/N		124	132	148	139	150	164

（3）钢桁架式的设计计算

钢桁架作为梁下支撑结构，又可作为楼板下的支撑结构，其优越性是方便楼地面的水平运输，同时节约支撑结构费用，降低了工程造价，加快施工进度。

钢桁架的设计计算如下：

首先拟选钢桁架，如图9-5、图9-6所示，确定支撑形式。

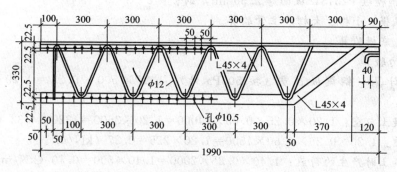

图 9-5　轻型桁架

然后计算钢桁架所承受的施工荷载。根据施工荷载选择钢桁架，使选择钢桁架允许荷载，见表9-2，大于钢桁架所承受的施工荷载。

表 9-2　平面可调桁架承载力及跨度表

名　称		每榀桁架长/mm	两榀拼接后可调跨度/mm	承载力/kN	杆件规格/mm		
					上弦	下弦	腹杆
轻型桁架		1990	2100～3500	20	∟45×4	∟45×4	$\phi12$
组合桁架	A 型	3000	3000～5500	40	∟50×5	∟50×5	$\phi14$
	B 型	3050	3650～5700	50	∟63×6	∟63×6	∟36×4

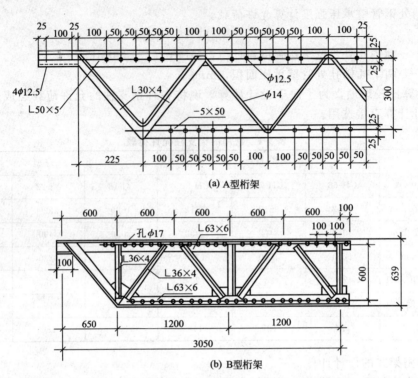

(a) A型桁架

(b) B型桁架

图 9-6 组合桁架

【例 9-2】 截面尺寸为 250mm×600mm，长 6800mm 的矩形大梁，采用组合钢模板，梁离地高 4m，如图 9-2 所示，立柱纵距 1500mm，小横杆在纵向间距 750mm，侧模板竖楞间距 500mm，钢模板 P2515，板面厚 2.50mm，钢管 $\phi48\times3.50$。

试进行底模、小楞、大楞和立管验算。

解： （1）底模验算

① 承载力验算

a. 荷载计算　钢模板自重（按 500Pa 计）：$1.20\times500\times0.25=1.20\times125=0.15$（kN/m）。

新浇混凝土自重：$1.20\times0.25\times0.60\times24000=1.20\times3600=4320=4.32$（kN/m）。

钢筋自重：$1.20\times0.25\times0.60\times1500=1.20\times225=0.27$（kN/m）。

振捣混凝土时产生的荷载：$1.40\times0.25\times2000=1.40\times500=0.70$（kN/m）。

合计：$q=5.438$kN/m。

b. 承载力验算

$$M=\frac{1}{8}ql^2=\frac{1}{8}\times5.438\times0.75^2=0.382\times10^6\ (\text{N}\cdot\text{mm})$$

查表 8-11，$W_x=5.86\times10^3$ mm³。

所以

$$\sigma=\frac{M}{W_x}=\frac{0.382\times10^6}{5.86\times10^3}=65\text{MPa}<205\text{MPa}$$

满足要求。

② 刚度验算

a. 荷载计算标准自重（三项之和）为：

$$q'=3.950\text{kN/m}$$

b. 刚度验算

$$E = 2.06 \times 10^5 \, \text{MPa}$$

查表 8-11，$I_x = 25.98 \text{cm}^4 = 2598 \times 10^2 \text{mm}^4$。

所以

$$v = \frac{5q'l^4}{384EI} = \frac{5 \times 3.95 \times 750^4}{384 \times 2.06 \times 10^5 \times 2598 \times 10^2} = 0.30 \ (\text{mm})$$

$$< [v] = 1.50 \text{mm}$$

符合规定。

（2）小楞验算

① 承载力验算　小楞跨度按 600mm，按简支梁计算。

$$P = 4.622 \times 0.75 = 3.467 \text{kN} = 3467\text{N}$$

$$l = 600\text{mm}$$

$$b = 250\text{mm}$$

则

$$M = \frac{1}{8} Pl \left(2 - \frac{b}{l}\right) = \frac{1}{8} \times 3467 \times 600 \times \left(2 - \frac{250}{600}\right) = 411619 \ (\text{N} \cdot \text{mm})$$

所以

$$\sigma = \frac{M}{W} = \frac{411619}{5.08 \times 10^3} = 81 \ (\text{MPa}) < f = 205\text{MPa}$$

满足要求。

② 刚度验算　计算刚度时，集中荷载作用在小楞上。

$$P' = 3.95 \times 0.75 = 3.00 \ (\text{kN}) = 3000\text{N}$$

$$l = 600\text{mm}$$

$$E = 2.06 \times 10^5 \, \text{MPa}$$

$$I = 12.19 \text{cm}^4 = 1219 \times 10^2 \text{mm}^4$$

$$v = \frac{P'l}{48EI} = \frac{3000 \times 600}{48 \times 2.06 \times 10^5 \times 1219 \times 10^2} \approx 0 < [v]$$

$$= \frac{600}{150} = 4 \ (\text{mm})$$

符合规定。

（3）大楞验算

① 承载力验算

$$q = 4.622 \times \frac{1}{2} = 2.311 \ (\text{kN/m})$$

$$l = 1500\text{mm}$$

$$M = \frac{1}{10} ql^2 = \frac{1}{10} \times 2.311 \times 1500^2 = 519975 \ (\text{N} \cdot \text{mm})$$

$$\sigma = \frac{519975}{5.08 \times 10^3} = 102 \ (\text{MPa}) < f = 205\text{MPa}$$

满足要求。

② 刚度验算

$$q' = 3.95 \times \frac{1}{2} = 1.975 \ (\text{kN/m})$$

$$v = \frac{q'l^4}{150EI} = \frac{1.975 \times 1500^4}{150 \times 2.06 \times 10^5 \times 1219 \times 10^2} = 10 \ (\text{mm})$$

$$= [v] = \frac{l}{150} = \frac{1500}{150} = 10 \ (\text{mm})$$

符合要求。

（4）立管验算

立管验算见楼板模板立管的设计计算实例（例 9-6）。

【例 9-3】 已知梁高 1200mm，宽 400mm，净高 7600mm，梁底模板的横楞间距为 750mm，横楞下用纵楞支设，见图 9-7。

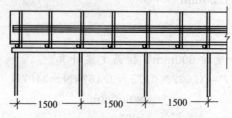

图 9-7　梁底钢楞与支柱支撑布置

试算：（1）选用纵楞；（2）选用钢支柱。

解： 计算纵楞每延米上的荷载（①、②、③、④为荷载编号）

① 模板自重：$1.20 \times (1.20 \times 2 + 0.40) \times 0.50 = 1.20 \times 1.40$(kN/m)。

② 新浇混凝土自重：$1.20 \times (1.20 \times 0.40 \times 24) = 1.20 \times 11.52$(kN/m)。

③ 钢筋自重：$1.20 \times (1.20 \times 0.40 \times 1.50) = 1.20 \times 0.72$(kN/m)。

④ 振捣混凝土时产生的荷载：$1.40 \times (0.40 \times 2) = 1.40 \times 0.80$(kN/m)。

合计设计值：①＋②＋③＋④＝17.488（kN/m）。

合计标准值：①＋②＋③＝13.64（kN/m）。

梁底模板的横楞间距为 750mm，每根横楞受力为：$17488 \times 0.75 = 13116$（N）。

（1）选用纵楞　确定纵楞支点间距 $l = 1500$mm，即每隔一道横楞设一组支柱，则纵楞每一跨中有集中荷载 $P = 13116$N。

纵楞最大弯矩　$M_{max} = \dfrac{Pl}{4} = \dfrac{13116 \times 1500}{4} = 49185 \times 10^2$（N·mm）

纵楞截面应具有抵抗矩为：

$$W = \frac{M_{max}}{f} = \frac{49185 \times 10^2}{205} = 23992 \text{（mm}^3\text{）}$$

查表 8-13，试选用 $4 \square 80 \times 40 \times 2$mm，得 $W = 9.28 \times 10^3 \text{mm}^3$，$I = 37.13 \times 10^4 \text{mm}^4$。

验算纵楞的承载力和刚度。

承载力为：
$$\sigma_{max} = \frac{M_{max}}{W} = \frac{49185 \times 10^2}{4 \times 9.28 \times 10^3} = 132 \text{（MPa）}$$
$$< [\sigma] = 205 \text{MPa}$$

满足要求。

刚度验算：　$P = 13640 \times 0.75 = 10230$（N）

所以
$$v = \frac{Pl^3}{48EI} = \frac{10230 \times 1500^3}{4 \times 48 \times 2.06 \times 10^5 \times 37.13 \times 10^4}$$
$$= 2.35 \text{mm} < [v] = \frac{l}{500} = \frac{1500}{500} = 3 \text{（mm）}$$

符合规定。

（2）选用钢支柱　按照间距为 1500mm，每组支柱受力约为：$(13116 \times 3) \div 2 = 19674$（N）。选用 CH 型钢支柱 2 根为一组，钢支柱的最大使用长度为 3.06m，插销直径 $d =$

12mm，插销孔 ϕ15mm。

钢支柱的允许设计荷载是否满足要求，按四种可能出现的破坏状态计算。

① 按强度验算允许荷载，计算过程略。计算结果 [N]＝66.63kN。

② 按受压稳定性计算允许荷载，计算过程略。计算结果 N＝12kN。

③ 插销抗剪强度计算允许荷载，计算过程略。计算结果 N＝28.25kN。

④ 插销处钢管壁承压强度计算允许荷载，计算过程略。计算结果 N＝30.14kN。

根据以上四项计算结果，取 N 最小值 N＝12kN 为钢支柱在最大使用长度时的允许荷载设计值。

综上所述，每组钢支柱设计受力＝19674N＜所选用的 CH 钢支柱最大长度时允许荷载值＝2 根×12000＝24000N。

因此所选用的 CH 钢支柱最大使用长度时，满足施工要求。

【例 9-4】 已知条件同【例 9-3】，将钢支柱改为钢桁架支撑，如图 9-8 所示。

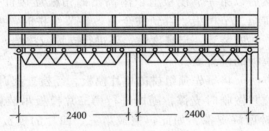

图 9-8　钢桁架与支柱支撑布置

试验算：（1）钢桁架；（2）钢支撑。

解：（1）验算钢桁架　从图 9-8 看出，桁架支模，梁的净跨为 7600mm，可取用跨度为 2400mm 的轻型桁架分三段支设。选桁架如图 9-5 所示。这种桁架有 8 点节点，间距 300mm，故梁底横榀间距应为 300mm，查表 9-2，该轻型桁架的承载力为 20kN。梁每 2400mm 段的荷载为 2.40×17.488＝41.97（kN），则每段应由两榀桁架并列。为确保安全，可对钢桁架采取加固措施。

（2）验算钢支撑　每组桁架用 4 根 CH 型钢管架支撑。

4 根 CH 型钢管架共支撑的设计荷载为 41.97kN＜4 根钢支柱允许荷载设计值＝4×12＝48（kN）。

所以安全。

（二）柱模板安装

1. 圆形柱模板安装

玻璃钢圆柱模板是用不饱和聚酯树脂和无碱玻璃丝编织布，根据拟浇筑的柱的半径、曲率、长度尺寸制成的整块模板。这种模板质量小、强度高、韧性好、耐磨、耐腐蚀、成型构件表面光滑，是一种新型模板。其类型有整张卷曲式和半圆拼装式两种。

（1）玻璃钢圆柱模板构造　玻璃钢圆柱模板，一般由柱体和柱帽模板组成，如图 9-9 所示。

（2）施工工艺与方法　施工工艺流程如下。

圆柱钢筋验收→清理柱基杂物→焊接或修整模板定位件→抹找平层砂浆→模板就位安装→闭合柱模、固定连接件→安装柱箍→安装支撑或拉结钢筋→校正固定→搭设浇筑混凝土脚手架→浇筑混凝土→拆除脚手架→拆模→养护混凝土

① 采用整张卷曲式柱模（柱模厚 3～5mm），需两人将模板接口由下而上逐渐拨开，把

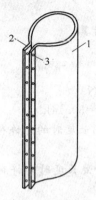

图 9-9　整张卷曲
玻璃钢圆柱模板
1—模板；2—加强
扁钢；3—螺栓孔

模板套在柱筋上，下端与定位件贴紧。套好后将接口转向任一拉筋方向，然后安装连接固定件。

② 采用半圆拼装式柱模可将两片模板从两侧就位，下端贴紧定位件，然后将两侧接口对准拉筋方向，再安装连接固定件。

③ 每个柱模要安装上、中、下三道柱箍，柱箍采用L 40mm×4mm 或—56mm×6mm 制成。中箍要安装在中间偏上位置，为防止下滑，用 5cm×5cm 木方支顶。

④ 柱模若用拉筋时，需在柱箍上安装花篮螺栓，以紧固拉筋。

⑤ 待混凝土强度达到 1MPa 时即可拆模。

2. 方形柱模板安装

（1）单块就位组拼的方法　先将柱子第一节四面模板就位，用连接角组拼好，角模宜高出平模，校正调好对角线，并用柱箍固定。然后以第一节模板上依附高出的角模连接件为基准，用同样方法组拼第二节模板，直到柱全高。各节组拼时，要用 U 形卡正反交替连接水平接头和竖向接头，在安装到一定高度时，要进行支撑或拉结，以防倾倒。并用支撑或拉杆上的调节螺栓校正模板的垂直度。

（2）单片预组拼的方法　将事先预组拼的单片模板，经检查其对角线、板边平直度和外形尺寸合格后，吊装就位并做临时支撑，随即进行第二片模板吊装就位，用 U 形卡与第一片模板组合成 L 形，同时做好支撑。如此再完成第三、四片的模板吊装就位、组拼。模板就位组拼后，随即检查其位移、垂直度、对角线情况，经校正无误后，立即自下而上地安装柱箍。

全面检查合格后，与相邻柱群或四周支架临时拉结固定。

（3）整体预组拼的方法　在吊装前，要先检查已经整体预组拼的模板上、下口对角线的偏差及连接件、柱箍等的牢固程度，并用铅丝将柱顶钢筋先绑扎在一起，以利柱模从顶部套入。待整体预组拼模板吊装就位后，立即用四根支件或有花篮螺丝的缆风绳与柱顶四角拉结，并校正其中心线和偏斜，如图 9-10 所示，全面检查合格后，再群体固定。

（4）柱模板安装应注意的事项

① 保证柱模的长度符合模数，不符合部分放到节点部位处理；或以梁底标高为准，由上往下

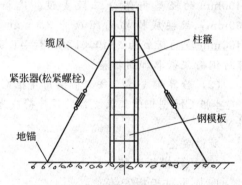

图 9-10　校正柱模板

配模，不符合模数部分放到柱根部位处理；高度在 4m 和 4m 以上时，一般应四面支撑。当柱高超过 6m 时，不宜单根柱支撑，宜几根柱同时支撑连成构架。

② 柱模根部要用水泥砂浆堵严，防止跑浆；柱模的浇筑口和清扫口，在配模时应一并考虑留出。

③ 梁、柱模板分两次支设时，在柱子混凝土达到拆模强度时，最上一段柱模先保留不拆，以便于与梁模板连接。

④ 按照现行《混凝土结构工程施工及验收规范》（GB 50204），浇筑混凝土的自由倾落高度不得超过 2m 的规定，因此当柱模超过 2m 以上时可以采取设门子板，如图 9-11 所示。

⑤ 柱模设置的拉杆每边两根，与地面呈 45°夹角，并与预埋在楼板内的钢筋环拉结。钢

筋环与柱距离为 3/4 柱高；柱模的清渣口应留置在柱脚一侧，如果柱子断面较大，为了便于清理，也可两面留设。清理完毕，立即封闭。

几种柱模支设方法，如图 9-12 所示。

（三）梁模板安装

1. 板柱模板安装

台模又称飞模，是一种由台面、支架、支撑、调节支腿及配件组成的工具式模板，适用于大柱网现浇楼盖的施工，尤其是板柱结构的施工。

常用的台模类型有双肢管架台模、门式架组合式台模、悬架式台模、各种桁架式台模等。

（1）双肢管柱台模　图 9-13 所示台模以双肢钢管支柱作为承重支架。

① 台模构造　双支管柱台模由双支管柱支架、纵梁、横梁、挑梁、面板及各种配件组成。

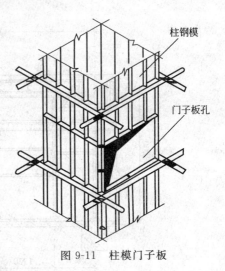

图 9-11　柱模门子板

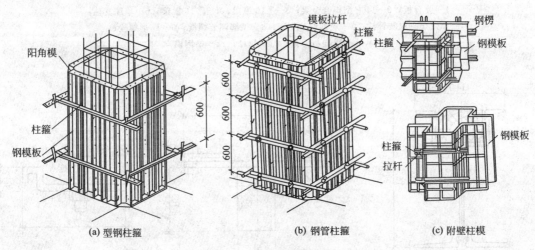

(a) 型钢柱箍　　　　　　(b) 钢管柱箍　　　　　　(c) 附壁柱模

图 9-12　几种柱模支设方法

支架是用钢管焊成的双肢管架，其支腿上、下有供连接用的圆孔与两个可上下滑动的夹子，用以安装剪刀撑。每条支腿轴向允许承载力为 45.36kN（1219mm 宽模架高 10m 以下、610mm 宽模架高 8m 以下）。

平台面板是由 2440mm×1220mm×18mm 木胶合板拼接而成。

纵梁采用 I16 工字钢。

横梁为 J400 型轧制铝合金梁，如图 9-14 所示。自重 6kg/m、截面惯性矩 692cm^4，最大允许弯矩 9.3kN·m，长度有九种（1981～4876mm）。

挑梁为 [16 槽钢，用于梁模板的支设。

横向剪刀撑由两根 L32×3.5 角钢中间用铆钉连接而成，纵向剪刀撑用外径 51mm 的薄壁钢管与扣件组成。

配件包括底部调节支腿、顶部调节螺栓、接长管及延伸管（用于接高支架）、顶板 [图 9-15(a)]、底板铝梁卡子 [图 9-15(b)，用于铝梁与纵梁、挑梁的连接]、U 形螺栓（挑梁与支架连接）和单腿支柱等。

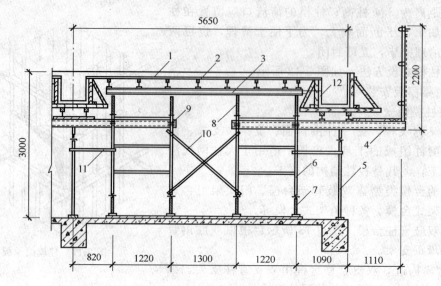

图 9-13　双肢管柱台模

1—胶合板；2—J400 型铝合金梁；3—工16 纵梁；4—匚16 挑梁；5—单腿支柱；

6—双肢管柱；7—底部调节支腿；8—顶部调节螺栓；9—U 形螺栓；

10—纵向剪刀撑；11—拉杆；12—梁钢模

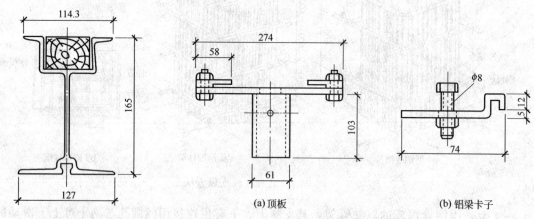

图 9-14　J400 型轧制铝合金梁　　　　　　　图 9-15　顶板及铝梁卡子

(a) 顶板　　　　　　(b) 铝梁卡子

② 台模组装　铺放木垫板与底部调节支腿，把支腿螺栓调至同一高度。

安装双肢管架与剪刀撑，并通过支腿底板上的孔眼将底板与垫板钉牢。

安装调节螺栓与顶板，并调至同一高度。

在顶板上安装纵梁、用顶板上的夹子予以固定，用 U 形螺栓将挑梁固定在管架预定高度。

用铝梁卡子将铝横梁固定在纵梁及挑梁的上面。

铺放面板时，胶合板的接缝应位于铝梁中心线，板的外边缘距离梁端应空出 50mm，以便于铺放填充胶合板。

铺放操作平台板、护栏及安全网。

吊装就位。

以上组装工作可在平整场地上进行，然后整体吊装就位，利用上、下部的调节螺栓将平台调至设计标高。

在槽钢挑梁下面安装单腿支柱与水平拉杆。

安装梁模，梁、柱模校正固定，铺设台模四周的填充胶合板，修补梁、柱、板交界处的模板，之后即可浇筑柱混凝土。

柱混凝土浇筑后，清扫平台板面，贴补缝胶条，刷隔离剂。

③ 台模的脱模与转移 如图 9-16 所示，拆除柱、梁模板及挑梁下面的单腿支柱，松动调节螺栓与调节支腿，使台面下降（距梁底至少 5cm），并在距台面内边缘约 1/3 处铺放一块薄木板，用于在台模转移过程中保护台模面板，如图 9-16（a）所示。

清除楼地面杂物，用撬棍把 ϕ50mm 钢管滚杠垫在木垫板下面（每块垫板下面不少于4 根）。

将台模推至楼层边缘，用塔吊的 2 根吊索（专用钢扁担上带有 4 根吊索）挂在台模的前边两个支腿上，如图 9-16（b）所示。

台模后边的支腿用两根尼龙绳系在混凝土柱上，用以拉住台模；塔吊吊索微微起吊，尼龙绳相应慢慢放松，推动台模继续向外滚动。

当台模滚出约 2/3 时，放松吊索，此时台模倾斜，要拉紧尼龙绳，同时将另两根吊索挂在台模由外数第三排支腿上，如图 9-16（c）所示，继续起吊，台模脱出移至上一楼层。

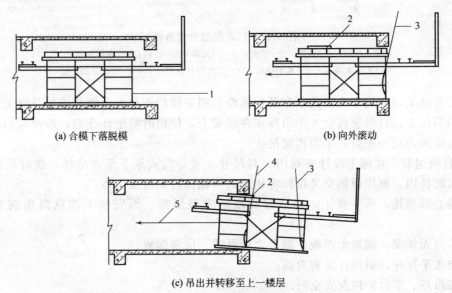

(a) 合模下落脱模   (b) 向外滚动

(c) 吊出并转移至上一楼层

图 9-16 台模脱模与转移
1—台模；2—木板；3—前吊索；4—后吊索；5—尼龙绳

（2）门式架组合式台模 门式架组合式台模，是以钢框木（竹）胶合板、覆膜木（竹）胶合板或木板作为面板材料，以门式支架及拉杆系统组成支撑架，拼装而成的一种台模。

① 台模构造 如图 9-17 所示。门式架组合式台模由台面、支撑架升降移动设备等组成。

承重支架由若干榀门式架、拉杆、支撑件及纵向角钢组成整体桁架，使台面施工荷载通过门式架支腿传递到楼盖。

台面纵梁采用薄壁方钢管，安装在门式架的顶托上，扣紧蝶形扣件，用螺栓与顶托拧紧。横梁（钢棱）由 45mm×80mm×3mm 薄壁方钢管与 50mm×100mm 方木各一根共同组成，钢棱上铺放 25mm 厚的木板，刨平之后再铺一层 3mm 厚的钢板，木板与方木钉牢，并用木螺钉把钢板与木板连接在方木上。

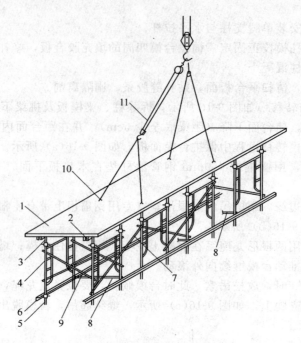

图 9-17　门式架组合式台模

1—台面；2—纵梁；3—顶托；4—门式架；5—底托；6—纵向角钢；
7—人字支撑架；8—水平拉杆；9—交叉拉杆；10—吊环；11—电动环链

台模移动采用四轮带滚筒的小车及地滚轮。用手拉葫芦作为台模起落架升降工具。

采用明吊点，台模板面设 4 个吊环安在纵梁上，使用时将吊环托起，卸钩时吊环自动落下，与台模板面成一平面，不需再堵吊孔。

② 台模组装　按施工设计核对用料与尺寸。装好门式架下部连接件，摆好底托，将门式架插入底托内，再用两副交叉拉杆将相对的两榀门式架组成一体。

安装上部顶托，调平找正，调节好高度后安装纵梁，再安装下部纵向角钢及上部连接件。

安装台面横梁，铺放木模板、刨平之后再铺一层薄钢板。

安装水平拉杆、斜拉杆及剪刀撑。

安装吊环、平台护栏及安全网。

③ 脱模与飞出　拆除上部护栏　每座台模除留 4 个底托不动外，将其他底托松开，并升起挂住。

在留下的 4 个底托处，装 4 个起落架，各挂一个手拉葫芦，将手拉葫芦的挂钩钩住台模下部的纵向角钢（不要拉得太紧），松开 4 个底托，使台模板面脱离混凝土楼板，然后放松手拉葫芦，台模落在地滚轮上，将台模向外推移至可挂外吊索处。如台模不能直接推到向上转移的位置而需要先横向位移时，则将台模落到专用小车上。

外吊索挂好后，继续向外推移台模至可挂上内吊索。然后启动电动环链，缓缓调整到台模平衡，塔吊转臂，将台模全部吊出再吊至上部楼层。

台模在上楼层就位前，用事先准备好的已调好高度的 4 个底托，换下台模原有的底托，待台模落到楼面上摘钩以后，再放下其他底托（这样可以少占塔吊工作时间），然后找平调正，即可进行另一个楼盖的施工。

门式架组合式台模整体性好，连接简单，易于组装和拆卸，升降灵活；作为台模竖向受力构件的门式架是定型产品，受力性能好，不易损坏，通用性较强，可以取得较好的使用效果。

（3）悬架式台模　悬架式台模的特点是不设立柱，台模被支撑在柱（或墙）的适当位置设置的托架上，由柱（墙）承受台模自重、混凝土楼板及各类施工荷载。这种台模首次在上海市天目路高层住宅工程上试用，取得了较好效果。

支撑台模的托架由一对钢牛腿组成，用螺栓连接，螺栓预埋在柱或墙体的预定位置上。托架的构造与截面尺寸应通过计算确定，并对支撑台模的结构在最不利荷载情况下的强度进行复核。

① 台模构造　悬架式台模由桁架、台面、支撑系统及配套机具等组成。图 9-18 所示台模的规格为 6800mm×3350mm，自重 19.6kN。

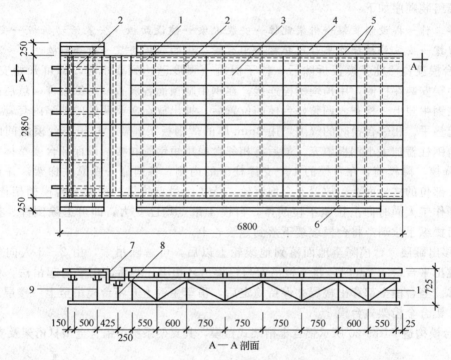

图 9-18　悬架式台模
1—桁架；2—次梁；3—组合钢模板；4—活动折板；5—连接角钢；6—伸缩内套管；
7—阳台梁模；8—伸缩支架；9—承托架

桁架弦杆采用薄壁型钢，规格为 □70mm×50mm×3mm，上、下弦各两根；桁架腹杆采用 φ48mm×3.5mm 钢管。每台模由两榀桁架组成，桁架沿房间的进深方向布置。为增强台模整体性与横向刚度，在两榀行架之间设置垂直及水平剪刀撑，剪刀撑由 φ48mm×3.5mm 钢管组成，其两端通过扣件与桁架腹杆连接。

面板可选用组合式钢模板、胶合板、塑料板、钢板等材料。组合钢模板能适应各种常用模数的变化，装拆方便，而且还可与柱、墙模板交替混合使用。

次梁直接承受面板传来的荷载，跨度一般在 3000mm 左右，可选用 □100mm×50mm×20mm×2.8mm 卷边薄壁型钢，两根并用，次梁间距 750mm。

为了使台模从柱网开间或剪力墙开间中间顺利推出向上层转移，并减少柱间拼缝宽度，在台模两侧装有可开启式活动折板，折板也采用组合钢模板，通过铰链与台模主面板相连，支模时折板撑起，成为面板的一部分，如图 9-19 所示。

阳台梁、板的模板也与台模一起支撑，它被支撑在桁架下弦伸出端的多节伸缩管架上，以适应标高的调节。

② 台模组装　台模各部件加工制作完成后，运入现场就地安装，待首层混凝土柱的模板拆除之后，即可开始组装台模。先在柱间纵、横向区域分别搭设两个简易组装架，组装架采用 $\phi48mm \times 3.5mm$ 钢管、扣件连接。

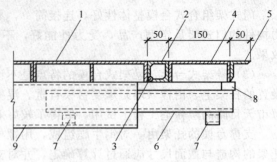

图 9-19　活动折板构造示意

1—台面模板；2—连接角钢∟ 50mm×5mm；3—铰链；4—折板模板；5—角钢∟ 50mm×5mm；6—伸缩内套管 2（⊏ 50mm×40mm×2.5mm）；7，8—垫块；9—次梁

台模组装顺序如下：

准备工作→搭设组装架→桁架就位→安装次梁→铺设面板→安装活动折板→安装垂直、水平剪刀撑→安装外挑操作平台及护栏→阳台梁、板的模板拼装→检查验收

③ 台模就位　柱子模板拆除后，柱子混凝土强度已达到要求时，即可开始安装台模。先将钢牛腿安装在柱侧，用预埋螺栓连接，在钢牛腿顶面各放置一对倒拔榫，然后吊起台模缓缓落在钢牛腿上。检查、调整好台模的位置后，抽出放在次梁两端的伸缩内套管，将活动折板支起垫平。相邻台模间的缝隙，用 3mm 厚的薄钢板条铺盖。柱子与台模之间的空隙用特制的角钢柱箍加盖小钢板填充。最后将相邻台模用短钢管扣接，以保证台模整体稳定。

④ 降模　降模前，在台模的 4 个支撑柱子的内侧，各斜靠一副靠柱梯架，并在相对于台模桁架部位的楼地面上，放置 6 个地滚轮。待 4 个吊点将靠柱梯架与台模桁架连接完毕，由 4 名操作工人同时向上拉紧手拉葫芦，台模 4 吊点均已受力，即可退除倒榫、拆除钢牛腿。然后操纵手拉葫芦将台模缓缓下落到地滚轮上。

⑤ 移出翻层　台模降至地面落到地滚轮上以后，可解除吊索，由 2～3 人向外缓缓推移，至挑出平台口 1.2m 时，将 4 根吊索与台模吊环扣牢。然后使用平衡起吊法，保持台模平衡外移。当台模全部移出楼层并保持稳定后，吊车主钩上升将台模吊至上一楼层。

（4）铝合金桁架式台模

① 台模构造　图 9-20 所示铝合金桁架式台模，其支架系统由铝合金型材桁架及支撑组成。

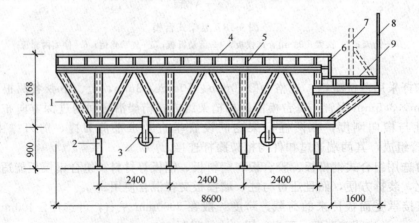

图 9-20　铝合金桁架式台模

1—桁架；2—可调节支腿；3—行走滚轮；4—胶合板面板；5—槽形铝合金横棱；6—边梁内模；7—边梁外模；8—护栏；9—操作平台

台面采用胶合板，槽形铝合金横棱，面板用埋头螺钉固定在横棱上。为了增大台面宽度，在运出时又能适应窗口尺寸，台面两侧装有活动折板，折板宽 480mm。支模时通过折板将相邻台模的台面连接起来，推出转移时折板放下。台面上有施工边梁的内侧模及操作平台。

桁架下弦装有行走滚轮及可调节支腿，支模时，支腿支撑在楼地面，推出转移时则折起来。

② 施工顺序　台模吊装就位，人工打开折板用支杆支顶固定，通过支腿螺栓调整好台面标高，再和 L 形与 V 形薄铁皮盖好缝隙，然后涂刷隔离剂，并支设边梁外侧模。

检查台模支撑是否牢固稳定，可增设一些临时支撑，使施工时台模受的侧向力不要完全集中到墙、柱结构上，然后浇筑混凝土。

混凝土达到要求强度后即可拆模。将折板支杆取下，用撬棍撬动折板脱模并折下，放松支腿调节螺栓，台面自行脱膜。

用千斤顶临时承托台模，将支腿折转到桁架下弦上固定，再将台模放下，滚轮落到楼地面。

将台模推出约 1/3 段，露出前吊点，挂上吊索；继续外推出 2/3 时，挂上后吊索，将台模全部推出，吊离窗口转移至上一楼层。

台模除上述四种外，还有钢管组合桁架式台模和跨越式桁架式台模及钢管组合式台模。

2. 有梁板模板安装

（1）梁模板的支撑件用支柱时。梁模支柱的设置，应经模板设计计算决定，一般情况下采用双支柱时，间距以 60～100cm 为宜。

模板支柱纵、横方向的水平拉杆、剪刀撑等，均应按设计要求布置；当设计无规定时，支柱间距一般不宜大于 2m，纵横方向的水平拉杆的上下间距不宜大于 1.50m，纵横方向的垂直剪刀撑的间距不宜大于 6m。

（2）梁模板的支撑件用桁架时。当采用桁架支模时，可将梁卡具、梁底桁架全部先固定在梁模上。安装就位时，梁模两端准确安放在立柱上。梁模的组装情况，如图 9-21 所示。

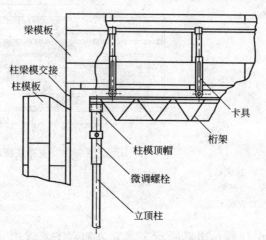

图 9-21　整体梁模桁架支模安装示意图

3. 密肋梁模板安装

目前高层公共建筑多采用大跨度、大空间结构体系，为了减轻结构自重，提高抗震性能，多采用密肋楼板。密肋楼板是由薄板和间距较小的单向或双向肋组成，造型美观，节约钢材、水泥。这种密肋楼板是通过定型化、工具化的模壳来保证其结构的形状和尺寸。

用于单向密肋楼板的模壳称为 T 形模壳，用于双向密肋楼板的模壳称为 M 形模壳。

（1）类型与构造

① 聚丙烯塑料模壳　是以改性聚丙烯塑料为基材，用塑料的注塑成型工艺加工成 1/4

模壳，然后用螺栓将四个 1/4 模壳组成一个整体的大模壳。目前采用较多的规格有 120cm×90cm×30cm 和 120cm×120cm×30cm，十字肋高 9cm，肋厚 1.4cm，在模壳四周增加∟36mm×3mm 角钢，便于用螺栓连接。

② 玻璃钢模壳　是以中碱玻璃丝布作增强材料，不饱和聚树脂作黏结材料手糊阴模成型，采用薄型加肋的构造。目前使用规格为 120cm×120cm×30cm、150cm×150cm×40cm 和 200cm×200cm×60cm 等几种。它具有刚度较大、不需要用型钢加固等特点。

上述模壳适用于大跨度、大空间结构，柱网一般在 6m 以上。对于普通混凝土，跨度宜大于 9m；对于预应力混凝土，跨度不宜大小 12m。

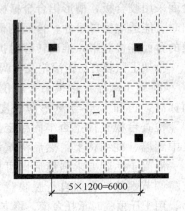

图 9-22　双向密肋楼板模壳布置

在此重点介绍双向密肋楼板模壳（M 形模壳）。双向密肋楼板模壳的布置如图 9-22 所示。

（2）支撑系统　常见几种支撑系统如下。

① 由钢支柱、钢龙骨、角钢三部分组成的支撑系统　如图 9-23 所示。一般使用承载力为 12～20kN 的商品型标准钢支柱。

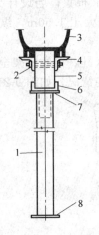

图 9-23　支撑系统之一

1—可调钢支柱；2—销钉；3—模壳；
4—支撑角钢∟50mm×5mm；5—钢梁；
6—柱帽；7—柱顶板；8—柱底板

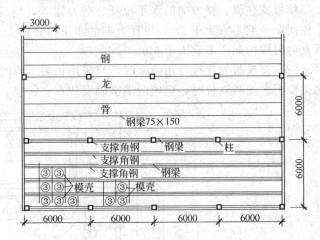

图 9-24　支撑系统的平面布置

在钢支柱上增加一个柱帽，用以固定主龙骨方向。主龙骨用 3mm 厚薄钢板轧制成 U 形，上面用钢板组焊成盒子结构，截面尺寸为 150mm×75mm，长向尺寸一般为 2.4m，最大为 3.6m，两端为开口式，可以接长。在主龙骨的靠上部位通常安置有支撑模壳的角钢（∟50mm×5mm），通过 φ18mm 销钉固定在主龙骨上。每隔 400mm 预埋 φ20mm 钢管，作为穿销钉留孔。支撑系统的平面布置如图 9-24 所示。

② 由钢支柱、柱头板、桁架梁组成的支撑系统　采用标准钢支柱，柱头板是用螺栓固定在支柱上的拆装模板装置，上、下支撑板及托盘为钢板，立柱为方钢，支持楔为铸钢。

桁架梁为轻型钢结构，顶部带有 100mm 宽的凸缘，两端通过铁舌头装在柱头板上，两侧翼缘作为模壳的支撑点，如图 9-25 所示。

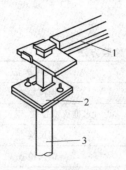

图 9-25　支撑系统之二
1—桁架梁；2—柱头板；3—支柱

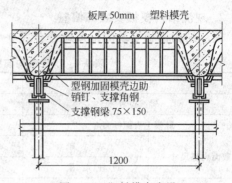

图 9-26　塑料模壳支设

③ 由木方支柱、木龙骨等组成的支撑系统　支柱的间距、龙骨的截面尺寸等，可根据工程具体情况进行设计、计算确定。

（3）模壳的支设

① 施工前绘制支模排列图。支模时，先在楼地面上弹出密肋梁的轴线，然后立起钢立柱。

② 钢立柱的基底应平整、支设要严密，并使立柱与基底垂直，当支设高度超过 3.5m 时，每隔 2m 高度用直角扣件和钢管与钢支柱拉结。

③ 在钢支柱调整好标高后，再安装钢龙骨。安装钢龙骨时应拉通线，间距应准确，做到横平竖直，然后再安装支撑角钢，用销钉锁牢。

④ 模壳的排列应由中间向两端排放或由柱中间向两端排列，凡不能用模壳的地方，可用木模嵌补，如图 9-26 所示。

模壳铺完后均有一定缝隙，需用油毡条或其他材料处理，以免漏浆。

⑤ 模壳的脱模剂应使用水溶性材料，常用的为 KD-B 型脱模剂。

（四）模板安装的质量控制

楼板模板安装要保证现浇楼板顶棚为清水混凝土的要求，其他模板安装质量控制措施如下。

1. 预埋件和预留孔洞的允许偏差

固定在模板上的预埋件、预留孔洞均不得遗漏，且应安装牢固，其偏差应符合表 9-3 的规定。

表 9-3　预埋件和预留孔洞的允许偏差

项　目		允许偏差/mm
顶埋钢板中心线位置		3
预埋管、预留孔中心线位置		3
插筋	中心线位置	5
	外露长度	+10,0
预埋螺栓	中心线位置	2
	外露长度	+10,0
预留洞	中心线位置	10
	尺　寸	+10,0

注：检查中心线位置时，应沿纵、横两个方向测量，并取其中的较大值。

2. 现浇结构模板安装的偏差

现浇结构模板安装的偏差应符合表 9-4 的规定。

表 9-4 现浇结构模板安装的允许偏差与检验方法

项 目		允许偏差/mm	检 验 方 法
轴线位置		5	钢尺检查
底模上表面标高		±5	水准仪或拉线、钢尺检查
截面内部尺寸	基 础	±10	钢尺检查
	柱、墙、梁	+4，−5	钢尺检查
层高垂直度	≤5m	6	经纬仪或吊线、钢尺检查
	>5m	8	经纬仪或吊线、钢尺检查
相邻两板表面高低差		2	钢尺检查
表面平整度		5	2m 靠尺和塞尺检查

注：检查轴线位置时，应沿纵、横两个方向测量，并取其中的较大值。

3. 模板拆除

除按钢筑混凝土通用施工方法要求外，在常温施工时，柱混凝土拆除强度不得低于 1.5MPa。安装梁模时，柱的强度应不小于 10.0MPa，否则应加可靠支撑。两端有支撑的梁、板底模的拆模强度，在 8m 跨度以内时为设计强度的 75%，大于 8m 跨度时为设计强度。

二、钢筋工程

（一）现浇框架结构的构造配筋

1. 抗震设计柱箍筋构造配置

（1）抗震设计时，柱箍筋在规定的范围内应加密，加密区的箍筋间距和直径，应符合下列要求。

① 箍筋的最大间距和最小直径，应按表 9-5 采用。

表 9-5 柱端箍筋加密区的构造要求

抗震等级	箍筋最大间距/mm	箍筋最小直径/mm
一级	6d 和 100 的较小值	10
二级	8d 和 100 的较小值	8
三级	8d 和 150(柱根 100)的较小值	8
四级	8d 和 150(柱根 100)的较小值	6(柱根 8)

注：1. d 为柱纵向钢筋直径（mm）。
2. 柱根指框架柱底部嵌固部位。

② 一级框架柱的箍筋直径大于 12mm 且箍筋肢距不大于 150mm 及二级框架柱箍筋直径不小于 10mm 且肢距不大于 200mm 时，除柱根外最大间距应允许采用 150mm；三级框架柱的截面尺寸不大于 400mm 时，箍筋最小直径应允许采用 6mm；四级框架柱的剪跨比不大于 2 或柱中全部纵向钢筋的配筋率大于 3% 时，箍筋直径不应小于 8mm。

③ 剪跨比不大于 2 的柱，箍筋间距不应大于 100mm。

（2）抗震设计时，柱箍筋加密区的范围应符合下列规定。

① 底层柱的上端和其他各层柱的两端，应取矩形截面柱之长边尺寸（或圆形截面柱之直径）、柱净高之 1/6 和 500mm 三者之最大值范围。

② 底层柱刚性地面上、下各 500mm 的范围。

③ 底层柱柱根以上 1/3 柱净高的范围。

④ 剪跨比不大于 2 的柱和因填充墙等形成的柱净高与截面高度之比不大于 4 的柱全高范围。

⑤ 一、二级框架角柱的全高范围。

⑥ 需要提高变形能力柱的全高范围。

（3）抗震设计时，柱箍筋设置尚应符合下列规定。

① 箍筋应为封闭式，其末端应做成 135° 弯钩且弯钩末端平直段长度不应小于 10 倍的箍筋直径，且不应小于 75mm。

② 箍筋加密区的箍筋肢距，一级不宜大于 200mm，二、三级不宜大于 250mm 和 20 倍箍筋直径的较大值，四级不宜大于 300mm。每隔一根纵向钢筋宜在两个方向有箍筋约束；采用拉筋组合箍时，拉筋宜紧靠纵向钢筋并勾住封闭箍筋。

③ 柱非加密区的箍筋，其体积配箍率不宜小于加密区的一半；其箍筋间距，不应大于加密区箍筋间距的 2 倍，且一、二级不应大于 10 倍纵向钢筋直径，三、四级不应大于 15 倍纵向钢筋直径。

2. 非抗震设计柱箍筋构造配制

（1）非抗震设计时，柱中箍筋应符合下列规定。

① 周边箍筋应为封闭式。

② 箍筋间距不应大于 400mm，且不应大于构件截面的短边尺寸和最小纵向受力钢筋直径的 15 倍。

③ 箍筋直径不应小于最大纵向钢筋直径的 1/4，且不应小于 6mm。

④ 当柱中全部纵向受力钢筋的配筋率超过 3% 时，箍筋直径不应小于 8mm，箍筋间距不应大于最小纵向钢筋直径的 10 倍，且不应大于 200mm，箍筋末端应做成 135° 弯钩且弯钩末端平直段长度不应小于 10 倍箍筋直径。

⑤ 当柱每边纵筋多于 3 根时，应设置复合箍筋。

⑥ 柱内纵向钢筋采用搭接做法时，搭接长度范围内箍筋直径不应小于搭接钢筋较大直径的 1/4；在纵向受拉钢筋的搭接长度范围内的箍筋间距不应大于搭接钢筋较小直径的 5 倍，且不应大于 100mm；在纵向受压钢筋的搭接长度范围内的箍筋间距不应大于搭接钢筋较小直径的 10 倍，且不应大于 200mm。当受压钢筋直径大于 25mm 时，尚应在搭接接头端面外 100mm 的范围内各设置两道箍筋。

（2）非抗震设计时，箍筋间距不宜大于 250mm；对四边有梁与之相连的节点，可仅沿节点周边设置矩形箍筋。

3. 抗震设计梁端箍筋构造配置

（1）抗震设计时，梁端箍筋的加密区长度、箍筋最大间距和最小直径应符合表 9-6 的要求；当梁端纵向钢筋配筋率大于 2% 时，表中箍筋最小直径应增大 2mm。

表 9-6　梁端箍筋加密区的长度、箍筋最大间距和最小直径

抗震等级	加密区长度（取较大值）/mm	箍筋最大间距（取最小值）/mm	箍筋最小直径/mm
一	$2.0h_b$，500	$h_b/4$，$6d$，100	10
二	$1.5h_b$，500	$h_b/4$，$8d$，100	8
三	$1.5h_b$，500	$h_b/4$，$8d$，150	8
四	$1.5h_b$，500	$h_b/4$，$8d$，150	6

注：1. d 为纵向钢筋直径，h_b 为梁截面高度。

　　2. 一、二级抗震等级框架梁，当箍筋直径大于 12mm、肢数不少于 4 肢且肢距不大于 150mm 时，箍筋加密区最大间距应允许适当放松，但不应大于 150mm。

（2）抗震设计时，框架梁的箍筋尚应符合下列构造要求。

① 在箍筋加密区范围内的箍筋肢距：一级不宜大于 200mm 和 20 倍箍筋直径的较大值，二、三级不宜大于 250mm 和 20 倍箍筋直径的较大值，四级不宜大于 300mm。

② 箍筋应有 135° 弯钩，弯钩端头直段长度不应小于 10 倍的箍筋直径和 75mm 的较大值。

③ 在纵向钢筋搭接长度范围内的箍筋间距，钢筋受拉时不应大于搭接钢筋较小直径的 5 倍，且不应大于 100mm；钢筋受压时不应大于搭接钢筋较小直径的 10 倍，且不应大于 200mm。

④ 框架梁非加密区箍筋最大间距不宜大于加密区箍筋间距的 2 倍。

4. 非抗震设计梁箍筋构造配置

非抗震设计时，框架梁箍筋配筋构造应符合下列规定。

（1）应沿梁全长设置箍筋，第一个箍筋应设置在距支座边缘 50mm 处。

（2）截面高度大于 800mm 的梁，其箍筋直径不宜小于 8mm；其余截面高度的梁不应小于 6mm。在受力钢筋搭接长度范围内，箍筋直径不应小于搭接钢筋最大直径的 1/4。

（3）箍筋间距不应大于表 9-7 的规定；在纵向受拉钢筋的搭接长度范围内，箍筋间距尚不应大于搭接钢筋较小直径的 5 倍，且不应大于 100mm；在纵向受压钢筋的搭接长度范围内，箍筋间距尚不应大于搭接钢筋较小直径的 10 倍，且不应大于 200mm。

表 9-7　非抗震设计梁箍筋最大间距　　　　　　　　　　　　　　　　单位：mm

h_b/mm	$V>0.7f_tbh_0$	$V\leqslant0.7f_tbh_0$	h_b/mm	$V>0.7f_tbh_0$	$V\leqslant0.7f_tbh_0$
$h_b\leqslant300$	150	200	$500<h_b\leqslant800$	250	350
$300<h_b\leqslant500$	200	300	$h_b>800$	300	400

（4）当梁中配有计算需要的纵向受压钢筋时，其箍筋配置尚应符合下列规定。

① 箍筋直径不应小于纵向受压钢筋最大直径的 1/4。

② 箍筋应做成封闭式。

③ 箍筋间距不应大于 15d 且不应大于 400mm；当一层内的受压钢筋多于 5 根且直径大于 18mm 时，箍筋间距不应大于 10d（d 为纵向受压钢筋的最小直径）。

④ 当梁截面宽度大于 400mm 且一层内的纵向受压钢筋多于 3 根时，或当梁截面宽度不大于 400mm 但一层内的纵向受压钢筋多于 4 根时，应设置复合箍筋。

5. 附加横向钢筋构造配置

位于梁下部或梁截面高度范围内的集中荷载，应全部由附加横向钢筋承担；附加横向钢筋宜采用箍筋。

（1）箍筋应布置在长度为 $2h_1$ 与 $3b$ 之和的范围内，如图 9-27 所示。当采用吊筋时，弯起段应伸至梁的上边缘。

（2）混凝土梁宜采用箍筋作为承受剪力的钢筋。

当采用弯起钢筋时，弯起角宜取 45° 或 60°；在弯终点外应留有平行于梁轴线方向的锚固长度，且在受拉区不应小于 20d，在受压区不应小于 10d，d 为弯起钢筋的直径；梁底层钢筋中的角部钢筋不应弯起，顶层钢筋中的角部钢筋不应弯下。

（3）附加横向钢筋所需的总截面面积应符合下列规定：

$$A_{sv}\geqslant\frac{F}{f_{yv}\sin\alpha}$$

（9-6）

式中　A_{sv}——承受集中荷载所需的附加横向钢筋总截面面积，当采用附加吊筋时，A_{sv}应为
　　　　　　左、右弯起段截面面积之和；

　　　　F——作用在梁的下部或梁截面高度范围内的集中荷载设计值；

　　　　α——附加横向钢筋与梁轴线间的夹角。

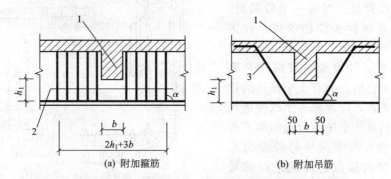

(a) 附加箍筋　　　　　(b) 附加吊筋

图 9-27　梁截面高度范围内有集中荷载作用时附加横向钢筋的布置
1—传递集中荷载的位置；2—附加箍筋；3—附加吊筋
注：图中尺寸单位 mm。

（二）钢筋的连接

钢筋连接可采用机械连接、焊接连接或绑扎连接。

1. 钢筋机械连接

框支梁、框支柱的钢筋宜采用机械连接接头；框架梁的钢筋一般宜采用机械连接接头。

钢筋机械连接包括套筒挤压连接和螺纹套筒连接。

（1）钢筋套筒挤压连接

钢筋套筒挤压连接是将需连接的变形钢筋（即带肋钢筋），插入特制钢套筒内，利用液压驱动的挤压机进行径向或轴向挤压，使钢套筒产生塑性变形，使套筒内壁紧紧咬住变形钢筋实现连接（图 9-28）。它适用于竖向、横向及其他方向的较大直径变形钢筋的连接。

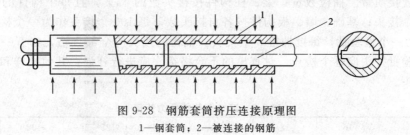

图 9-28　钢筋套筒挤压连接原理图
1—钢套筒；2—被连接的钢筋

① 钢筋套筒挤压连接的操作。钢筋挤压连接的工艺参数，主要是压接顺序、压接力和压接道数。压接顺序应从中间逐道向两端压接。压接力要能保证套筒与钢筋紧密咬合，压接力和压接道数取决于钢筋直径、套筒型号和挤压机型号。

② 钢筋套筒挤压连接质量检验。工程中应用带肋钢筋套筒挤压接头时，应由该技术提供单位提交有效的形式检验报告。并在钢筋连接工程开始前及施工过程中，对每批进场钢筋进行挤压连接工艺检验，工艺检验应符合下列要求。

a. 每种规格钢筋的接头试件应不少于 3 根；接头试件的钢筋母材应进行抗拉强度试验，3 根接头试件的抗拉强度均应符合规定；对于 A 级接头，试件抗拉强度尚应大于等于 0.9 倍钢筋母材的实际抗拉强度 f_{st}^0。计算实际抗拉强度时，应采用钢筋的实际横截面面积。

　　b. 挤压接头的现场检验按检验批进行。同一施工条件下采用同一批材料的同等级、同形式、同规格接头，以 500 个为一个检验批进行检验和验收，不足 500 个也作为一个检验批。对每一个检验批，均应按设计要求的接头性能等级，在工程中随机抽 3 个试件做单向拉伸试验并做出评定。当 3 个试件检验结果均符合要求，该检验批为合格。如有 1 个试件的抗拉强度不符合要求，应再取 6 个试件进行复验。复验中仍有 1 个试件检验结果不符合要求，则该检验批单向拉伸检验为不合格。同时还要对接点的外观进行质量检验。

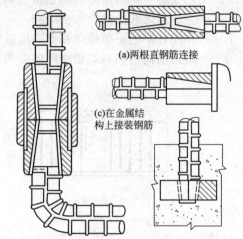

(a)两根直钢筋连接

(c)在金属结构上接装钢筋

(b)一根直钢筋与一根弯钢筋连接　　(d)在混凝土构件中插接钢筋

图 9-29　钢筋螺纹套筒连接示意图

　　(2) 钢筋螺纹套筒连接

　　钢筋螺纹套筒连接分为锥螺纹套筒连接和直螺纹套筒连接两种。

　　① 钢筋螺纹套筒连接的操作。用于这种连接的钢套筒内壁，用专用机床加工有锥螺纹，钢筋的对接端头亦在套丝机上加工有与套管匹配的锥螺纹。连接时，经对螺纹检查无油污和损伤后，先用手旋入钢筋，然后用扭矩扳手紧固至规定的扭矩即完成连接如图 9-29 所示。它施工速度快、不受气候影响、质量稳定、对中性能好。

　　锥螺纹套筒连接由于钢筋的端头在套丝机上加工有螺纹，截面有所削弱，有时达不到与母材等强度要求。为确保达到与母材等强度，可先把钢筋端部镦粗，然后切削直螺纹，用套筒连接就形成直螺纹套筒连接。或者用冷轧方法在钢筋端部轧制出螺纹，由于冷强作用也可达到与母材等强度。

　　② 钢筋螺纹套筒连接质量检验。以质量检验的力矩扳手，按表 9-8 规定的接头拧紧值抽检接头的连接质量。抽检数量：梁、柱构件按接头数的 15％，且每个构件的接头抽验数不得少于一个接头；基础、墙、板构件按各自接头数，每 100 个接头作为一个检验批，不足 100 个也作为一个检验批，每批抽检 3 个接头。抽检的接头应全部合格，如有一个接头不合格，则该检验批接头应逐个检查，对查出的不合格接头应进行补强。其他抽样和检验方法同套筒挤压接头。

表 9-8　连接钢筋拧紧力矩值

钢筋直径/mm	16	18	20	22	25～28	32	36～40
扭紧力矩/(N·m)	118	145	177	216	275	314	343

　　2. 钢筋焊接连接

　　抗震设计等级为二、三、四级框架梁的钢筋，可采用焊接接头。

　　钢筋焊接连接方法有闪光对焊、电弧焊、电渣压力焊和电阻点焊。此外，还有预埋件钢筋和钢板的埋弧压力焊及近些年推广的钢筋气压焊。

　　(1) 闪光对焊。钢筋闪光对焊是利用对焊机使两段钢筋接触，通以低电压的强电流，把电能转化为热能，当钢筋加热到接近熔点时，施加压力顶锻，使两根钢筋焊接在一起，形成对焊接头，如图 9-30 所示。对焊应用于 HPB300 级、HRB335 级、HRB400 级和 RRB400 级钢筋的对接接长及预应力钢筋与螺纹端杆的对接。

① 闪光对焊焊接工艺　钢筋闪光对焊工艺常用的有连续闪光焊、预热闪光焊和闪光-预热-闪光焊。

a. 连续闪光焊工艺过程是待钢筋夹紧在电极钳口上后，闭合电源，使两钢筋端面轻微接触，由于钢筋端部不平，开始只有一点或数点接触，接触面小而电流密度和接触电阻很大，接触点很快熔化并产生金属蒸气飞溅，形成闪光现象。闪光一开始就徐徐移动钢筋，使其形成连续闪光过程，同时接头也被加热。待接头烧平、闪去杂质和氧化膜、白热熔化时，随即施加轴向压力迅速进行顶锻，使两根钢筋焊牢。连续闪光焊宜于焊接直径25mm以内的 HPB300、HRB335、HRB400 级钢筋。焊接直径较小的钢筋最适宜。

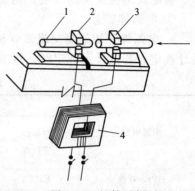

图 9-30　钢筋对焊
1—钢筋；2—固定电极；3—可动电极；4—焊接变压器

b. 预热闪光焊与连续闪光焊不同之处，在于前面增加一个预热时间，先使大直径钢筋预热后再连续闪光烧化进行加压顶锻。钢筋直径较大，端面比较平整时宜用预热闪光焊。

c. 闪光-预热-闪光焊的工艺过程是进行连续闪光，使钢筋端部烧化平整；再使接头处做周期性闭合和断开，形成断续闪光使钢筋加热；接着再是连续闪光，最后进行加压顶锻。焊接大直径钢筋宜采用闪光-预热-闪光焊。

② 闪光对焊质量检验

a. 在同一台班内，由同一焊工完成的 300 个同级别、同直径钢筋焊接接头应作为一检验批，当同一台班内焊接的接头数量较少，可在一周之内累计计算；累计仍不足 300 个接头，应接一检验批计算；外观检查的接头数量，应从每批中抽查 10%，且不得少于 10 个；力学性能试验时，应从每批接头中随机切取 6 个试件，其中 3 个做拉伸试验，3 个做弯曲试验；焊接等长的预应力钢筋（包括螺纹端杆与钢筋）时，可按生产时同等条件制作模拟试件；螺纹端杆接头可只做拉伸试验。

b. 闪光对焊接头拉伸试验。3 个热轧钢筋接头试件的抗拉强度均不得小于该级别钢筋规定的抗拉强度，RRB400 级钢筋接头试件的抗拉强度均不得小于 HRB400 级钢筋抗拉强度360MPa；应至少有 2 个试件断于焊缝之外，并呈延性断裂；当试验结果有 1 个试件的抗拉强度小于上述规定值，或有 2 个试件在焊缝或热影响区发生脆性断裂时，应再取 6 个试件进行复验。复验结果，当仍有 1 个试件的抗拉强度小于规定值时，或有 3 个试件断于焊缝或热影响区，呈脆性断裂，应确认该批接头为不合格品。

c. 预应力钢筋与螺钉端杆闪光对焊接头拉伸试验结果，3 个试件应全部断于焊缝之外，呈延性断裂；当试验结果有 1 个试件在焊缝或热影响区发生脆性断裂时，应从成品中再切取 3 个试件进行复验，复验结果仍有 1 个试件在焊缝或热影响区发生脆性断裂时，应确认该批接头为不合格品。

d. 闪光对焊接头弯曲试验时，应将受压面的金属毛刺和镦粗变形部分消除，且与母材的外表齐平；弯曲试验可在万能试验机、手动或电动液压弯曲试验器上进行，焊缝应处于弯曲中心点，弯心直径和弯曲角应符合规定，当弯至 90°，至少有 2 个试件不得发生破断；当试验结果有 2 个试件发生破断时，应再取 6 个试件进行复验，复验结果，当仍有 3 个试件发生破断，应确认该批接头为不合格品。

（2）电弧焊。电弧焊是利用弧焊机使焊条与焊件之间产生高温电弧，使焊条和电弧燃烧范围内的焊体熔化，待其凝固便形成焊缝或接头，电弧焊广泛用于钢筋接头、钢筋骨架焊接、装配式结构接头的焊接、钢筋与钢板的焊接及各种钢结构焊接。

① 电弧焊工艺

a. 电弧焊常用的是交流弧焊机，电弧焊所用的焊条，其性能应符合规定，型号应根据设计确定；若设计无规定时，可按表 9-9 选用。

表 9-9　钢筋电弧焊焊条型号

钢筋级别	电弧焊接头型号			
	帮条焊 搭接焊	坡口焊 熔槽帮条焊 预埋件穿孔塞焊	窄间隙焊	钢筋与钢板搭接焊 预埋件 T 形角焊
HPB300 级	E4303	E4303	E4316 E4315	E4303
HRB335 级	E4303	E5003	E5016 E5015	E4303
HRB400 级	E5003	E5503	E6016 E6015	

b. 搭接接头的长度、帮条的长度、焊缝的长度和高度等，规程都有明确规定。采用帮条或搭接焊时，焊缝长度不应小于帮条或搭接长度，焊缝高度 $h \geqslant 0.3d$，并不得小于 4mm；焊缝宽度 $b \geqslant 0.7d$，并不得小于 10mm。电弧焊一般要求焊缝表面平整，无裂纹，无较大凹陷、焊瘤，无明显咬边、气孔、夹渣等缺陷。

钢筋电弧焊包括帮条焊、搭接焊、坡口焊、窄间隙焊和熔槽帮条焊五种接头形式。见表9-10。

② 电弧焊质量检验　电弧焊接头外观检查时，应在清查后逐个进行目测或量测。

a. 力学性能试验，在一般构筑物中，应从成品中每批随机切取 3 个接头进行拉伸试验；在现场安装条件下，每一至二楼层中以 300 个同接头形式，同钢筋级别的接头作为一检验批；不足 300 个时，仍作为一检验批。

b. 钢筋电弧焊接头拉伸试验。3 个热轧钢筋接头试件的抗拉强度均不得小于该级别钢筋规定的抗拉强度，HRB400 级钢筋接头试件的抗拉强度均不得小于 HRB 级钢筋规定的抗拉强度 360MPa；3 个接头试件均应断于焊缝之外，并应至少有 2 个试件呈延性断裂；当试验结果有 1 个试件的抗拉强度小于规定值，或有 1 个试件断于焊缝，或有 2 个试件发生脆性断裂时，应再取 6 个试件进行复验。复验结果当有 1 个试件抗拉强度小于规定值，或有 1 个试件断于焊缝，或有 3 个试件呈脆性断裂时，应确认该批接头为不合格品。

(3) 电渣压力焊。电渣压力焊是将两根钢筋安放成竖向对接形式，利用焊接电流通过两根钢筋端面间隙，在焊剂层下形成电弧过程，产生电弧热和电阻热，熔化钢筋，加压完成的一种压焊方法。电渣压力焊适用于现浇混凝土结构中竖向或斜向（倾斜度在 4:1 范围内）钢筋的连接。与电弧焊比较，它工效高，成本低，在高层建筑施工中应用已取得良好的效果。

① 电渣压力焊焊接工艺。进行电渣压力焊宜选用合适的变压器。夹具（图 9-31）需灵巧、上下钳口同心，保证上下钢筋的轴线应尽量一致，其最大偏移不得超过 $0.1d$，同时也不得大于 2mm。焊接时，先将钢筋端部约 120mm 范围内的铁锈除尽，将夹具夹牢在下部钢筋上，并将上部钢筋扶直夹牢于活动电极中，自动电渣压力焊还在上下钢筋间放引弧用的钢丝圈等。再装上药盒（直径 90～100mm）和装满焊药，接通电路，用手柄使电弧引燃（引弧）。然后稳定一定时间，使之形成渣池并使钢筋熔化（稳弧），随着钢筋的熔化，用手柄使上部钢筋缓缓下送。当稳弧达到规定时间后，在断电同时用手柄进行加压顶锻，以排除夹渣和气泡，形成接头。待冷却一定时间后，即拆除药盒、回收焊药、拆除夹具和清除焊渣。引弧、稳弧、顶锻三个过程应连续进行。

表 9-10　电弧焊连接及适用条件

项次	电弧焊接头类型		简　图	适用范围	
				钢筋类别	钢筋直径/mm
1	帮条焊接头	双面焊	d_0　2~5　$(5d_0)$　$4d_0$　双面焊	HPB300 HRB335	10~40　帮条的总截面面积：被焊接的钢筋为 HPB300 级钢筋时，应不小于被焊接钢筋截面面积的 1.2 倍，被焊接的钢筋为 HRB335 级、HRB400 级、RRB400 级钢筋时，应不小于被焊接钢筋截面面积的 1.5 倍
		单面焊	$(10d_0)$　$8d_0$　双面焊	HPB300 HRB400	
2	搭接接头	双面焊	d_0　$(5d_0)$　$4d_0$　双面焊	HPB300 HRB335	10~40
		单面焊	d_0　$(10d_0)$　$8d_0$　单面焊	同项次 1	
3	钢筋坡口焊	平焊	≈60°　3~5　0.1d	同项次 1	18~40
		立焊	4~5　≈45°　45°　45°　4~5		
4	窄间隙焊			同项次 1	16~40
5	熔槽帮条焊		10~16　2~3　d　80~100	同项次 1	20~40

② 电渣压力焊焊接质量检验。电渣压力焊接头应逐个进行外观检查。

a. 进行力学性能试验时，应从每批接头中随机切取 3 个试件做拉伸试验；在一般构筑物中，应以 300 个同级别钢筋接头作为一检验批；在现浇钢筋混凝土多层结构中，应以每一楼层或施工段中 300 个同级别钢筋接头作为一检验批，不足 300 个接头仍应作为一检验批。

b. 电渣压力焊接头拉伸试验中，3 个试件的抗拉强度均不得小于该级别钢筋规定的抗拉强度；当试验结果有 1 个试件的抗拉强度低于规定值，应再取 6 个试件进行复验。复验结果，当仍有 1 个试件的抗拉强度小于规定值，应确认该批接头为不合格品。

（4）电阻点焊。电阻点焊接头焊接时将钢筋的交叉点放入点焊机两极之间。通电使钢筋加热到一定温度后，加压使焊点处钢筋互相压入一定的深度（压入深度为两钢筋中较细者直径的 1/4～2/5），将焊点焊牢。采用点焊代替绑扎，可以提高工效，便于运输，在钢筋骨架和钢筋网成形优先采用。

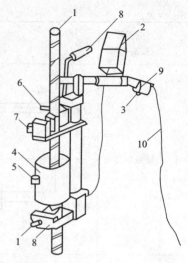

图 9-31　电渣压力焊构造原理图
1—钢筋；2—监控仪表；3—电源开关；
4—焊剂盒；5—焊剂盒扣环；6—电缆
插座；7—活动夹具；8—固定夹具；
9—操作手柄；10—控制电缆

常用的点焊机有单点点焊机、多头点焊机和悬挂式点焊机。单点点焊机用于较粗的钢筋焊接；多头点焊机同时可点焊多个焊点，用于钢筋网的焊接；悬挂式点焊机悬挂在轨道上，多用于平面尺寸较大的钢筋网或钢骨架的焊接。

① 电阻点焊焊接工艺。根据焊接电流大小和通电时间长短，点焊参数分为强参数和弱参数。强参数电流强度大而通电时间短，这种点焊工艺需大功率点焊机，但能减少电能消耗，经济且效果好。弱参数通电时间长而所需电流强度小。一般因钢筋直径较大而焊机功率不足采用弱参数外，一般应采用强参数。电极压力大小取决于钢筋直径，钢筋直径越大，电极压力也随之加大，不同直径钢筋点焊时，应根据其中小直径钢筋选择点焊参数。

② 电阻点焊焊接质量检验

a. 力学性能试验。钢筋骨架的热轧钢筋的焊点应做抗剪试验，试件应为 3 件。焊点的抗剪试验结果，应符合表 9-11 的规定。

表 9-11　　焊接骨架焊点抗剪力指标　　　　　　　　　　　　　N

钢筋级别	较小一根钢筋直径/mm								
	3	4	5	6	6.5	8	10	12	14
HPB300 级				6640	7800	11810	18460	26580	36170
HRB335 级						16840	26310	37890	51560

b. 当有 1 个试件达不到上述要求，应取 6 个抗剪试件或 6 个拉伸试件对该试验项目进行复验。复验结果仍有 1 个试件达不到上述要求，该批制品应确认为不合格。对于不合格品，经采取补强处理后，可提交两次验收。

c. 焊接网的抗剪试验。抗剪试件数量应为 3 个。抗剪试件应沿同一横向钢筋随机切取，其受拉钢筋为纵向钢筋；对于双根钢筋，非受拉钢筋应在焊点外切断，且不应损伤受拉钢筋焊点。当 3 个试件的抗剪平均值为较大钢筋横截面面积乘该钢筋的屈服强度的 30% 时，认为该钢筋抗剪试验合格。当不合格时，应在取样的同一横向钢筋上所有交叉焊点取样检查；

当全部试件平均值合格时，应确认该批焊接网为合格品。

3. 绑扎连接

抗震设计等级为二、三、四级框架梁的钢筋，可采用绑扎搭接。

（1）轴心受拉及小偏心受拉杆件的纵向受力钢筋不得采用绑扎搭接；其他构件中的钢筋采用绑扎搭接时，受拉钢筋直径不宜大于 25mm，受压钢筋直径不宜大于 28mm。

（2）同一构件中相邻纵向受力钢筋的绑扎搭接接头宜互相错开。钢筋绑扎搭接接头连接区段的长度为 1.3 倍搭接长度，凡搭接接头中点位于该连接区段长度内的搭接接头均属于同一连接区段，如图 9-32 所示。同一连接区段内纵向受力钢筋搭接接头面积百分率为该区段内有搭接接头的纵向受力钢筋与全部纵向受力钢筋截面面积的比值。当直径不同的钢筋搭接时，按直径较小的钢筋计算。

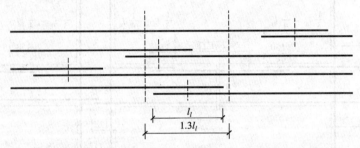

图 9-32　同一连接区段内纵向受力钢筋的绑扎搭接接头

注：图中所示同一连接区段内的搭接接头钢筋为两根，当钢筋直径
相同时，钢筋搭接接头面积百分率为 50％。

位于同一连接区段内的受拉钢筋搭接接头面积百分率：对梁类、板类及墙类构件，不宜大于 25％；对柱类构件，不宜大于 50％。当工程中确有必要增大受拉钢筋搭接接头面积百分率时，对梁类构件，不宜大于 50％；对板、墙、柱及预制构件的拼接处，可根据实际情况放宽。

并筋采用绑扎搭接连接时，应按每根单筋错开搭接的方式连接。接头面积百分率应按同一连接区段内所有的单根钢筋计算。并筋中钢筋的搭接长度应按单筋分别计算。

纵向受拉钢筋绑扎搭接接头的搭接长度，应符合第八章第二节的规定。

（三）钢筋的锚固

（1）非抗震设计时，框架梁、柱的纵向钢筋在框架节点区的锚固和搭接如图 9-33 所示。图中 l_a 的计算可见第八章第二节。

（2）抗震设计时，框架梁、柱的纵向钢筋在框架节点区的锚固和搭接如图 9-34 所示。图中 l_{abE} 的计算可见第八章第二节。

（四）钢筋的绑扎与安装

受力钢筋的连接接头宜设置在构件受力较小部位；抗震设计时，宜避开梁端、柱端箍筋加密区范围。

当纵向受力钢筋采用搭接做法时，在钢筋搭接长度范围内应配置箍筋，其直径不应小于搭接钢筋较大直径的 1/4。当钢筋受拉时，箍筋间距不应大于搭接钢筋较小直径的 5 倍，且不应大于 100mm；当钢筋受压时，箍筋间距不应大于搭接钢筋较小直径的 10 倍，且不应大于 200mm。当受压钢筋直径大于 25mm 时，尚应在搭接接头两个端面外 100mm 范围内各设置两道箍筋。

1. 柱钢筋绑扎与安装

① 柱中的竖向钢筋搭接时，角部钢筋的弯钩应与模板成 45°（多边形柱为模板内角的平

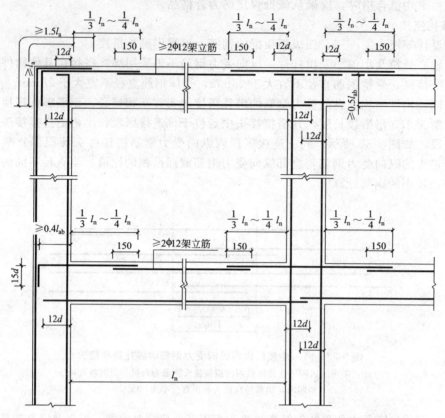

图 9-33　非抗震设计时框架梁、柱纵向钢筋在节点区的锚固和搭接

分角，圆形柱与模板切线垂直），中间钢筋的弯钩应与模板成 90°。如果用插入式振捣器浇筑小型截面柱时，弯钩与模板的角度不得小于 15°。

② 箍筋的接头（弯钩叠合处）应交错布置在四角纵向钢筋上；箍筋转角与纵向钢筋交叉点均应扎牢（箍筋平直部分与纵向钢筋交叉点可间隔扎牢），绑扎箍筋时绑扣相互间应成八字形。

③ 下层柱的钢筋露出楼面部分，宜用工具式柱箍将其收进一个柱筋直径，以利上层柱的钢筋搭接。当柱截面有变化时，其下层柱钢筋的突出部分，必须在绑扎梁的钢筋之前，先行收缩准确。

④ 框架梁、牛腿及柱帽等钢筋，应放在柱的纵向钢筋内侧。

2. 梁和板钢筋绑扎与安装

① 纵向钢筋采用双层排列时，两排钢筋之间应垫以直径不小于 25mm 的短钢筋，以保持其设计距离。

② 钢筋的接头（弯钩叠合处）应交错布置在两根架立钢筋上，其余同柱。

③ 板的钢筋网绑扎与基础相同，但应注意板上部的负筋，要防止被踩下，特别是雨篷、挑檐、阳台等悬臂板，要严格控制负筋位置，钢筋下面应及时安放一定数量的铁镫或强度相同的混凝土垫块，以保证钢筋的位置准确，以免拆模后断裂。

④ 板、次梁与主梁交叉处，板的钢筋在上，次梁的钢筋居中，主梁的钢筋在下，如图 9-35 所示；井字梁的钢筋应将长度大的梁钢筋，放在长度小的梁钢筋之上；当有圈梁或整梁时，主梁的钢筋在上，如图 9-36 所示。

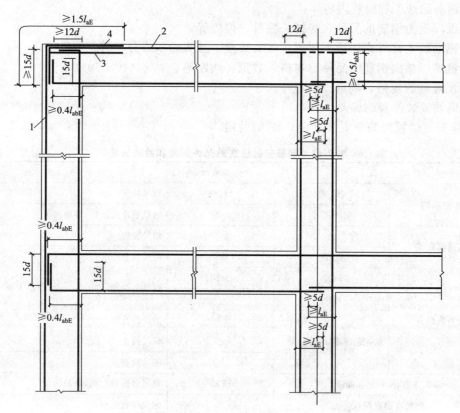

图 9-34 抗震设计时框架梁、柱纵向钢筋在节点区的锚固和搭接

1—柱外侧纵向钢筋；2—梁上部纵向钢筋；3—伸入梁内的柱外侧纵向钢筋；

4—不能伸入梁内的柱外侧纵向钢筋，可伸入板内

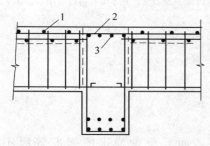

图 9-35 板、次梁与主梁交叉处钢筋

1—板的钢筋；2—次梁钢筋；3—主筋钢筋

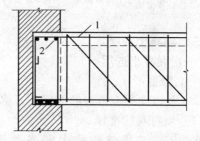

图 9-36 主梁与垫梁交叉处钢筋

1—主梁钢筋；2—垫梁钢筋

⑤ 框架节点处钢筋穿插十分稠密时，应特别注意梁顶面主筋间的净距要有 30mm，以利浇筑混凝土。

⑥ 梁钢筋的绑扎与模板安装之间的配合关系如下。

a. 梁的高度较小时，梁的钢筋架空在梁顶上绑扎，然后再落位。

b. 梁的高度较大（≥1.2m）时，梁的钢筋宜在梁底模上绑扎，其两侧模或一侧模后装。

⑦ 梁板钢筋绑扎时应防止水电管线将钢筋抬起或压下。

（五）钢筋工程施工质量验收

1. 钢筋隐蔽工程验收内容

① 纵向受力钢筋的品种、规格、数量、位置等。

② 钢筋的连接方式、接头位置、接头数量、接头面积百分率等。

③ 箍筋、横向钢筋的品种、规格、数量、间距等。

④ 预埋件的规格、数量、位置等。

2. 钢筋安装位置的偏差

钢筋安装位置的偏差应符合表 9-12 的规定。

表 9-12 钢筋安装位置的允许偏差和检验方法

项 目			允许偏差/mm	检 验 方 法
绑扎钢筋网	长、宽		±10	钢尺检查
	网眼尺寸		±20	钢尺量连续三挡,取最大值
绑扎钢筋骨架	长		±10	钢尺检查
	宽、高		±5	钢尺检查
受力钢筋	间距		±10	钢尺量两端、中间各一点,取最大值
	排距		±5	
	保护层厚度	基础	±10	钢尺检查
		柱、梁	±5	钢尺检查
		板、墙、壳	±3	钢尺检查
绑扎箍筋、横向钢筋间距			±20	钢尺量连续三挡,取最大值
钢筋弯起点位置			20	钢尺检查
预 埋 件	中心线位置		5	钢尺检查
	水平高差		+3,0	钢尺和塞尺检查

注：1. 检查预埋件中心线位置时，应沿纵、横两个方向量测，并取其中的较大值。

2. 梁类、板类构件上部纵向受力钢筋保护层厚度的合格点率应达到 90% 及以上，且不得有超过表中数值 1.5 倍的尺寸偏差。

三、混凝土工程

(一) 混凝土选用

1. 高强混凝土

C60 及以上强度等级的混凝土，称为高强混凝土。

(1) 原材料的选择

水泥：应选用硅酸盐水泥或普通硅酸盐水泥，而且质量稳定的强度等级不低于 52.5MPa，其活性不宜低于 57MPa。

减水剂：减水率不小于 25% 的高性能减水剂。

矿物掺合料：具有一定活性的优质矿物掺合料。

粗骨料：最大粒径不宜大于 25.0mm，针片状颗粒含量不宜大于 5.0%，含泥量（质量比）不应大于 0.5%，泥块含量（质量比）不应大于 0.2%。粗骨料除进行压碎指标试验外，对碎石还应进行岩石立方体抗压强度试验，其结果不应小于要求配制的混凝土抗压强度标准值的 1.5 倍。

中砂：细度模数宜为 2.6～3.0，含泥量（质量比）不应大于 2.0%，泥块含量（质量比）不应大于 0.5%。

(2) 混凝土配合比　高强混凝土配合比的计算和步骤除应按常规的混凝土配合比设计

外，还应符合下列要求。

水胶比：对大于等于 C60、小于 C80 级的混凝土，水胶比为 0.28～0.34；对大于等于 C80、小于 C100 级的混凝土，水胶比为 0.26～0.28。

砂率：应通过试验确定。

外加剂：品种、掺量应通过试验确定。

矿物掺合料：品种、掺量应通过试验确定。

用水量：每立方米混凝土用水量应按常规混凝土配合比设计的方法确定。

水泥：水泥用量不宜大于 500kg/m³。

高强混凝土设计配合比提出后，还应用该配合比进行 6～10 次重复试验进行验证。

2. 商品混凝土

(1) 取样　每个试样应随机地从一盘或一运输车中抽取；混凝土试样应在卸料过程中按卸料量的 1/4～3/4 采取。

每个试样量应为混凝土质量检验项目所需用量的 1.5 倍，且不宜少于 0.02m³。

用于交货检验的试样，每 100m³ 相同配合比的混凝土，取样不得少于一次，一个工作班拌制的相同配合比的混凝土不足 100m³ 时，取样也不得少于一次（当在一个分项工程中连续供应相同配合比的混凝土量大于 1000m³ 时，其交货检验的试样，每 200m³ 混凝土取样不得少于一次）。

混凝土拌合物的质量，每车应目测检查；混凝土坍落度检验的试样，每 100m³ 相同配合比的混凝土取样检验不得少于一次，当一个工作班相同配合比的混凝土不足 100m³ 时，其取样检验也不得少于一次。

(2) 合格判断　当混凝土强度检验结果能满足统计方法评定和非统计方法评定时，则该批混凝土强度判为合格。当不能满足上述规定时，该批混凝土强度判为不合格。

坍落度在交货地点测得的混凝土坍落度与合同规定的坍落度之差，不应超过表 9-13 的允许偏差。

表 9-13　坍落度允许偏差　　　　　　　　　　　　　mm

要　求　的　坍　落　度	允　许　偏　差
<50	±10
50～90	±20
>90	±30

含气量与合同规定值之差不应超过 ±1.5%。

坍落度和含气量的试验结果分别符合上述规定者为合格；若不符合要求，则应立即用试样对余下部分进行核对试验，若第二次试验的结果符合上述规定时，仍为合格。

混凝土拌合物中氯化物总含量不应超过合同指定值，当合同未指定时，应符合 GB50010《混凝土结构设计规范》中 3.5.3 条的规定。

氯化物总含量的试验结果符合上述规定为合格。

3. 泵送混凝土

(1) 原材料选择　一般采用硅酸盐水泥、普通硅酸盐水泥、矿渣硅酸盐水泥和粉煤灰硅酸盐水泥。

为了防止混凝土泵送时管道堵塞，应控制粗骨料最大粒径与输送管径之比符合表 9-14。

粗骨料应采用连续级配，其针片状颗粒含量不宜大于 10%，当针片状颗粒含量多和石子级配不好时，输送管道弯头处的管壁很易磨损，而且针片状颗粒一旦横在管中即造成输送管道堵塞。

表 9-14　粗骨料的最大公称粒径与输送管径之比

泵送高度/m	粗骨料最大粒径与输送管径之比		泵送高度/m	粗骨料最大粒径与输送管径之比	
	碎石	卵石		碎石	卵石
<50	≤1:3	≤1:2.5	>100	≤1:5	≤1:4
50~100	≤1:4	≤1:3			

细骨料宜采用中砂，其颗粒组成中通过 0.315mm 筛孔的含量对混凝土可泵性影响很大，此值过低易造成输送管道堵塞，要求通过 0.315mm 筛孔砂的含量不应少于 15%。

泵送混凝土加入木质素磺酸钙等外加剂，可有效地防止离析现象，提高混凝土的保水性能。

泵送混凝土应掺用泵送剂或减水剂，并宜掺用矿物掺合料，以改善混凝土的黏塑性，提高其可泵性。

（2）混凝土配合比　对高层建筑泵送混凝土配合比要求较高，为了防止混凝土在竖管中产生离析，除必须满足混凝土设计强度、耐久性要求外，还应满足可泵性要求。混凝土的可泵性，可用压力泌水试验并结合施工经验进行控制，一般要求 10s 时的相对压力泌水率不宜超过 40%。

混凝土坍落度是泵送混凝土的一个重要参数，坍落度过小，对泵的缸体吸进状态不利，增加了泵送阻力，易造成输送管道堵塞；坍落度过大，会造成混凝土拌合物离析，也易发生堵管现象。对不同的泵送高度，入泵时的混凝土坍落度可按表 9-15 选用。

表 9-15　不同泵送高度入泵时混凝土坍落度选用值

泵送高度/m	30 以下	30~60	60~100	100 以上
坍落度/mm	100~140	140~160	160~180	180~200

造成坍落度损失的主要因素有三个方面。一是受水泥品种、细度、用量以及外加剂的影响，水泥越细，其用量越多，坍落度值的降低越快；高强混凝土掺加高效减水剂，其坍落度损失大而且不稳定。二是温度因素，由于气温升高引起坍落度损失加大。三是混凝土运输延续时间长，由于施工中工序配合不好，或垂直运输设备发生故障等原因造成，属于施工管理问题。当混凝土掺加粉煤灰和木钙时，其经时坍落度损失值可按表 9-16 确定；掺加粉煤灰与其他外加剂时，其经时坍落度损失值可通过试验或根据施工经验确定。

表 9-16　混凝土经时坍落度损失值

大气温度/℃	10~20	20~30	30~35
混凝土经时坍落度损失值（掺粉煤灰与木钙，经时 1h）/mm	5~25	25~35	35~50

注：不适用于高强混凝土。

泵送混凝土的水胶比宜为 0.45~0.60。水胶比过低时，混凝土流动阻力急剧上升，泵送极为困难，而当水胶比大于 0.6 时，混凝土易离析、可泵性差。

砂率也是影响混凝土泵送性能的一个重要因素。当混凝土通过输送管道弯管部分时，混凝土拌合物颗粒间相对位置发生变化，此时如果砂浆量不足，就会发生堵管现象，因此，泵送混凝土的砂率应比一般施工的混凝土砂率提高 4%~5%，宜为 35%~45%。

泵送混凝土的最小水泥用量与输送管直径、泵送距离、骨料等有关，一般不宜少于 300kg/m³。

泵送混凝土应掺加适量外加剂，外加剂品种与掺量应符合国家现行标准《混凝土泵送剂》的规定，并且通过试验确定。当掺用引气型外加剂时，混凝土含气量不宜大于4%（一般情况下，含气量提高10%，混凝土强度下降约6%）。

（二）泵送混凝土施工

1. 混凝土泵的布置

泵机在施工现场的布置，应根据建筑物的轮廓形状、混凝土分段流水工程量的分布情况、周围条件、地形和交通情况等决定，着重考虑下列几方面情况。

① 泵机力求靠近混凝土浇筑地点，以缩短配管长度。

② 为了确保泵送混凝土能连续工作，泵机周围最好能停放两辆以上混凝土搅拌运输车。

③ 多台混凝土泵同时进行浇筑时，选定的位置要使其各自承担的浇注量相接近。

④ 为便于混凝土泵清洗，其位置最好接近给排水设施。

⑤ 要使混凝土泵能在最优泵送压力下作业，如果输送距离过长或过高，可采用接力泵送。

⑥ 为了保证施工连续进行，防止泵机发生故障造成停工，最好设有备用泵机。

高层和超高层建筑采用泵送混凝土时，应从技术、经济两个方面进行综合考虑。一般有两种方案：一种是采用中压泵配低压管接力泵送，其特点是投资较省，管道压力和磨损小，但泵机需上楼和拆运；另一种是采用高压泵配高压管一次泵送，其特点是施工简便，但必须是在泵机允许输送高度范围内。另外，为了获得工作性能适度的混凝土，在骨料级配、水泥用量、外加剂使用等方面，均需采取必要的措施。

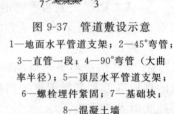

图 9-37　管道敷设示意
1—地面水平管道支架；2—45°弯管；
3—直管一段；4—90°弯管（大曲率半径）；5—顶层水平管道支架；
6—螺栓埋件紧固；7—基础块；
8—混凝土墙

2. 管道敷设

管道敷设　对泵送混凝土的效果有很大影响，所以，在施工前应编制管道敷设方案，进行综合比较，择优录选。管道敷设的一般方法，如图9-37所示。敷设原则是"路线短、弯道少、接头严密"。

管道敷设注意事项如下。

① 泵机出口要有一定长度的地面水平管，然后再接90°弯头，转向垂直输送。这段水平长度不宜小于泵送高度的1/3～1/4。如受场地限制，不宜在水平面上变换方向，需做90°转向时，宜用曲率半径大于1m以上的大弯头，尽量减少压力损失。

② 泵机出口的基本口径宜取150mm或175mm，必须接一个过渡接头（或锥形管），才能与125mm的泵管对接，做法见表9-17所示。

表 9-17　过渡管做法

过渡直径/mm	过渡管最小长度/mm
$\phi175 \rightarrow \phi150$	500
$\phi150 \rightarrow \phi125$	1500

③ 地面水平管道上要装一个截止阀（逆流阀），最好为液压阀门，距泵机5m左右为宜。

④ 地面水平管可用支架支垫。因为排除堵管及清洗时，为方便部分管道拆除，故不必固定过牢。

⑤ 转向垂直走向的 90°弯头，必须用曲率半径为 1m 以上的大弯头，并用螺栓牢固地固定在混凝土结构的预留位置上，由埋设铁件固定或设一个专用底座，并撑以木楔。弯头转弯半径的外侧受流态混凝土的冲刷，极易磨损。例如，用薄壁钢管（泵送至 100m 高）时，一般泵送近 $1 \times 10^4 m^3$ 混凝土时此部位极易磨穿，如发现磨穿现象，应及时进行补焊。

⑥ 垂直管道要用预埋件紧固在混凝土结构上，每间隔 3m 设一个紧固卡。固定方法如图 9-38 所示。

垂直管可以沿外墙或外柱敷设，或利用附着式塔式起重机的塔身敷设，也可敷设在建筑物的电梯井、烟道或设备竖井内，原则上以不影响下道工序施工为准。如有困难，也可将楼板临时留个洞口，待楼层结构完工后补上。检查垂直管道是否固定牢固，可在泵送时用手摸垂直管外壁，只感到内部有骨料在流动即可；如感到有颤动和晃动现象，应迅速加固，不然会影响泵送效果。

⑦ 每当一层楼层浇筑完毕，即可拆除施工面层上敷设的水平管道，然后将管道转移到上一层楼层模板上。由于水平管道随着施工楼层的升高泵送压力越来越弱，故管道在高层楼面只需用木块作简单支架，使其高度高出楼层钢筋即可，不必采取其他固定措施。

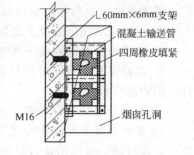

图 9-38　垂直输送管固定示意

⑧ 楼层水平管道的布置，要便于在混凝土浇筑后，能跟随拆除。

⑨ 施工楼层上的水平管道布置越短越好，最好不要超过 20m。否则要采取措施，在楼层垂直泵送混凝土转向水平方向的接口附近，铺一块薄钢板，相当于一个临时管道拆卸点。

3. 混凝土泵送

① 泵送前应检查泵机的转向阀门是否密封良好，其间隙应保持在允许范围内，使水泥浆的回流降低到最低限度。当检查发现超偏差时，应用耐磨焊条补焊，这一点在高层建筑泵送施工时尤为重要。

② 泵机料斗上要加装一个隔离大石块的筛网，其筛网规格与混凝土骨料最大粒径相匹配，并派专人值班监视喂料情况，当发现大块物料时，应立即拣出。

③ 泵送前，应先开机用水润湿整个管道，而后送入水泥浆或水泥砂浆，使输送管壁处于充分滑润状态，再开始泵送混凝土。其用量见表 9-18。

表 9-18　润湿管壁的水泥浆或水泥砂浆用量及配合比

管道长度 /m	水 泥 浆		水 泥 砂 浆	
	水泥用量/kg	稠度	用量/m³	配合比（水泥∶砂）
<100			0.5	1∶2
100～200			1.0	1∶1
>200	100	粥状	1.0	1∶1

④ 泵送开始时，要注意观察混凝土的液压表和各部位工作状态。一般在泵的出口处（即 Y 形管和锥管内），最易发生堵塞现象。如遇堵塞，应将泵机立即反转运行，使泵出口处堵塞分离的混凝土能回流到料斗内，将它搅拌后再进行泵送。若反复 3～4 次仍不见效，应停泵拆管，清除堵塞部位的混凝土，待清理完毕后，重新安装好管道再行泵送。

⑤ 混凝土应保证连续供应，以确保泵送连续进行，尽可能防止停歇。万一不能连续供料，宁可放慢泵送速度，以保证连续泵送。当发生供应脱节不能连续泵送时，泵机不能停止工作，应每隔 4～5min 使泵正、反转两个冲程，把料从管道内抽回重新拌和，再泵入管道，

以免管道内拌和料结块或沉淀，同时开动料斗中的搅拌器，搅拌 3～4 转，防止混凝土离析。如果泵送停歇超过 45min 或混凝土离析时，应立即用压力水或其他方法排除管道内的混凝土，经清洗干净后再重新泵送。

⑥ 在泵送混凝土时，应使料斗内持续保持一定量的混凝土，如料斗内剩余的混凝土降低到 20cm 以下，则易吸入空气，致使转换开关阀间造成混凝土逆流，形成堵塞，一旦出现上述情况，需将泵机反转，把混凝土退回料斗，除去空气后再正转泵送。

⑦ 在泵送时，每 2h 换一次水洗槽里的水，并检查泵缸的行程，如有变化应及时调整。活塞的行程可根据机械性能按需要予以确定。为了减少缸内壁不均匀磨损和闸阀磨损，一般以开动长行程为宜。只有刚启动时和混凝土坍落度较小时，才使用短行程泵送混凝土。

⑧ 垂直向上输送混凝土时，由于水锤作用，使混凝土产生逆流，输送效率下降，这种现象随着垂直高度的增加会更明显。为此应在泵机与垂直管之间设置一段 10～15m 的水平管，以抵消混凝土下坠冲力影响。另外，应在混凝土泵出料口附近的输送管上，加一个止流阀，泵送开始时，将止流阀打开，混凝土顺利输送；当暂停混凝土输送或混凝土出现倒流时，及时关闭此阀。

⑨ 泵送时，应随时观察泵送效果，若喷出混凝土像一根柔软的柱子，直径微微放粗，石子不露出，更不散开，说明泵送效果尚佳；若喷出一半就散开，说明和易性不好；喷到地面时砂浆飞溅严重，说明坍落度应再小些。

⑩ 在高温条件下施工，应在水平输送管上覆盖两层湿草帘，以防止直接日照，并要求每隔一定时间洒水润湿，这样能使管道内的混凝土不至于吸收大量热量而失水，导致管道堵塞，影响泵送。

⑪ 泵送结束后，要及时进行管道清洗。清洗输送管道的方法有两种，即水洗和气洗，分别是用压力水或压缩空气推送海绵球或塑料球进行。清洗之前宜反转吸料，降低管路内的剩余压力，减少清洗压力。清洗时，先将泵车尾部的大弯管卸下，在锥形管内塞入一些废纸或麻袋，然后放入海绵球，将水洗槽加满水后盖紧盖子。此时，如果采用水洗，则打开进水阀进行清洗，将进气阀和放气阀关闭。当采用气洗时，应将进气阀打开，进水阀关闭。一般在水源缺乏的情况下，可采用气洗。其特点是，清出的混凝土仍可使用，但操作比较复杂。

在清洗过程中，应注意清洗装置上压力表的压力指示，应不超过规定的最高压力限值，否则会引起管道破裂。当压力超过正常数值时，多数情况是由于管道内发生堵塞引起的。

操作时注意水洗和气洗两种形式不准同时采用。在水洗时，如果水源不够，可以转换为气洗；而气洗途中绝对不能转换为水洗。在清洗时所有人员应远离管口，并在管口处加设防护装置，以防混凝土从管中突然冲出，造成人员伤害。

4. 混凝土布料

高层建筑泵送混凝土常用的布料设备为独立式混凝土布料机（布料杆）。将它安放在支撑稳妥的待浇筑楼板的模板平面上，一端与泵送混凝土输送管道接通，另一端接一根软管，由人力推动做水平布料。布料杆转臂可做 360°回转，并在 4～9m 作业半径内调节。该机可借助塔式起重机吊移。

5. 防止堵管的措施

① 及时反泵排除。例如，垂直泵送管道高 100m，顶层水平管道为 20m，如果混凝土在 10min 内仍泵不出去，则垂直管道内的卵、碎石会下沉，砂浆上浮，离析恶化，将无法再恢复泵送。解决的办法是及时反泵。如果把 0.5m³ 的混凝土从管道内抽回料斗，相当于管道内抽回 41m 长度的混凝土柱，泵送高度降低到 100＋20－41＝79m，这时适当搅拌料斗内物料，必要

时还可加少量同强度等级的水泥砂浆，以 79m 高度为起点，完全可以恢复泵送，同时，混凝土输送车随着反泵后的泵送及时补充，以解决堵管问题。堵管和反泵情况如图 9-39 所示。

如果反泵后再泵，将原有料泵完，再补充新料时又堵管，说明堵管无法排除。只有把管道中的混凝土反泵倒入料斗，加水泥浆搅拌后再泵，一般故障即可排除。

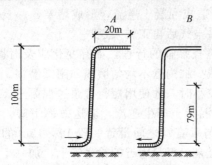

图 9-39　堵管和反泵示意

A—堵管时混凝土泵送高度；B—反泵后
混凝土高度降低，有利于反泵后再泵送

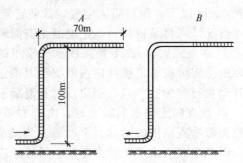

图 9-40　形成负压区示意

A—堵管时混凝土在管道内填充到水平出口；
B—反泵后部分混凝土倒入料斗但形成空段

② 当泵送垂直高度为 100m、顶层水平管道长为 70m 时，发生管道堵塞，虽可通过及时反泵，使垂直管道内的物料借助自重克服管道壁摩擦力而下降进入料斗口，但顶层水平管道内很长一段混凝土受反泵回收的力量，是靠垂直管道内物料下降到管道内产生的负压，即相当于真空的吸力。它的值最大只能是 $1 \times 10^5 Pa$ 减去管道混凝土内含气量产生的气压，不足以推动 70m 水平管道内的物料，这样在管道中产生了负压区。尽管"反泵→再反泵→反泵→再反泵"，只能使这个负压区伸长或缩短，根本无法泵送，如图 9-40 所示。

解决办法是将水平管道堵塞部分拆开，一面清除水平管道内的物料，一面从此点泵送出料，临时用手推车进行水平布料。

6. 泵送混凝土施工计算

(1) 混凝土泵的泵送能力　根据具体施工情况可按下列方法之一进行验算，同时应符合产品说明书中的有关规定。

① 计算实际配管整体水平换算长度，其值不超过混凝土泵最大水平泵送距离。配管整体水平换算长度按表 9-19 提供的数据进行计算。

表 9-19　混凝土输送管的水平换算长度

类　别	单　位	规　格	水平换算长度/m
向上垂直管	每米	100mm	3
		125mm	4
		150mm	5
锥形管	每根	175mm→150mm	4
		150mm→125mm	8
		125mm→100mm	16
弯管	每根	90° R=0.5m	12
		90° R=1.0m	9
软管	每 5～8m 长的 1 根		20

注：1. R 为曲率半径。

2. 弯管的弯曲角度小于 90°时，需将表列数值乘以该角度与 90°角的比值。

混凝土泵的最大水平输送距离，可按式(9-3)计算。

$$L_{max} = \frac{p_{max}}{\Delta p_H} \tag{9-7}$$

$$\Delta p_H = \frac{2}{r_0}\left[K_1 + K_2\left(1 + \frac{t_2}{t_1}\right)V_2\right]\alpha_2 \tag{9-8}$$

$$K_1 = (3.00 - 0.01S_1)\times10^2 \tag{9-9}$$

$$K_2 = (4.00 - 0.01S_1)\times10^2 \tag{9-10}$$

式中　L_{max}——混凝土泵的最大水平输送距离，m；

p_{max}——混凝土泵的最大出口压力，Pa，该值可从产品技术性能表中查出；

Δp_H——混凝土在水平输送管内流动1m产生的压力损失，Pa/m；

r_0——混凝土输送管半径，m；

K_1——黏着系数，Pa；

K_2——速度系数，Pa/(m/s)；

S_1——混凝土坍落度，mm；

t_2/t_1——混凝土泵分配阀切换时间与活塞推压混凝土时间之比，一般取0.3；

V_2——混凝土拌合物在输入管内的平均流速，m/s；

α_2——径向压力与轴向压力之比，对普通混凝土取0.90。

② 计算泵送系统的换算总压力损失，其值应小于混凝土泵正常工作时的最大出口压力。换算总压力损失按表9-20进行计算。

表 9-20　混凝土泵送的换算压力损失

管件名称	换算量	换算压力损失/MPa	管件名称	换算量	换算压力损失/MPa
水平管	每20m	0.10	管道接环(管卡)	每只	0.10
垂直管	每5m	0.10	管路截止阀	每个	0.80
45°弯管	每只	0.05	3～5m橡皮软管	每根	0.20
90°弯管	每只	0.10			

注：附属于泵体的换算压力损失：每只Y形管175mm→125mm，0.05MPa；每个分配阀，0.80MPa；每台混凝土泵启动内耗，2.80MPa。

(2) 搅拌运输车的台数　当混凝土泵连续作业时，每台混凝土泵所需配备的搅拌运输车台数，可按下式计算：

$$N_1 = \frac{Q_1}{60V_1}\left(\frac{60L_1}{S_0} + T_1\right) \tag{9-11}$$

式中　N_1——混凝土搅拌运输车台数，台；

V_1——每台搅拌运输车容量，m³；

L_1——搅拌运输车往返距离，km；

S_0——搅拌运输车平均行车速度，km/h；

T_1——每台搅拌运输车总计停歇时间，min；

Q_1——每台混凝土泵的实际平均输出量，m³/h。

Q_1 按下列公式计算：

$$Q_1 = Q_{max}\alpha_1\eta \tag{9-12}$$

式中　Q_{max}——每台混凝土泵的最大输出量，m³/h；

α_1——配管条件系数，可取0.8～0.9；

η——作业效率，根据混凝土搅拌运输车向混凝土泵供料的间断时间、拆装混凝土输送管及布料停歇等情况，可取 0.5～0.7。

（3）混凝土泵的台数　可根据混凝土浇筑数量、单机的实际平均输出量和施工作业时间，按下列公式计算：

$$N_2 = \frac{Q}{Q_1 T_0} \tag{9-13}$$

式中　N_2——混凝土泵的数量，台；

Q——混凝土浇筑数量，m^3；

T_0——混凝土泵送施工作业时间，h；

Q_1——每台混凝土泵的实际平均输出量，m^3/h。

【例 9-5】　某高层建筑混凝土工程施工采用混凝土泵车输送混凝土、布料器布料，泵车的最大输送距离 480m（管径 125mm）。输送高度 72m、地面水平管长度 44m、楼面水平管长度 28m、输送管管径 125mm，试验算混凝土输送泵的输送距离能否满足要求。

解　根据表 9-19 的数据计算各段管道及管件的水平换算长度，计算结果见表 9-21。

表 9-21　配管水平换算长度计算

序　号	名称和规格		数　量	水平换算长度/m
1	泵车喂料斗下的 90°弯管		2 只	2×12＝24
2	液压旋转阀锥形管	175mm→150mm	1 只	1×4＝4
		150mm→125mm	1 只	1×8＝8
3	地面水平管		44m	44
4	垂直管下端 90°弯管		1 只	1×12＝12
5	垂直管		72m	72×4＝288
6	垂直管上端 90°弯管		1 只	1×12＝12
7	楼面水平管		28m	28
8	布料器 90°弯管		4 只	4×12＝48
合　　计				468

计算的配管整体水平换算长度为 468m，小于混凝土输送泵车的最大水平输送距离，该泵车可满足施工要求。

（三）混凝土工程施工质量验收

① 现浇结构的外观质量不应有严重缺陷。对已经出现的严重缺陷，应由施工单位提出技术处理方案，并经监理（建设）单位认可后进行处理。对经处理的部位，应重新检查验收。

② 现浇结构不应有影响结构性能或使用功能的尺寸偏差。

对超过尺寸允许偏差且影响结构性能和安装、使用功能的部位，应由施工单位提出技术处理方案，并经监理（建设）单位认可后进行处理。对经处理的部位，应重新组织检查验收。

③ 现浇结构的外观质量不宜有一般缺陷（见表 9-22）。对已经出现的一般缺陷，应由施工单位按技术处理方案进行处理，并重新检查验收。

④ 现浇结构尺寸允许偏差和检验方法见表 9-23。

表 9-22　现浇结构外观质量缺陷

缺陷名称	现　象	严重缺陷	一般缺陷
露筋	构件内钢筋未被混凝土包裹而外露	纵向受力钢筋有露筋	其他钢筋有少量露筋
蜂窝	混凝土表面缺少水泥砂浆而形成石子外露,深度大于 5mm 但小于保护层厚度	构件主要受力部位有蜂窝	其他部位有少量蜂窝
孔洞	混凝土中孔穴深度和长度均超过保护层厚度	构件主要受力部位有孔洞	其他部位有少量孔洞
夹渣	混凝土中夹有杂物且深度超过保护层厚度	构件主要受力部位有夹渣	其他部位有少量夹渣
疏松	混凝土中局部不密实,深度超过保护层厚度	构件主要受力部位疏松	其他部位少量疏松
裂缝	缝隙从混凝土表面延伸至混凝土内部	构件主要受力部位有影响结构性能或使用功能的裂缝	其他部位有少量不影响结构性能或使用功能的裂缝
连接部位缺陷	构件连接处混凝土缺陷及连接钢筋、连接件松动、节点变形等	连接部位有影响结构传力性能的缺陷	连接部位有基本不影响结构传力性能的缺陷
外形缺陷	缺棱、掉角、棱角不直、翘曲不平、飞边凸肋、胀模等	清水混凝土构件影响使用功能或装饰效果的外形缺陷	其他混凝土有不影响使用功能的外形缺陷
外表缺陷	构件表面麻面、掉皮、起砂、沾污等	具有重要装饰效果的清水混凝土构件有外表缺陷	其他混凝土构件有不影响使用功能的外表缺陷

表 9-23　现浇结构尺寸允许偏差和检验方法

项　　目			允许偏差/mm	检验方法
轴线位置	墙、柱、梁		8	钢尺检查
	剪力墙		5	
垂直度	层高	≤5m	8	经纬仪或吊线、钢尺检查
		>5m	10	经纬仪或吊线、钢尺检查
	全高(H)		$H/1000$ 且 ≤30	经纬仪、钢尺检查
标高	层高		±10	水准仪或拉线、钢尺检查
	全高		±30	
截面尺寸			+8,−5	钢尺检查
电梯井	井筒长、宽对定位中心线		+25,0	钢尺检查
	井筒全高(H)垂直度		$H/1000$ 且 ≤30	经纬仪、钢尺检查
表面平整度			8	2m 靠尺和塞尺检查
预埋设施中心线位置	预埋件		10	钢尺检查
	预埋螺栓		5	
	预埋管		5	
预留洞中心线位置			15	钢尺检查

注:检查轴线、中心线位置时,应沿纵、横两个方向量测,并取其中的较大值。

第二节　高层建筑剪力墙结构施工

一、模板工程

(一)楼板模板的设计计算

若楼板模板的支撑系统是钢管排架,其设计计算方法如下。

1. 计算荷载组合

楼板模板的荷载组合，见表 8-21。

2. 横杆的承载力和刚度验算

当模板直接放在顶端横杆上时，横杆承受均布荷载。当顶端横杆上先放两根檩条，再放模板时，则横杆上承受集中荷载。横杆可视为连续梁，其承载力和刚度的近似计算公式如下：

$$\sigma_{max}=\frac{M_{max}}{W}=\frac{ql^2}{10W}\leqslant f$$

$$\upsilon_{max}=\frac{ql^4}{150EI}\leqslant[\upsilon]$$

在两点集中荷载作用下：

$$\sigma_{max}=\frac{M_{max}}{W}=\frac{Pl}{3.50W}\leqslant[f] \tag{9-14}$$

$$\upsilon_{max}=\frac{Pl^3}{55EI}\leqslant[\upsilon] \tag{9-15}$$

式中　q——均布荷载，N/mm；

　　　P——集中荷载，N；

　　　l——立杆间距，mm；

　　　f——钢材强度设计值，为 205MPa；

　　$[\upsilon]$——容许挠度，见表 8-12。

3. 模板支架立杆的稳定性验算

模板支架立杆的稳定性按下列公式计算。

不组合风荷载时：

$$\frac{N}{\varphi A}\leqslant f$$

组合风荷载时：

$$\frac{N}{\varphi A}+\frac{M_w}{W}\leqslant f$$

式中　N——模板支架立杆的轴向力设计值。

不组合风荷载时：

$$N=1.20\sum N_{GK}+1.40\sum N_{QK}$$

组合风荷载时：

$$N=1.20\sum N_{GK}+0.85\times 1.40\sum N_{QK}$$

式中　$\sum N_{GK}$——模板及支架自重、新浇混凝土自重与钢筋自重标准值产生的轴向力总和；

　　　$\sum N_{QK}$——施工人员及施工设备荷载标准值、振捣混凝土时产生的荷载标准值的轴向力总和；

　　　φ——轴向受压杆件稳定系数，φ 值根据 λ 查表，λ 为长细比，$\lambda=\frac{l_o}{i}$，l_o 为模板支架立杆的计算长度，$l_o=h+2a$，h 为支架立杆的步距，a 为模板支架立杆伸出顶层横向水平杆中心线至模板支撑点的长度。

公式中 i、A、M_w、f 符号含义同脚手架立杆稳定性验算。

【例 9-6】　现浇钢筋混凝土楼板，平面尺寸 3300mm×4900mm，楼板厚 100mm，楼层净高 4.475m，用组合钢模板支模，内、外钢楞承托，用钢管作楼板模板支架，试计算钢管支架荷载及验算如下内容。

1. 钢模板的承载力和刚度。

2. 钢楞（承受面板荷载）的承载力和刚度。

3. 横杆（承受钢楞荷载）的承载力和刚度。

4. 钢管支柱的承载力和稳定性。

解： 楼板支架荷载如下。

① 钢模板及连接件钢楞自重：$1.20 \times 0.75 \text{kPa}$。钢管支架自重：$1.20 \times 0.25 \text{kPa}$。

② 新浇混凝土自重：$1.20 \times 2.40 \text{kPa}$。

③ 钢筋自重：$1.20 \times 0.11 \text{kPa}$。

④ 施工人员及设备荷载：$1.40 \times 2.50 \text{kPa}$

合计：①＋②＋③＋④＝7.712 （kPa）。

①＋②＋③＝6.01 （kPa）。

1. 验算钢模板的承载力和刚度

定型组合钢模板块 P3015。

(1) 承载力验算

① 施工荷载

$$q_1 = (7.712 - 1.20 \times 0.25) \times 0.30 = 2.224 \ (\text{kN/m})$$
$$q_2 = (7.712 - 1.20 \times 0.25 - 1.40 \times 2.50) \times 0.30 = 1.174 \ (\text{kN/m})$$
$$P = 1.40 \times 2.50 \times 0.30 = 1.05 \ (\text{kN/m})$$

② 承载力验算

施工荷载为均布荷载时：

$$M_1 = \frac{q_1 l^2}{8} = \frac{2224 \times 0.75^2}{8} = 156.40 \ (\text{N} \cdot \text{m})$$

施工为集中荷载时：

$$M_2 = \frac{q_2 l^2}{8} + \frac{Pl}{4} = \frac{1174 \times 0.75^2}{8} + \frac{1050 \times 0.75}{4} = 280 \ (\text{N} \cdot \text{m})$$

由于 $M_2 > M_1$，应取 M_2 验算承载力。

查表 8-11，$W_x = 5.94 \text{cm}^3$。

$$\sigma = \frac{M_2}{W_x} = \frac{280 \times 10^3}{5.94 \times 10^3} = 47 \ (\text{MPa}) < f = 205 \text{MPa}$$

满足要求。

(2) 刚度验算

① 施工荷载

$$0.75 + 2.40 + 0.11 = 3.26 \ (\text{kPa}) = 3260 \text{Pa}$$
$$q = 3260 \times 0.30 = 978 \times 10^{-3} \ (\text{N/mm})$$

② 刚度验算

$$E = 2.06 \times 10^5 \text{MPa}$$

查表 8-11，$J_x = 26.97 \text{cm}^4 = 26.97 \times 10^4 \text{mm}^4$

$$v = \frac{5ql^4}{384 E J_x} = \frac{5 \times 978 \times 10^{-3} \times 750^4}{384 \times 2.06 \times 10^5 \times 26.97 \times 10^4}$$
$$= 0.073 \text{mm} < [v] = 1.50 \text{mm}$$

符合要求。

2. 验算钢楞的承载力和刚度

(1) 承载力验算　受力简图为二跨连续梁

$$q=0.750\times(7.712-1.20\times0.25)=5.559(\text{N/mm})$$

$$l=1400\text{mm}$$

所以　　　　$$M=\frac{1}{8}ql^2=\frac{1}{8}\times5.559\times1400^2=1361955\ (\text{N}\cdot\text{mm})$$

钢楞应具有的抵抗矩为

$$W=\frac{M}{f}=\frac{1361955}{205}=6644\ (\text{mm}^3)$$

试用 2□60×40×2.50mm，查表8-13，$W_{xj}=7.29\times10^3\text{mm}^3$，$I_{xj}=21.88\times10^4\text{mm}^4$。
验算承载力

$$\sigma=\frac{M}{W_{xj}}=\frac{1361955}{2\times7.29\times10^3}=94\ (\text{MPa})<[\sigma]=205\text{MPa}$$

满足要求。

(2) 验算刚度

$$q'=0.75\times(6.01-1.20\times0.25)=4.283(\text{N/mm})$$

$$l=1400\text{mm}$$

$$\upsilon=\frac{5q'l^4}{384EI_{xj}}=\frac{5\times4.283\times1400^4}{384\times2.06\times10^5\times21.88\times10^4}$$

$$=2.40\ (\text{mm})<[\upsilon]=\frac{1400}{500}=2.80\ (\text{mm})$$

满足规定。

3. 验算横杆的承载力和刚度

(1) 承载力验算　横杆为三跨连续梁，上有集中荷载

$$P=1.40\times0.75\times(7.712-1.20\times0.25)=7.783\text{kN}$$

选横杆为 φ48×3mm 的钢管，查表8-13得：$I_{xj}=10.78\times10^4\text{mm}^4$，$W=4.49\times10^3\text{mm}^3$。

所以　　　　$$\sigma=\frac{Pl}{3.50W}=\frac{7.783\times10^3\times1500}{3.50\times4.49\times10^3}=742\ (\text{MPa})>[\sigma]=205\text{MPa}$$

不满足要求。

(2) 刚度验算

$$P'=1.40\times0.75\times(6.01-1.20\times0.25)=6\ (\text{kN})$$

$$\upsilon=\frac{P'l^3}{55EI_{xj}}=\frac{6\times10^3\times1500^3}{55\times2.06\times10^5\times10.78\times10^4}$$

$$=16.60\ (\text{mm})>[\upsilon]=\frac{l}{500}=\frac{1500}{500}=3\ (\text{mm})$$

不符合规定。

由于横杆的承载力和刚度均不满足要求及规定，所以在横杆1500跨中加一支柱。

由于加一支柱，横杆的承载力和刚度均满足要求及规定。

4. 支柱承载力和稳定性验算

(1) 支柱承载力验算

$$\sum N_{GK}=6.01\times(1.40\times0.75)=6.311\ (\text{kN})$$

$$\sum N_{QK}=(2.50+2)\times(1.40\times0.75)=4.725\ (\text{kN})$$

所以不组合风荷载时：$N=1.20\sum N_{GK}+1.40\sum N_{QK}=1.20\times6.311+1.40\times4.725=14.188\ (\text{kN})$

选 $\phi48\times3.50$mm 钢管，查表 4-12，$A_n=4.89\times10^2\,mm^2$，$i=1.58\times10$mm，$\sigma=\dfrac{N}{A_n}=$

$\dfrac{14.188\times10^3}{4.89\times10^2}=29$（MPa）$<[\sigma]=205$MPa。

满足要求。

（2）支柱稳定性验算

$$\lambda=\frac{l_o}{i}=\frac{h+2a}{i}=\frac{1500+2\times200}{1.58\times10}=120$$

查表 4-17，$\varphi=0.452$。

所以不组合风荷载时，立杆的稳定性：$\dfrac{N}{\varphi A_n}=\dfrac{14.188\times10^3}{0.452\times4.89\times10^2}=64.20$（MPa）$<$

$f=205$MPa

满足要求。

安全系数：$\dfrac{205}{64.20}=3.20$（按规范规定，安全系数可取 3～3.50）。

满足要求。

墙模板的设计计算，可见第八章第二节。

（二）剪力墙模板的安装

大模板就是综合考虑设计图纸，根据建筑物的开间、进深和层高，重复使用次数、起重设备能力等因素而设计制造的一种工具式大型模板。

大模板施工，可以采用工业化生产方式，在施工现场浇筑钢筋混凝土墙体。一次浇筑一堵墙。施工工艺简单、速度快、工人劳动强度低、房屋的整体性强、抗震性能强。

1. 大模板构造与类型

（1）大模板构造　由于面板材料的不同大模板构造也不完全相同，通常由面板、骨架、支撑系统和附件等组成。图 9-41 为一整体式横墙大模板的构造示意图。

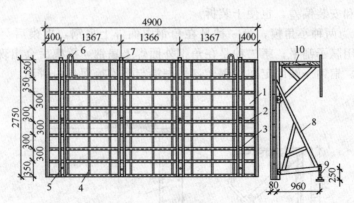

图 9-41　横墙大模板构造

1—面板；2—横肋；3—竖肋；4—小肋；5—穿墙螺栓；6—吊环；

7—上口卡座；8—支撑架；9—地脚螺栓；10—操作平台

面板的作用是使混凝土成形，具有设计要求的外观。骨架的作用是支撑面板，保证所需的刚度，将荷载传给穿墙螺栓等，通常由薄壁型钢、槽钢等做成的横肋、竖肋组成。支撑系统包括支撑架和地脚螺栓，一块大模板至少设两个，用于调整模板的垂直度和水平标高、支撑模板使其自立。附件包括操作平台、穿墙螺栓、上口卡板、爬梯等。对于外承式大模板还包括外承架。

面板的种类较多，现在常用的有下述几种。

① 整块钢板　一般用 4～6mm 钢板拼焊而成，刚度好，混凝土墙面平整光洁，重复利用次数多。但用钢量大，损坏后不易修复。

② 组合钢模板组拼　由普遍用的小块定型组合钢模板组拼而成。重量比整块钢板面板轻，强度、刚度可满足要求，用完拆零后可作他用。但拼缝多，整体性稍差。

③ 木质板　如多层胶合板、酚醛薄膜胶合板、硬质夹心纤维板等。可用螺栓与骨架连接，表面平整，重量轻，有一定保温性能，表面经树脂处理后防水耐磨，是较好的面板材料。

④ 钢框胶合板模板组拼　面板由钢框胶合板组拼而成，于横向再以薄壁方钢横向骨架加固即组成大模板。重量轻，整体刚度较好，木质板面修补容易。

⑤ 高分子材料板　如由玻璃钢、硬质塑料板等组成。这类面板自重轻、光滑平整、组装方便。但刚度小、易变形、价格较贵。

（2）大模板类型　常用的大模板有下列几种类型。

① 平模　尺寸相当于房间一面墙的大小，是应用最多的一种。平模有下列三种。

a. 整体式平模。面板多用整块钢板，且面板、骨架、支撑系统和操作平台等都焊接成整体。模板的整体性好、周转次数多，但通用性差，仅用于大规模的标准住宅。

b. 组合式平模。以常用的开间、进深作为板面的基本尺寸，再辅以少量 20cm、30cm 或 60cm 的拼接窄板，即可组合成不同尺寸的大模板，以适应不同开间和进深尺寸的需要。它灵活通用，有较大的优越性，应用最广泛，而且板面（包括面板和骨架）、支撑系统、操作平台三部分用螺栓连接，便于解体。

c. 装拆式平模。这种模板的面板多用多层胶合板、组合钢模板或钢框胶合板模板，面板与横肋、竖肋用螺栓连接，板面与支撑系统、操作平台之间也用螺栓连接，用后可完全拆散，灵活性较大。

② 小角模　与平模配套使用，作为墙角模板。小角模与平模间应有一定的伸缩量，用于调节不同墙厚和安装偏差，也便于装拆。

图 9-42 所示为两种小角模，第一种是在角钢内面焊上扁钢，拆模后会在墙面留有扁钢的凹槽，清理后用腻子刮平；第二种是在角钢外面焊上扁钢，拆模后会出现突出墙面的一条棱，要及时处理。扁钢一端固定在角钢上，另一端与平模板面自由滑动。

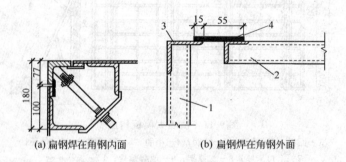

（a）扁钢焊在角钢内面　　　　（b）扁钢焊在角钢外面

图 9-42　小角模

1—横墙模板；2—纵墙模板；3—角钢 100mm×63mm×6mm；4—扁钢 70mm×5mm

③ 大角模　一个房间的模板由四块大角模组成，模板接缝在每面墙的中部。大角模本身稳定，但装、拆较麻烦，且墙面中间有接缝较难处理，已很少使用。

④ 筒模　将一个房间四面墙的模板连接成一个空间的整体模板即为筒模。它稳定性好，

可整间吊装而减少吊次，但自重大，不够灵活。多用于电梯井、管道井等尺寸较小的筒形构件，在标准间施工中也有应用，但应用较少。

2. 大模板施工工艺与方法

大模板施工工艺如下。

抄平放线→绑扎钢筋网片→内墙立门口→模板安装和校正→浇筑混凝土→拆除模板修理墙面→下道工序

① 大模板进场后，应核对型号，清点数量，注明模板编号。模板表面应除锈并均匀地涂刷脱模剂。常用的脱模剂有甲基硅树脂脱模剂、妥尔油脱模剂和机、柴油脱模剂等。

② 前一流水段拆模后，模板应由塔式起重机直接吊运到后一流水段进行支模，或在后一流水段的楼层上临时停放，以清除板面上的水泥浆，涂刷脱模剂。

③ 安装大模板时，根据墙位线放置模板，先安装横墙一侧的模板，再安装另一侧的模板，随即旋紧穿墙螺栓。然后安装内纵墙的模板，旋紧螺栓。最后放入角模，使纵、横墙模板连成一体。墙体厚度由放在两块模板中间的穿墙螺栓的塑料管来控制，垂直度用 2m 长的双十字形靠尺检查，通过支架上的地脚螺栓调整。

④ 为防止混凝土烂根，必须将模板和楼板之间的缝隙堵严，但不能造成墙体下部两侧悬空，以免影响抗震能力。如采取在楼板上抹砂浆找平层的措施时，找平层进入墙体不得超过 10cm。用模具先浇筑 5~10cm 混凝土导墙也可。采用筒子模时，可在四角用砂浆点找平。

⑤ 当内纵墙和内横墙分别浇筑时，应预留接槎孔洞，以增强整体连接。对于楼梯间的墙面，要采取措施保证墙面的垂直和平整，防止出现错台和漏浆现象。

⑥ 现浇混凝土内墙应先立门口，以使门框固定牢固，免去装拆假口以及钻孔、抹灰等工序。一般在大模板上钻出螺孔，将大模板与固定门口用的角钢框用螺栓拧紧，然后把门口放入框内，浇于混凝土之中。

⑦ 模板安装完毕后，应将每道墙的模板上口找直，并检查扣件、螺栓是否紧固，拼缝是否严密，墙厚是否合适，与外墙拉结是否紧固。检查合格经验收后，方准浇筑混凝土。

⑧ 在常温条件下，混凝土强度必须超过 1.0MPa 方准拆模。宽度大于 1m 的门洞口的拆模强度，应与设计单位商定，以防止门洞口产生裂缝。

起吊模板前，应认真检查穿墙螺栓是否全部拆完。起吊时应垂直慢速提升，无障碍后方可吊走。

楼板模板的安装可见本章第一节。

（三）剪力墙模板的拆除

墙体拆模强度不应低于 1.2MPa。

板底模拆模时，跨度不大于 8m 混凝土强度应达到设计强度的 75%，跨度大于 8m 混凝土强度应达到设计强度的 100%。

悬挑构件拆模时，混凝土强度应达到设计强度的 100%。

后浇带拆模时，混凝土强度应达到设计强度的 100%。

二、钢筋工程

（一）剪力墙结构的构造配筋

剪力墙结构包括：剪力墙边缘构件（含约束边缘构件或构造边缘构件）、剪力墙身、剪力墙连梁三部分。

1. 剪力墙约束边缘构件构造配筋

剪力墙两端和洞口两侧应设置边缘构件。

一、二、三级剪力墙底层墙肢底截面的轴压比大于表 9-24 的规定值时，以及部分框支剪力墙结构的剪力墙，应在底部加强部位及相邻的上一层设置约束边缘构件。

表 9-24　剪力墙可不设约束边缘构件的最大轴压比

等级或烈度	一级(9度)	一级(6、7、8度)	二、三级
轴压比	0.1	0.2	0.3

抗震设计时，剪力墙底部加强部位的范围如下。

底部加强部位的高度，应从地下室顶板算起。

底部加强部位的高度可取底部两层和墙体总高度的 1/10 二者的较大值。

当结构计算嵌固端位于地下一层底板或以下时，底部加强部位宜延伸到计算嵌固端。

剪力墙的约束边缘构件可为暗柱、端柱和翼墙，如图 9-43 所示。

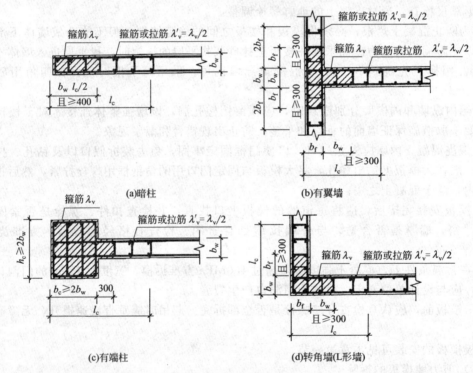

图 9-43　剪力墙的约束边缘构件

剪力墙的约束边缘构件构造配筋如下。

(1) 约束边缘构件沿墙肢的长度 l_c 和箍筋配箍特征值 λ_v 应符合表 9-25 的要求。

(2) 剪力墙约束边缘构件阴影部分（图 9-43）的竖向钢筋除应满足正截面受压（受拉）承载力计算要求外，其配筋率一、二、三级时分别不应小于 1.2%、1.0% 和 1.0%，并分别不应少于 8Φ16、6Φ16 和 6Φ14 的钢筋（Φ表示钢筋直径）。

(3) 约束边缘构件内箍筋或拉筋沿竖向的间距，一级不宜大于 100mm，二、三级不宜大于 150mm；箍筋，拉筋沿水平方向的肢距不宜大于 300mm，不应大于竖向钢筋间距的 2 倍。

表 9-25　约束边缘构件沿墙肢的长度 l_c 及其配箍特征值 λ_v

项　　目	一级（9 度）		一级（6、7、8 度）		二、三级	
	$\mu_N \leqslant 0.2$	$\mu_N > 0.2$	$\mu_N \leqslant 0.3$	$\mu_N > 0.3$	$\mu_N \leqslant 0.4$	$\mu_N > 0.4$
l_c（暗柱）	$0.20h_w$	$0.25h_w$	$0.15h_w$	$0.20h_w$	$0.15h_w$	$0.20h_w$
l_c（翼墙或端柱）	$0.15h_w$	$0.20h_w$	$0.10h_w$	$0.15h_w$	$0.10h_w$	$0.15h_w$
λ_v	0.12	0.20	0.12	0.20	0.12	0.20

注：1. μ_N 为墙肢在重力荷载代表值作用下的轴压比，h_w 为墙肢的长度。

2. 剪力墙的翼墙长度小于翼墙厚度的 3 倍或端柱截面边长小于 2 倍墙厚时，按无翼墙、无端柱查表。

3. l_c 为约束边缘构件沿墙肢的长度（图 9-43）。对暗柱不应小于墙厚和 400mm 的较大值；有翼墙或端柱时，不应小于翼墙厚度或端柱沿墙肢方向截面高度加 300mm。

2. 剪力墙构造边缘构件构造配筋

除约束边缘构件部位外，剪力墙的构造边缘构件范围如图 9-44 所示。

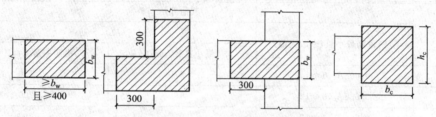

图 9-44　剪力墙的构造边缘构件范围

B 级高度高层建筑的剪力墙最大适用高度，见表 9-26。宜在约束边缘构件层与构造边缘构件层之间设置 1～2 层过渡层，过渡层边缘构件的箍筋配置要求可低于约束边缘构件的要求，但应高于构造边缘构件的要求。

表 9-26　B 级高度钢筋混凝土高层建筑剪力墙的最大适用高度　　　　　　　m

结构体系		非抗震设计	抗震设防烈度			
			6 度	7 度	8 度	
					0.20g	0.30g
剪力墙	框架-剪力墙	170	160	140	120	100
	全部落地剪力墙	180	170	150	130	110
	部分框支剪力墙	150	140	120	100	80
筒体	框架-核心筒	220	210	180	140	120
	筒中筒	300	280	230	170	150

注：1. 部分框支剪力墙结构指地面以上有部分框支剪力墙的剪力墙结构。

2. 甲类建筑，6、7 度时宜按本地区设防烈度提高一度后符合本表的要求，8 度时应专门研究。

3. 当房屋高度超过表中数值时，结构设计应有可靠依据，并采取有效的加强措施。

剪力墙的构造边缘构件构造配筋如下。

（1）竖向配筋应满足正截面受压（受拉）承载力的要求。

（2）当端柱承受集中荷载时，其竖向钢筋、箍筋直径和间距应满足框架柱的相应要求。

（3）箍筋、拉筋沿水平方向的肢距不宜大于 300mm，不应大于竖向钢筋间距的 2 倍。

（4）抗震设计时，对于连体结构、错层结构以及 B 级高度高层建筑结构中的剪力墙（筒体），其构造边缘构件的最小配筋应符合下列要求。

① 竖向钢筋最小量应比表 9-27 中的数值提高 0.001A_c 采用。

② 箍筋的配筋范围宜取图 9-44 中阴影部分，其配筋特征 λ_v 不宜小于 0.1。

（5）非抗震设计的剪力墙，墙肢端部应配置不少于 4Φ12 的纵向钢筋，箍筋直径不应小于 6mm、间距不宜大于 250mm。

表 9-27　剪力墙构造边缘构件的最小配筋要求

抗震等级	底部加强部位		
	竖向钢筋最小量（取较大值）	箍　筋	
		最小直径/mm	沿竖向最大间距/mm
一	0.010A_c,6Φ16	8	100
二	0.008A_c,6Φ14	8	150
三	0.006A_c,6Φ12	6	150
四	0.005A_c,4Φ12	6	200
抗震等级	其他部位		
	竖向钢筋最小量（取较大值）	拉　筋	
		最小直径/mm	沿竖向最大间距/mm
一	0.008A_c,6Φ14	8	150
二	0.006A_c,6Φ12	8	200
三	0.005A_c,4Φ12	6	200
四	0.004A_c,4Φ12	6	250

注：1. A_c 为构造边缘构件的截面面积，即图 9-44 剪力墙截面的阴影部分面积。

2. 符号Φ表示钢筋直径。

3. 其他部位的转角处宜采用箍筋。

3. 剪力墙身构造配筋

剪力墙身构造配筋如下。

（1）剪力墙竖向和水平分布钢筋的配筋率，一、二、三级时均不应小于 0.25%，四级和非抗震设计时均不应小于 0.20%。

（2）剪力墙的竖向和水平分布钢筋的间距均不宜大于 300mm，直径不应小于 8mm。剪力墙的竖向和水平分布钢筋的直径不宜大于墙厚的 1/10。

4. 剪力墙连梁的构造配筋

（1）连梁的配筋构造，如图 9-45 所示。应符合下列规定。

① 连梁顶面、底面纵向水平钢筋伸入墙肢的长度，抗震设计时不应小于 l_{aE}，非抗震设计时不应小于 l_a，且均不应小于 600mm。

② 抗震设计时，沿连梁全长箍筋的构造应符合框架梁梁端箍筋加密区的箍筋构造要求；非抗震设计时，沿连梁全长的箍筋直径不应小于 6mm，间距不应大于 150mm。

③ 顶层连梁纵向水平钢筋伸入墙肢的长度范围内应配置箍筋，箍筋间距不宜大于 150mm，直

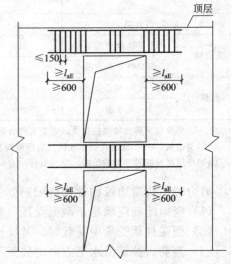

图 9-45　连梁配筋构造示意

注：非抗震设计时图中 l_{aE} 取 l_a

径应与该连梁的箍筋直径相同。

④ 连梁高度范围内的墙肢水平分布钢筋应在连梁内拉通作为连梁的腰筋。连梁截面高度大于700mm时，其两侧面腰筋的直径不应小于8mm，间距不应大于200mm；跨高比不大于2.5的连梁，其两侧腰筋的总面积配筋率不应小于0.3%。

（2）剪力墙开小洞口和连梁开洞应符合下列规定。

① 剪力墙开有边长小于800mm的小洞口、且在结构整体计算中不考虑其影响时，应在洞口上、下和左、右配置补强钢筋，补强钢筋的直径不应小于12mm，截面面积应分别不小于被截断的水平分布钢筋和竖向分布钢筋的面积，如图9-46所示。

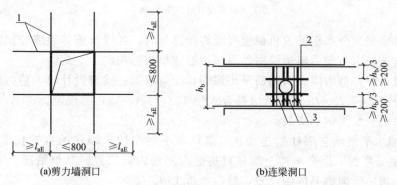

图9-46 洞口补强配筋示意

1—墙洞口周边补强钢筋；2—连梁洞口上、下补强纵向箍筋；3—连梁洞口补强箍筋

注：非抗震设计时图中 l_{aE} 取 l_a

② 穿过连梁的管道宜预埋套管，洞口上、下的截面有效高度不宜小于梁高的1/3，且不宜小于200mm；被洞口削弱的截面应进行承载力验算，洞口处应配置补强纵向钢筋和箍筋[图9-46（b）]，补强纵向钢筋的直径不应小于12mm。

（二）剪力墙结构钢筋安装

1. 剪力墙边缘构件钢筋安装

（1）剪力墙边缘构件的纵向钢筋伸入基础内的锚固长度应符合设计要求。

（2）剪力墙边缘构件纵向钢筋伸至基础顶面或楼板顶面500mm以上时，方可允许钢筋连接。

（3）钢筋的连接有绑扎搭接、机械连接、焊接连接三种方法，其钢筋的连接在同一区段内的钢筋接头百分率不应超过50%。当绑扎搭接时，钢筋搭接长度：非抗震设计应取 l_1，抗震设计应取 l_{lE}。相邻钢筋搭接应错开，错开的间距：非抗震设计应取 $0.3l_1$，抗震设计应取 $0.3l_{lE}$。当钢筋为机械连接时，相邻钢筋机械连接应错开，错开的间距应大于等于35d，当钢筋为焊接连接时，相邻钢筋焊接接头应错开，错开间距应大于等于35d，且大于等于500mm。

（4）暗柱及端柱内纵向钢筋连接和锚固要求宜与框架柱相同，宜符合本章第一节的有关规定。

2. 剪力墙身钢筋安装

（1）剪力墙身竖向钢筋安装。剪力墙竖向及水平分布钢筋采用搭接连接时（图9-47），一、二级剪力墙的底部加强部位，接头位置应错开，同一截面连接的钢筋数量不宜超过总数量的50%，错开净距不宜小于500mm；其他情况剪力墙的钢筋可在同一截面连接。分布钢筋的搭接长度，非抗震设计时不应小于1.2l_a，抗震设计时不应小于1.2l_{aE}。

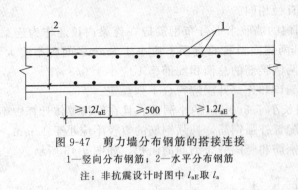

图 9-47　剪力墙分布钢筋的搭接连接

1—竖向分布钢筋；2—水平分布钢筋

注：非抗震设计时图中 l_{aE} 取 l_a

当剪力墙身竖向分布钢筋为机械连接或焊接连接时，各级抗震等级或非抗震剪力墙竖向分布钢筋的构造要求与剪力墙边缘构件纵向钢筋连接构造相同。

非抗震设计时，剪力墙纵向钢筋最小锚固长度应取 l_a；抗震设计时，剪力墙纵向钢筋最小锚固长度应取 l_{aE}。l_a、l_{aE} 的取值应符合式(8-17)、式(8-19) 的规定。

(2) 剪力墙身水平钢筋安装

① 剪力墙水平钢筋与端柱的连接。当墙体水平钢筋伸入端柱的直锚长度大于等于 l_{aE} (l_a) 时，可不必弯折，但必须伸至端柱对边竖向钢筋内侧位置。其他情况，墙体水平钢筋必须伸入端柱对边竖向钢筋内侧位置，然后弯折 $15d$。

② 剪力墙水平钢筋与暗柱的连接。剪力墙水平钢筋伸入约束边缘暗柱的连接有两种连接方式：第一种暗柱端部设置 U 形构造钢筋，与两侧水平筋于 l_c 外搭接连接，搭接长度应取 l_{lE} (l_l)；第二种是剪力墙身两侧水平钢筋在暗柱端头弯折 180° 相搭接，搭接长度同墙厚。当剪力墙两侧水平钢筋伸入构造边缘暗柱对边竖向钢筋外侧位置，然后弯折 $10d$。

③ 剪力墙水平钢筋与翼墙的连接。当剪力墙水平钢筋与约束边缘翼墙连接时，b_f 厚墙两侧水平钢筋直接伸至约束边缘翼墙外，然后按要求搭接。b_w 厚墙两侧水平钢筋伸入约束边缘翼墙构造同约束边缘暗柱。

当剪力墙水平钢筋与构造翼墙连接时，b_f 厚墙水平钢筋伸至暗柱外，b_w 厚墙水平钢筋伸至暗柱至 b_f 厚墙外侧钢筋内侧，弯折 $15d$。

④ 剪力墙水平钢筋与转角墙的连接有三种形式。第一种墙水平钢筋搭接形式是外侧水平钢筋连续通过转弯，上下相邻两侧水平钢筋在转角一侧交错搭接，连接区域在转角墙暗柱范围外，搭接连接如图 9-47 所示。第二种墙水平钢筋搭接形式是上下相邻两排水平钢筋在转角两侧交错搭接，钢筋连接区域在暗柱范围外。第三种墙水平钢筋搭接形式是外侧水平钢筋在转角处搭接，搭接长度应取 l_{lE} (l_l)。选择某种钢筋搭接形式由设计者指定后使用。这三种形式剪力墙的里侧水平钢筋伸入暗柱对边竖向钢筋内侧位置，然后弯折 $15d$。

剪力墙钢筋安装应使拉筋与竖向钢筋和水平钢筋绑扎牢。

3. 剪力墙连梁钢筋安装

(1) 连梁纵筋布置。连梁纵筋伸入支座锚固长度应取 l_{aE} (l_a) 且大于等于 600mm，当端部墙肢较短，纵筋伸入支座锚固长度小于等于 l_{aE} (l_a) 或小于等于 600mm 时，可伸至墙外侧纵筋内侧后弯折 $15d$。

(2) 连梁箍筋布置。墙顶的墙端部连梁、单洞口连梁、双洞口连梁支座处及跨中的箍筋应连续布置，箍筋直径均相等，且间距取 150mm。其他连梁当为单洞口时在洞口顶布置箍筋，当为双洞口连梁时两洞口加中间支座应连续布置箍筋。

剪力墙连梁的侧面钢筋按设计布置，其剪力墙水平钢筋应伸过连梁。

拉筋直径：当连梁宽小于等于 350mm 时为 6mm，当连梁宽大于 350mm 时为 8mm，拉筋间距为 2 倍箍筋间距，竖向沿侧面水平筋隔一拉一。

（三）楼板的构造配筋

1. 楼板的单层构造配筋

（1）按简支边或非受力边设计的现浇混凝土板，当与混凝土梁、墙整体浇筑或嵌固在砌体墙内时，应设置板面构造钢筋，并符合下列要求。

① 钢筋直径不宜小于 8mm，间距不宜大于 200mm，且单位宽度内的配筋面积不宜小于跨中相应方向板底钢筋截面面积的 1/3。与混凝土梁、混凝土墙整体浇筑单向板的非受力方向，钢筋截面面积尚不宜小于受力方向跨中板底钢筋截面面积的 1/3。

② 钢筋从混凝土梁边、柱边、墙边伸入板内的长度不宜小于 $l_0/4$，砌体墙支座处钢筋伸入板边的长度不宜小于 $l_0/7$，其中计算跨度 l_0 对单向板按受力方向考虑，对双向板按短边方向考虑。

③ 在楼板角部，宜沿两个方向正交、斜向平行或放射状布置附加钢筋。

④ 钢筋应在梁内、墙内或柱内可靠锚固。

（2）当按单向板设计时，应在垂直于受力的方向布置分布钢筋，单位宽度上的配筋不宜小于单位宽度上的受力钢筋的 15％，且配筋率不宜小于 0.15％；分布钢筋直径不宜小于 6mm，间距不宜大于 250mm；当集中荷载较大时，分布钢筋的配筋面积尚应增加，且间距不宜大于 200mm。

2. 楼板的双层双向构造配筋

在温度、收缩应力较大的现浇板区域，应在板的表面双向配置防裂构造钢筋。配筋率均不宜小于 0.10％，间距不宜大于 200mm。防裂构造钢筋可利用原有钢筋贯通布置，也可另行设置钢筋并与原有钢筋按受拉钢筋的要求搭接或在周边构件中锚固。

楼板平面的瓶颈部位宜适当增加板厚和配筋。沿板的洞边、凹角部位宜加配防裂构造钢筋，并采取可靠的锚固措施。

3. 板、柱结构构造配筋

（1）混凝土板中配置抗冲切箍筋或弯起钢筋时，应符合下列构造要求。

① 板的厚度不应小于 150mm。

② 按计算所需的箍筋及相应的架立钢筋应配置在与 45°冲切破坏锥面相交的范围内，且从集中荷载作用面或柱截面边缘向外的分布长度不应小于 $1.5h_0$ ［图 9-48（a）］；箍筋直径不应小于 6mm，且应做成封闭式，间距不应大于 $h_0/3$，且不应大于 100mm；

③ 按计算所需弯起钢筋的弯起角度可根据板的厚度在 30°～45°之间选取；弯起钢筋的倾斜段应与冲切破坏锥面相交 ［图 9-48（b）］，其交点应在集中荷载作用面或柱截面边缘以外 （1/2～2/3）h 的范围内。弯起钢筋直径不宜小于 12mm，且每一方向不宜少于 3 根。

（2）板柱节点可采用带柱帽或托板的结构形式。板柱节点的形状、尺寸应包容 45°的冲切破坏锥体，并应满足受冲切承载力的要求。

柱帽的高度不应小于板的厚度 h；托板的厚度不应小于 h/4。柱帽或托板在平面两个方向上的尺寸均不宜小于同方向上柱截面宽度 b 与 4h 的和（图 9-49）。

（四）楼板的钢筋安装

1. 楼板的单层钢筋安装

（1）在搭接范围内，相互搭接的纵筋与横向钢筋的每个交叉点均应进行绑扎。

（2）抗裂构造钢筋自身及其与受力主筋搭接长度为 150mm，抗温度筋自身及其与受力主筋搭接长度为 l_1 或 l_{1E}。

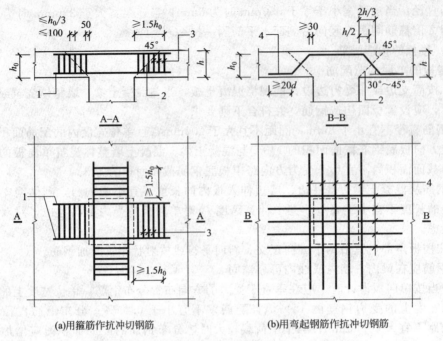

图 9-48 板中抗冲切钢筋布置

1—架立钢筋；2—冲切破坏锥面；3—箍筋；4—弯起钢筋

注：图中尺寸单位 mm

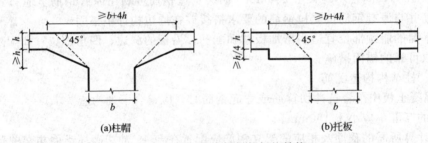

图 9-49 带柱帽或托板的板柱结构

（3）板上下贯通筋可兼作抗裂构造筋和抗温度筋。当下部贯通筋兼作抗温度钢筋时，其在支座的锚固应符合设计要求。

（4）分布筋自身及与受力主筋、构造钢筋的搭接长度为 150mm；当分布筋兼作抗温度筋时，其自身及与受力主筋、构造钢筋的搭接长度为 l_1 或 l_{lE}；其在支座的锚固按受拉要求考虑。

2. 楼板的双层双向钢筋安装

（1）当相邻等跨或不等跨的上部贯通纵筋配置不同时，应将配置较大者跨过其标注的跨数终点或起点伸出至相邻跨的跨中连接区域连接，下部钢筋宜在距支座 1/4 净跨内连接。

（2）同一连接区段内纵向受拉钢筋绑扎搭接接头、机械连接接头、焊接接头应符合本章第一节的有关规定，且同一连接区段内钢筋接头百分率不宜大于 50%，不等跨板上部贯通纵筋连接在跨中或跨中 1/3 范围内，上下层钢筋连接净距大于等于 $0.3l_1$（或 l_{lE}）。

（3）双层筋伸入支座的锚固长度。当支座为梁（或圈梁）、剪力墙时，下部筋伸入支座的锚固长度应大于等于 5d 或跨越支座中线；当支座为砌体时，下部纵筋伸入支座长度应大于等于 120mm 或板厚或墙厚一半。上部筋伸入支座的锚固长度应大于等于 l_a 或 l_{aE}，当支座宽度不足时，可将上部纵筋下弯 15d。

（五）钢筋安装工程施工质量验收

剪力墙和现浇楼板的钢筋安装工程施工质量验收的主要内容如下。

1. 主控项目的验收

（1）纵向钢筋的连接方式应符合设计要求。

（2）在施工现场，应按国家现行标准 JGJ107《钢筋机械连接通用技术规程》、JGJ18《钢筋焊接及验收规程》和 JGJ27《钢筋焊接接头试验方法》等的有关规定。

（3）钢筋安装时，受力钢筋的品种、级别、规格和数量及锚固必须符合设计要求。

2. 一般项目的验收

（1）钢筋的接头宜设置在受力较小处。同一纵向受力钢筋不宜设置两个或两个以上接头。接头末端至钢筋弯起点的距离不应小于钢筋直径的 10 倍。

（2）在施工现场，应按国家现行标准 JGJ 107《钢筋机械连接通用技术规程》、JGJ 18《钢筋焊接及验收规程》的规定对钢筋机械连接接头、焊接接头的外观进行检查，其质量应符合有关规程的规定。

（3）当受力钢筋采用机械连接接头或焊接接头时，设置在同一构件内的接头宜相互错开。同一区段内钢筋接头百分率应符合要求。

（4）同一构件中相邻纵向受力钢筋的绑扎搭接接头宜相互错开。同一区段内的钢筋接头百分率应符合要求，钢筋搭接长度应符合本章第一节中有关规定。

（5）在边缘构件的纵向受力钢筋搭接长度范围内，应按设计要求配置箍筋。当设计无具体要求时，应符合标准图的要求。

（6）钢筋安装位置的允许偏差和检验方法见表 9-12。尤其是剪力墙竖向钢筋的上端楼面处钢筋位置和楼板双层双向钢筋的保护层厚度应符合规定。

三、混凝土工程

（一）泵送混凝土配合比设计

泵送混凝土配合比的计算和试配步骤，除应按普通混凝土配合比设计规定进行外，在配合比和原材料选用还应符合下列规定。

（1）泵送混凝土试配时要求的坍落度值应按下式计算：

$$T_t = T_p + \Delta T \qquad\qquad (9\text{-}16)$$

式中　T_t——试配时要求的坍落度值；

　　　T_p——入泵时要求的坍落度值，见表 9-15；

　　　ΔT——试验测得在预计时间内的经时坍落度损失值，其中 ΔT 也可查表 9-16。

（2）泵送混凝土的用水量与水泥和矿物掺合料的总量之比不宜大于 0.60。

（3）泵送混凝土应选用硅酸盐水泥、普通硅酸盐水泥、矿渣硅酸盐水泥和粉煤灰硅酸盐水泥，不宜采用火山灰质硅酸盐水泥。

泵送混凝土的水泥和矿物掺合料的总量不宜小于 300kg/m³。

（4）泵送混凝土应掺用泵送剂或减水剂，并宜掺用粉煤灰或其他活性矿物掺合料，其质量应符合国家现行有关标准的规定。

（5）泵送混凝土的砂率宜为 35%～45%。

（6）泵送混凝土宜采用中砂，其通过 0.315mm 筛孔的颗粒含量不应少于 15%。

（7）粗骨料宜采用连续级配，其针片状颗粒含量不宜大于 10%；粗骨料的最大公称粒径与输送管径之比宜符合表 9-14 的规定。

（8）掺用引气型外加剂时，其混凝土含气量不宜大于 4%。

（二）剪力墙混凝土浇筑

剪力墙的内外墙混凝土应同时浇筑，不宜留施工缝，混凝土的浇筑方法有两种。一种是分组分层大循环浇筑法；另一种是分组分段小循环浇筑法。其混凝土的浇筑要点如下。

（1）剪力墙身的钢筋经检验合格后，方可合模。模板经检验合格后，监理工程师下达混凝土浇筑令，然后才能进行混凝土浇筑。

（2）严格控制混凝土坍落度，其允许偏差见表 9-13。

（3）剪力墙的混凝土浇筑高度应为 1.25 棒长，且应取 250~350mm。

（4）在混凝土振捣过程中，要做到振捣到位，防止漏振或重振现象。

（5）剪力墙身的模板允许拆模后，应立即进行养护，养护时间不少于 7d。

（三）楼板的混凝土浇筑

1. 实心楼板的混凝土浇筑

（1）弹线做标志，控制实心楼板的混凝土浇筑厚度。

（2）选择合适的平板振动器振捣混凝土，严禁用棒式振捣器振捣混凝土。

（3）楼板的混凝土终凝后，放线员方可进行上层内、外墙和楼梯间等位置的弹线。

（4）楼面放完线后，应立即进行混凝土养护。

2. 空心楼板的混凝土浇筑

（1）石子粒径级配要合理，混凝土用粗骨料的最大粒径不宜超过空心板肋宽的 2/3，且不得超过 40mm，最大粒径 40mm 的石子不得大于 2%。

（2）钢筋隐蔽工程验收、薄壁管固定验收合格后，方可浇筑混凝土。

（3）混凝土输送采用拖式泵和布料机。混凝土泵管支架必须放置在专门的支架上，禁止直接放置在薄壁管上，以免破坏薄壁管。布料机放置位置要根据每层楼板的平面尺寸，提前设定，根据薄壁管间距采用脚手管搭设支架，支架直接支撑在模板上，不允许直接压在薄壁管上。应做到在混凝土浇筑过程中，布料机移动次数达到最少，从而加快施工速度。

（4）施工时，先浇筑梁，后浇筑板部位的混凝土。混凝土要分两部分浇筑完成。首先，浇筑至薄壁管直径 1/2~2/3 高，用 φ30 插入式混凝土振捣棒仔细振捣，振捣间距为300mm。所有的肋部都必须按规定间距振捣，不得漏振。然后初凝前浇筑余下部分混凝土，用平板振捣器进行振捣找平，振捣时间不可以太长。浇筑混凝土方向应垂直薄壁管布管方向，标高控制根据钢筋定位格控制。同时可利用钢筋定位格搭设振捣操作平台，不得直接踩在空心管上，防止破坏成品。

（5）施工缝的留设：对平行于薄壁管部位的施工缝，应留设在肋部；对垂直薄壁管部位的施工缝，应根据薄壁管排版图把施工缝留设在管的端部；施工缝部位不允许出现薄壁管外露的现象，避免薄壁管被破坏，影响施工质量。

（四）剪力墙结构泵送混凝土施工质量控制要点。

高层建筑剪力墙结构泵送混凝土施工质量控制要点如下。

（1）预拌混凝土运至浇筑地点，应进行坍落度检查，其允许偏差应符合表 9-13 的规定。

（2）混凝土浇筑高度应保证混凝土不发生离析。混凝土自高处倾落的自由高度不应大于2m；柱、墙模板内的混凝土倾落高度应满足表 9-28 的规定；当不能满足表 9-28 的规定时，宜加设串通、溜槽、溜管等装置。

（3）混凝土浇筑过程中，应设专人对模板支架、钢筋、预埋件和预留孔洞的变形、移位进行观测，发现问题及时采取措施。

表 9-28　柱、墙模板内混凝土倾落高度限值

条　　件	混凝土倾落高度/m
骨料粒径大于 25mm	≤3
骨粒料径不大于 25mm	≤6

（4）混凝土浇筑后应及时进行养护。根据不同的地区、季节和工程特点，可选用浇水、综合蓄热、电热、远红外线、蒸汽等养护方法，以塑料布、保温材料或涂刷薄膜等覆盖。

（5）结构柱、墙混凝土设计强度等级高于梁、板混凝土设计强度等级时，应在交界区域采取分隔措施。分隔位置应在低强度等级的构件中，且与高强度等级构件边缘的距离不宜小于 500mm。应先浇筑高强度等级混凝土，后浇筑低强度等级混凝土。

（6）混凝土施工缝宜留置在结构受力较小且便于施工的位置。

（7）后浇带应按设计要求预留，并按规定时间浇筑混凝土，进行覆盖养护。当设计对混凝土无特殊要求时，后浇带混凝土应高于其相邻结构一个强度等级。

（8）现浇混凝土结构的允许偏差应符合表 9-29 的规定。

表 9-29　现浇混凝土结构的允许偏差

项　　　　目			允许偏差/mm
轴线位置			5
垂直度	每层	≤5m	8
		>5m	10
	全　　高		$H/1000$ 且≤30
标　高	每　　层		±10
	全　　高		±30
截面尺寸			+8，−5（抹灰）
			+5，−2（不抹灰）
表面平整（2m 长度）			8（抹灰），4（不抹灰）
预埋设施中心线位置	预埋件		10
	预埋螺栓		5
	预埋管		5
预埋洞中心线位置			15
电梯井	井筒长、宽对定位中心线		+25，0
	井筒全高（H）垂直度		$H/1000$ 且≤30

（五）现浇混凝土楼板裂缝的防控措施

1. 合理选择组成混凝土的原材料

（1）水泥宜优先选用硅酸盐水泥、普通硅酸盐水泥，进场时应对其品种、级别、包装或批次、出厂日期和进场的数量等进行检查，并应对其强度、安定性及其他必要的性能指标进行复验。

（2）砂应采用中、粗砂，砂、石含泥量应符合标准要求。

（3）预拌混凝土的含砂率、粗骨料的用量应根据试验确定。

（4）混凝土应采用减水率高、分散性能好、对混凝土收缩影响较小的外加剂，其减水率不应低于 12%。

掺用矿物掺合料的质量应符合相关标准规定，掺量应根据试验确定。

（5）施工时，应随时测定混凝土的坍落度，当坍落度指标不符合要求时不得使用。混凝土泵送管道发生堵塞时，不得用加水的方法解决。

（6）后浇带浇筑宜采用补偿收缩混凝土，其强度应提高一个等级。

2. 按图布置板内管线

楼板内敷设电线管宜避免交叉，必须交叉时宜采用接线盒形式，严禁三层及三层以上管线交错叠放。必要时，宜在管线处增设钢丝网等加强措施。线管直径大于 20mm 时，宜采用金属导管。

3. 控制双层双向钢筋的保护层厚度

严格控制现浇板的厚度和现浇板中钢筋保护层厚度。板底层钢筋保护层应用细石混凝土垫块或塑料支卡，纵横间距不大于 1.0m。负弯矩钢筋下面，应设置通长钢筋马凳，距支座 200mm，再按间距不大于 500mm 设置，马凳主筋不小于 $\phi16$。

4. 成品保护措施

楼板混凝土浇筑前，必须搭设可靠的施工平台、走道，施工中应派专人检查钢筋，确保钢筋位置符合要求。

5. 混凝土振捣措施

现浇楼板宜采用平板振动器振捣，在混凝土初凝前进行二次振捣，在混凝土终凝前进行二次抹压。按规定留置的施工缝应加强振捣，并避免过振，保证混凝土紧密结合。

6. 后浇带设置及质量控制措施

后浇带的位置和混凝土浇筑应严格按设计要求和施工技术方案执行。后浇带应在其两侧混凝土龄期大于两个月后再施工。

7. 混凝土养护措施

混凝土浇筑完毕后，应及时对混凝土加以覆盖和保湿养护。

8. 楼面施工荷载的控制措施

模板及其支架必须具备足够的承载力、刚度和稳定性。混凝土强度达到 1.2MPa 前，不得在其上踩踏、堆载或安装模板及支架。施工中应采取措施，避免堆放材料超过模板设计荷载以及施工对楼板产生冲击荷载。

严禁在裙房楼面上安装起重设备，必要时，应在楼面下设立柱支撑，以保护楼板的结构安全。

第三节　高层建筑预应力结构施工

高层建筑预应力结构施工涉及内容较多，这里主要讲述无黏结预应力混凝土楼盖结构施工。

无黏结预应力混凝土楼盖常采用的结构布置方案主要有如图 9-50 所示几种类型。图 9-50(a) 中板是单向板，即按板的受力方向在板中单向均匀地配置预应力筋，梁可以是预应力梁，即梁中配置预应力筋；图 9-50(b)、(c) 均为无梁楼盖，属于双向受力平板，常采用的配筋方案如图 9-51 所示；图 9-50(d) 是密肋板，一般在板肋中配制预应力筋；图 9-50(e) 中板也是单向板，其配筋如图 9-50(a) 所示，梁是配置预应力筋的宽扁梁；图 9-50(f)是梁支撑的双向板，板在两个方向上配有均布的无黏结预应力筋；梁中也可配置预应力筋。无黏结预应力筋在梁中布置时，因梁的截面尺寸、配筋数量等不尽相同，并考虑保证预应力筋与预应力筋之间、预应力筋与非预应力筋之间应有一定的空隙，无黏结预应力筋在梁截面中的分布常用单根布置和集束布置两种形式，如图 9-52 所示。

一、无黏结预应力筋在现浇结构中的配置

无黏结预应力筋在框架中的线形布设常见的有以下几种方式。

(1) 正、反抛物线布置　常用于支座弯矩与跨中弯矩基本相等的单跨框架梁。切点即正、反抛物线的交接点，称为反弯点，如图 9-53(a) 所示。

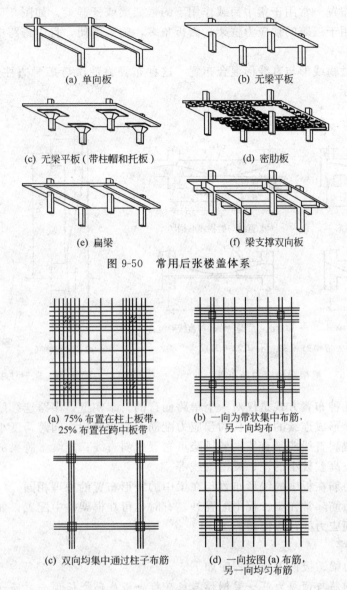

(a) 单向板   (b) 无梁平板

(c) 无梁平板（带柱帽和托板）   (d) 密肋板

(e) 扁梁   (f) 梁支撑双向板

图 9-50 常用后张楼盖体系

(a) 75% 布置在柱上板带，25% 布置在跨中板带   (b) 一向为带状集中布筋，另一向均布

(c) 双向均集中通过柱子布筋   (d) 一向按图(a)布筋，另一向均匀布筋

图 9-51 无黏结筋的布置形式

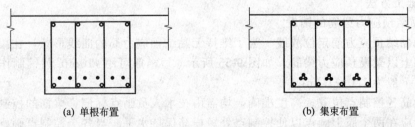

(a) 单根布置   (b) 集束布置

图 9-52 预应力筋在梁截面中的布置

（2）直线与抛物线相切布置 如图 9-53(b) 所示，C 点即为直线与抛物线的切点，E 点为反弯点，常用于支座弯矩较小的单跨框架梁或多跨框架梁的边跨梁外端，以减少框架梁跨中与内支座处的摩擦损失。

（3）折线形布置　常用于集中荷载作用下的框架梁或开洞梁，如图9-53（c）所示。折线形布置方案不宜用于三跨的预应力框架，因折角多，施工不便，且中跨跨中处的预应力摩擦损失也较大。

（4）正、反抛物线形与直线形混合布置　这种布置将使次弯矩对边柱造成有利的影响，如图9-53（d）所示。

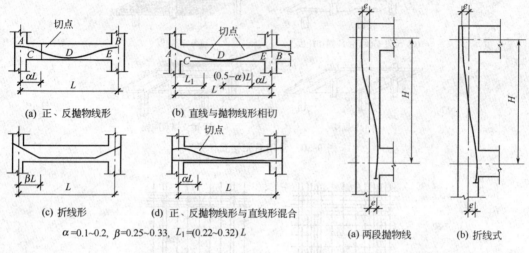

(a) 正、反抛物线形　　(b) 直线与抛物线形相切

(c) 折线形　　(d) 正、反抛物线形与直线形混合

$\alpha = 0.1 \sim 0.2$，$\beta = 0.25 \sim 0.33$，$L_1 = (0.22 \sim 0.32)L$

图9-53　框架梁预应力筋布置

(a) 两段抛物线　　(b) 折线式

图9-54　框架柱中预应力筋布置

以上所列的几种布置方式是仅对一个单跨而言的。事实上，多跨连续结构往往将各单跨的预应力筋连通，形成连续的、通长的预应力配筋。当边跨比中间跨跨度小时，预应力筋在小边跨内可布置成斜直线或平直线；悬挑跨可布置成斜直线；连续多跨梁的中间某一小跨可布置成平直线或矢高差较小的正、反抛物线等。

无黏结预应力筋在板中的线形布置与在梁中的线形布置的原理相同。

无黏结预应力筋除常在梁、板中配置外，有时也可在框架柱中配置，如图9-54所示。

二、无黏结预应力梁、板楼盖施工

（一）施工程序

无黏结预应力梁、板楼盖施工程序如下。

梁底模→梁钢筋与预应力筋→梁侧模与板底模→板底筋→板预应力筋→水电管线→板顶筋→张拉端与梁板端模→隐检→浇筑混凝土

（二）施工方法

1. 无黏结预应力梁筋的铺设

（1）无黏结预应力筋定位放线　为了维持无黏结预应力筋的曲线形状，在梁骨架中焊短横筋于箍筋上以架设预应力梁筋，如图9-55所示。短横筋可用$\phi10mm$圆钢制作，其间距按设计要求，一般为$1.0 \sim 1.2m$。

为使梁筋各控制点位置、高度准确，均需由技术人员画点标记。梁筋的控制点可标在箍筋上，一般应在两个肢上画点以使控制点处短横筋保持水平。当各个控制点画好后，即可按位置将短横筋焊在箍筋上。

（2）穿筋　按每根梁中预应力筋的设计根数，并按焊好的控制点可组织穿筋工作。一般可从梁的一端开始，由专人引导前端，用人力穿入直至到达梁的另一端。有时，也可从靠近梁端某处开始穿入，预应力筋前端到达位置后，再将预应力筋的末端从开始穿筋处退到预定的支座（即梁端）位置。穿筋前，应事先规划好每个箍筋空格内分布的根数及张拉端处的走向，穿筋过程中也应合理排放固定端的挤压锚具，不宜过分集中且应深入支座。每根预应力筋应尽量一次性完成穿筋工作，避免重穿。

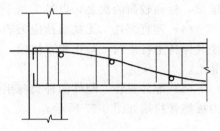

图 9-55　预应力梁筋线型控制示意

（3）集束绑扎　每根梁中预应力筋穿插完毕后，应进一步调整位置，使其顺直、相互平行，避免相互扭绞，并随时用 20# ～22# 铅丝将预应力筋绑扎固定在各控制点处的短横筋上。当预应力筋需要集束时，应将几根预应力筋用铅丝捆绑成束，集束绑扎点的间距不宜大于 1.5m。

（4）安放承压板等配件　预应力筋穿完后，在张拉端处应组装承压板、螺旋筋等配件。承压板为 100mm×100mm×12mm，中间开设 $\phi20$～$\phi22$mm 圆孔的方形钢板。螺旋筋由 $\phi6$mm 钢筋制作，螺旋直径约为 95～100mm，长度为 4.5 圈。承压板可用钉子或螺栓固定在端部模板上，也可使用辅助钢筋将承压板焊接固定，这种方法便于实施，常为施工现场采用。承压板平面应与预应力筋张拉作用线相垂直。螺旋筋由于是开口形，通过旋转的方法即可将其套在预应力筋上。螺旋筋安放完毕后，必须紧靠在承压板上，并且中心与预应力筋同心。一般采取点焊的方法将螺旋筋固定在承压板上，避免浇捣混凝土时位移。有时，也可事先把螺旋筋与承压板焊接在一起，施工时一起安装，但这种方法会由于梁端部的非预应力筋以及支座的非预应力筋（柱箍或墙筋或其他梁筋）存在，不便于安装，但可减少现场焊接作业量。固定端也应安装螺旋筋。

有一些特殊位置的张拉端，张拉后锚具不能突出结构之外，如楼梯间或其他室内的墙面上，或者是为了满足设计要求，均应在张拉端处组装塑料穴模（用泡沫塑料制作），安装在承压板与模板之间，使承压板后退。组装时各部件之间不应有缝隙。

2. 无黏结预应力板筋的铺设

无黏结预应力板筋的铺设程序与梁筋的铺设程序基本相同，即

定位放线→铺放马凳→铺筋→调直绑扎→配件安装

（1）定位放线　铺设前应在预应力筋的两端及连续多跨板的中间支座处画出标记，确定每根预应力筋的铺设位置。这些标记点也可作为拉通线调直预应力筋的依据。用卷尺量好后，标记点可画在底模板或梁骨架的主筋上。此外，铺筋前还应在底模上画出各控制马凳的位置。

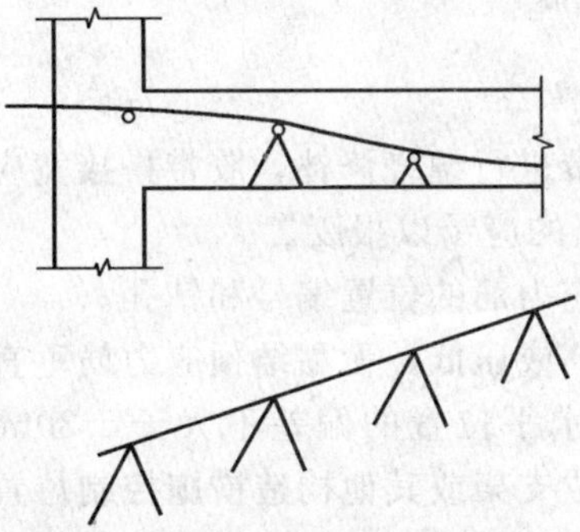

（2）铺放马凳　为维持预应力筋的曲线形状，满足设计要求，采用通长铁马凳架设预应力筋，如图 9-56 所示。马凳布设间距应按设计要求，一般不应大于 2.0m。马凳可在铺筋前事先加工好，并绑扎或粘贴标牌区分不同规格。这种方法有利于减少在现场作业层的施工时间，加快工程进度；有利于马凳高度准确，使预应力筋的矢高得到保证。马凳按前述画好的位置铺放后，必须绑扎或点焊固定，避免移位。

图 9-56　预应力板筋线型控制示意

（3）铺筋　预应力板筋的铺放要比梁筋容易得多。当板的非预应力底部钢筋绑扎完毕后即可铺设预应力筋，操作空间大，又没有穿梁筋时的阻力，按画好的位置标记铺放即可。铺放双向配置的无黏结预应力筋时，应对每个纵横筋交叉点相应的两个标高（或称矢高）进行比较。对各交叉点标高较低的无黏结预应力筋应先进行

铺设，标高较高的次之，以避免两个方向的无黏结预应力筋相互穿插铺放。

（4）调直绑扎　无黏结预应力筋铺放完毕后，要对照画好的位置标记进行调整、调直，使其保持平行走向，防止相互扭绞。用20#～22#铅丝将预应力筋绑扎固定在各控制点的马凳上。

（5）配件安装　配件的种类与组装方法完全同预应力梁筋，这里不再赘述。无黏结预应力板筋张拉端如图9-57所示。

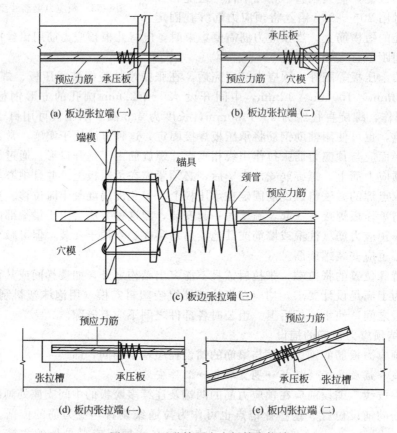

(a) 板边张拉端（一）　　(b) 板边张拉端（二）

(c) 板边张拉端（三）

(d) 板内张拉端（一）　　(e) 板内张拉端（二）

图 9-57　无黏结预应力板筋张拉端

无黏结预应力梁筋、板筋在铺设时应符合下列规定。

无黏结预应力筋对局部破损的外包层，可用水密性胶带进行缠绕修补，胶带搭接宽应不小于胶带宽度的1/2，缠绕长度应超过破损长度，严重破损的应予以报废。

张拉端端部模板预留孔应按施工图中规定的无黏结预应力筋的位置编号和钻孔。

敷设的各种管线不应将无黏结预应力筋的垂直位置抬高或压低。无黏结预应力筋垂直位置的偏差，在板内为±5mm，在梁内为±10mm。在板内水平位置的偏差不大于±30mm。无黏结预应力筋采取竖向、环向或螺旋形铺放时，应有定位支架或其他构造措施控制位置。

在板内无黏结预应力筋可分两侧绕过开洞处铺放，无黏结预应力筋距洞口不宜小于150mm，水平位移的曲率半径不宜小于6.5m。洞口边应配置构造钢筋加强。

无黏结预应力筋的外露长度应根据张拉机具所需的长度确定，无黏结预应力曲线筋或折线筋末端的切线应与承压板相垂直，曲线段的起点至张拉锚固点应有不小于300mm的直线段。

无黏结预应力筋铺放、安装完毕后，应进行隐蔽工程验收，当确认合格后方能浇筑混凝土。

在混凝土施工中，不得使用含有氯离子的外加剂；浇筑混凝土时，严禁踏压撞碰无黏结预应力筋、支撑架及端部预埋部件；张拉端、固定端处混凝土必须振捣密实。

3. 无黏结预应力筋的张拉

当混凝土浇筑后，强度达到张拉所需的设计强度时，即可组织无黏结预应力筋的张拉工作。这一环节是建立预应力值并最终实现设计效果的重要步骤，对无黏结预应力混凝土结构工程的施工质量具有重大的影响。因此，除在预应力筋铺设阶段按设计要求、规范要求布设，为保证质量创造前提条件外，还应在张拉阶段做好张拉设备的正确使用管理和配套校验、应力控制与伸长值校核以及张拉工艺的全面控制等工作。

(1) 张拉设备的使用管理与校验 无黏结预应力筋张拉机具及仪表，应由专人使用和管理，并定期做好维护工作，即保持设备各部分表面干净整洁，用洗油清洗工具锚，过滤或更换液压油。建立张拉设备档案并做好检修、维修记录。搬运移动设备时，应使受力点作用在专用把手上，并应轻拿轻放，避免设备摔碰。操作设备人员应经过一段时间的操作实践后上岗，以便掌握设备的合理控制技巧。张拉过程中，操作设备人员的视线与压力表盘平面相垂直，避免读数误差过大。安装张拉设备时，对直线的无黏结预应力筋，应使张拉力的作用线与无黏结预应力筋中心线重合；对曲线的无黏结预应力筋，应使张拉力的作用线与无黏结预应力筋中心线末端的切线重合。对于夹片锚具张拉并采用液压顶压器顶压时，千斤顶在保持张拉力的情况下进行顶压锚固，顶压压力应符合设计规定值。

张拉设备应配套校验，并严格按校验报告单中的参数配套使用。所选压力表的精度不宜低于 1.5 级。校验张拉设备用的试验机或测力计精度不得低于 ±2%。校验千斤顶时活塞的运行方向，应与实际张拉工作状态一致，以避免活塞与缸体之间的摩擦因运行方向不同造成不利影响。张拉设备的校验期限，不宜超过半年。当张拉设备出现反常现象时，或在千斤顶检修后，应重新校验。

(2) 理论伸长值计算 无黏结预应力筋伸长值可按下式计算。

$$\Delta l_{\mathrm{p}}^{\mathrm{c}} = \frac{F_{\mathrm{pm}} l_{\mathrm{p}}}{A_{\mathrm{p}} E_{\mathrm{p}}} \tag{9-17}$$

式中 $\Delta l_{\mathrm{p}}^{\mathrm{c}}$——无黏结预应力筋理论伸长值，mm；

F_{pm}——无黏结预应力筋的平均张拉力，kN，取张拉端的拉力与固定锚（两端张拉时，取跨中）扣除摩擦损失后拉力的平均值；

l_{p}——无黏结预应力筋的长度，mm；

A_{p}——无黏结预应力筋的截面面积，mm²；

E_{p}——无黏结预应力筋的弹性模量，kN/mm²。

计算 F_{pm} 时，应先确定固定端（或跨中）扣除摩擦损失后的应力值，再计算相应的拉力而后取平均值。无黏结预应力筋与壁之间的摩擦引起的预应力损失可按下列公式计算（见图9-58）。

$$\sigma = \sigma_{\mathrm{con}} \left(1 - \frac{1}{e^{\kappa x + \mu \theta}} \right) \tag{9-18}$$

当 $\kappa x + \mu \theta$ 不大于 0.2 时，σ 可按下列公式近似计算。

$$\sigma = (\kappa x + \mu \theta) \sigma_{\mathrm{con}} \tag{9-19}$$

式中 σ——无黏结预应力筋与壁之间的摩擦引起的预应力损失，N/mm²；

σ_{con}——无黏结预应力的张拉控制应力，N/mm²；

x——从张拉端至计算截面的曲线长度，m；

θ——从张拉端至计算截面曲线部分切线夹角的总和，rad；

κ、μ——摩擦系数，见表 9-30 所示。

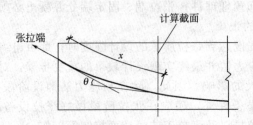

图 9-58　预应力摩擦损失计算

表 9-30　无黏结预应力筋的摩擦系数

无黏结预应力筋种类	κ	μ	无黏结预应力筋种类	κ	μ
钢绞线钢丝束	0.0040	0.09	预应力螺纹钢筋	0.0040	—

在实际工程中，无黏结预应力筋自张拉端至固定端往往由多曲线段或直线与曲线段组成曲线束，每个曲线段的曲率变化也各不相同，故应分段计算伸长值，然后叠加，这样既可使计算过程清晰，易于掌握，又可获得较为准确的计算结果。

对于任意的全抛物线型曲线可按下列公式计算，曲线长度与两端切线的夹角，如图9-59所示。

$$L_{\mathrm{T}} = \left(1 + \frac{8H^2}{3L^2} \right) L \tag{9-20}$$

$$\theta = \frac{8H}{L} \tag{9-21}$$

式中　L_{T}——抛物线的全长；

θ——抛物线两端点切线的夹角，rad；

L——抛物线弦长；

H——抛物线矢高。

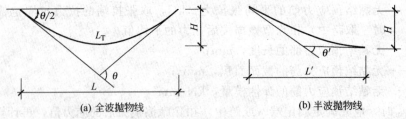

(a) 全波抛物线　　　　　　　　　　(b) 半波抛物线

图 9-59　抛物线弧长计算

对于任意的半抛物线型曲线，则有：

$$L_{\mathrm{T}}' = \left(1 + \frac{2H^2}{3L'^2} \right) L' \tag{9-22}$$

$$\theta' = \frac{4H}{L'} \tag{9-23}$$

式中　L_{T}'——半抛物线的曲线长度；

θ'——半抛物线两端点切线的夹角，rad；

L'——全抛物线弦长的一半；

H——全抛物线矢高。

（3）实际伸长值确定　无黏结预应力筋在塑料套管内是自由放置的，则开始张拉时，需要用一定的张拉力使之收紧后无黏结筋才开始变形伸长。为此，宜在初应力为张拉控制应力（σ_{con}）10%时开始测量，分级记录。其实际伸长值可由测量结果按下列公式确定。

$$\Delta l_p^o = \Delta l_{p1}^o + \Delta l_{p2}^o - \Delta l_c \tag{9-24}$$

式中　Δl_p^o——无黏结预应力筋的实际伸长值；

　　　Δl_{p1}^o——初应力至最大张拉力之间的实测伸长值；

　　　Δl_{p2}^o——初应力以下的推算伸长值，可根据弹性范围内张拉力与伸长值成正比的关系推算确定；

　　　Δl_c——混凝土构件在张拉过程中的弹性压缩值。

按照以上方法确定实际伸长值，为张拉工作增加了较多的工作量。为了加快模板的周转使用，加快工程进度，节约资金，应尽量缩短每一楼层的张拉作业时间。根据大量的工程实践测量记录，采取直接量取预应力筋原长与张拉后的长度，所得实际伸长值数据与以上方法所得结果误差很小，均可满足要求，故在一般工程中，可以采用这种简化方法确定实际伸长值。

（4）无黏结预应力筋的张拉　在此之前，已对无黏结预应力筋伸长值确定和张拉设备的使用等方面单独阐述，本部分主要对混凝土强度要求、张拉控制应力、张拉程序以及张拉方案等内容加以叙述。

① 对混凝土的强度要求　预应力筋锚具下的混凝土承受很大的集中力，因此，在该处混凝土达到一定强度时才能施加预应力。另外，进行施工阶段验算时，构件在施加预应力后应能满足承载力和裂缝控制的要求，也要求混凝土具有足够的强度。再从为了减少混凝土收缩徐变所造成的预应力损失来看，也不希望在混凝土强度还很低时施加预应力。当然，要等混凝土强度很高时再施加预应力，需要延长养护时间，或者会增加模板与支撑的投入，或者会拖延工期。故应对施加预应力时混凝土强度做出明确规定。JGJ/T 92《无黏结预应力混凝土结构技术规程》规定，张拉时，混凝土立方体抗压强度应符合设计要求。当设计无要求时，不宜低于混凝土设计强度等级的75%。

② 张拉控制应力　无黏结预应力筋的钢材，属于高强钢材。张拉控制应力应符合设计要求。GB 50010《混凝土结构设计规范》规定，对中强度预应力钢丝的设计，张拉控制应力取 $0.7f_{ptk}$（f_{ptk} 为预应力筋极限强度标准值）。为了部分抵消由于应力松弛、摩擦、钢筋分批张拉等产生的预应力损失而需提高张拉控制应力值时，不宜大于消除应力钢丝、钢绞线强度标准值的75%。预应力螺纹钢筋张拉控制力应取 f_{pyk}（f_{pyk} 为预应力螺纹钢筋屈服强度标准值）。

③ 张拉程序　当采用超张拉方法减少无黏结预应力筋的松弛损失时，无黏结预应力筋的张拉程序宜为

$$0 \longrightarrow 1.05\sigma_{con} \xrightarrow{\text{持荷 2min}} \sigma_{con}$$

或

$$0 \longrightarrow 1.03\sigma_{con}$$

其中，σ_{con} 为无黏结预应力筋的张拉控制应力。

④ 张拉方案　多层、高层无黏结预应力现浇楼盖结构中，预应力筋的张拉工作与楼层混凝土的浇筑有着密切的联系，不同的施工顺序对整个工程的工期、质量及经济效益等有较大的影响。

　　逐层浇筑、逐层张拉，即本层楼盖浇筑完毕后，上层的墙、柱可组织继续施工，当本层楼盖预应力筋张拉完毕后，上一层的楼盖方可组织施工。这种方案应在混凝土达到设计规定强度后才可以张拉，所以在工期中应计入每层混凝土养护时间与预应力筋张拉所需时间。梁板下的支撑只承担该层的施工荷载，且模板、支撑的用量较少。对于平面面积较大的工程，可采取划分流水段的方法减去混凝土养护和张拉等占用的工期，如图9-60（a）所示。

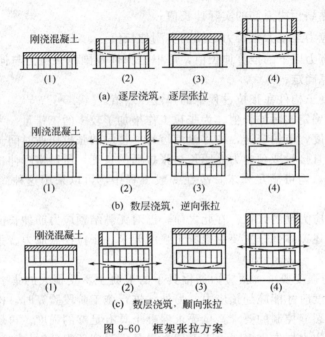

图 9-60　框架张拉方案

　　数层浇筑、逆向张拉，即连续浇筑 2～3 层楼盖后暂停，待最上层梁板混凝土达到设计要求的强度后，自上而下逐层张拉。当最上层张拉完毕后，上部结构方可继续施工。这种方案与前一种相比，显然可几层施工完毕后暂停一次，减少了混凝土养护和张拉的总时间，有利于缩短工期，并且可减少张拉专业队进场次数，但占用模板与支撑较多，底层支撑需承受上部 2～3 层的施工荷载。对平面面积不大且层数较少的工程可以采用，如图 9-60（b）所示。

　　数层浇筑、顺向张拉，即浇筑两层楼盖后，自下而上逐层张拉。这种方案可以保持工程连续施工，没有停歇，使张拉工作不占工期，但底层支撑件仍需承受上部两层的施工荷载，占用模板与支撑件较多，且预应力张拉专业队进场次数较多，如图 9-60（c）所示。

　　无黏结预应力筋在张拉时，因钢绞线与护壁间存在摩擦，同时预应力筋多为曲线形式，使得张拉端与固定端的应力不同，即固定端的应力小于张拉端的应力。然而，在预应力筋张拉完毕的锚固阶段，因锚具变形和预应力筋内缩，摩擦反向作用影响，会使张拉端的应力有所减少，这种应力变化有时会造成张拉端的应力小于固定端的应力，它在预应力筋曲线弯起角度不大、锚具内缩较大时出现。根据以上分析，当曲线束弯起角度较大时，宜采用两端张拉工艺；当曲线束弯起角度较小时，应采用一端张拉工艺。另外，无黏结预应力筋的张拉，一般在 25m 以内时一端张拉；超过 25m 时宜采用两端张拉；当筋长超过 50m 时，宜采取分段张拉工艺。无黏结预应力筋需进行两端张拉时，可先在一端张拉并锚固，再在另一端补足张拉力后进行锚固。

　　无黏结预应力筋的张拉顺序应符合设计要求，如设计无要求时，可采用分批、分阶段对称张拉或依次张拉。当采用分批张拉时，后批张拉的预应力筋对先批张拉的预应力筋会引起弹性压缩预应力损失，为消除该损失的影响，可将该项损失在施工时预先在第一批张拉预应力筋的张拉控制应力上进行超张拉，或在第二批张拉预应力筋完毕后，再对第一批预应力筋进行补张拉。

在一般工程中，当张拉作业的空间受到限制时，可以采用变角张拉工艺。

⑤ 质量要求：无黏结预应力筋张拉时，应逐根填写张拉记录表，其格式见表 9-31。根据填写的记录，随时校核无黏结预应力筋的伸长值。如实际伸长值大于计算伸长值的 10%。或小于计算伸长值的 5%，应暂停张拉，查明原因并采取措施予以调整后，方可继续张拉。无黏结预应力筋张拉过程中，当有个别钢丝发生滑脱或断裂时，可相应降低张拉力。但滑脱或断裂的数量，不应超过结构同一截面无黏结预应力筋总量的 3%，且每束钢丝只允许一根。对于多跨双向连续板，其同一截面应按每跨计算。无黏结预应力筋张拉锚固后实际预应力值与工程设计规定检验值的相对允许偏差为 ±5%。其规定检验值是由设计人员根据计算确定的，并应在图纸中注明。

表 9-31　无黏结预应力筋张拉记录表

工程名称

构件名称

无黏结预应力筋张拉程序　　　　　　　　　　　　　　　　　施加预应力日期

构件编号	无黏结预应力筋张拉顺序编号	无黏结应力筋规格	设计		张拉时						张拉时混凝土强度/MPa	使用夹片锚具弹性伸长/mm				使用镦头锚具弹性伸长/mm				注油情况	备注
			控制应力/MPa	张拉力/kN	千斤顶编号	压力表编号	第一次		第二次			计算值	张拉前筋的长度	张拉后筋的长度	张拉前后长度差	10 MPa	20 MPa	30 MPa	设计值/MPa		
							压力表读数/MPa	拉力/kN	压力表读数/MPa	拉力/kN											

4. 防火与防腐蚀

无黏结预应力混凝土结构中，无黏结预应力筋应有一定厚度的混凝土保护层，对无黏结预应力筋起到保护作用，防止预应力筋锈蚀并延长其使用寿命。同时，无黏结预应力筋在使用阶段始终处于高应力状态，必须要考虑耐火要求。一旦无黏结预应力混凝土结构某一部分处于高温环境时，若不具备一定的耐火能力，将会造成很大的应力损失，以至造成无可挽回的后果。

在不同耐火极限下，无黏结预应力筋的混凝土最小保护层厚度是不同的。另外，经验表明，当结构有约束时，其耐火能力能得到改善，一般连续梁、板结构均可认为是有约束的。不同耐火等级时，无黏结预应力筋的混凝土保护层最小厚度应符合表 9-32 及表 9-33 的规定。

锚固区的耐火极限主要决定于无黏结预应力筋在锚固处的保护措施和对锚具的保护措施。JGJ/T 92《无黏结预应力混凝土结构技术规程》规定，锚固区的耐火极限应不低于结构本身的耐火极限。

表 9-32　板的混凝土保护层最小厚度　　　　　　　mm

约束条件	耐 火 极 限 /h			
	1	1.5	2	3
简支	25	30	40	55
连续	20	20	25	30

表 9-33　梁的混凝土保护层最小厚度　　　　　　　mm

约束条件	梁宽	耐 火 极 限 /h			
		1	1.5	2	3
简支	200	45	50	65	采取特殊措施
简支	≥300	40	45	50	65
连续	200	40	40	45	50
连续	≥300	40	40	40	45

注：1. 梁宽在 200～300mm 之间时，混凝土保护层可取表中的插入值。

2. 如防火等级较高，当混凝土保护层厚度不能满足表列要求时，应使用防火涂料。

无黏结预应力筋张拉锚固后，应切断钢绞线多余部分的长度，并应及时对锚固区进行保护。切断钢绞线时，宜采用砂轮锯或其他机械方法切断，严禁采用电弧切断。无黏结预应力筋切断后露出锚具夹片外的长度不得小于 30mm。

锚具是后张拉预应力结构的关键部分，所以，对锚固区的保护是至关重要的。锚具的位置通常从混凝土端面缩进一定距离，如图 9-61 所示。对镦头锚具，应先用油枪通过锚杯注油孔向连接套管内注入足量防腐油脂（以油脂从另一注油孔溢出为止），然后用防腐油脂将锚杯内充填密实，并用塑料或金属帽盖严，再在锚具与承压板表面涂以防水涂料，如图 9-61(a) 所示；对夹片锚具，切除外露无黏结预应力筋多余长度后，再在锚具与承压板表面涂以防水涂料，如图 9-61(b) 所示。锚固区其他防腐方法如图 9-62 所示。

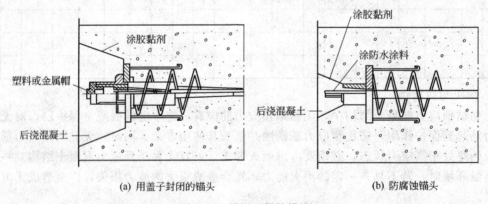

(a) 用盖子封闭的锚头　　　　　　　(b) 防腐蚀锚头

图 9-61　锚固区保护措施

按上述方法处理后的无黏结预应力筋锚固区，应用后浇膨胀混凝土或低收缩防水砂浆或环氧砂浆密封。在浇筑砂浆前，宜在槽口内壁涂以环氧树脂类黏结剂。锚固区也可用后浇的外包钢筋混凝土梁进行封闭，外包圈梁不宜突出在外墙面以外。锚固区的混凝土或砂浆净保护层厚度，应符合 GB 50010《混凝土结构设计规范》中 10.3.13 条的规定。

对不能使用混凝土或砂浆包裹层的部位，应对无黏结预应力筋的锚具全部涂以与无黏结预应力筋涂料层相同的防腐油脂，并用具有可靠防腐和防火性能的保护套将锚具全部密闭。

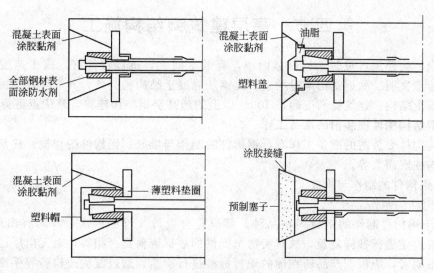

图 9-62　锚固区其他防腐方法

在预应力筋全长上及锚具与套管的连接部分，外包材料均应连续、封闭且能防水。

在混凝土施工中，不得使用含有氯离子的外加剂；锚固区后浇混凝土或砂浆不得含有氯化物。

三、施工质量验收

① 检验批按施工现场楼层、结构缝、施工段划分。

② 预应力筋进场时，应按现行国家标准 GB/T 5224《预应力混凝土用钢绞线》等的规定抽取试件进行力学性能检验，其质量必须符合有关标准的规定。

③ 无黏结预应力筋的涂包质量应符合无黏结预应力钢绞线标准的规定。每 60t 为一批，每批抽取一组试件。

④ 预应力筋用锚具、夹具和连接器按设计要求采用，其性能应符合现行国家标准 GB/T 14370《预应力筋用锚具、夹具和连接器》的规定。

⑤ 预应力筋安装时，其品种、级别、规格、数量必须符合设计要求。

⑥ 无黏结预应力筋的铺设除应符合束形控制点的竖向位置偏差规定外，还应符合下列要求。

a. 无黏结预应力筋的定位应牢固、浇筑混凝土时不应出现位移和变形。

b. 端部的预埋锚垫板应垂直于预应力筋。

c. 内埋式固定端垫板不应重叠，锚具与垫板应贴紧。

d. 无黏结预应力筋成束布置时应能保证混凝土密实并能裹住预应力筋。

e. 无黏结预应力筋的护套应完整，局部破损处应采用防水胶带缠绕紧密。

⑦ 张拉过程中应避免预应力筋断裂或滑脱，当发生断裂和滑脱时，必须符合下列规定：对后张法预应力结构构件，断裂或滑脱的数量严禁超过同一截面预应力筋总根数的 3%，且每束钢丝不得超过一根；对多跨双向连续板，其同一截面应按每跨计算。

⑧ 锚具的封闭保护应符合设计要求，当设计无具体要求时，应符合下列规定。

a. 应采取防止锚具腐蚀和遭受机械损伤的有效措施。

b. 突出式锚固端锚具的保护层厚度不应小于 50mm。

c. 外露预应力筋的保护层厚度：处于正常环境时，不应小于 20mm；处于易受腐蚀的环境时，不应小于 50mm。

第四节　高层建筑钢结构施工

高层钢结构建筑自重轻，构件截面小，有效空间大，抗震性能好，施工速度快，用工少，现场施工文明。除钢结构本身的造价比钢筋混凝土结构稍高外，其综合效益优于同类高层钢筋混凝土结构。建筑物高度超过 100m 以上的超高层钢结构建筑，其优点更为突出。

一、钢结构构件安装前的准备工作

钢结构构件安装前的准备工作有：钢构件的制作与堆放；钢构件的预检；柱基检查和标高块设置与柱底灌浆等。

（一）钢构件的制作与堆放

1. 钢构件的制作

① 用于钢构件制作的钢材规格品种，都应符合设计文件的要求，并附有出厂证明书。对钢材应按规定进行抽样复验，核对实物与提供的数据资料是否相等，对无出厂证明或钢材浇铸混淆不明者，应根据产品所在国的现行标准进行检验，通过复验或检验等手续，符合要求的才可使用。

② 钢构件的制作必须根据钢结构制作图进行。高层建筑钢结构图大都是按两个阶段进行的：第一阶段出设计图，确定钢构件的选材、截面尺寸、构件分类、单价估算、用料和总重、安装连接形式等；第二阶段出具体制造图，一般由钢结构制造厂负责设计（或委托专业设计单位部门负责）。

③ 钢结构制造厂应根据制造图和设计质量标准的要求，结合生产规模、装备能力和有关规范规程，编制钢构件制造方案和保证质量组织体系，充分做好生产前的一切准备工作。

④ 钢构件制作过程中的放样、号料、矫正、切割、边缘加工、开孔、焊接及连接、拼装、清洗喷砂等每道工序必须严格遵守工艺规定，实行工艺交接制度，确保制造质量。

⑤ 制造中如因材料规格、加工差异等各种因素，可能对制作图进行修改，必须得到原设计单位的许可，办理手续，出修改图或技术签证单。

⑥ 钢构件制造完毕，制造单位质量部门应对产品进行检验。合格者，正式在构件上注明编号、标记并堆放。

⑦ 钢结构制造厂应提供产品出厂证明文件交订货单位，其主要内容包括如下内容。

a. 钢构件编号清单（包括型号、数量、单件重、总重等）。

b. 设计变更修改图及签证文件。

c. 钢材质保证明单及复验文件。

d. 焊接检查记录、透视结果以及超声波检验记录。

e. 厂部质检部门的出厂检验记录。

f. 其他。

2. 钢构件的堆放

按照安装流水顺序由中转堆场配套运入现场的钢构件，利用现场的装卸机械尽量将其就位到安装机械的回转半径内。因运转造成的构件变形，在施工现场均要加以矫正。现场用地紧张，但在结构安装阶段现场必要的用地还是必须安排的，如构件运输道路、地面起重机行走道路、辅助材料堆放地、工作棚、部分构件堆放地等。一般情况下，结构安装用地面积宜为结构工程占地面积的 1.0～1.5 倍，否则要顺利进行安装是困难的。

（二）钢构件的预检

① 钢构件在出厂前，制造厂应根据制作标准的有关规范、规定以及设计图的要求进行

产品检验，填写质量报告和实际偏差值。钢构件交付结构安装单位后，结构安装单位在制造厂质量报告的基础上，根据构件性质分类，再进行复检或抽查。

② 预检钢构件的计量工具和标准应事先统一，质量标准也应统一。特别是对钢卷尺的标准要十分重视，有关单位（业主、土建、安装、制造）应各执统一标准的钢卷尺，制造厂按此尺制造钢构件，土建施工单位按此尺进行柱基定位施工，安装单位按此尺进行框架安装，业主按此尺进行结构验收。标准钢卷尺由业主提供，钢卷尺需同标准基线进行足尺比较，确定各地钢卷尺的误差值以及尺长方程式，应用时按标准条件实测。钢卷尺应用的标准条件如下：拉力用弹簧称量，30m 钢卷尺拉力值用 98.06N 测定，50m 钢卷尺拉力值用 147.08N 测定；温度为 20℃；水平丈量时钢卷尺要保持水平，挠度要加托。使用时，实际读数按上述条件，根据当时气温按其误差值、尺长方程式进行换算。但是，实际应用时如全部按上述方法进行，计算量太大，一般是关键钢构件（如柱、框架大梁）的长度复检和长度大于 8m 的构件按上法，其余构件均可以实读数为依据。

③ 结构安装单位对钢构件预检的项目，主要是同施工安装质量和工效直接有关的数据，如几何外形尺寸、螺孔大小和间距、预埋件位置、焊接坡口、节点摩擦面、附件数量规格等。构件的内在制作质量应以制造厂质量报告为准。

预检数量一般是关键构件全部检查，其他构件抽检 10%～20%，应记录预检数据。

④ 钢构件预检是项复杂而细致的工作，预检时尚须有一定的条件，构件预检时间放在钢构件中转堆场配套时进行，这样可省去因预检而进行构件翻堆所耗费的机械和人工，不足之处是发现问题进行处理的时间比较紧迫。

⑤ 构件预检最好由结构安装单位和制造厂联合派人参加，同时也应组织构件处理小组，将预检出的偏差及时给予修复，严禁不合格的构件运到工地现场，更不应该将不合格构件送到高空去处理。

⑥ 现场施工安装应根据预检数据，采取相应措施，以保证安装顺利进行。

⑦ 钢构件的质量与施工安装有直接的关系，要充分认识钢构件预检的必要性，具体方法应根据工程的不同条件而定。由结构安装单位派驻厂代表来掌握制作加工过程中的质量，将质量偏差消除在制作过程中等办法也是可取的。

（三）柱基检查

第一节钢柱是直接安装在钢筋混凝土柱基顶上的。钢结构的安装质量和工效同柱基的定位轴线、基准标高直接相关。安装单位对柱基的预检重点是定位轴线间距、柱基面标高和地脚螺栓预埋位置。

1. 定位轴线检查

定位轴线从基础施工起就应引起重视，先要做好控制桩。待基础浇筑混凝土后再根据控制桩将定位轴线引渡到柱基钢筋混凝土底板面上，然后预检定位轴线是否同原定位轴线重合、封闭，每根定位线总尺寸误差值是否超过控制数，纵、横定位轴线是否垂直、平行。定位轴线预检在弹过线的基础上进行。预检应由业主、土建、安装三方联合进行，对检查数据要统一认可签证。

2. 柱间距检查

柱间距检查是在定位轴线认可的前提下进行的。采用标准尺实测柱距（应是通过计算调整过的标准尺）。柱距偏差值应严格控制在 ±3mm 范围内，绝不能超过 ±5mm。柱距偏差超过 ±5mm，则必须调整定位轴线。原因是定位轴线的交点是柱基中心点，是钢柱安装的基准点，钢柱竖向间距以此为准，框架钢梁连接螺孔的孔洞直径一般比高强度螺栓直径大 1.5～2.0mm，如柱距过大或过小，将直接影响整个竖向框架梁的安装连接和钢柱的垂直，安装中还会有安装误差。

3. 单独柱基中心线检查

检查单独柱基的中心线同定位轴线之间的误差，调整柱基中心线使其同定位轴线重合，然后，以柱基中心线为依据，检查地脚螺栓的预埋位置。

4. 柱基地脚螺栓检查

检查柱基地脚螺栓，其内容如下。

（1）检查螺栓长度　螺栓的螺纹长度应保证钢柱安装后螺母拧紧的需要。

（2）检查螺栓垂直度　如误差超过规定必须矫正，矫正方法可用冷校法或火焰热校法。检查螺纹有否损坏，检查合格后在螺纹部分涂上油，盖好帽盖加以保护。

（3）检查螺栓间距　实测独立柱地脚螺栓组间距的偏差值，绘制平面图表明偏差数值和偏差方向。再检查地脚螺栓相对应的钢柱安装孔，根据螺栓的检查结果进行调查，如有问题，应事先扩孔，以保证钢柱的顺利安装。

（4）地脚螺栓预埋的质量标准　任何两只螺栓之间的距离允许偏差值为1mm；相邻两组地脚螺栓中心线之间距离的允许偏差值为3mm。实际上由于柱基中心线的调整修改，工程中有相当一部分不能达到上述标准，但是通过地脚螺栓预埋方法的改进，情况能大大改善。

（5）目前高层钢结构工程柱基地脚螺栓的预埋方法　有直埋法和套管法两种。

① 直埋法就是用套板控制地脚螺栓相互之间的距离，立固定支架控制地脚螺栓群不变形，在柱基底板绑扎钢筋时埋入，控制位置，同钢筋连成一体，整浇混凝土，一次固定，难以再调整。采用此法实际上产生的偏差较大。

② 套管法就是先安套管（内径比地脚螺栓大2～3倍），在套管外制作套板，焊接套管并立固定架，并将其埋入浇筑的混凝土中，待柱基底板上的定位轴线和两柱中心线检查无误后，再在套管内插入螺栓，使其对准中心线，通过附件或焊接加以固定，最后在套管内注浆锚固螺栓，如图9-63所示。注浆材料按一定级配制成。此法对保证地脚螺栓的质量有利，但施工费用较高。

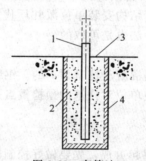

图 9-63　套管法
1—套埋螺栓；2—无收缩砂浆；3—混凝土面；4—套管

5. 基准标高实测

在柱基中心表面和钢柱底面之间，考虑到施工因素，设计时，留有一定的间隙作为钢柱安装时的柱高调整，该间隙一般规定为50mm。基准标高点一般设置在柱基底板的适当位置，四周加以保护，作为整个高层钢结构工程施工阶段标高的依据。以基准标高点为依据，对钢柱柱基表面进行标高实测，将测得的标高偏差用平面图表示，作为临时支撑标高块调整的依据。

（四）标高块设置与柱底灌浆

1. 标高块设置

　　柱基表面采取设置临时支撑标高块的方法来保证钢柱安装控制标高。要根据荷载大小和标高块材料强度来计算标高块的支撑面积。标高块一般用砂浆、钢垫板和无收缩砂浆制作。一般砂浆强度低，只用于装配钢筋混凝土柱杯形基础找平。钢垫块耗钢多，加工复杂，无收缩砂浆是高层钢结构标高块的常用材料，因为有一定的强度，而且柱底灌浆也用无收缩砂浆，传力均匀。临时支撑标高块的埋设方法，如图 9-64 所示。柱基、边长小于 1m，设一块；柱基大于 1m，边长小于 2m 时，设十字形；柱基、边长大于 2m 时，设多块。

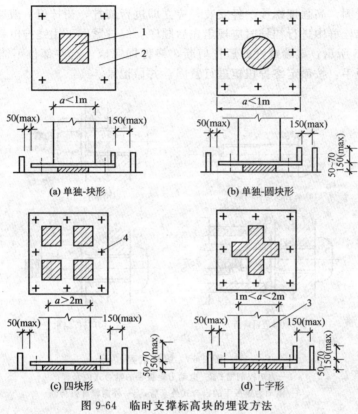

(a) 单独-块形　　　　　　　　　(b) 单独-圆块形

(c) 四块形　　　　　　　　　(d) 十字形

图 9-64　临时支撑标高块的埋设方法

1—标高块；2—基础表面；3—钢柱；4—地脚螺栓

　　标高块的形状，圆、方、长方、十字形都可以。为了保证表面平整，标高块表面可增设预埋钢板。

　　标高块用无收缩砂浆时，其材料强度应大于或等于 30MPa。

　　2. 柱底灌浆

　　一般在第一节钢框架安装完成后即可开始紧固地脚螺栓并进行灌浆。灌浆前必须对柱基进行清理，立模板，用水冲洗并除去水渍，螺孔处须擦干，然后用自流砂浆连续浇灌，一次完成。流出的砂浆应清洗干净，加盖草包养护。砂浆必须做试块，到时试压，作为验收资料。

　　二、钢结构构件的连接

　　（一）高强度螺栓连接

　　1. 高强度螺栓施工

　　（1）**摩擦面处理**　对高强度螺栓连接的摩擦面一般在钢构件制作时应进行处理，处理方法是采用喷砂、酸洗后涂无机富锌涂料或贴塑料纸加以保护。但是由于运输或长时间暴露在外，安装前应进行检查。如摩擦面有锈蚀、污物、油污、涂料等，须加以清除处理使之达到要求。常用的处理工具有铲刀、钢丝刷、砂轮机、除漆剂、火焰等，可结合实际情况选择。施工中应对摩擦面的处理十分重视，摩擦面将直接影响节点的传力性能。

（2）螺栓穿孔　安装高强度螺栓时应尽量做到孔眼对准，如发生错孔现象，应进行扩孔处理，保证螺栓顺利穿孔，严禁锤击穿孔。螺栓同连接板的接触面之间必须保证平整。高强度螺栓不宜作为临时安装螺栓使用。要正确使用垫圈，一个节点的螺栓穿孔方向必须一致。

（3）螺栓紧固　高强度螺栓一经安装，应立即进行初拧，初拧值一般取终拧值的60％～80％，在一个螺栓群中进行初拧时应规定先后顺序。终拧紧固采用终拧电动扳手。根据操作要求，如图9-65所示，尾端螺杆的短杆剪断，终拧即完成。有些部位不能使用终拧扳手时可用长柄测力扳手，按额定终拧扭矩进行紧固，并做记录。

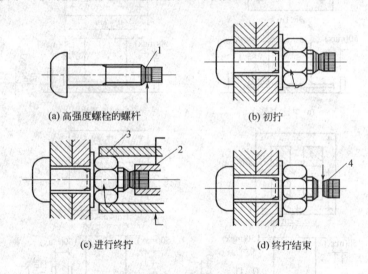

(a) 高强度螺栓的螺杆　　　　　　　(b) 初拧

(c) 进行终拧　　　　　　　(d) 终拧结束

图 9-65　螺栓紧固

1—力矩控制槽；2—电动力矩扳手的啮合式内套管；
3—电动力矩扳手的齿合式外套管；4—外露螺杆被剪断

2. 高强度螺栓检验

（1）螺栓制造质量检验　在高强度螺栓施工过程中，应对螺栓制造质量进行检验。检验方法是每15天左右在包装桶内随机抽出不同规格螺栓各一套进行检验，验证紧固力是否同出厂的质量证明书的规定一致。

（2）螺栓紧固后的检验　观察高强度螺栓末端小螺母是否扭下，连接板接触面之间是否有空隙，螺纹是否穿过螺母而突出，垫圈是否安装在螺母一侧，用测力扳手紧固的螺栓是否有标记，然后再在此基础上进行抽查。GB 50205《钢结构工程施工质量验收规范》规定：高强度螺栓连接副终拧完成1/7后，48h内应进行终拧扭矩检查。因为检验是用测力扳手逆转螺母实测扭矩值来鉴定螺栓质量是否符合要求。对高强度螺栓扭矩值同紧固力关系的计算公式 $T_c = KP_c d$ 进行分析，P_c 是螺栓的预拉力即紧固力，因螺栓预拉存在着应力松弛现象，随时间延长一般会降低8％～10％，《规范》中已规定允许扭矩值的误差值为±10％；K 是扭矩系数，同螺栓的加工精度、润滑材料、螺母与支撑面垫圈之间的光滑程度有关，随着时间延长而变化的可能性是存在的，为此，拧后的螺栓检验以尽快为宜。

按GB50205《钢结构工程施工质量验收规范》的规定，高强度螺栓检查数量为：按节点数抽查10%，且不应少于10个；每个被抽查节点按螺栓数抽查10%，且不应少于2个。

（二）焊接连接

1. 焊接前的准备工作

（1）检验焊条、垫板和引弧板 焊条必须符合设计要求的规格，保管要妥当，应存放在仓库内保持干燥。焊条的药皮如有剥落、变质、污垢、受潮生锈等都不得使用。垫板和引弧板应按规定的规格制造加工，保证其尺寸，坡口要符合标准。

（2）检查焊接操作条件 焊工操作平台、脚手、防风设施等都安装到位，保证必要的操作条件。

（3）检查工具、设备和电流 焊机型号正确，焊机要完好，必要的工具应配备齐全，放在设备平台上的设备排列应符合安全规定，电源线路要合理和安全可靠，要装置稳压器，事先放好设备平台，确保能焊接所有部位。

（4）焊条预热烘干 焊条使用前应在300～350℃的烘箱内焙烘1h，然后在100℃温度下恒温保存。焊接时从烘箱内取出焊条应放在特别的具有120℃保温功能的手提式保温桶内携带到焊接部位。随用随取出，在4h内用完，超过4h则焊条必须重新焙烘，当天用不完的焊条应重新焙烘后再使用，严禁使用湿焊条。

有关资料介绍，不同焊条预热的时间和温度应有差别。因此，要求对焊条的预热应根据工程实际情况同设计单位研究后，统一标准，便于实施。

（5）焊缝坡口检查 焊缝坡口尺寸是焊接关键，必须全部进行检查。坡口形式有单坡口和双坡口。通常采用的是单坡口形式，坡口断面尺寸如超过图9-66所示尺寸应予修正。

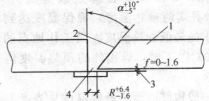

图9-66 焊缝坡口尺寸允许偏差值
1—钢构件母材；2—坡口角度；
3—底部间隙；4—坡口根部间隙

坡口经检查修正后，应将所有焊缝的实际尺寸按构件编号绘制图表列明。焊接量按实际情况计算，以此安排任务和组织焊接。

（6）焊工的岗位培训 焊工必须事先培训和考核，考核内容同规范一致。考核合格后发合格操作证（发证单位须具有发证资格），严禁无证操作。

2. 焊接工艺流程和框架焊接顺序

（1）现场焊接方法的选择 高层钢结构的节点连接大多采用焊接，原因是焊接施工通过一定的工艺措施，可使焊缝质量可靠，并有科学的检测手段进行检验。柱与柱的连接用横坡口焊，柱与梁的连接用平坡口焊。现场焊接方法一般有手工焊接和半自动焊接两种。焊接母材厚度不大于30mm时采用手工焊，焊接母材厚度大于30mm时采用半自动焊，此外尚需根据工程焊接量的大小和操作条件等来确定。手工焊的最大优点是灵活方便、机动性大，缺点是焊工技术素质要求高，劳动强度大，影响焊接质量的因素多。半自动焊质量可靠、工效高，但操作条件相应比手工焊要求高，并且需要同手工焊结合使用，如打底缝和盖面焊层。

（2）焊缝的焊接工艺流程 根据高层钢结构框架的施工特点，焊接设备采用集中堆放，为此要设置设备平台，搁置在框架楼层中，翻搁层数按需要确定。

在焊接设备定位就绪后，进行现场焊接工作，焊接工艺流程如图9-67所示。

（3）钢框架流水段的焊接顺序 每一个安装流水段的焊接工作在框架流水段校正和高强度螺栓紧固后进行。焊接人数根据焊接工程量、焊接部位条件和焊接工的工效确定。每个框架流水段的安装周期确定后，就可确定焊接需要的人数。由于工程中各节框架的焊接量不等，因此焊接人数不宜绝对固定。

钢结构框架的焊接流水顺序以确保安装周期不受影响为原则，图 9-68 所示的是用内爬式塔式起重机安装时的焊接顺序。

每一节框架安装流水段的工期最好同焊接的工期合拍，时间上要有交叉，交叉流水作业可使整个工期不受影响，否则不是焊接等安装就是安装等焊接，都会影响工期。安排焊接力量时要充分考虑到各种客观因素的影响，如构件的供应和处理，设备平台的翻设和气候影响等。因此，在焊接力量配备上要留有余地，要配备一定的辅助工人，以使焊工的工效处于最佳状态。

3. 焊接施工

（1）母材预热　对进行焊接部位的母材应按要求的温度在焊点或焊缝四周 100mm 范围内预热，焊接前应在焊点或焊缝外不小于 75mm 处实测预热温度，确保温度达到或超过所要求的最低加热温度。当工作地点的环境温度为 0℃ 以下时，焊接件的预热温度应通过试验确定。

一般构件的预热最低温度见表 9-34。预热可采用氧乙炔火焰，温度测定可用测温器或测温笔。

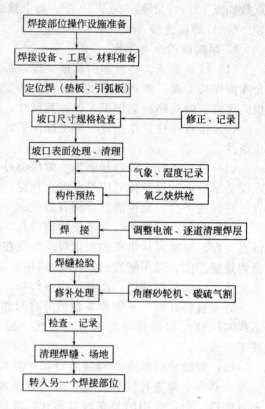

图 9-67　焊接工艺流程

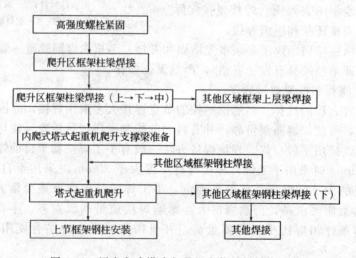

图 9-68　用内爬式塔式起重机安装时的焊接顺序

表 9-34　常用的预热温度

钢材分类	环境温度	板厚/mm	预热及层间宜控温度/℃
普通碳素结构钢	0℃ 以上	≥50	70～100
低合金结构钢	0℃ 以上	≥36	70～100

（2）垫板和引弧板　坡口焊均采用垫板和引弧板，目的是使底层焊透，保证质量。引弧板能保证正式焊缝的质量，避免起弧和收弧时对焊接件增加初应力和导致缺陷。垫板和引弧板均用低碳钢板制作，间隙过大的焊缝宜用紫铜板。垫板尺寸一般厚度为 6~8mm，宽度为 50mm。引弧板长 50mm 左右，引弧长 30mm。

（3）焊接方法　钢柱节点横坡口焊缝宜采用两人对称焊，电流、焊条直径和焊接速度力求相同；柱梁平坡口焊接两端对称焊，应设法减少收缩应力，以防产生焊裂。每层焊道结束应及时清渣。

（4）不同焊缝的焊条直径选择　焊缝中不同焊层的焊条直径，对焊接工效和质量均有影响。不同直径的焊条要求电流的大小不同。焊接钢框架不同部位和焊缝所应采用的焊条直径和电流大小，可根据表 9-35 选用。

表 9-35　不同部位焊条直径和电流大小的选择

焊缝形式	焊接部位	焊条直径/mm	焊机选用电流范围/A
坡口焊	柱柱节点	底部 4	150（110~180）
		中间 4~5	190（150~240）
		面层 5	185（150~230）
平坡口	柱梁节点	底部 4	150（110~180）
		中间 5~6	210（150~240）
			280（250~310）
		面层 5	210（150~240）
斜坡口	支撑节点	底部 3.2	130（80~130）
		中间 4	160（110~180）
		面层 4	160（110~180）
立角焊	剪力墙板	4	140（110~180）
仰角焊	剪力墙板	底部 5	180（110~180）
		中间 5	170（150~240）
		面层 4	140（110~180）

（5）焊接操作要求　试焊时，焊缝根部打底焊层一般选用的焊条直径规格宜小些，操作引弧方法以齿形为宜；中部叠焊层选用的焊条直径宜大些，可以提高工效，焊接中要注意清渣；盖面对应为 1.0~1.5mm 深的坡口槽，然后再进行盖面焊，盖面焊的高度比母材表面略高一些，从最高处逐步向母材表面过渡，凸高的高度应不大于 3.2mm，同母材边缘接触处咬边不得超过 0.25mm，盖面焊缝的边缘应超过母材边缘线 2mm 左右。

（6）焊接的停止和间歇　每条焊缝一经施焊，原则上要连续操作一次完成。大于 4h 焊接量的焊缝，其焊缝必须完成 2/3 以上才能停焊，然后再二次施焊完成。间歇后的焊缝，开始工作后中途不得停止。

（7）气候对焊接的影响　要保证焊接操作条件，气候对焊接影响很大。雨雪天原则上停止焊接，除非采取相应措施。风速超过 10m/s 以上不得焊接。一般情况下为了充分利用时间，减少气候影响，多采用防雨雪设施和挡风措施。严寒季节在温度 -10℃ 情况下，焊缝应采取保温措施，延长降温时间。

4. 焊缝检验

（1）外观检查　对所有焊缝都应进行外观检查。焊缝都应符合有关规定的焊接质量标准。平面平整，焊缝外凸部分不应超过焊接板面的 3~4mm，无裂缝，无缺陷，无气孔夹渣现象。

（2）超声波探伤　是检查焊缝质量的一种方法，有专门的规范和判别标准。应按指定的探伤设备进行检测，检测前应将焊缝两侧 150mm 范围内的母材表面打磨清理，保证探头移动平滑自由，超声波不受干扰，根据实测的记录判定合格与否。

超声波探伤在高层钢结构工程中，主要是检查主要部位焊缝，如钢柱节点焊缝、框架梁的受拉翼缘等，一般部位的焊缝和受压、受剪部分的焊缝则进行抽检，这些均由设计单位事先提出具体要求。

（3）焊缝的修补　凡经过外观检查和超声波检验不合格的焊缝，都必须进行修补，对不同的缺陷采取不同的修补方法。

① 焊缝出现瘤，对超过规定的突出部分须进行打磨。

② 出现超过规定的咬边、低洼缺陷，首先应清除熔渣，然后重新补焊。

③ 产生气孔过多、熔渣过多、熔渣差等，应打磨缺陷处，重新补焊。

④ 利用超声波探伤检查出的质量缺陷如气孔过大、裂纹、夹渣等，应标明部位，用碳弧气刨机将缺陷处及周围 50mm 的完好部位全部刨掉，重新修补。

⑤ 修补工作按原定的焊接工艺进行，完成后仍应按上述检验方法进行检验。

⑥ 全部修补工作都应做好记录。

（三）柱状螺栓施工

高层钢结构框架工程中，楼板都采用钢筋混凝土结构，为了使楼板同钢梁之间更好地连接，目前都采用在钢梁上埋设柱状螺栓、现浇钢筋混凝土的办法。埋入混凝土中的柱状螺栓起预埋件的作用。由于柱状螺栓数量多，一般都采用专门的焊机来施工，因此成为高层钢结构施工中的内容之一。

1. 柱状螺栓的材料

（1）形状尺寸　如图 9-69 所示。

（2）防弧座圈　焊接时螺栓端部与翼缘板之间应垫防弧座圈，如去氧平弧耐热陶瓷座圈。

YN-19FS 的具体尺寸如图 9-70 所示。

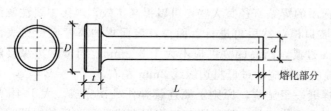

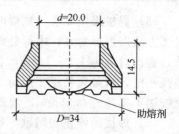

图 9-69　柱状螺栓形状尺寸　　　　　　　图 9-70　YN-19FS 的具体尺寸

D—头部直径，mm，允许偏差±0.4mm；d—螺杆直径，mm，

允许偏差±0.4mm；t—头部直径，mm，允许偏差±1.0mm；

L—制造长度（包括熔化部分），mm，允许偏差±1.6mm

2. 柱状螺栓的焊接条件与有关参数

柱状螺栓的焊接条件与有关参数见表 9-36。

3. 柱状螺栓的焊接施工

（1）焊接工艺　将焊机同相应焊枪电流接通，把柱状螺栓套在焊枪上，防弧座圈放在母材上，柱状螺栓对准防弧座圈，掀动焊枪开关，电流即熔断防弧座圈开始产生闪光，定时器调整在适当时间，经一定时间闪光，柱状螺栓以预定的速度顶紧母材而熔化，电流短路。关闭开关即焊接完成。然后清除座圈碎片，全部焊接结束。

表 9-36　柱状螺栓的焊接条件与有关参数

栓钉	适用栓钉直径	ϕ/mm	13	16	19	22
	栓钉头部直径	D/mm	25	29	32	35
	栓钉头部厚度	t/mm	9	12	12	12
	栓钉标准长度	L/mm	80,100,130		80,100,130,150	
	栓钉单位质量	g	159(L=130)	245(L=130)	345(L=130)	450(L=130)
	栓钉每增减 10mm 质量	g	10	16	22	30
	栓钉焊最低长度	mm	50	50	50	50
	适用母材最低厚度	mm	5	6	8	10
焊接药座	FS：一般标准型		YN-13FS	YN-16FS	YN-19FS	YN-22FS
	焊接药座尺寸	直径(±0.2)/mm	23.0	28.5	34.0	38.0
		高(±0.2)/mm	10.0	12.5	14.5	16.5
焊接条件	标准条件（向下焊接）	焊接电流/A	900~1100	1030~1270	1350~1650	1470~1800
		弧光时间/s	0.7	0.9	1.1	1.4
		熔化量/mm	2.0	2.5	3.0	3.5
	焊接方向		全方向	全方向	下横向	下向
	最小用电容量/kV·A		>90	>90	>100	>120

（2）焊接要求

① 同一电源上接出 2 个或 3 个以上的焊枪，使用时必须将导线连接起来，以保证同一时间内只能由 1 只焊枪使用，并使电源在完成每只柱状螺栓焊接后，迅速恢复到准备状态，进行下次焊接。

② 焊接时应保持正确的焊接姿势，紧固前不能摇动，直到熔化的金属凝固为止。

③ 螺栓应保持无锈、无油污，被焊母材的表面要进行处理，做到无杂质、无锈、无油漆，必要时须用砂轮打磨。

④ 冬期施焊执行 JGJ/T 104《建筑工程冬期施工规程》的规定。

⑤ 观察焊接后的柱状螺栓焊层外形，焊层外形不能出现如图 9-71 所示的除正常焊层外的三种状态。如有缺陷时，修正操作方法，按能达到理想均匀焊层的方法来修正操作工艺，此后即按此工艺进行施工。

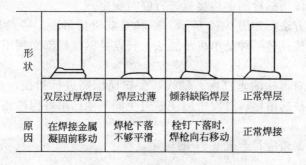

形状				
	双层过厚焊层	焊层过薄	倾斜缺陷焊层	正常焊层
原因	在焊接金属凝固前移动	焊枪下落不够平滑	栓钉下落时，焊枪向右移动	正常焊接

图 9-71　外观和质量分析

（3）焊接方法　有高空焊接和地面焊接两种形式，而就其效果而言各有利弊。

① 高空焊接　即将钢构件先安装成钢框架，然后在钢梁上进行焊接柱状螺栓。其优点

是安装过程中梁面平整，操作人员行走方便安全，不受预埋螺栓的影响；缺点是高空焊接工效不高，焊接质量不易保证，操作人员焊接技术要求高，需搭设操作脚手架等。

② 地面焊接　就是钢梁在安装前先将柱状螺栓焊接上，然后再安装。其优点是工效高，操作条件好，质量易保证；其缺点是会给其他工种操作人员带来不安全和不方便。

上述两种焊接法可根据实际情况来选择，目前工程中两种方法均用。

另有一种方法，就是安装阶段暂不焊柱状螺栓，在现浇混凝土楼板安装模板和绑扎钢筋阶段插入交叉进行焊接柱状螺栓，既可克服安装阶段的安全威胁，又能提高工效。但是如果焊接柱状螺栓由专业安装单位进行，根据目前施工阶段划分，应完成安装项目并验收合格后再进行下道工序，这种方法就不能使用。

4. 柱状螺栓检验

① 外观检查。检查螺杆是否垂直和焊层四周焊熔是否均匀，如焊层全熔化且均匀可判为合格。

② 弯曲检验。根据每天的焊接数量抽检，每批同类构件抽查 10%，且不应少于 10 件；被抽查构件中，每件检查焊钉数量的 1%，但不应少于 1 个。采用锤击法将螺栓击穿30°，其焊层无断裂现象可判为合格。

③ 如有熔化不均匀的焊层，仍用锤击法进行检验，锤击方向为缺陷的反方向，如锤击弯曲30°时，焊层无断裂仍可判为合格。

④ 检验出的不合格柱状螺栓，可在其旁侧补焊一只柱状螺栓，该不合格螺栓可不进行处理。

⑤ 检验合格的柱状螺栓，其弯曲部分不需进行调直处理。

⑥ 目前对柱状螺栓的检验主要内容有：焊接材料进场、焊接材料复验、焊接工艺评定、焊后弯曲试验、焊钉和瓷环尺寸以及焊缝外观质量。

在进行柱状螺栓的焊接前应先做好工艺试验，条件应同实际情况基本相符，通过工艺试验得出该工程的工艺操作要点，实际焊接时即按此执行。

三、高层钢结构安装

（一）钢结构构件的安装工艺

1. 钢柱安装

第一节钢柱是安装在柱基临时标高支撑块上的，钢柱安装前应将登高扶梯和挂篮等临时固定好。钢柱起吊后对准中心轴线就位，固定地脚螺栓，校正垂直度。其他各节钢柱都安装在下节钢柱的柱顶（采用对接焊），钢柱两侧装有临时固定用的连接板，上节钢柱对准下节钢柱柱顶中心线后，即用螺栓固定连接板进行临时固定。

钢柱起吊有两种方法，如图 9-72 所示。一种是双机抬吊法，特点是两台起重机悬高起吊，柱根部不着地摩擦；另一种是单机吊装法，特点是钢柱根部必须用垫木垫实，以回转法起吊，严禁柱根拖地。

钢柱就位后，先对钢柱的垂直度、轴线、牛腿面标高进行初校，然后安装临时固定螺栓，再拆除吊索。钢柱起吊回转过程中应注意避免同其他已吊好构件相碰撞，吊索应具有一定的有效高度。

柱子安装的允许偏差应符合表 9-37 的规定。

2. 框架钢梁安装

钢梁在吊装前，应于柱子牛腿处检查标高和柱子间距。主梁吊装前，应在梁上装好扶手杆和扶手绳，待主梁吊装就位后，将扶手绳与钢柱系牢，以保证施工人员的安全。

钢梁采用两点吊，一般在钢梁上翼缘处开孔，作为吊点。吊点位置取决于钢梁的跨度。

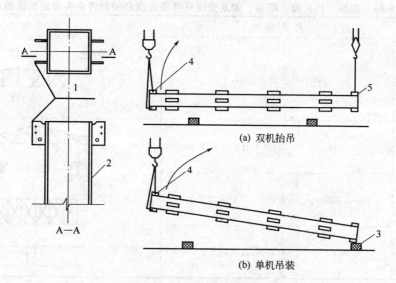

图 9-72　钢柱吊装工艺
1—钢柱吊耳（接柱连接板）；2—钢柱；3—垫木；4—上吊点；5—下吊点

为加快吊装速度，对质量较小的次梁和其他小梁，多利用多头吊索一次吊装数根。

表 9-37　柱子安装的允许偏差　　　　　　　　　　　　　　　　mm

项　　目	允许偏差	图　　例
底层柱柱底轴线对定位轴线偏移	3.0	
柱子定位轴线	1.0	
单节柱的垂直度	$h/1000$，且不应大于 10.0	

注：h 为单节柱柱高。

水平桁架的安装基本同框架梁，但吊点位置选择应根据桁架的形状而定，须保证起吊后平直，便于安装连接。安装连接螺栓时严禁在情况不明时任意扩孔，连接板必须平整。

钢主梁、次梁及受压杆件的垂直度和侧向弯曲矢高的允许偏差应符合表 9-38 中有关钢屋（托）架允许偏差的规定。

3. 剪力墙板安装

装配式剪力墙板安装在钢柱和楼层框架梁之间，剪力墙板有钢制墙板和钢筋混凝土墙板两种。安装方法多采用下述两种。

表 9-38　钢屋（托）架、桁架、梁及受压杆件垂直度和侧向弯曲矢高的允许偏差　　mm

项　目	允　许　偏　差		图　例
跨中的垂直度	$h/250$，且不应大于 15.0		
侧向弯曲矢高 f	$l \leqslant 30\text{m}$	$l/1000$，且不应大于 10.0	
	$30\text{m} < l \leqslant 60\text{m}$	$l/1000$，且不应大于 30.0	
	$l > 60\text{m}$	$l/1000$，且不应大于 50.0	

①　先安装好框架，然后再装墙板。进行墙板安装时，选用索具吊到就位部位附近临时搁置，然后调换索具，在分离器两侧同时下放对称索具绑扎墙板，再起吊安装到位。此法安装效率不高，临时搁置尚需采取一定的措施，如图 9-73 所示。

②　先同上部框架梁组合，然后再安装。剪力墙板是四周与钢柱和框架梁用螺栓连接再用焊接固定的，安装前在地面先将墙板与上部框架梁组合，然后一并安装，定位后再连接其他部位，组合安装效率高，是个较合理的安装方法，如图 9-74 所示。

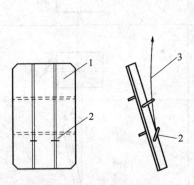

图 9-73　剪力墙板吊装方法之一
1—墙板；2—吊点；3—吊索

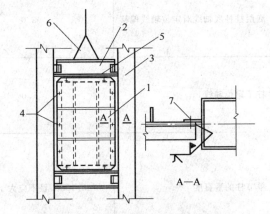

图 9-74　剪力墙板吊装方法之二
1—墙板；2—框架梁；3—钢柱；4—安装螺栓；
5—框架梁与墙板连接处（在地面先组合成一体）；
6—吊索；7—墙板安装时与钢柱连接部位

剪刀支撑安装部位与剪力墙板吻合，安装时也应采用剪力墙板的安装方法，尽量组合后再进行安装。

4. 钢扶梯安装

钢扶梯一般以平台部分为界限分段制作，构件是空间体，与框架同时进行安装，然后再进行位置和标高调整。在安装施工中常作为操作人员在楼层之间的工作通道，安装工艺简便，定位固定较复杂。

（二）标准节框架安装方法

高层钢结构中，由于楼层使用要求不同和框架结构受力因素，其钢构件的布置和规格也相应而异。例如，底层用于公共设施，则楼层较高；受力关键部位则设置水平加强结构的楼层；管道布置集中区则增设技术楼层；为便于宴会、集体活动和娱乐等需设置大空间宴会厅和旋转厅等。这些楼层的钢构件的布置都是不同的，这是钢结构安装施工的特点之一。但是多数楼层的使用要求是一样的，钢结构的布置也基本一致，称为钢结构框架的标准节框架。标准节框架安装流水顺序如图 9-75 所示。

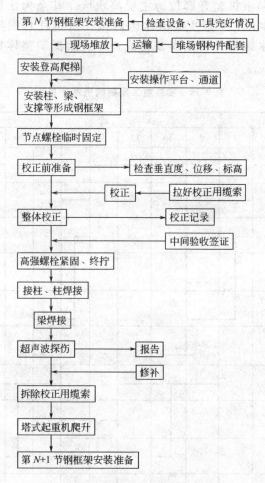

图 9-75 标准节框架安装流水顺序

1. 节间综合安装法

此法是在标准节框架中，先选择一个节间作为标准间。安装 4 根钢柱后立即安装框架梁、次梁和支撑等，由下而上逐间构成空间标准间，并进行校正和固定。然后以此标准间为依靠，按规定方向进行安装，逐步扩大框架，每立两根钢柱，就安装一个节间，直至该施工层完成。国外多采用节间综合安装法，随吊随运，现场不设堆场，每天提出供货清单，每天安装完毕。这种安装方法对现场管理要求严格，供货交通必须确保畅通，在构件运输保证的条件下能获得最佳的效果。

2. 按构件分类大流水安装法

此法是在标准节框架中先安装钢柱，再安装框架梁，然后安装其他构件，按层进行，从下到上，最终完成框架。国内目前多数采用此法，主要原因如下。

① 影响钢构件供应的因素多，不能按照综合安装供应钢构件。

② 在构件不能按计划供应的情况下还可继续进行安装，有机动的余地。

③ 管理和生产工人容易适应。

两种不同的安装方法，各有利弊，但是，只要构件供应能保证，构件质量又合格，其生产工效的差异不大，可根据实际情况进行选择。

在标准节框架安装中，要进一步划分主要流水区和次要流水区，划分原则是以框架可进行整体校正。塔式起重机爬升部位为主要流水区，其余为次要流水区，安装施工工期的长短取决于主要流水区。一般主要流水区内构件由钢柱和框架梁组成，其间的次要构件可后安装，主要流水区构件一经安装完成，即开始框架整体校正。安装施工周期的进度安排见表 9-39。

表 9-39 安装施工周期的进展安排

项 目	天 数														
	2	4	6	8	10	12	14	16	18	20	22	24	26	28	30
主流水区框架 吊装															
次流水区框架 吊装															
主流水区框架 校正															
次流水区框架 校正															
主流水区螺栓 紧固															
次流水区螺栓 紧固															
主流水区 电焊															
次流水区 电焊															
塔吊爬升															
金属压形板 安装															
柱状螺栓 电焊															

注：虚线为次要工序，在表中可表示，也可不表示。

从表 9-39 中可以看出，划分主要和次要流水区的目的是争取交叉施工，以缩短安装施工的总工期。

（三）高层钢框架的校正

1. 基本原理

（1）校正流程 框架整体校正是在主要流水区安装完成后进行的。一节标准框架的校正流程如图 9-76 所示。

（2）校正时的允许偏差　高层钢结构校正时的允许偏差见表 9-40［高层（多层）钢结构主体结构总高度的允许偏差］和表 9-41（中拼单元的允许偏差）。

表 9-40　高层（多层）钢结构主体结构总高度的允许偏差　　　　　　mm

项　目	允许偏差	图　例
用相对标高控制安装	$\pm\sum(\Delta_h+\Delta_z+\Delta_w)$	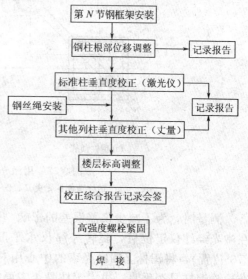
用设计标高控制安装	$H/1000$，且不应大于 30.0 $-H/1000$，且不应小于 -30.0	

注：Δ_h—每节柱子长度的制造允许偏差；Δ_z—每节柱子长度受荷载后的压缩值；Δ_w—每节柱子接头焊接的收缩值。

表 9-41　中拼单元的允许偏差　　　　　　mm

项　目		允许偏差
单元长度≤20m，拼接长度	单　跨	±10.0
	多跨连续	±5.0
单元长度＞20m，拼接长度	单　跨	±20.0
	多跨连续	±10.0

（3）标准柱和基准点选择　标准柱是能控制框架平面轮廓的少数柱子，用它来控制框架结构安装的质量。一般选择平面转角柱为标准柱。如正方形框架取 4 根转角柱；长方形框架当长边与短边之比大于 2 时取 6 根柱；多边形框架取转角柱为标准柱。

基准点的选择以标准柱的柱基中心线为依据，从 x 轴和 y 轴分别引出距离为 e 的补偿线，其交点作为标准柱的测量基准点。对基准点应加以保护，防止损坏，e 值大小由工程情况确定。

进行框架校正时，采用激光经纬仪的基准点为依据对框架标准柱进行垂直度观测，对钢柱顶部进行垂直度校正，使其在允许范围内。

框架其他柱子的校正不用激光经纬仪，通常采用丈量测定法。具体做法是以标准柱为依据，用钢丝绳组成平面方格封闭状，用钢尺丈量距离，超过允许偏差者需调整偏差，在允许范围内者一律只记录不调整。

框架校正完毕要调整数据列表，进行中间验收鉴定，然后才能开始高强度螺栓紧固工作。

2. 校正方法

（1）轴线位移校正　任何一节框架钢柱的校正，均以下节钢柱顶部的实际柱中心线为准，安装钢柱的底部对准下节钢柱的中心线即可。控制柱节点时须注意四周外形，尽量平整以利焊接。实测位移按有关规定做记录。校正位移时特别应注意钢柱的扭矩，钢柱扭转对框架安装很不利，应引起重视。

（2）柱子标高调整　每安装一节钢柱后，应对柱顶进行一次标高实测，根据实测标高的

图 9-76　一节标准框架的校正流程

偏差值来确定调整与否（以设计±0.000为统一基准标高）。标高偏差值小于或等于5mm，只记录不调整，超过5mm需进行调整。调整标高用低碳钢板垫到规定要求。钢柱标高调整应注意下列事项。

① 偏差过大（大于20mm）不宜一次调整，可先调整一部分，待下一步再调整。原因是一次调整过大会影响支撑的安装和钢梁表面的标高。

② 中间框架柱的标高宜稍高些，通过实际工程的观察证明，中间列柱的标高一般均低于边柱标高，这主要是因为钢框架安装工期长，结构自重不断增大，中间列柱承受的结构荷载较大，因此，中间列柱的基础沉降值也大。

（3）垂直度校正　用一般的经纬仪难以满足要求，应采用激光经纬仪来测定标准柱的垂直度。测定方法是将激光经纬仪中心放在预定的基准点上，使激光经纬仪光束射到预先固定在钢柱上的靶标上，光束中心同靶标中心重合，表明钢柱垂直度无偏差。激光经纬仪须经常检验，以保证仪器本身的精度，如图9-77所示。当光束中心与靶标中心不重合时，表明有偏差。偏差超过允许值应校正钢柱。

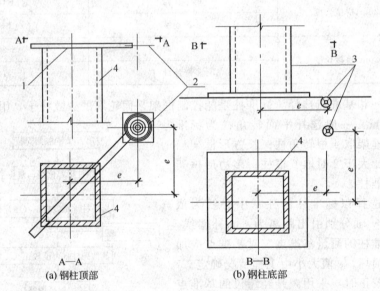

A—A
(a) 钢柱顶部

B—B
(b) 钢柱底部

图 9-77　用激光经纬仪测量钢柱的垂直度
1—钢柱顶部标靶夹具；2—激光靶标；3—柱底基准点；4—钢柱

测量时，为了减少仪器误差的影响，可采用四点投射光束法来测定钢柱的垂直度，就是在激光经纬仪定位后，旋转经纬仪水平度盘，向靶标投射四次光束（按0°→90°→180°→270°位置），将靶标上四次光束的中心用对角线连接，其对角线交点即为正确位置。以此为准检验钢柱是否垂直，决定钢柱是否需要校正。

（4）框架梁面标高校正　用水准仪、标尺进行实测，测定框架梁两端标高误差情况。超过规定时应进行校正。方法是扩大端部安装连接孔。

（四）高层（多层）钢结构安装的质量控制

1. 整体垂直度和整体平面弯曲质量

高层（多层）钢结构主体结构的整体垂直度和整体平面弯曲的允许偏差应符合表9-42的规定。

2. 钢构件安装的质量

高层（多层）钢结构中构件安装的允许偏差应符合表9-43的规定。

表 9-42　整体垂直度和整体平面弯曲的允许偏差　　　mm

项　目	允许偏差	图　例
主体结构的整体垂直度	$H/1000$， 且不应大于 25.0	
主体结构的整体平面弯曲	$l/1500$，且不应大于 25.0	

表 9-43　高层（多层）钢结构中构件安装的允许偏差　　　mm

项　目	允许偏差	图　例	检验方法
上、下柱连接处的错口 △	3.0		用钢尺检查
同一层柱的各柱顶高度差 △	5.0		用水准仪检查
同一根梁两端顶面的高差 △	$l/1000$ 且不应大于 10.0		用水准仪检查
主梁与次梁表面的高差 △	±2.0		用直尺和钢尺检查
金属压形板在钢梁上相邻列的错位 △	15.00		用直尺和钢尺检查

3. 主体结构总高度的质量

高层（多层）钢结构主体结构总高度的允许偏差应符合表 9-40 的规定。

四、钢网架结构安装

钢网架的制造与安装分为三个阶段，首先是制备杆件及节点，然后拼装成基本单元体，最后在现场安装。

杆件与节点的制备都在工厂中进行，与一般钢结构的制造方法相同。基本单元体拼装可在工厂或施工现场附近进行，单元体的大小视网格尺寸及运输条件而定，可以是一个网格，也可以是几个网格。

钢网架结构施工中最重要的一项，是钢网架的安装。其方法有整体安装、悬吊拼装、地面部分拼装然后高空总装。下面重点讲述整体安装和悬吊拼装两种方法。

（一）整体安装

整体安装是将地面上拼装成的钢网架整体滑升或提升到高空中的设计位置。在现场拼装时，通常是在地面上先砌筑一定数量的砌墩。这些砌墩的标高，应符合钢网架各相应点的高差。地面拼装时，从中心开始，逐渐向四周拼接，每拼接一套经反复测量检查并考虑再焊接收缩量后固定，直至地面工作全部完成。钢网架的整体安装主要有以下几种方法。

1. 整体提升法

整体提升法是指在结构柱上安装提升设备直接提升钢网架，或在提升钢网架的同时用滑升模板施工法进行柱子施工的方法。此法适用于支点较多的周边支撑钢网架，利用升板、滑升模板等小型机具便可进行提升，但高空不能移位，适用于场地窄小的施工条件。

提升点位置和数量的选择应与钢网架结构使用时的受力状况尽量接近。

首先将钢网架的杆件或小拼单元在设计位置的地面上进行总拼，然后着手提升。若只提升钢网架，可在结构柱上安装升板用的提升机；若提升钢网架且滑升柱子时，可采用一般的滑模设备，不设或只少量搭设施工用操作平台，尽量利用钢网架结构本身作为操作平台。

提升时各提升点的同步上升是一个必须注意的问题。为此，应采取使各提升点设备的负荷尽量接近等措施，并进行水平同步观测，以保证钢网架在提升过程中调整提升差异值在允许范围之内。

采用提升法时应考虑风力对钢网架施工的影响。

2. 整体顶升法

整体顶升法是在设计位置的地面上将钢网架拼装成整体，然后利用千斤顶和支撑结构（如预制混凝土柱块）的轮番堵塞，将钢网架逐步顶升到设计标高的施工方法。将各柱块连接起来，即成为支撑钢网架结构的柱子。这种安装方法适用于支点较少的支撑钢网架，所需的施工设备简单，顶升能力大，但有时由于顶升施工的需要使得柱子断面尺寸较大。顶升时，由于千斤顶的起重能力较大，一般还可以将屋面构件先放在钢网架上一起顶升，以减少垂直运输。整体顶升法应尽量利用钢网架的永久支撑柱作为顶升用的支撑结构，否则要在原支点处或其附近设置临时顶升支架。

顶升法在顶升过程中的同步问题比提升法更为重要。顶升法所有的螺旋式千斤顶或液压千斤顶，要求其冲程和起升速度要一致，顶升时要同步；所有的预制混凝土柱块的高度，应为千斤顶有效冲程的整倍数。为了保证柱块间的接头平整和各柱的垂直度，应尽量采用钢模板制作规格划一的混凝土柱块。

采用顶升法时要特别注意风力对钢网架和钢网架支柱的影响。此外，顶升点的位置和数量的选择应与钢网架结构使用时的受力状况尽量接近。

根据千斤顶放置的位置不同，顶升法可分为上顶升法和下顶升法。

上顶升法（图 9-78）的特点是千斤顶倒挂在柱帽上，随着钢网架结构的上升而上升。钢网架结构的柱子由冂形和方形两种柱块组合而成，如图 9-79 所示，在顶升过程还要利用若干长条形和方形临时垫块。

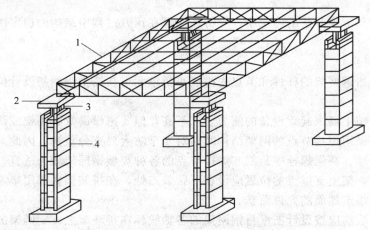

图 9-78　网架屋盖用上顶升法安装情况

1—网架；2—柱帽；3—千斤顶；4—柱块

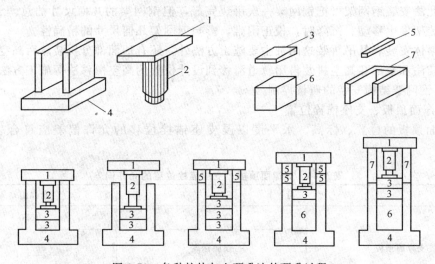

图 9-79　各种柱块与上顶升法的顶升过程

1—柱帽；2—千斤顶；3,5—临时垫块；4—柱基；6—方形柱块；7—冂形柱块

上顶升法的顶升过程如下。

① 把千斤顶及柱帽搁置在柱基上，此时应注意把柱基轴线、千斤顶中心线和柱子的轴线三者对准。

② 千斤顶进油，上升一个工作行程。

③ 安装条形临时垫块 5，千斤顶回油，活塞回缩，安装方形临时垫块 3。

④ 重复以上工作循环，换入方形柱块 6。

⑤ 重复以上工作循环，换入冂形柱块 7。

冂形柱块在安装时要坐浆，柱块间用帮条焊连接。

当钢网架顶升到一定高度（不小于 1.8m）后，要及时用混凝土封闭开口部分，以增加柱子的整体性。

上顶升法在顶升过程中稳定性较好，较为常用，但高空作业较多。

下顶升法的特点是千斤顶在顶升过程中始终位于柱基上，将钢网架的柱块一并顶升。

下顶升法在顶升过程中稳定性较差，上升越高，这种缺陷就越显著，一般采用此法较少。

在上顶升法和下顶升法的施工中，应特别注意在顶升过程中结构的稳定性和千斤顶上升的同步性。

（二）悬吊拼装

这种方法是指钢网架的杆件和节点先拼成小拼单元再在高空钢网架设计位置进行拼装的一种方法。

这种方法对施工场内起重设备的能力要求不高，但要搭设满堂脚手架或部分拼装架，高空作业量大。当采用焊接节点的网架结构时，对安全防火要充分重视。因此，此法用于螺栓连接（包括螺栓球、高强螺栓等）的非焊接节点的各种类型钢网架较为适宜。

搭设拼装时，架上支撑点的位置应设在下弦节点处，在拼装架底部用垫木或脚手板分布荷载，使其受力小于地面的允许荷载。

钢网架在拼装前应按设计图纸将钢网架的各轴线标在拼装架上。钢网架的拼装顺序应便于保证拼装的精度，减少累计误差。在拼装过程中应随时检查杆件的轴线位置、标高，如发现大于施工工艺允许偏差时，应及时纠正。

采用此法安装钢网架可把钢网架一次拼装完成，但钢网架的几何尺寸的总调整较麻烦，特别是拼装架发生移动、沉降时，校正困难，影响钢网架几何尺寸的精确性。

除了整体安装和悬吊拼装这两种主要施工方法外，还有地面部分拼装然后高空总装的分条分块安装法和全部在高空拼装再用轨道滑移到设计位置的高空滑移法等施工方法。

（三）钢网架结构安装的质量控制

1. 支撑面顶板、支座锚栓位置

支撑面顶板的位置、标高、水平度以及支座锚栓位移的允许偏差应符合表 9-44 的规定。

表 9-44　支撑面顶板、支座锚栓位置的允许偏差　　　　　　　　　　mm

项　　　目		允许偏差
支撑面顶板	位　　置	15.0
	顶面标高	0 −3.0
	顶面水平度	$l/1000$
支座锚栓	中心偏移	±5.0

注：l 为跨度。

2. 小拼单元和中拼单元的质量

小拼单元的允许偏差应符合表 9-45 的规定。

中拼单元的允许偏差应符合表 9-41 的规定。

3. 钢网架结构安装质量

钢网架结构安装完成后，其安装的允许偏差应符合表 9-46 的规定。

钢网架结构总拼完成及屋面工程完成后应分别测量其挠度值，且所测挠度值不应超过相应设计值的 1.15 倍。

表 9-45　小拼单元的允许偏差　　　　　　　　　　mm

项　目			允许偏差
节点中心偏移			2.0
焊接球节点与钢管中心的偏移			1.0
杆件轴线的弯曲矢高			$L_1/1000$，且不应大于 5.0
锥体型小拼单元	弦杆长度		±2.0
	锥体高度		±2.0
	上弦杆对角线长度		±3.0
平面桁架型小拼单元	跨长	≤24m	+3.0 −7.0
		>24m	+5.0 −10.0
	跨中拱度		±3.0
	跨中拱度	设计要求起拱	±$L/5000$
		设计未要求起拱	+10.0

注：L_1—杆件长度；L—跨长。

表 9-46　钢网架结构安装的允许偏差　　　　　　　　mm

项　目	允许偏差	检验方法
纵向、横向长度	$L/2000$，且不应大于 30.0 $−L/2000$，且不应小于−30.0	用钢尺实测
支座中心偏移	$L/3000$，且不应大于 30.0	用钢尺和经纬仪实测
周边支撑网架相邻支座高差	$L/400$，且不应大于 15.0	
支座最大高差	30.0	用钢尺和水准仪实测
多点支撑网架相邻支座高差	$L_1/800$，且不应大于 30.0	

注：L—纵向、横向长度；L_1—相邻支座间距。

第五节　高层建筑砌块砌体施工

高层框架结构建筑，其围护外墙多采用具有一定强度、耐候、节能、价廉、高效和施工方便的小型空心砌块、加气混凝土砌块砌筑。

一、砌块砌体的材料选用

（一）混凝土小型空心砌块材料

（1）普通混凝土小型空心砌块强度等级可采用 MU20、MU15、MU10、MU7.5 和 MU5。

（2）轻骨料混凝土小型空心砌块强度等级可采用 MU15、MU10、MU7.5、MU5 和 MU3.5。

（二）砌筑砂浆

砌筑砂浆的强度等级可采用 Mb20、Mb15、Mb10、Mb7.5 和 Mb5。

（1）砌筑砂浆应具有良好的保水性，其保水率不得小于 88%。砌筑普通小砌块砌体的砂浆稠度宜为 50～70mm；轻骨料小砌块的砌筑砂浆稠度宜为 60～90mm。

（2）小砌块基础砌体应采用水泥砂浆砌筑；地下室内部及室内地坪以上的小砌块墙体应采用水泥混合砂浆砌筑。

墙体采用具有保温功能的砌筑砂浆时，其砂浆强度等级应符合设计要求。

（3）砌筑砂浆应采用机械搅拌，拌合时间自投料完算起，不得少于 2min。当掺有外加剂时，不得少于 3min；当掺有机塑化剂时，应为 3~5min。

（4）砌筑砂浆应随拌随用，并应在 3h 内使用完毕；当施工期间最高气温超过 30℃时，应在 2h 内使用完毕。砂浆出现泌水现象时，应在砌筑前再次拌和。

预拌砂浆的性能、运输、储存、使用及检验等应符合现行国家行业标准《预拌砂浆》JG/T 230 的规定。

（5）砌筑砂浆试块取样应取自搅拌机或运输湿的预拌砂浆车辆的出料口。同盘或同车砂浆应制作一组试块。

（6）砌筑砂浆强度等级的评定应以标准养护、龄期为 28d 的试块抗压试验结果为准。

（7）同一验收批的砌筑砂浆试块抗压强度平均值应大于或等于设计强度等级所对应的立方体抗压强度值的 1.1 倍；其中抗压强度最小一组的平均值应大于或等于设计强度等级所对应的立方体抗压强度值的 85%。砌筑砂浆的验收批指同类型、同强度等级的砂浆试块不应少于 3 组，每组 3 块；当同一验收批只有 1 组或 2 组试块时，每组试块抗压强度的平均值应大于或等于设计强度等级所对应的立方体抗压强度值的 1.1 倍；建筑结构的安全等级为一级或设计使用年限为 50 年及以上的房屋，同一验收批砂浆试块的数量不得少于 3 组。

（8）每一检验批且不超过一个楼层或 250m³ 小砌块砌体所用的砌筑砂浆，每台搅拌机应至少抽检一次。当配合比变更时，应制作相应试块。

（9）当施工中或验收时出现下列情况时，宜采用非破损或微破损检验方法对砌筑砂浆和砌体强度进行原位检测，判定砌筑砂浆的强度。

① 砌筑砂浆试块缺乏代表性或试块数量不足。

② 对砌筑砂浆试块的试验结果有怀疑或争议。

③ 砌筑砂浆试块的试验结果不能满足设计要求时，需另行确认砌筑砂浆或砌体的实际强度。

④ 对工程质量事故有疑义。

（三）墙体保温材料

1. 块体保温材料

块体保温材料有膨胀聚苯板、聚氨酯硬泡保温板、岩棉板等保温板材。

2. 保温浆料

保温浆料技术要求如下。

（1）保温浆料应为袋装干混预拌料。施工现场取样的保温浆料干密度应为 180~250kg/m³。施工中应制作同条件养护试件，并见证取样送检。

（2）在严寒和寒冷地区，不得将浆料类外墙外保温系统作为单一的外保温材料使用，但可与高效保温材料复合应用。

二、混凝土小型空心砌块墙施工

（一）布置形式与节点构造

用于高层建筑外墙围护结构的小型空心砌块墙多嵌砌于高层建筑框架边柱之间，视外墙走向，砌块呈一字形排列或呈直角形排列，分别如图 9-80、图 9-81 所示。

当房间开间较大，柱间需增加隔墙时，则围护外墙与隔墙直接相交，其排列方式如图 9-82、图 9-83 所示。

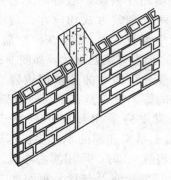

图 9-80　一字形排列砌块墙

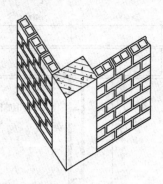

图 9-81　直角形排列砌块墙

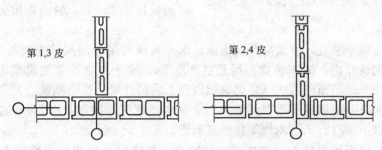

第1,3 皮　　　　　　　　　　第2,4 皮

图 9-82　100 厚墙与 200 厚墙连接砌法

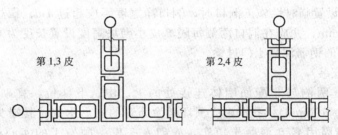

第1,3 皮　　　　　　　　　　第2,4 皮

图 9-83　200 厚墙与 200 厚墙连接砌法

（二）混凝土小型空心砌块墙施工方法

混凝土小型空心砌块围护外墙的施工顺序如下：

找平→放线→立皮树杆→排块→拉线→砌筑→勾缝

（1）砌筑前先在基础或地梁、框架梁、板顶面沿墙走向，按墙宽度用 1：2 水泥砂浆或 C15 细石混凝土找平砌筑面。

（2）在找平层上和框架柱上放定位轴线和楼地面标高，分门窗洞口。

（3）按砌块尺寸和灰缝厚度计算砌块皮数和排数，首层预摆，立皮树杆，挂线，准备砌筑。

（4）单排孔砌块砌体采用披灰挤浆反砌法（砌块铺灰面朝上）砌筑。从框架柱侧、转角处或门窗口定位点两端同时向内赶砌。内外墙交叉处需同时砌筑，且错缝搭接。上下皮砌块应对孔错缝搭砌，个别不能对孔而需错孔砌筑时，其搭接长度不应小于 90mm。若搭接长度仍无法保证时，应在水平灰缝中设置构造筋或钢筋网片拉结。网片两端与该位置的竖缝距离不得小于 400mm。

（5）190mm 厚的非承重小砌块墙体可与承重墙同时砌筑。小于 190mm 厚的非承重小砌块墙宜后砌，且应按设计要求从承重墙预留出不少于 600mm 长的 2Φ6@400 拉结筋或Φ4 @400T（L）形点焊钢筋网片；当需同时砌筑时，小于 190mm 厚的非承重墙不得与设有芯

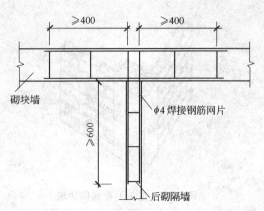

图 9-84　砌块墙与后砌隔墙交接处钢筋网片

柱的承重墙相互搭砌，但可与无芯柱的承重墙搭砌。两种砌筑方式均应在两墙交接处的水平灰缝中埋置 2Φ6@400 拉结筋或Φ4@400T（L）形点焊钢筋网片，如图 9-84 所示。

（6）混合结构中的各楼层内隔墙砌至离上层楼板的梁，板底尚有 100mm 间距时暂停砌筑，且顶皮应采用封底小砌块反砌或用 Cb20 混凝土填实孔洞的小砌块正砌砌筑。当暂停时间超过 7d 时，可用实心小砌块斜砌楔紧，且小砌块灰缝及与梁、板间的空隙应用砂浆填实；房屋顶层内隔墙的墙顶应离该处屋面板板底 15mm，缝内宜用弹性腻子或 1:3 石灰砂浆嵌塞。

（7）灰缝应横平竖直，砂浆应严实饱满。水平灰缝宜用专用灰铲或铺灰工具坐浆铺灰，以防灰浆落入砌块孔内，铺灰长度不得超过 800mm，水平灰缝砂浆饱满度不得低于 90%。竖向灰缝宜采用平铺端面砂浆法（将砌块端面向上满铺砂浆）挤浆砌筑，并用木榔头或橡皮锤敲实，竖直灰缝砂浆饱满度不得低于 90%，灰缝厚度应控制在 8～12mm 之内。严禁用水冲砂浆灌缝，且不得以石子、木楔等物垫塞灰缝。

（8）勾缝时原浆随砌随勾，先水平、后竖直。灰缝应与砌块面平整密实，无丢缝、瞎缝、开裂或黏结不牢等现象，墙面不得渗水或开裂，以利粉刷和装饰。

（9）在砌体中设置临时性施工洞口时，洞口净宽度不应超过 1m。洞边离交接处的墙面距离不得小于 600mm，并应在洞口两侧每隔 2 皮小砌块高度设置长度为 600mm 的Φ4 点焊钢筋网片及经计算的钢筋混凝土门过梁。

（三）门窗框安装

（1）木门窗框两侧与非配筋墙体连接处的上、中、下部位，宜砌入单排孔小砌块（190mm×190mm×190mm）。孔洞内应预埋满涂沥青的楔形木块，其端头小的端面应与小砌块洞口齐平，四周用 C20 混凝土填实，或砌入 3 皮一顺一丁的实心小砌块（90mm×190mm×53mm）。木门窗框应用铁钉与木块连接或用射钉、膨胀螺栓与实心小砌块固定。

（2）配筋小砌块墙体及非配筋墙体的门窗洞口两侧的小砌块用 C20 普通混凝土或 LC20 轻骨料混凝土填实时，门窗框与墙体间的连接件可采用射钉或膨胀螺栓固定，其施工方法同实心混凝土墙体（剪力墙）的门窗安装。

（3）工业建筑、公共建筑及单层房屋中的大型、重型及组合式的门窗安装，应按设计要求在洞边和洞顶现浇钢筋混凝土门窗框与过梁。夹心墙上的门窗洞现浇钢筋混凝土框时，应按要求与内、外叶墙连接。

（4）外墙门窗框与墙体间空隙的室外一侧应采用外墙弹性腻子封闭，室内侧及内墙门窗框与墙的空隙处均应用聚氨酯泡沫填缝剂（PU）充填。

（5）外墙为外保温系统时，门窗框与墙体之间预留的缝隙宽度应考虑保温层的厚度。整个保温系统遮盖门窗框的宽度不应大于 20mm。

三、混凝土小型空心砌块墙体节能工程施工

（一）墙体节能材料选用

1. 材料复验

施工现场应对下列材料的性能进行见证取样送检复验。

（1）保温材料的热导率、密度、抗压强度或压缩强度。

（2）粘贴保温板的胶黏剂、面砖胶黏剂的黏结强度。严寒和寒冷地区尚应进行冻融试验，其试验结果应符合当地最低气温环境的使用要求。

（3）耐碱涂塑玻璃纤维网格布、热镀锌电焊钢丝网的力学性能、抗腐蚀性能。

（4）锚栓的抗拉承载力。

2. 材料拉拔试验

施工现场应对下列项目进行拉拔试验。

（1）膨胀聚苯板、聚氨酯硬泡保温板、岩棉板等保温板材与基层的黏结强度。

（2）后置入的锚栓锚固力。

（3）饰面砖与防护层或基层的黏结强度。

（二）墙体保温的施工

小型空心砌体外墙保温施工顺序如下：

基层处理→抹找平层→贴保温层→防护层→饰面层。

1. 基层处理

墙体基层应平整、干净，不得有杂物、油污，其表面平整度的允许偏差应为 4mm，立面垂直度允许偏差应为 5mm。

2. 抹找平层

应先用有机胶拌制的水泥浆或界面剂等材料满涂后，方可进行抹灰施工。找平层的体积配合比为水泥：中砂＝1∶2（或 2.5），抹灰厚度为 15mm 左右。

3. 保温板粘贴

膨胀聚苯板、聚氨酯硬泡保温板、岩棉板等保温板材的粘贴应符合下列规定。

（1）保温板粘贴宜采用满粘法。

（2）膨胀聚苯板出厂前应在自然条件下陈化 42d 或在 60℃蒸汽中陈化 5d。陈化时间不足的膨胀聚苯板不得上墙粘贴。

（3）墙体找平层表面应按排板图的要求弹线标明每一行保温板的粘贴位置，粘贴顺序应自下而上沿水平方向横向铺贴，上下相邻两行板缝应错缝搭接；墙体阴阳角部位应槎口咬合如图 9-85 所示；门窗洞口处应用整板粘贴，板间接缝离洞口四角不得小于 200mm，如图 9-86所示。现场裁切保温板的切口边缘应平直。

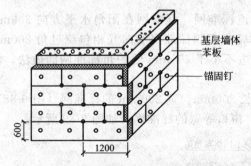

图 9-85　墙面及转角处苯板排列示意图

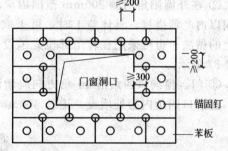

图 9-86　门窗洞口苯板排板图

（4）膨胀聚苯板不得用于高度 100m 及以上的居住建筑和高度 50m 及以上的公共建筑外墙外保温工程。

4. 锚栓安装保温板

外墙外保温系统锚栓施工应符合下列规定。

（1）锚栓应采用拧入打结式。螺钉应用不锈钢或镀锌的沉头自攻钢钉，锌的涂层厚度不得小于 5μm；膨胀套管外径应为 7～10mm，用尼龙 6 或尼龙 66 制成，不得使用回收的再生材料，且应带大于 φ50 塑料圆盘压住保温板或带 U 形金属压盘固定钢丝网。单个锚栓抗拉承载力标准值不得小于 0.8kN。

（2）锚栓安装应在保温板粘贴 24h 后进行。锚栓孔应采用旋转方式钻孔并清孔。孔深应大于锚栓长度至少 20mm，锚入墙体小砌块内的有效深度不得小于 25mm。当房屋高度为 20m 及以下时，锚栓数量不宜少于 6 个/m²；房屋高度超过 20m 时宜为 8 个/m²，且墙体阳角两侧各 2.4m 宽的部位宜每平方米增加 2 个。板的四角、中心部位及板长边的中间点位置均应设置锚栓。

5. 防护层

防护层的做法一般为"一布两浆"，在设计有加强要求的部位做法为"两布三浆"，防护层施工时应先铺设翻包网格布和加强网格布，然后进行墙面标准网的施工。

保温层完工后 24h 方可进行防护层施工。

防护层施工顺序：

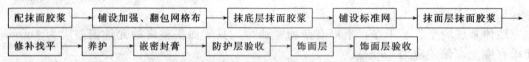

（1）铺贴复合耐碱玻璃纤维网格布

铺贴网格布时，先在苯板上涂抹第一道约 1.6～2mm 厚的底层抹面胶浆，将预先裁好的网格布弯曲面朝向墙面，沿水平方向抻紧、抻平，立即用抹子自中央向四周将网格布压入湿的抹面胶浆中，将网格布赶紧、压平，使泛出的胶浆盖住网格布；待底层抹面胶浆干硬至可以触碰时，方可涂抹第二道约 1～2mm 的面层抹面胶浆，抹面层抹面胶浆时禁止反复不停揉搓；面层抹面胶浆抹完后应表面光滑、洁净、接槎平整，两布三浆做法同上。成活后抹面胶浆的厚度一布两浆为 2.5～5mm，两布三浆为 5～7mm。

（2）网格布搭接

标准网应连续铺设，铺设标准网需断开时，应保证标准网间的搭接长度不小于 100mm。

（3）翻包、增强部位做法

① 铺设翻包网格布时，将翻包部位板的端面及距板端 100mm 范围内的板面均匀抹一道约 2mm 厚的抹面胶浆，将甩出部分的网格布沿端面翻转，立即用钢抹将其压入抹面胶浆中，压至无网格布外漏。

② 在外墙阳角两侧 200mm 范围内应增设一道标准网，标准网在阳角水平方向 200mm 范围以内严禁搭接。具体施工时，可采取在墙体转角两侧标准网双向互相包绕过角 200mm 以上的做法；也可采用在转角部位先铺设一道每边不小于 200mm 的护角标准网的做法，如图 9-87 所示。

③ 门、窗洞口四角沿 45°角方向应增设一道长 300mm、宽 200mm 的标准网（图 9-88）。门、窗洞口四角内膀处增设一道长 400mm 与门、窗口等宽的标准网，如图 9-89 所示。

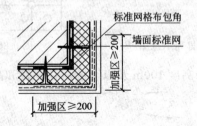

图 9-87　外墙阳角部位网格布增强示意图

④ 首层墙体有抗撞击设计要求的部位需增设一道加强网，加强网应顶边对接铺设，且应对缝紧密，标准网应覆盖在加强网上，如图 9-90 所示。

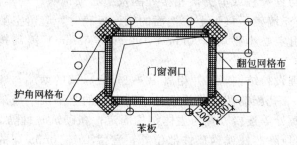

图 9-88　门窗洞口平面网格布增强图

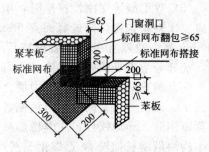

图 9-89　门窗洞口角部网格布增强图

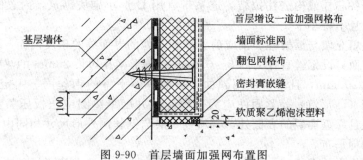

图 9-90　首层墙面加强网布置图

⑤ 防护层施工 24h 后，喷水养护 3d，养生期间应保证墙面潮湿，严禁撞击、震动。

6. 饰面层

待防护层表干后，即可抹聚合物砂浆，操作方法同普通抹灰，先抹第一遍，厚约 2～3mm。然后再抹第二遍，厚约 2～3mm，用抹刀赶平压光。

当墙面出现裂缝时，用水泥 107 胶浆进行刮平、补缝，配合比采用水泥：107 胶 = 3：1（质量比）。用 107 胶水溶液直接将水泥搅拌成糊状，即可使用。

当砂浆干缩，达到稳定后进行涂料施工。

四、混凝土小型空心砌块墙体抗裂措施

混凝土小型空心砌块墙体抗裂措施如下。

(1) 沿框架柱或剪力墙全高每隔 400mm 埋设或用植筋法预留 $2\phi6$ 拉结钢筋，其伸入填充墙内水平灰缝中的长度应按抗震设计要求沿墙全长贯通。

(2) 填充内墙砌筑时，除应每隔 2 皮小砌块在水平灰缝中埋置长度不得小于 1000mm 或至门窗洞口边并与框架柱（剪力墙）拉结的 $2\phi6$ 钢筋外，尚宜在水平灰缝中按垂直间距 400mm 沿墙全长铺设直径为 $\phi4$ 点焊钢筋网片。网片与拉结筋可不设在同皮水平灰缝内，宜相距一皮小砌块的高度。网片应按要求进行制作与埋设，不得翘曲。铺设时，应将网片的纵、横向钢筋分置于小砌块的壁、肋上。网片间搭接长度不宜小于 90mm 并焊接。

(3) 除芯柱部位外，填充墙的底皮和顶皮小砌块宜用 C20 混凝土或 LC20 轻骨料混凝土预先填实后正砌砌筑。

(4) 界面缝采用柔性连接时，填充墙与框架柱或剪力墙相接处应预留 10～15mm 宽的缝隙；填充墙顶与上层楼面的梁底或板底间也应预留 10～20mm 宽的缝隙。缝内中间处宜在填充墙砌完后 28d 用聚乙烯（PE）棒材嵌塞，其直径宜比缝宽大 2～5mm。缝的两侧应充填聚氨酯泡沫填缝剂（PU 发泡剂）或其他柔性填缝材料。缝口应在 PU 发泡剂外再用弹性腻子封闭；缝内也可嵌填宽度为墙厚减 60mm，厚度比缝宽大 1~2mm 的膨胀聚苯板，应挤紧，不得松动。聚苯板的外侧应喷 25mm 厚 PU 发泡剂，并用弹性腻子封至缝口。

（5）界面缝采用刚性连接时，填充墙与框架柱或剪力墙相接处的灰缝必须饱满、密实，并应二次补浆勾缝，凹进墙面宜 5mm；填充墙砌至接近上层楼面的梁、板底时，应留空隙 100mm 高。空隙宜在填充墙砌完后 28d 用实心小砌块（90mm×190mm×53mm）斜砌挤紧，灰缝等空隙处的砂浆应饱满、密实。

（6）填充墙与框架柱或剪力墙之间不埋设拉结钢筋，并相离 10~15mm；墙的两端与墙中或 1/3 墙长处以及门窗洞口两侧各设 2~3 孔配筋芯柱或构造柱，其纵筋的上下两端应采用预留钢筋、预埋铁件、化学植筋或膨胀螺栓等连接方式与主体结构固定；在砌筑时每隔 2 皮小砌块沿墙长铺设 $\phi 4$ 点焊钢筋网片；墙顶除芯柱或构造柱部位外，宜留 10~20mm 宽的缝隙，并按要求进行界面缝施工。填充外墙尚应在窗台与窗顶位置沿墙长设置现浇钢筋混凝土连系带，并与各芯柱或构造柱拉结。连系带宜用 U 形小砌块砌筑，内置的纵向水平钢筋应符合设计要求且不得小于 2Φ12。

（7）小砌块填充墙与框架柱、梁或剪力墙相接处的界面缝的正反两面，均应平整地紧贴墙、柱、梁的表面钉设钢丝直径为 0.5~0.9mm、菱形网孔边长 20mm 的热镀锌钢丝网。网宽应为缝两侧各 200mm，且不得使用翘曲、扭曲等不平整的钢丝网。固定钢丝网的射钉、水泥钉、骑马钉（U 形钉）等紧固件应为金属制品并配带垫圈或压板压紧。同时，在此部位的抹灰层面层且靠近面层的表面处，宜增设一层与钢丝网外形尺寸相同由聚酯纤维制成的无纺布或薄型涤棉平布。

（8）框架结构中的楼梯间、通道、走廊、门厅、出入口等人流通过的交通区域，该范围内的填充墙两侧墙面应分层抹 1∶2 水泥砂浆钢丝网面层，总厚度宜为 20mm。

五、填充墙小砌块砌体工程施工质量验收

1. 主控项目验收

（1）小砌块和砌筑砂浆的强度等级应符合设计要求，其中复合保温砌块与夹心复合保温砌块中的绝热保温材料及保温砌筑砂浆的热导率、密度等性能指标尚应符合小砌块填充墙体节能设计要求。

检查数量如下。

① 产地（厂家）相同的原材料以同一生产时间、配合比例、生产工艺、成型设备所生产的同强度等级的每 1 万块标准小砌块（或用于配筋砌体的带功能缝的标准小砌块）至少应抽检一组；用于房屋的基础和底层的小砌块抽检数量不应少于 2 组。

② 在材料、配比、工艺、设备、参数、规格及型号都相同的条件下，不带功能缝的 5 块小砌块抗压强度平均值应等于或大于带功能缝的 5 块小砌块抗压强度平均值的 1.1 倍。同时，单块带缝与不带缝小砌块的最小抗压强度值均不得小于各自平均值的 80%。

检验方法：检查小砌块的产品合格证书、产品性能检测报告、强度试验（复验）报告和砌筑砂浆试块试验报告。

（2）小砌块填充墙砌体与房屋主体结构间的连接构造应符合设计要求。

检查数量：每检验批抽检不应少于 5 处。

检验方法：观察检查，并应有全施工过程的影像资料。

（3）当小砌块填充墙与框架柱（剪力墙、框架梁）之间的拉结筋，采用化学植筋方式连接时，应进行实体检测。拉结钢筋非破坏的拉拔试验其轴向受拉的承载力不应小于 6.0kN，且钢筋无滑移，基材不得有裂缝；在 2min 持荷时间内，荷载值降低不得大于 5%。化学植筋的锚固力检验抽样判定应符合规定。

检查数量：按表 9-47 确定。

表 9-47 检验批抽检锚固钢筋样本最小容量

检验批的容量	样本最小容量	检验批的容量	样本最小容量
≤90	5	281～500	20
91～150	8	501～1200	32
151～280	13	1201～3200	50

检验方法：原位试验检查。

2. 一般项目验收

(1) 同一柱、墙体，应使用同厂家、同品种、同材质、同强度等级的小砌块砌筑，不得混砌。

检查数量：每检验批抽检不应少于 5 处。

检验方法：外观检查。

(2) 填充墙小砌块砌体的砂浆饱满度及检验方法应符合表 9-48 的规定。

检查数量：每检验批抽检不应少于 5 处。

表 9-48 填充墙小砌块砌体的砂浆饱满度及检验方法

砌体名称	灰缝位置	饱满度要求	检验方法
小砌块砌体	水平	≥90%	采用百格网检查小砌块的底面或侧面砂浆黏结痕迹面积
	垂直(竖向)	≥90%，不得有透明缝、瞎缝、假缝	

(3) 预留的或植筋的拉结钢筋均应置于填充墙砌体水平灰缝中，不得露筋。拉结钢筋的直径、数量、竖向间距及墙内的埋设长度应符合设计要求。竖向位置的偏差不得超过一皮小砌块高度。

检查数量：每检验批抽检不应少于 5 处。

检验方法：观察和尺量检查。

(4) 填充墙上下相邻皮小砌块应错缝搭砌。

检查数量：每检验批抽检不应少于 5 处。

检验方法：观察和尺量检查。

(5) 填充墙小砌块砌体的灰缝厚度和宽度宜为 10mm，不得小于 8mm，也不应大于 12mm。

检查数量：每检验批抽检不应少于 5 处。

检验方法：用尺量 5 皮小砌块的高度和 2m 长度的墙体进行折算。

(6) 填充墙小砌块砌体一般尺寸的允许偏差和检验方法应符合表 9-49 的规定。

表 9-49 填充墙小砌块砌体一般尺寸允许偏差

项次	项 目		允许偏差/mm	检验方法
1	轴线位移		10	尺量检查
	垂直度	墙高≤3m	5	用 2m 托线板或吊线、尺量检查
		墙高>3m	10	
2	表面平整度		8	用 2m 靠尺和楔形塞尺检查
3	门窗洞口高、宽(后塞口)		±10	尺量检查
4	外墙上、下窗口偏移		20	用经纬仪或吊线和尺量检查

检查数量：每检验批抽查不应少于 5 处。

复习思考题

1. 高层现浇框架结构施工常采用哪几种模板形式？其适用范围如何？各有何特点？
2. 高层现浇框架结构施工的钢筋绑扎与安装与现浇钢筋混凝土通用施工方法有何相同点和不同点？
3. 泵送混凝土配制有何要求？泵送混凝土施工应掌握哪些要点？
4. 剪力墙结构包括哪三部分构件？其构造配筋如何？
5. 剪力墙钢筋安装的质量控制要点有哪些？楼板的钢筋安装质量控制要点有哪些？
6. 如何防控现浇楼板的裂缝产生？其措施有哪些？
7. 剪力墙和现浇楼板的模板拆除应注意哪些事项？
8. 在高层建筑施工中的大跨度楼盖无黏结预应力筋施工有何特点？如何控制其施工质量？
9. 高层建筑钢结构施工工艺包括哪些？其施工质量控制要点有哪些？
10. 什么是钢筋网架结构？其施工要点有哪些？
11. 如何控制混凝土小型空心砌块施工质量？如何控制加气混凝土砌块墙施工质量？
12. 如何防止混凝土小型空心砌块砌体的裂缝产生？其措施有哪些？

练 习 题

1. 现浇钢筋混凝土楼板，平面尺寸为 3600mm×5200mm，楼板厚 150mm，楼层净高 4.480m，采用组合钢模板支模，内、外钢楞承托，用钢管作楼板模板支架，试：
   (1) 验算钢模板的承载力和刚度；
   (2) 验算钢楞的承载力和刚度；
   (3) 验算横杆的承载力和刚度；
   (4) 验算钢管支柱的承载力和稳定性。

2. 某工程高层板式结构，C30 混凝土采用泵送混凝土施工，经计算需混凝土排量为 30m³/h，入泵坍落度为 150mm，输送管径 150mm，输送管长为：水平管 62m，垂直管 96m。
   现场搅拌混凝土所需原材料如下。
   水泥：普通水泥 42.5 级，$\rho_c = 3100 kg/m^3$，$f_{ce} = 1.05 \times 42.5 = 45$（MPa）。
   砂：中砂，砂率 40%，$\rho_s = 2640 kg/m^3$。
   碎石：碎石粒径为 5～20mm，$\rho_g = 2675 kg/m^3$。
   粉煤灰：磨细灰，质量符合 Ⅱ 级，$\rho_f = 2200 kg/m^3$。
   木钙普通减水剂：适宜掺量 0.30%，减水率 10%。
   水：自来水。
   试计算施工配合比。

3. 某国际大厦主楼，整个工程由主楼（63 层）、A 副楼（30 层）、B 副楼（33 层）及裙楼组成，均为现浇钢筋混凝土结构，总建筑面积 $18 \times 10^4 m^2$。其中主楼 $8.8 \times 10^4 m^2$，为筒中筒结构，外筒 35.1m×37.0m，由 24 根 1.2m（宽）×（1.8～0.7m）的矩形柱和 4 根异形角柱组成；内筒为 17m×23m 的矩形平面，由电梯间和楼梯间等剪力墙组成，标高 200m。内外筒之间的楼盖第 7～63 层为后张无黏结部分预应力混凝土平板楼盖，标准层高 3.0m，板厚 22cm，内外筒间跨度为 7.0～9.4m，第 7～13 层外筒飘板也为无黏结预应力平板，最大板宽 4m。
   在内外筒间布置 4 根 35cm 高无黏结预应力扁梁，从而将角板的双向受力状态转变为单向受力板。第 7～9 层因有外飘板，故布筋比较复杂。楼板非预应力筋为双层配筋，支座处均配制负筋，预应力筋为曲线布筋，平均间距约 16.5cm。
   无黏结预应力筋采用 7Φ P5 钢丝束，抗拉强度 1110MPa。该工程的锚固体系的固定端为锚板式锚固系统；张拉端第 7～34 层为锚杯式镦头锚与夹片锚两种，从第 35 层开始为夹片锚。试计算无黏结预应力筋拉力。

参 考 文 献

[1] 江正荣主编. 实用高层建筑施工手册. 北京：中国建筑工业出版社，2003.

[2] JGJ 120—2012《建筑基坑支护技术规程》.

[3] GB 50010—2010《混凝土结构设计规范》.

[4] 胡世德主编. 高层建筑施工. 北京：中国建筑工业出版社，1997.

[5] DB 23《黑龙江省建筑工程施工质量验收标准》.

[6] 龚晓南主编. 深基坑工程设计施工手册. 北京：中国建筑工业出版社，1998.

[7] 江正荣编. 地基与基础施工手册. 北京：中国建筑工业出版社，1997.

[8] JGJ 3—2010，J 186—2010《高层建筑混凝土结构技术规程》.

[9] 黄士基主编. 高层建筑施工. 广州：华南理工大学出版社，1998.

[10] 赵志缙，赵帆编著. 高层建筑施工. 北京：中国建筑工业出版社，1997.

[11] JGJ/T 8—97《建筑变形测量规程》.

[12] 杨嗣信主编. 高层建筑施工手册. 北京：中国建筑工业出版社，1995.

[13] 《建筑施工手册》编写组. 建筑施工手册. 第3版. 北京：中国建筑工业出版社，1997.

[14] JGJ 33—2012《建筑机械使用安全技术规程》.

[15] JG J6—2011《高层建筑筏形与箱形基础技术规范》.

[16] GB 50496—2009《大体积混凝土施工规范》.

[17] GB 50208—2011《地下防水工程质量验收规范》.

[18] JGJ/T 14—2011《混凝土小型空心砌块建筑技术规程》.

[19] JGJ 130—2011《建筑施工扣件式钢管脚手架安全技术规范》.

[20] 孙加保，刘春峰主编. 建筑施工设计教程. 北京：化学工业出版社，2009.